机器学习及其应用2023

黄圣君 张利军 钱　超 主编

清華大学出版社
北京

内 容 简 介

本书邀请 MLA 2021—2022 的部分专家以综述的形式介绍机器学习领域的研究进展，内容涉及监督学习、深度学习、因果学习、迁移学习、表示学习、演化学习的基本理论和方法，同时介绍了机器学习在计算机视觉、自然语言处理、并行计算中的应用。

本书可供计算机、自动化及相关专业的高等院校和科研院所师生及相关工程技术人员阅读参考。

图书在版编目(CIP)数据

机器学习及其应用. 2023 / 黄圣君, 张利军, 钱超主编.—北京：清华大学出版社，2024.1
ISBN 978-7-302-65270-0

Ⅰ. ①机… Ⅱ. ①黄… ②张… ③钱… Ⅲ. ①机器学习 Ⅳ. ①TP181

中国国家版本馆 CIP 数据核字(2024)第 019905 号

责任编辑：孙亚楠
封面设计：常雪影
责任校对：王淑云
责任印制：曹婉颖

出版发行：清华大学出版社
网　　址：https://www.tup.com.cn, https://www.wqxuetang.com
地　　址：北京清华大学学研大厦 A 座　　**邮　　编**：100084
社 总 机：010-83470000　　**邮　　购**：010-62786544
投稿与读者服务：010-62776969, c-service@tup.tsinghua.edu.cn
质量反馈：010-62772015, zhiliang@tup.tsinghua.edu.cn
印 装 者：三河市龙大印装有限公司
经　　销：全国新华书店
开　　本：185mm×230mm　　**印　张**：18　　**插页**：5　　**字　　数**：359 千字
版　　次：2024 年 1 月第 1 版　　**印　　次**：2024 年 1 月第 1 次印刷
定　　价：99.00 元

产品编号：103446-01

评审委员会

名誉主任委员：张效祥

主 任 委 员：唐泽圣

副主任委员：陆汝钤

委　　　　员：（以姓氏笔画为序）

王　珊　吕　建　李晓明

林惠民　罗军舟　郑纬民

施伯乐　焦金生　谭铁牛

序（一）

第一台电子计算机诞生于20世纪40年代。到目前为止，计算机的发展已远远超出了其创始者的想象。计算机的处理能力越来越强，应用面越来越广，应用领域也从单纯的科学计算渗透到社会生活的方方面面：从工业、国防、医疗、教育、娱乐直至人们的日常生活，计算机的影响可谓无处不在。

计算机之所以能取得上述地位并成为全球最具活力的产业，原因在于其高速的计算能力、庞大的存储能力以及友好灵活的用户界面。而这些新技术及其应用有赖于研究人员多年不懈的努力。学术研究是应用研究的基础，也是技术发展的动力。

自1992年起，清华大学出版社与广西科学技术出版社为促进我国计算机科学技术与产业的发展，推动计算机科技著作的出版，设立了“计算机学术著作出版基金”，并将资助出版的著作列为中国计算机学会的学术著作丛书。时至今日，本套丛书已出版学术专著近50种，产生了很好的社会影响，有的专著具有很高的学术水平，有的则奠定了一类学术研究的基础。中国计算机学会一直将学术著作的出版作为学会的一项主要工作。本届理事会将秉承这一传统，继续大力支持本套丛书的出版，鼓励科技工作者写出更多的优秀学术著作，多出好书，多出精品，为提高我国的知识创新和技术创新能力，促进计算机科学技术的发展和进步作出更大的贡献。

中国计算机学会

2002年6月14日

序（二）

2002年秋天，由王珏教授策划和组织，复旦大学智能信息处理开放实验室（即现在的上海市智能信息处理重点实验室）举办了一次“机器学习及其应用”研讨会。该研讨会属于实验室的“智能信息处理系列研讨会”之一。十余位学者在综述机器学习各个分支的发展的同时报告了他们自己的成果。鉴于研讨会取得了非常好的效果，而机器学习领域又是如此之广阔，有那么多重要的问题还没有涉及或还没有深入，2004年秋天王珏教授又和周志华教授联合发起并组织第二届“机器学习及其应用”研讨会，仍由复旦大学的实验室举办。这次研讨会又取得了非常好的效果，并且参加的学者比上次更多，报告的内容也更丰富。根据与会者的意见，决定把报告及相关内容编成一本书出版，以便与广大的国内学者共享研讨会的成果。

机器学习是人工智能研究的核心课题之一，不但有深刻的理论内蕴，也是现代社会中人们获取和处理知识的重要技术来源。它的活力久盛不衰，并且日呈燎原之势。对此，国内已经有多种定期和不定期的学术活动。本书的出版反映了机器学习界一种新型的“华山论剑”：小范围、全视角、更专业、更深入，可与大、中型机器学习会议互相补充。值得赞扬的是，它没有任何学派和门户之见，无论是强调基础的“气宗”，还是注重技术的“剑宗”，都能在这里畅所欲言，自由交流。我很高兴地获悉：第三届“机器学习及其应用”研讨会已经于2005年11月由周志华教授和王珏教授主持在南京大学成功举行。并且以后还将有第四届、第五届…… 作为一直跟踪这项活动并从中获得许多教益的一个学习者，我真希望它发展成这个领域的一个品牌，希望机器学习的优秀成果不断地由这里飞出，飞向全世界。

值得一提的是王珏教授有一篇颇具特色的综述文章为本书开道。长期以来，许多有识之士为国内学术界缺少热烈的争鸣风气而不安。因为没有争鸣就没有学术繁荣。细心的读者可以看出，这篇综述的观点并非都是传统观点的翻版，并且很可能不是所有的同行都认同的。作者深刻反思了机器学习这门学科诞生以来走过的道路，对一些被行内人士几乎认作定论的观点摆出了自己的不同看法。其目的不是想推出一段惊世骇俗的宏论，而是为了寻求真理、辨明是非。在这个意义上，王珏教授也可算是一位“独孤求败”。如果有人能用充分的论据指出其中可能存在的瑕疵，他也许会比听到一片鼓掌之声更感到宽慰。

随着本书的出版，中国计算机学会丛书知识科学系列也正式挂牌了。在衷心庆贺这个系列诞生的同时，我想重复过去说过的一段话："二十多年来，知识工程主要是一门实验性科学。知识处理的大量理论性问题尚待解决。我们认为对知识的研究应该是一门具有坚实理论基础的科学，应该把知识工程的概念上升为知识科学。知识科学的进步将从根本上回答在知识工程中遇到过，但是没有很好解决的一系列重大问题。"本系列为有关领域的学者提供了一个宽松的论坛。衷心感谢王珏、周志华、周傲英三位编者把这本精彩的文集贡献给知识科学系列的首发式。我相信今后机器学习著作仍将是这个系列的一个常客。据悉，第四届机器学习研讨会将于今秋在南京大学举行，届时各种观点又将有进一步的发展和碰撞。欲知争鸣烽火如何再燃，独孤如何锐意求败，且看本系列下回分解。

陆汝钤

2006 年 1 月

目　录

“生成一切”背后的数学原理

雷　娜[1]　顾险峰[2]

([1]大连理工大学；[2]纽约州立大学石溪分校)

2023 年上半年，科技领域的主旋律是 AIGC，ChatGPT 和 Diffusion 模型正在颠覆着学术领域与商业领域的范式。基于大模型的自然语言、图像、视频、音频等模态的生成技术日益成熟，下一步自然是 3D 生成。这里，我们力图分析图像和 3D 曲面生成模型背后的数学原理，以及潜在的工程挑战。

数学领域的氛围比较谦逊低调，很多数学家皓首穷经、呕心沥血所写的专著往往命名为《某领域入门》《某领域导引》；而计算机科学界与商业紧密联系，计算机科学家们所发的论文标题非常霸气，例如近期爆火的“Attention is All You Need”[1]，“Segment Anything”[2]，俾睨天下，舍我其谁！这里，我们用基础数学理论来分析一下，为了“Generate Anything”，究竟哪些数学理论工具是“All You Need”。

1　传统图像处理方法

在计算机视觉和图像处理领域中，图像分割一直是经典的核心问题之一。图像分割的目的在于将图像中的物体和背景分割开来。早期基于滤波方法进行边缘检测，提取轮廓线[3-4]。滤波方法只用到每个像素的邻域信息，缺乏全局观念。

1.1　变分方法

Mumford-Shah[5]基于全局观点，提出能量优化方法进行图像分割。令 Ω 为一幅图像的定义域，图像的灰度值为函数 $g:\Omega\to[0,1]$，图像分割就是将 Ω 分解成不交并

$$\Omega=\Omega_1\cup\Omega_2\cup\cdots\Omega_n\cup K, K=\Omega\cap(\partial\Omega_1\cup\cdots\cup\partial\Omega_n)$$

使得 g 在每一个 Ω_i 内部光滑变化，g 在不同区域的边界 K 处间断。图像分割等价于寻求

一个分片光滑函数$u:\Omega \to R$，使得下面的 Mumford-Shah 能量达到极小：

$$E(u,K):=\mu^2\int_{\Omega}(u-g)^2\mathrm{d}x+\int_{\Omega\setminus K}|\nabla u|^2+\nu|K|$$

这种方法将图像分割归结为能量变分问题，传统的偏微分方程理论可以被借鉴过来，从而发展出了水平集（level-set）方法[6-8]。

1.2 马尔可夫随机场

另外一种马尔可夫随机场[9]观点来自统计物理。我们将图像视为二维格子，每个像素代表一个格点。每个像素赋予一个标识，0 代表背景，1 代表前景，这个标识可以被看成是二值的随机变量。所有像素的随机变量构成一个马尔可夫随机场ω，每个随机场被赋予一个能量。与物理中相变的 Ising 模型[10]类似，整体能量分解成每个像素灰度与前景、背景灰度的距离，每两个相邻像素标号间的距离[11]为

$$E(\omega)=\sum_i c_i\omega_i+\sum_{i,j}d_{ij}|\omega_i-\omega_j|$$

如果能量是 submodular（某种凸性的离散推广），那么 Markov 随机场的优化问题等价于传统图论中的最大流与最小割问题[12]。这样我们将连续函数变分转化为离散随机场变分。这两种方法都是将一张图像视为一个整体，而非只囿于每个像素的邻域，从而求取整体最优解。

2 图像生成算法

2.1 图像空间

深度学习方法进一步扩展了研究视野，它将一张图像视为一个点，而将所有的（同类）图像视为一个整体进行研究，从而更加接近人脑的计算模式。首先，一张$n\times n$的彩色图片可以看成是一个$3n^2$维的向量，所有可能的图像集合构成所谓的图像空间，

$$I:=\{x\in R^{3n^2}:0\leqslant x_i\leqslant 1\}$$

I中的任意一个点都是一张图像，但是绝大多数是随机噪声图像，对于人类而言没有太大意义。人脑中的每个自然概念，比如人脸的概念，对应着图像空间中的一个稠密点云，这个点云集中在某个子流形$S\subset I$附近。同时人脸图像数据在这个子流形上的分布并不均匀，这个子流形上的概率分布μ也具有根本的重要性。例如，自然界中几乎所有人的双瞳都是同样颜色的，具有异色双瞳的人脸的确存在，但是测度为零。深度学习的核心

任务[14]就是学习不同概念对应的数据流形结构 S，以及其上面的数据测度分布 μ，如图 1 所示。

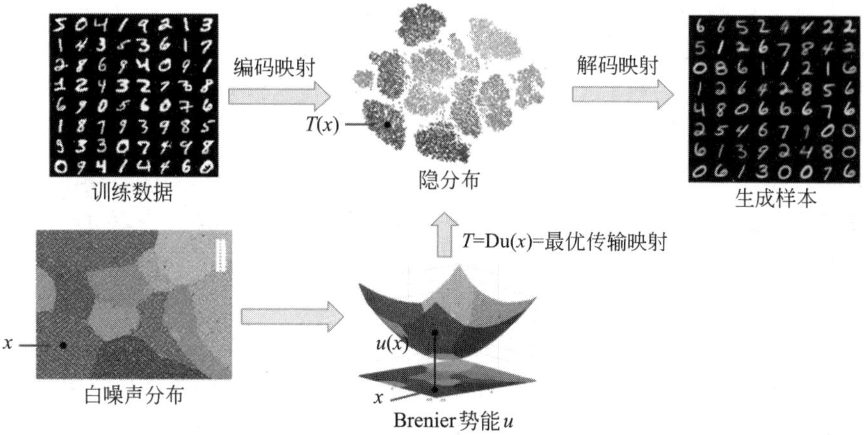

图 1　图像生成模型的框图[13]

2.2　稠密采样

那么，实际上如何来获取这个子流形 S 的信息呢？自然是通过离散采样，即通过从 Internet 上收集人脸图像，我们得到了 S 上的大量的采样点 $P:=\{p_1,p_2,\cdots,p_k\}$。我们可以计算点集 P 在 R^{3n^2} 中的 Delaunay 三角剖分，得到一个分片线性的多面体流形 $\underline{S}$[15]。根据几何逼近理论，如果任意两个样本的距离大于 δ，而流形 S 上任意一个半径为 ε 的测地球内，都至少有一个采样点，这样的采样被称为 (δ,ε) 采样。如果 P_n 是一系列 (δ_n,ε_n) 采样，那么在不同度量的意义下，多面体流形 $\underline{S_n}$ 会收敛到初始流形 S 上。这里的收敛包括拓扑收敛、Hausdorff 距离收敛、黎曼度量收敛、曲率收敛、Laplace-Beltrami 算子收敛[16]等。当然，目前的深度学习算法还没有达到如此理论严谨的程度，相信随着学科的成熟，这些收敛性会被逐步验证。这里涉及一个具有争议的问题：图像空间 I 是自然的，它包括所有可能的 $n\times n$ 彩色图像。但是从中挑选出有意义的采样 P 需要艺术家艰苦的创作，如此得到的数据流形 S 的知识产权如何归属，目前全社会并没有达成共识。

2.3　数据流形

假设我们得到了数据流形的良好逼近，那么如何学习并表达流形的结构呢？经典流形理论中自然是建立局部坐标系，得到图册，即寻找一组开集覆盖整个流形，$S=\cup_\alpha U_\alpha$，然后将每个开集 U_α 映射到参数域 R^m 的一个开集 Ω_α 上，$\varphi_\alpha:U_\alpha\to\Omega_\alpha$ 是拓扑同胚。$(U_\alpha,\varphi_\alpha)$ 被称为一个局部坐标系。对于 $U_\alpha\cap U_\beta$ 的区域，存在局部坐标变换 $\varphi_{\alpha\beta}=\varphi_\beta\circ\varphi_\alpha^{-1}$。

在深度学习中，Ω_α 被称为隐空间，或者特征空间，φ_α 编码映射。编码映射将一幅图像 $x \in U_\alpha$ 编码到其特征向量，即隐变量 $\varphi_\alpha(x)$。从特征恢复原来图像的映射 $\varphi^{-1}: \Omega_\alpha \to U_\alpha$ 被称为解码映射。编码、解码映射由自动编码器（auto-encoder）、变分自动编码器[17]等来计算，目前有很多算法计算类似映射，例如 t-SNE[18]，UMap[19]等。当然，目前研究局部坐标变换 $\varphi_{\alpha\beta}$ 的算法不多，核心原因在于目前的研究还没有涉及数据流形 S 本身的全局拓扑性质，只关注局部数据生成。

这种整体数据流形的观点为图像压缩带来了范式改变。传统的图像压缩统计一幅图像内部像素灰度值的分布，用 Huffman 编码，用较少的比特来编码密度大的灰度，从而达到压缩效果；或者用 Fourier 变换，将时域信号变换到频域信号，通过低通滤波去掉高频分量，而高频分量往往对应于图像噪声。应用数据流形观点，每幅图像是同类数据流形中的一个点 $x \in S$，我们只需要记录其特征向量 $\varphi_\alpha(x)$ 即可，恢复原来图像等价于用解码映射作用：$\varphi_\alpha^{-1}(\varphi_\alpha(x)) = x$。换言之，整个同类图像的先验知识都包含在编码 φ_α、解码映射 φ_α^{-1}，而这些映射被深度神经网络所万有逼近。因此，图像解压器包括解码映射对应的深度网络，从图像特征向量恢复原始图像，这样就跳出了传统的图像压缩的理论框架。

2.4 数据分布

更进一步，如果我们也学会了图像流形上的分布 μ，那么，也可以随机生成同类图像。所谓“生成”，就是凭空想象，无中生有。在深度学习中，就是用计算机在单位球 D 内部产生一个伪随机采样点 y，可以被视为在隐空间随机采样或者随机噪声，采样密度通常是均匀分布，或者高斯分布 ν，然后将这个随机噪声变换成 Ω_α 中的一点 $g_\alpha(y)$，这里传输变换 $g_\alpha:(D,\nu) \to (\Omega_\alpha, \varphi_\alpha \# \mu)$ 将高斯分布变成了隐空间中的数据分布 $\varphi_\alpha \# \mu$，通过解码 $\varphi_\alpha^{-1}(g_\alpha(y))$ 就得到数据流形 S 上的一点，同时计算机生成的随机噪声分布被映射成数据流形上的初始分布 μ。由此可见，数据分布 μ 被传输映射 g_α 和已知的高斯分布所隐含地表达，而 g_α 最终由某个深度神经网络来逼近（图 2）。

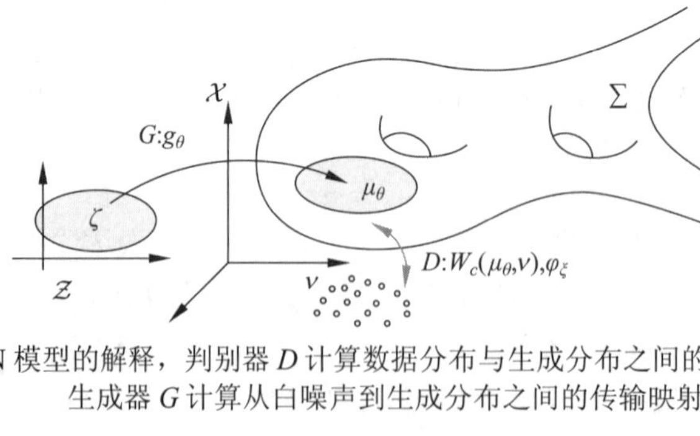

图 2 WGAN 模型的解释，判别器 D 计算数据分布与生成分布之间的 Wasserstein 距离，生成器 G 计算从白噪声到生成分布之间的传输映射

2.5 最优传输

这里的关键是传输变换的计算，最优传输理论[20-22]为此奠定了坚实的理论基础。假设给定两个带测度的欧氏区域 (Ω,μ) 和 (Ω^*,ν)，密度函数分别为 $\mathrm{d}\mu(x)=f(x)\mathrm{d}x$ 和 $\mathrm{d}\nu(y)=g(y)\mathrm{d}y$。我们可以将测度看成是某种化学试剂的浓度。一个映射 $T:\Omega\to\Omega^*$ 是保持测度不变的，就是说映射 f 将液体的容器形状从 Ω 变成 Ω^*，x 点映射到了 $y=T(x)$ 点，并且这种变换保持质量，将浓度从 $f(x)\mathrm{d}x$ 变成了 $g(y)\mathrm{d}y$，从而满足 Jacobian 方程：

$$f(x)\mathrm{d}x=g(y)\mathrm{d}y\Rightarrow \det DT(x)=\frac{f(x)}{g\cdot T(x)}$$

即映射的 Jacobi 行列式值等于对应点密度之比。保测度的映射记为 $T_{\#\mu}=\nu$。假设给定传输单位质量的代价函数 $c:\Omega\times\Omega^*\to R$，Monge 提出了最优传输问题，即在所有保测度的映射中，求总传输代价最小者：

$$\min_{T_{\#\mu=\nu}}\int_{\Omega}c(x,T(x))\mathrm{d}\mu(x)$$

最优传输映射的总传输代价被定义为测度 μ 和 ν 之间的 Wasserstein 距离。Wasserstein 距离在深度学习中用于测量两个测度之间的差异程度，应用于 WGAN 等生成模型[23]之中。如果传输代价为欧氏距离的二次方 $c(x,y)=1/2|x-y|^2$，Brenier 定理断言存在一个定义在 Ω 上的凸函数 $u:\Omega\to R$，称为 Brenier 势能函数，其梯度映射为最优传输映射 $T=\nabla u$（图 3），这时由 Jacobian 方程，得到 Monge-Ampere 方程：

$$\det D^2u(x)=\frac{f(x)}{g\cdot\nabla u(x)}$$

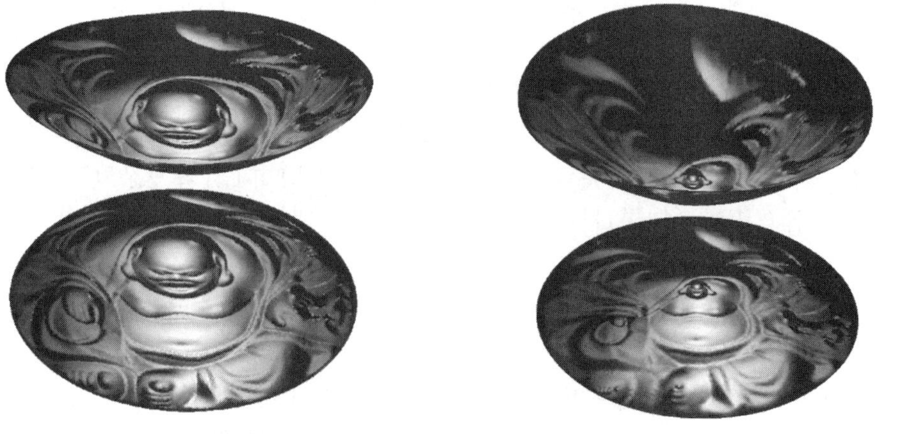

图 3　Brenier 定理：最优传输映射等于 Brenier 势能的梯度映射

满足自然边界条件 $\nabla u(\Omega)=\Omega^*$。强烈非线性的 Monge-Ampere 方程经常出现在凸微分几何中，例如通过高斯曲率来重建凸曲面。我们可以应用几何变分方法来求解 Monge-Ampere 方程[15,24]。最优传输问题本身计算复杂度较高，如果 $\Omega=\Omega^*$，传输问题可以转化成流场问题。假设给定 Ω 上的时变流场 $v(p,t)$，每个粒子的轨迹由常微分方程给出 $\partial_t\gamma(p,t)=v(p,t)$，起点为 $\gamma(p,0)=p$。由此得到单参数族同胚 $\varphi_t(p)=\gamma(p,t)$。我们希望设计流场，将 μ 变换成 ν，同时流场的总动能

$$\int_0^1\int_\Omega |v(p,t)|^2\,\mathrm{d}p\mathrm{d}t$$

达到极小，这时所得的 φ_1 就是 L^2 距离下的最优传输映射。这种通过设计流场而计算传输映射的生成模型就是深度学习中的流模型[25]。

2.6 熵流-热扩散

如果设计一个流场，使得密度函数的熵尽快增大，这时所得的流被称为熵流，系统的演化过程被称为热力学扩散过程，密度函数满足常微分方程：

$$\partial_t f(p,t)=\Delta_p f(p,t)$$

如果限定密度函数的期望值和方差，则当时间趋向无穷的时候，目标测度 ν 是正态分布（高斯分布）。这时，每个粒子的轨迹 $\gamma(p,t)$ 是布朗运动（随机行走）。因此，如果能够模拟布朗运动，就可以计算热扩散，而不需要显式地表达密度函数。根据郎之万动力学，一个粒子在当前的点 p 处，p 是一幅图像，粒子在作布朗运动，下一步 δt 后，粒子的位置为 $p+\delta p$，这里 δp 是一幅高斯噪声图像，满足正态分布，期望值为 0，方差为 δt。因此，我们通过不停地添加噪声，就可以从任意一点 $p\in S$（一幅人脸图像）出发，通过模拟布朗运动，求得扩散后的像 $\varphi_\infty(p)$（噪声图像）。在整个扩散过程中，熵值单调递增。这时，生成图像过程等价于任意采样图像空间 I，得到一幅噪声图像 $q\in I$，采样概率为正态分布，$\varphi_\infty^{-1}(q)\in S$ 即为生成的人脸图像。Diffusion 模型[26-27]的优点在于省略了编码、解码步骤，减小了生成图像的失真，缺点在于这同时也增加了计算复杂度，同时热扩散的逆映射 φ_∞^{-1} 计算困难。如果目标测度并非正态分布，则热扩散方法并不适用。

3 3D 曲面生成算法

当我们将图像的生成模型推广到 3D 曲面的生成模型时，所有的概念和算法都可以直接推广，图像空间推广为形状空间，数据流形，数据分布，隐空间，编码、解码映射，

隐空间分布，白噪声，传输映射。这里具有本质困难的是形状空间。

一种简单粗暴的形状空间构造方式就是考虑所有单位立方体内的实体，实体表达成 Lego 积木，即表示成 n^3 个体素[28]，每个体素的标号为 1 或者 0，所有标号为 1 的体素并集代表实体。这种表达方式与人类认知模型相差甚远。人类只能通过视觉获取物体表面信息，而对于实体内部无法直接感知。并且这种方式表达的形状，很多时候过于零碎，同样的表面内部体结构可以非常不同，从而表达方式并不唯一。

另外一种更接近现代拓扑几何的方式，更加简洁严密。首先，考虑所有物理世界中的曲面 S，S 嵌入三维欧氏空间中，具有诱导的欧氏度量 g。然后，将所有的这种曲面依据拓扑进行分类，每张曲面的拓扑不变量最终归结为可定向性、亏格（环柄数目）和边界数目，记为 (o,g,b)。接下来，将拓扑相同的曲面根据共形结构分类[29]：一张拓扑曲面 S 上的两个黎曼度量 g_1 与 g_2 共形等价，当且仅当存在一个函数 $\lambda: S \to R$，使得 $g_2 = \mathrm{e}^{2\lambda} g_1$。依据单值化定理，在每个共形等价类中，存在一个黎曼度量 $\hat{g}$，诱导常值高斯曲率 K（图 4）。如果亏格为 $g=0$，$g=1$ 或者 $g>1$，则相应的曲率 K 等于+1，0 或者–1。这时曲面 S 为单位球面 S^2、欧氏平面 E^2 和双曲平面 H^2 的商空间。假设封闭曲面 (S, g) 的亏格 $g>1$，其基本群为

$$\pi_1(S,q) = \langle a_1, b_1, \cdots, a_g, b_g \mid \Pi_i [a_i, b_i] \rangle$$

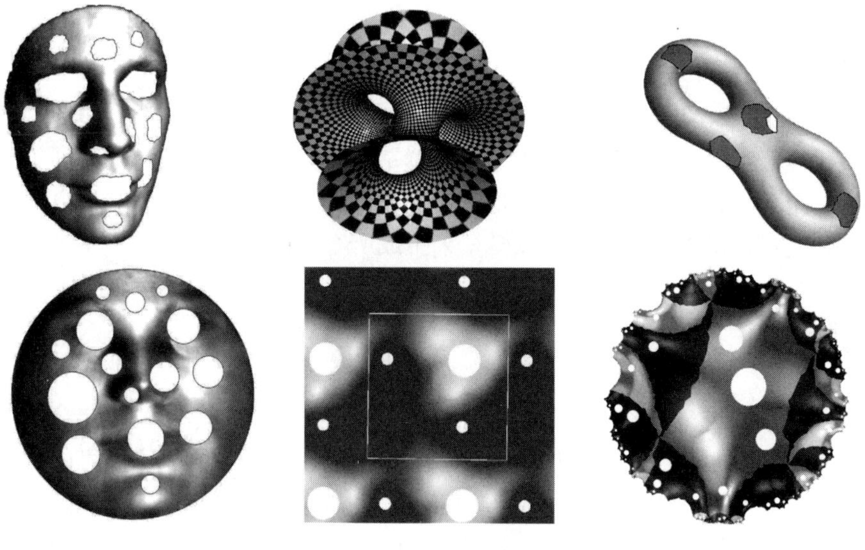

图 4　曲面单值化

其单值化度量为双曲度量 $\hat{g}=e^{2\lambda}g$，其万有覆盖空间的覆盖变换群（Fuchs 群）为

$$\text{Fuchs}(S)=\langle\alpha_1,\beta_1,\cdots,\alpha_g,\beta_g\mid\Pi_i[\alpha_i,\beta_i]\rangle$$

这里 α_i,β_i 是莫比乌斯变换，可以表示成矩阵 $SL(2,R)$，因此为了表示 $\text{Fuchs}(S)$，我们需要 $6g-6$ 个实参数。曲面的共形结构可以描绘成双曲基本多边形 $\Omega:=H^2/\text{Fuchs}(S)$。更进一步，曲面（$S,g$）的黎曼度量可以由共形因子 $\lambda:\Omega\to R$ 来表示，$g=e^{-2\lambda}\hat{g}$。如果再规定曲面的平均曲率 $H:\Omega\to R$，那么曲面的形状可以被确定下来（彼此相差一个欧氏刚体变换）。平均曲率和共形因子满足所谓的 Gauss-Codezzi 方程。这意味着曲面的所有信息可以表示为

$$S:=\{\lambda,\text{Hsatisfy Gauss}-\text{Codazzi}\}$$

(o,g,b) 规定了曲面的拓扑、Fuchs 曲面的共形结构、λ 曲面的黎曼度量、H 曲面在欧氏空间中的嵌入。S 是所有曲面构成的形状空间。

物理世界的曲面可以通过 3D 扫描技术获取，工业中的几何构型可以由 CAD 软件手工设计。将(S,g)转换成形状空间的表示已经有理论严密的计算方法。首先通过持续同调的算法[30]，求取亏格 g 与边界数目 b，以及基本群的典范表示

$$\pi_1(S,q)=\langle a_1,b_1,\cdots,a_g,b_g\mid\Pi_i[a_i,b_i]\rangle$$

然后应用曲面 Ricci 流算法[31]，计算单值化度量

$$\partial_t g(p,t)=\frac{2\pi\chi(S)}{A(0)}-K(p,t)$$

这里 $A(0)$ 是曲面初始时刻的总面积，$\chi(S)$ 是曲面的欧拉示性数，由此得到共形因子 λ。根据单值化度量和曲面基本群，我们将基本群基底提升到万有覆盖空间，同伦变换成双曲测地线，得到 Fuchs 群和基本多边形。曲面的平均曲率可以由微分几何方法求得。得到形状空间之后，可以仿照图像生成模型来生成所有可能的曲面。

4 未来展望

虽然 3D 生成模型理论上比较清晰，但是真正实现依然有很多挑战。首先，我们需要庞大的 3D 曲面训练集。一般头部的游戏公司、CAD 公司、生物测量可能有多年的储备，可以提供高质量的 3D 数据训练集。其次，3D 数据需要进行前期处理，去除非流形的组合结构和各种拓扑、几何噪声。曲面 Ricci 流强烈非线性，同时双曲 Ricci 流形需要较高的数值精度，目前 GPU 只能支撑浮点数运算，数值精度尚达不到要求。

目前来看，Metaverse 市场对虚拟人需求比较高涨，3D 人脸曲面和人体曲面的生成模型应该没有实质性的技术困难。随着 3D 扫描、生物测量和社会安全技术的普及，大规模 3D 人脸数据集比较容易收集（图 5）。人脸拓扑相对简单，Ricci 流不需要用到双曲几何，因此生成模型将会很快普及。而通用 3D 形状大模型则需要更长时间的发展，有可能在游戏动漫领域首先取得突破。

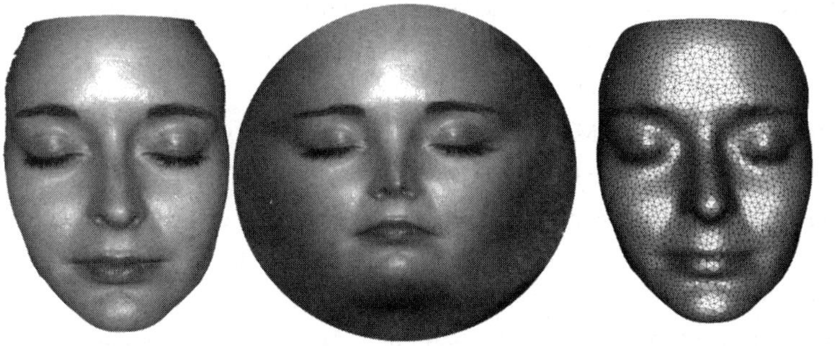

图 5　3D 人脸曲面生成，人脸曲面由平面上的共形因子和平均曲率函数所决定

参考文献

[1] Vaswani A, Shazeer N, Parmar N, et al. Attention is all you need[C]//Proceedings of the 31st International Conference on Neural Information Processing Systems. 2017.

[2] Kirillov A, Mintun E, Ravi N, et al. Segment anything[Z/OL]. ArXiv, 2304.02643.

[3] Canny J. A computational approach to edge detection[J]. IEEE Transactions on Pattern Analysis and Machine Intelligence, 1986 (6): 679-698.

[4] Lim J S. Two-dimensional signal and image processing[J]. Englewood Cliffs, 1990.

[5] Mumford D B, Shah J. Optimal approximations by piecewise smooth functions and associated variational problems[J]. Communications on Pure and Applied Mathematics, 1989.

[6] Chan T F, Vese L A. Active contours without edges[J]. IEEE Transactions on Image Processing, 2001, 10(2): 266-277.

[7] Caselles V, Kimmel R, Sapiro G. Geodesic active contours[J]. International Journal of Computer Vision, 1997, 22(1): 61.

[8] Zhao H K. Level set methods and fast marching methods: Evolving interfaces in computational geometry, fluid mechanics, computer vision, and materials science[M]. Cambridge University Press, 2019.

[9] Li S Z. Markov random field modeling in image analysis[M]. Springer, 2009.

[10] Brush S G. History of the Lenz-Ising model[J]. Reviews of Modern Physics, 1967, 39(4): 883.

[11] Barker S A, Rayner P J W. Unsupervised image segmentation using Markov random field models[J]. Pattern Recognition, 2000, 33(4): 587-602.

[12] Rother C, Kolmogorov V, Blake A. "GrabCut" interactive foreground extraction using iterated graph cuts[J]. ACM Transactions on Graphics (TOG), 2004, 23(3): 309-314.

[13] An D, Guo Y, Lei N, et al. AE-OT: A new generative model based on extended semi-discrete optimal transport. ICLR.

[14] Lei N, An D, Guo Y, et al. A geometric understanding of deep learning[J]. Engineering, 6(3), 361-374.

[15] Lei N, Su K, Cui L, et al. A geometric view of optimal transportation and generative model[J]. Computer Aided Geometric Design, 68, 1-21.

[16] Li H B, Zeng W, Jean-marie Morvan, et al. Surface meshing with curvature convergence[J]. IEEE Transaction on Visualization and Computer Graphics (TVCG), 20(6):919-934, 2014.

[17] Kingma D P, Welling M. Auto-encoding variational bayes[Z/OL]. arXiv preprint arXiv:1312.6114.

[18] Van der Maaten L, Hinton G. Visualizing data using t-SNE[J]. Journal of Machine Learning Research, 2008, 9(11).

[19] McInnes L, Healy J, Melville J. Umap: Uniform manifold approximation and projection for dimension reduction[Z/OL]. arXiv preprint arXiv:1802.03426.

[20] CédricVillani. Graduate studies in mathematics[M]. American Mathematical Society, Providence, RI, 2003.

[21] Cédric Villani. Optimal transport: Old and new[M]. Springer-Verlag, Berlin, 2009.

[22] 雷娜，顾险峰. 最优传输理论与计算[M]. 北京：高等教育出版社，2020.

[23] Arjovsky M, Chintala S, Bottou L. Wasserstein generative adversarial networks[J]. ICML, 2017.

[24] Gu X, Luo F, Sun J, et al. Variational principles for Minkowski type problems, discrete optimal transport, and discrete Monge–Ampère equations[J]. Asian Journal of Mathematics, 2016, 20(2), 383-398.

[25] Rezende D, Mohamed S. Variational inference with normalizing flows[J]. ICML, 2015.

[26] Ho J, Jain A, Abbeel P. Denoising diffusion probabilistic models[J]. Advances in Neural Information Processing Systems, 2020, 33, 6840-6851.

[27] Song Y, Sohl-Dickstein J, Kingma D P, et al. Score-based generative modeling through stochastic differential equations[Z/OL]. arXiv preprint arXiv:2011.13456.

[28] Wu Z, Song S, Khosla A, et al. 3d shapenets: A deep representation for volumetric shapes[C]// Proceedings of the IEEE Conference on Computer Vision and Pattern Recognition, 2015: 1912-1920.

[29] 顾险峰，丘成桐. 计算共形几何（理论篇）[M]. 北京：高等教育出版社，2018.

[30] Edelsbrunner H, Harer J. Persistent homology-a survey[J]. Contemporary Mathematics, 2008, 453(26), 257-282.

[31] Jin M, Kim J, Luo F, et al. Discrete surface Ricci flow[J]. IEEE Transactions on Visualization and Computer Graphics, 2018, 14(5), 1030-1043.

高维样本协方差矩阵的谱性质及其应用简介

王潇逸[1] 郑术蓉[2] 邹婷婷[3]

（[1]北京师范大学珠海校区；[2]东北师范大学；[3]吉林大学）

1 引言

伴随信息技术的迅猛发展与互联网的广泛普及，不同类型的高维数据在各领域大量涌现。例如，生物信息学领域中的基因微阵列数据、医学领域中的功能核磁共振数据、金融领域中的股票数据等。由于经典的统计极限理论是在数据维数 p 固定而样本量 n 趋于无穷的假定下得到的，在面临数据维数远超过样本个数（即大 p 、小 n ）的高维问题时，这些传统统计方法的表现可能不如人意，有时甚至无法使用。如何对高维数据进行有效的统计分析，已然成为现代统计学科极具挑战的前沿课题之一。面对这一挑战，统计学家曾提出主成分分析、变量选择等降维方法来分析高维数据。这些降维方法表现出了很好的效果，但也可能因降维损失信息从而降低统计推断效率。起源于量子力学的大维随机矩阵理论最早于 20 世纪 90 年代被引入高维统计分析中，并表现出良好的效能和广泛的应用潜力。当前，大维随机矩阵理论作为高维数据分析的有效手段之一，正获得越来越多学者的关注。

样本协方差矩阵和样本相关矩阵作为特殊的随机矩阵在统计学中扮演着重要的角色，其广泛出现在主成分分析、因子分析、典型相关分析、聚类分析、判别分析等统计分析方法中。目前，已有大量论文研究了大维样本协方差矩阵和大维样本相关矩阵的极限谱分布、线性谱统计量的中心极限定理、极值特征根的极限和渐近分布等。Marčenko 和 Pastur（1967）在协方差矩阵是单位阵的条件下最早获得了大维样本协方差矩阵的极限谱分布 Marčenko-Pastur law；Bai 和 Silverstein（2004）获得了大维样本协方差矩阵线性谱统计量的中心极限定理，为大维样本协方差矩阵在高维统计中的应用提供了坚实的理论基础。Johnstone（2001）进一步研究了大维样本协方差矩阵最大特征根的 Tracy-Widom law；Ma（2012）导出了大维样本协方差矩阵最小非零特征根的渐近分布。

本文介绍了近年来有关大维样本协方差矩阵的谱性质研究领域的代表性成果，列举其在统计学中的典型应用，以期读者能够对这一热门研究方向有所了解。在第 2 节中，将首先介绍三个经典统计方法在高维数据分析中失效的例子；在第 3 节中，简单列出大维样本协方差矩阵的极限谱分布、极值特征根的收敛极限和渐近分布；在第 4 节中讨论大维样本协方差矩阵的谱性质在统计中的应用，一个是估计低秩矩阵的秩或高维因子模型中因子个数，另一个是高维多重相关系数的估计和置信区间。最后给出总结和未来值得研究的工作。

2 高维框架下传统方法失效的例子

考虑 p 维随机向量 $\boldsymbol{x}=(x_1,x_2,\cdots,x_p)^{\mathrm{T}}$，其均值 $\boldsymbol{\mu}=\mathrm{E}(\boldsymbol{x})$，协方差矩阵 $\boldsymbol{\Sigma}=\mathrm{cov}(\boldsymbol{x})$，T 表示转置符号。记 $\boldsymbol{x}_i=(x_{i1},\cdots,x_{ip})^{\mathrm{T}}$，$i=1,2,\cdots,n$ 为与 $\boldsymbol{x}$ 同分布的 n 个独立简单随机样本。本节将会围绕大维样本协方差矩阵给出三个实际例子，以此说明当维数 p 相对于样本量 n 较大时，一些经典估计或检验方法会出现失效的情况。

例 1 总体多重相关系数 $\rho\,(0\leqslant\rho\leqslant 1)$ 是刻画一个变量 x_1 与多个变量 $x_2,\cdots,x_p$ 之间相关性的数字特征，其定义如下：

$$\rho=\sqrt{\frac{\boldsymbol{\sigma}_{(1)}^{\mathrm{T}}\boldsymbol{\Sigma}_{22}^{-1}\boldsymbol{\sigma}_{(1)}}{\sigma_{11}}} \tag{1}$$

其中，

$$\boldsymbol{\Sigma}=\begin{pmatrix}\sigma_{11} & \boldsymbol{\sigma}_{(1)}^{\mathrm{T}}\\ \boldsymbol{\sigma}_{(1)} & \boldsymbol{\Sigma}_{22}\end{pmatrix}$$

基于 $\boldsymbol{x}_1,\cdots,\boldsymbol{x}_n$ 的样本协方差矩阵为

$$\hat{\boldsymbol{\Sigma}}=n^{-1}\sum_{i=1}^{n}(\boldsymbol{x}_i-\overline{\boldsymbol{x}})(\boldsymbol{x}_i-\overline{\boldsymbol{x}})^{\mathrm{T}}=\begin{pmatrix}\hat{\sigma}_{11} & \hat{\boldsymbol{\sigma}}_{(1)}^{\mathrm{T}}\\ \hat{\boldsymbol{\sigma}}_{(1)} & \hat{\boldsymbol{\Sigma}}_{22}\end{pmatrix}$$

其中，$\overline{\boldsymbol{x}}=n^{-1}\sum_{i=1}^{n}\boldsymbol{x}_i$ 为样本均值。此时，总体多重相关系数的点估计即样本多重相关系数

$$\hat{\rho}=\sqrt{\frac{\hat{\boldsymbol{\sigma}}_{(1)}^{\mathrm{T}}\hat{\boldsymbol{\Sigma}}_{22}^{-1}\hat{\sigma}_{(1)}}{\hat{\sigma}_{11}}} \tag{2}$$

表1给出了总体多重相关系数与基于5000次重复模拟实验所得样本多重相关系数的平均值。该实验结果表明，当维数 p 较大时，样本多重相关系数 $\hat{\rho}$ 将严重高估总体多重相关系数 ρ。

表 1　总体多重相关系数值 ρ 及样本多重相关系数 $\hat{\rho}$ 的平均值

(n, p)	总体多重相关系数 ρ	样本多重相关系数 $\hat{\rho}$
(75, 60)	0.04	**0.80**
(120, 60)	0.04	**0.51**

例 2　Markowitz 投资组合模型是资本市场组合中常用的最优配置模型之一，该模型具体为

$$R = \max_{\boldsymbol{\omega}} \boldsymbol{\omega}^{\mathrm{T}} \boldsymbol{\mu} \quad \text{s.t.} \quad \boldsymbol{\omega}^{\mathrm{T}} \boldsymbol{1}_p \leqslant 1, \boldsymbol{\omega}^{\mathrm{T}} \boldsymbol{\Sigma} \boldsymbol{\omega} \leqslant c$$

其中，$\boldsymbol{1}_p = (1,1,\cdots,1)^{\mathrm{T}}$，$c$ 为给定常数，R 表示理论最优收益。但实际上，$\boldsymbol{\mu}$ 与 $\boldsymbol{\Sigma}$ 均未知，其对应估计为样本均值 $\bar{\boldsymbol{x}}$ 及样本协方差矩阵 $\hat{\boldsymbol{\Sigma}}$，因此估计收益为

$$\hat{R} = \max_{\boldsymbol{\omega}} \boldsymbol{\omega}^{\mathrm{T}} \bar{\boldsymbol{x}} \quad \text{s.t.} \quad \boldsymbol{\omega}^{\mathrm{T}} \boldsymbol{1}_p \leqslant 1, \boldsymbol{\omega}^{\mathrm{T}} \hat{\boldsymbol{\Sigma}} \boldsymbol{\omega} \leqslant c$$

表 2 展示了理论收益与估计收益。该实验结果表明当维数 p 较大时，估计收益 $\hat{R}$ 将高于理论收益 R（Bai and Silverstein，2010）。

表 2　理论收益 R 与估计收益 $\hat{R}$ 值

(n, p)	理论收益 R	估计收益 $\hat{R}$
(200, 100)	9.77	**13.89**
(504, 252)	14.71	**20.95**

例 3　令 $\boldsymbol{x}_i = (x_{i1},\cdots,x_{ip})^{\mathrm{T}}$，$i = 1,2,\cdots,n$ 为独立同分布来自正态分布 $N(\boldsymbol{\mu},\boldsymbol{\Sigma})$ 的样本。考虑检验问题

$$H_0 : \boldsymbol{\Sigma} = \boldsymbol{I}_p \quad \text{v.s.} \quad H_1 : \boldsymbol{\Sigma} \neq \boldsymbol{I}_p$$

其中，$\boldsymbol{I}_p$ 为 $p \times p$ 维单位阵。当样本量 n 趋于无穷且维数 p 固定不变时，对数似然比检验统计量 T_n 在 H_0 下满足

$$T_n = n(\operatorname{trace}(\hat{\boldsymbol{\Sigma}}) - \log|\hat{\boldsymbol{\Sigma}}| - p) \xrightarrow{d} \chi^2_{p(p+1)/2}$$

其中，$\xrightarrow{d}$ 表示依分布收敛（Anderson，2003）。图 1 将展示当 $n = 500$ 时，对数似然比

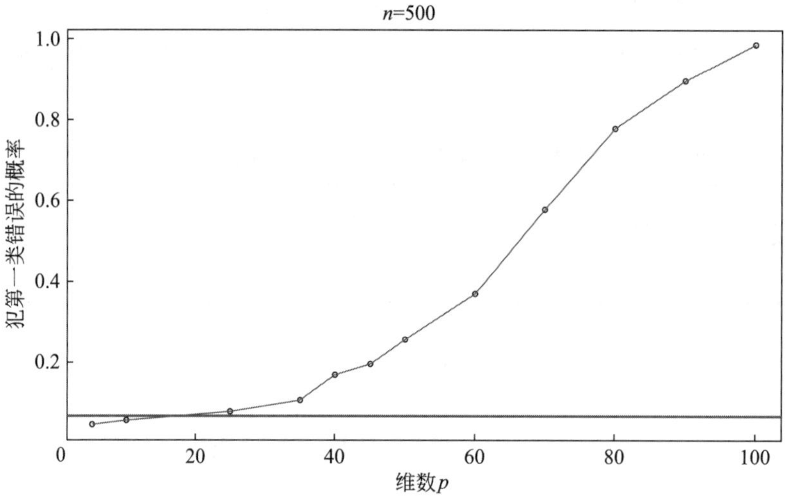

图 1　对数似然比检验犯第一类错误的概率

检验犯第一类错误的概率。图 1 表明当样本量 n 固定时，对数似然比检验犯第一类错误的概率会随着维数 p 的增加而增加；当 p 足够大时，对数似然比检验将100 %犯第一类错误。

3　大维样本协方差矩阵的极限谱分布

接下来，我们将在下述两个假设条件 A1（独立成分结构条件）、条件 A2（收敛性条件）下分别考虑大维样本协方差矩阵的极限谱分布及特征根极值。

条件 A1： $\boldsymbol{x}_i = \boldsymbol{\mu} + \boldsymbol{\Gamma}\boldsymbol{\omega}_i$，其中 $\boldsymbol{\omega}_i = (\omega_{i1}, \cdots, \omega_{ip})^{\mathrm{T}}$，$\{\omega_{ij}, i = 1, 2, \cdots, n, j = 1, 2, \cdots, p\}$ 是独立且同分布于均值为 0、方差为 1 的总体。此外，$\boldsymbol{\Sigma} = \boldsymbol{\Gamma}\boldsymbol{\Gamma}^{\mathrm{T}}$。

条件 A2： $p / n \to y \in (0, +\infty)$。

3.1　大维样本协方差矩阵的极限谱分布

令 $\hat{\lambda}_1 \geqslant \hat{\lambda}_2 \geqslant \cdots \geqslant \hat{\lambda}_p$ 是样本协方差矩阵 $\boldsymbol{S}_n = n^{-1}\sum_{i=1}^{n} \boldsymbol{x}_i \boldsymbol{x}_i^{\mathrm{T}}$ 的特征根，$\delta(\cdot)$ 是示性函数，其经验谱分布（ESD）为

$$F_n(x) = p^{-1}\sum_{j=1}^{p} \delta(\hat{\lambda}_j \leqslant x)$$

Marčenko 和 Pastur（1967）表明，在假定条件 A1，A2 下，当 $\boldsymbol{\mu}=\boldsymbol{0}_p$ 和 $\boldsymbol{\Gamma}=\boldsymbol{I}_p$ 成立时，$F_n(x)$ 的极限为极限谱分布（LSD）$F_y(x)=\int_0^x p_y(t)\mathrm{d}t$（后来人们把它称为 M-P 律），其密度函数为

$$p_y(x)=\frac{1}{2\pi xy}\sqrt{(b-x)(x-a)}\delta(a\leqslant x\leqslant b),\ a=(1-\sqrt{y})^2, b=(1+\sqrt{y})^2$$

我们亦称 $p_y(x)$ 为 $\boldsymbol{S}_n$ 的极限谱密度。图 2 展示了样本特征根 $\hat{\lambda}_j, j=1,2,\cdots,p$ 的直方图和极限谱密度。

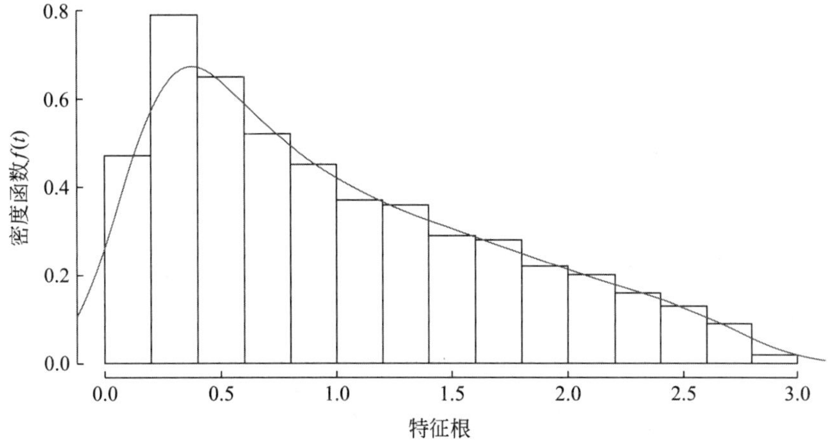

图 2　样本协方差矩阵 $\boldsymbol{S}_n$ 的样本特征根的直方图及极限谱密度

3.2　大维样本协方差矩阵极值特征根的收敛极限和渐近分布

记样本协方差矩阵 $\boldsymbol{S}_n$ 的最小非零特征根为

$$\lambda_{\min}=\begin{cases}\hat{\lambda}_p, & p\leqslant n\\ \hat{\lambda}_n, & p>n\end{cases}$$

在假定条件 A1，A2，$\boldsymbol{\mu}=\boldsymbol{0}_p$，$\boldsymbol{\Gamma}=\boldsymbol{I}_p$ 及 ω_{11} 四阶矩存在的条件下，Yin，Bai 和 Krishnaiah（1988）及 Bai 和 Yin（1993）分别证明了样本协方差矩阵 $\boldsymbol{S}_n$ 的最大特征根 $\hat{\lambda}_1$ 和最小非零特征根 $\hat{\lambda}_{\min}$ 的极限为

$$\hat{\lambda}_1\to(1+\sqrt{y})^2, a.s.$$
$$\hat{\lambda}_{\min}\to(1-\sqrt{y})^2, a.s.$$

随后，Johnstone（2001）、Ma（2012）分别给出最大特征根 $\hat{\lambda}_1$ 及最小特征根 $\hat{\lambda}_p$ $(p \leqslant n-1)$ 的极限分布，相应理论结果见引理 1 及引理 2。

引理 1 （Johnstone，2001）令 $\boldsymbol{x}_i=(x_{i1},\cdots,x_{ip})^{\mathrm{T}}, i=1,2,\cdots,n$ 独立同分布于 $N(\boldsymbol{0}_p,\boldsymbol{I}_p)$。在条件 A1，A2，$\boldsymbol{\mu}=\boldsymbol{0}_p$ 和 $\boldsymbol{\Gamma}=\boldsymbol{I}_p$ 下，

$$\frac{n\hat{\lambda}_1-(\sqrt{n-1}+\sqrt{p})^2}{(\sqrt{n-1}+\sqrt{p})[(n-1)^{-1/2}+p^{-1/2}]^{1/3}} \xrightarrow{d} F_1 \tag{3}$$

其中，

$$F_1(s)=\exp\left\{-\frac{1}{2}\int_s^{+\infty}\left[q(x)+(x-s)q^2(x)\right]\mathrm{d}x\right\},$$
$$q''(x)=xq(x)+2q^3(x), q(x)\sim Ai(x)\ as\ x\to\infty$$

其中，$Ai(x)$ 表示 Airy 函数。

由于 Airy 函数的具体表达式较为复杂，请读者参考 Johnstone（2001）。此外，最小特征根 $\hat{\lambda}_p$ $(p \leqslant n-1)$ 的极限分布在引理 2 中给出。在介绍该引理之前，需定义如下记号：

$$n_-=n-0.5,\ \ p_-=p-0.5,$$
$$\tau_{n,p}^-=\frac{\sigma_{n,p}^-}{\mu_{n,p}^-},\ \ \nu_{n,p}^-=\log\left(\mu_{n,p}^-\right)+\frac{1}{8}\left(\tau_{n,p}^-\right)^2$$

其中，

$$\mu_{n,p}^-=\left(\sqrt{n_-}-\sqrt{p_-}\right)^2,\ \ \sigma_{n,p}^-=\left(\sqrt{n_-}-\sqrt{p_-}\right)\left(1/\sqrt{p_-}-1/\sqrt{n_-}\right)^{1/3}$$

引理 2 （Ma，2012）令 $\boldsymbol{x}_i=(x_{i1},\cdots,x_{ip})^{\mathrm{T}}, i=1,2,\cdots,n$ 独立同分布于 $N(\boldsymbol{0}_p,\boldsymbol{I}_p)$。在假定条件 A1、A2，$\boldsymbol{\mu}=\boldsymbol{0}_p$ 和 $\boldsymbol{\Gamma}=\boldsymbol{I}_p$ 下，

$$\frac{\log\hat{\lambda}_p-\nu_{n,p}^-}{\tau_{n,p}^-} \xrightarrow{d} G_1$$

其中，$G_1(s)=1-F_1(-s)$。

4 大维样本协方差矩阵的应用

4.1 估计高维因子模型中因子个数

因子模型定义如下：

$$\boldsymbol{x}=\boldsymbol{\alpha}+\boldsymbol{B}\boldsymbol{f}+\boldsymbol{\epsilon} \tag{4}$$

其中，$\boldsymbol{x}=(x_1,x_2,\cdots,x_p)^{\mathrm{T}}$ 是 p 维观测向量，$\boldsymbol{f}=(f_1,f_2,\cdots,f_K)^{\mathrm{T}}$ 是 K 维潜在因子向量，$\boldsymbol{\epsilon}=(\epsilon_1,\epsilon_2,\cdots,\epsilon_p)^{\mathrm{T}}$ 是 p 维误差向量，$\boldsymbol{\alpha}$ 是 p 维截距向量，$\boldsymbol{B}=(b_{\ell j})_{\ell=1,2,\cdots,p,j=1,2,\cdots,K}$ 是 $p\times K$ 维载荷矩阵。关于因子模型，一些假定条件如下。

条件 C1： 因子 $f_1,f_2,\cdots,f_K$ 相互独立；因子向量 $(f_1,f_2,\cdots,f_K)^{\mathrm{T}}$ 独立于误差向量 $(\epsilon_1,\epsilon_2,\cdots,\epsilon_p)^{\mathrm{T}}$。

条件 C2： $\mathrm{E}(\boldsymbol{f})=\boldsymbol{0}_K,\mathrm{cov}(\boldsymbol{f})=\boldsymbol{I}_K$。

条件 C3： $\mathrm{E}(\boldsymbol{\epsilon})=\boldsymbol{0}_p,\mathrm{cov}(\boldsymbol{\epsilon})=\boldsymbol{\Psi}>\boldsymbol{0}_{p\times p}$，其中 $\boldsymbol{\Psi}$ 为对角矩阵或者更一般地满足稀疏条件，即存在 $q\in[0,1]$ 使得 $m_p=\max\limits_{i\leqslant p}\sum\limits_{j\leqslant p}|\sigma_{ij}|^q=O(p)$。

条件 C4： $p>K$，并且载荷矩阵 $\boldsymbol{B}$ 是满秩矩阵，即 $\mathrm{rank}(\boldsymbol{B})=K$。

条件 C5： 对任意 $j\in\{1,2,\cdots,K\}$，至少存在两个系数 $b_{\ell_1 j},b_{\ell_2 j}\neq 0$，$\ell_1,\ell_2\in\{1,2,\cdots,p\}$。

假定因子模型（式（4））成立，可将随机向量 $\boldsymbol{x}$ 的总体协方差矩阵 $\boldsymbol{\Sigma}$ 和总体相关矩阵 $\boldsymbol{R}$ 表示为如下形式：

$$\boldsymbol{\Sigma}=\mathrm{cov}(\boldsymbol{x})=\boldsymbol{B}\boldsymbol{B}^{\mathrm{T}}+\boldsymbol{\Psi},\ \boldsymbol{R}=\boldsymbol{Q}\boldsymbol{Q}^{\mathrm{T}}=\boldsymbol{Q}_1\boldsymbol{Q}_1^{\mathrm{T}}+\boldsymbol{Q}_2\boldsymbol{Q}_2^{\mathrm{T}}$$

其中，

$$\begin{aligned}&\boldsymbol{Q}=[\mathrm{diag}(\boldsymbol{\Sigma})]^{-1/2}(\boldsymbol{B},\boldsymbol{\Psi}^{1/2})=(\boldsymbol{Q}_1,\boldsymbol{Q}_2),\\&\boldsymbol{Q}_1=[\mathrm{diag}(\boldsymbol{\Sigma})]^{-1/2}\boldsymbol{B},\quad \boldsymbol{Q}_2=[\mathrm{diag}(\boldsymbol{\Sigma})]^{-1/2}\boldsymbol{\Psi}^{1/2}\end{aligned} \tag{5}$$

$\boldsymbol{Q}_1\boldsymbol{Q}_1^{\mathrm{T}}$ 和 $\boldsymbol{Q}_2\boldsymbol{Q}_2^{\mathrm{T}}$ 分别包含了因子 $f_1,f_2,\cdots,f_K$ 和误差 $\epsilon_1,\epsilon_2,\cdots,\epsilon_p$ 的信息。值得注意的是，$\boldsymbol{B}\boldsymbol{B}^{\mathrm{T}}$ 和 $\boldsymbol{Q}_1\boldsymbol{Q}_1^{\mathrm{T}}$ 均为低秩矩阵。也就是说，因子模型（式（4））将高维协方差矩阵 $\boldsymbol{\Sigma}$ 及高维相关矩阵 $\boldsymbol{R}$ 分解成低秩矩阵及高维稀疏矩阵之和，图 3 清晰地展示了该分解过程。

令样本 $\boldsymbol{x}_i=(x_{i1},x_{i2},\cdots,x_{ip})^{\mathrm{T}},i=1,2,\cdots,n$ 独立同分布来自于因子模型（式（4）），即

$$\boldsymbol{x}_i=\boldsymbol{\alpha}+\boldsymbol{B}\boldsymbol{f}_i+\boldsymbol{\epsilon}_i \tag{6}$$

其中，$\boldsymbol{f}_i=(f_{i1},f_{i2},\cdots,f_{ip})^{\mathrm{T}}$，$\boldsymbol{\epsilon}_i=(\epsilon_{i1},\epsilon_{i2},\cdots,\epsilon_{ip})^{\mathrm{T}}$。定义样本协方差矩阵为

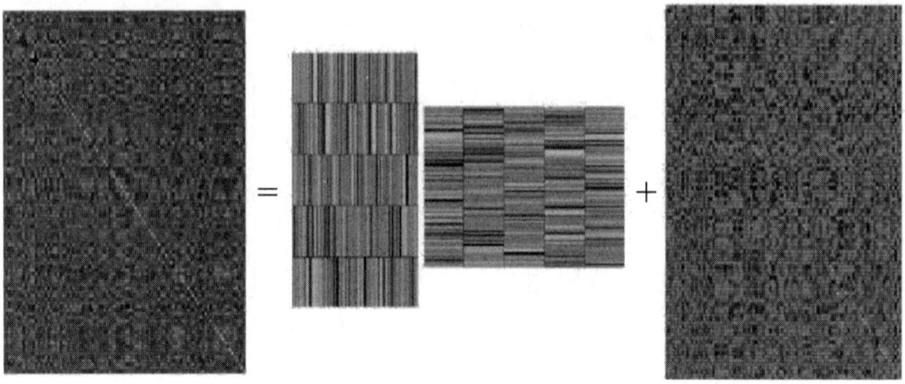

图 3 高维矩阵分解图

$$\hat{\boldsymbol{\Sigma}} = n^{-1}\sum_{i=1}^{n}(\boldsymbol{x}_i - \bar{\boldsymbol{x}})(\boldsymbol{x}_i - \bar{\boldsymbol{x}})^{\mathrm{T}}, \ \bar{\boldsymbol{x}} = n^{-1}\sum_{i=1}^{n}\boldsymbol{x}_i$$

样本相关矩阵为

$$\hat{\boldsymbol{R}}_n = [\mathrm{diag}(\hat{\boldsymbol{\Sigma}})]^{-1/2}\hat{\boldsymbol{\Sigma}}[\mathrm{diag}(\hat{\boldsymbol{\Sigma}})]^{-1/2}$$

估计低秩矩阵的秩在机器学习和统计学等领域中引起了广泛关注，目前已有一系列论文基于样本协方差矩阵 $\hat{\boldsymbol{\Sigma}}$ 的特征根对此问题进行了研究。例如，Bai 和 Ng（2002）提出了 PC、IC 准则，Onatski（2009），Wang（2012），Lam 和 Yao（2012），Ahn 和 Horenstein（2013）也都研究了该课题。此外，Dobriban 和 Owen（2019），Dobriban（2020）基于门阀的思想提出了相应的准则。值得注意的是，协方差具有受尺度影响的特性，所以自然可以推测协方差矩阵特征根也会受尺度影响，下述例子详细阐述了该性质。

例 4 令

$$\boldsymbol{\Sigma} = \boldsymbol{B}\boldsymbol{B}^{\mathrm{T}} + \boldsymbol{\Psi} = \begin{pmatrix} \boldsymbol{B}_1\boldsymbol{B}_1^{\mathrm{T}} + I_K & 0 & 0 & 0 & 0 \\ 0 & \nu_{K+1}^2 & 0 & 0 & 0 \\ 0 & 0 & 1 & 0 & 0 \\ \vdots & \vdots & \vdots & \vdots & \vdots \\ 0 & 0 & 0 & 0 & 1 \end{pmatrix}$$

其中，$\boldsymbol{\Psi} = \mathrm{diag}(\underbrace{1,\cdots,1}_{K}, \nu_{K+1}^2, 1,\cdots,1)$，$\boldsymbol{B}^{\mathrm{T}} = (\boldsymbol{B}_1^{\mathrm{T}}, \boldsymbol{0}_{K\times(p-K)})$。当 ν_{K+1}^2 大时，$\boldsymbol{\Sigma}$ 将有 $K+1$ 个特征根很大，但低秩矩阵的秩是 K。

这意味着，利用样本协方差矩阵的特征根来估计低秩矩阵的秩时将会出现高估的情况。但非常有意思的是下文中的例 5 将表明，相关矩阵 $\boldsymbol{R}$ 特征根大于 1 的个数与因子个数或低秩矩阵的秩是相等的。

例 5 令 $\{b_{\ell j}, \ell=1,2,\cdots,p, j=1,2,\cdots,K\}$ 独立同分布于均匀分布 $U(-1,1)$，$\boldsymbol{\Psi}=\sigma^2\boldsymbol{I}_p$。令 $\lambda_j(\boldsymbol{R})$ 表示相关矩阵 $\boldsymbol{R}$ 的第 j 大的特征根，表 3 中的数据表示当 $\operatorname{rank}(\boldsymbol{B})=K$ 时，相关矩阵特征根大于 1 的个数。

表 3　满足条件 $\lambda_j(\boldsymbol{R})>1$ 的相关矩阵 $\boldsymbol{R}$ 的特征根个数

	$K=5$			$K=10$		
p	$\sigma^2=1$	$\sigma^2=2$	$\sigma^2=3$	$\sigma^2=1$	$\sigma^2=2$	$\sigma^2=3$
50	5	5	5	10	10	10
100	5	5	5	10	10	10

注：$\operatorname{rank}(\boldsymbol{B})=K$。

定理 1　（Fan，Guo and Zheng，2022）在条件 C1 ~ C5 和 $\|[\operatorname{diag}(\boldsymbol{\Sigma})]^{-1}\boldsymbol{\Psi}\|\leqslant 1$ 条件下，有

$$\lambda_j(\boldsymbol{R})\leqslant 1,\quad j=K+1,\cdots,p$$

此外，进一步有

$$K=\max\{j:\lambda_j(\boldsymbol{R})>1, j\in\{1,2,\cdots,p\}\} \tag{7}$$

其中，p 足够大并且 $\delta_1>\delta_2+\delta_3\geqslant 0$，$\delta_3<0.5$，

$$\begin{aligned}
&\|[\operatorname{diag}(\boldsymbol{\Sigma})]^{-1/2}\boldsymbol{B}\|_F^2=O(p^{\delta_1}),\quad K=O(p^{\delta_3}),\\
&\|\boldsymbol{B}^{\mathrm{T}}[\operatorname{diag}(\boldsymbol{\Sigma})]^{-1}\boldsymbol{B}\|\cdot\|\{\boldsymbol{B}^{\mathrm{T}}[\operatorname{diag}(\boldsymbol{\Sigma})]^{-1}\boldsymbol{B}\}^{-1}\|=O(p^{\delta_2}),\\
&\|[\operatorname{diag}(\boldsymbol{\Sigma})]^{-1}\boldsymbol{\Psi}\|\leqslant 1
\end{aligned}$$

基于定理 1，我们提出了一个估计高维因子模型中因子个数或低秩矩阵秩的方法如下，并称之为 ACT 估计准则。

4.1.1　ACT 估计准则

令 $\hat{\lambda}_j=\lambda_j(\hat{\boldsymbol{R}}_n)$ 表示样本相关矩阵 $\hat{\boldsymbol{R}}_n$ 的第 j 大的特征根，定义

$$m_{n,j}(z)=(p-j)^{-1}\left\{\sum_{\ell=j+1}^{p}(\hat{\lambda}_{\ell}-z)^{-1}+[(3\hat{\lambda}_j+\hat{\lambda}_{j+1})/4-z]^{-1}\right\},$$

$$\underline{m}_{n,j}(z)=-(1-y_{j,n-1})z^{-1}+y_{j,n-1}m_{n,j}(z)$$

其中，$y_{j,n-1}=(p-j)/(n-1)$。令 $\hat{\lambda}_j$ 的修正估计为

$$\hat{\lambda}_j^C=-\frac{1}{\underline{m}_{n,j}(\hat{\lambda}_j)},\quad j\in\{1,2,\cdots,r_{\max}\}$$

其中，$r_{\max}$ 是事先给定的因子个数或低秩矩阵的秩的最大数。基于修正特征根，提出如下 ACT 估计准则：

$$\hat{K}^C=\max\{j:\hat{\lambda}_j^C>1+\sqrt{p/(n-1)},\ j\in[r_{\max}]\}\tag{8}$$

这里 $\hat{K}^C$ 就是估计的因子个数或低秩矩阵的秩。该准则在（Fan, et al.，2022）中提出。

4.1.2 模拟研究

令样本量 $n=300$，样本维数 $p=100,300,500,1000$，根据

$$\boldsymbol{x}_i=\boldsymbol{Bf}_i+\boldsymbol{\epsilon}_i,\quad i=1,2,\cdots,n$$

生成 n 个样本，并设置高维因子模型中公共因子个数 $K=5$。对于误差项量及公共因子，分别考虑其来自正态总体及均匀总体这两种情形。

- 正态总体：$\boldsymbol{\epsilon}_i,i=1,2,\cdots,n$ 独立同分布于 $N(\boldsymbol{0}_p,\mathrm{diag}(\nu_1^2,\nu_2^2,\cdots,\nu_p^2))$；$\boldsymbol{f}_i,i=1,2,\cdots,n$ 独立同分布于 $N(\boldsymbol{0}_k,\boldsymbol{I}_k)$；
- 均匀总体：$\boldsymbol{\epsilon}_i,i=1,2,\cdots,n$ 独立同分布且其分量 ϵ_{ij} 来自均匀分布 $\mathrm{Unif}(-\sqrt{3}\nu_j,\sqrt{3}\nu_j)$；$f_{ik},i=1,2,\cdots,n$，$k=1,2,\cdots,K$ 独立同分布来自于 $\mathrm{Unif}(-\sqrt{3},\sqrt{3})$。

此外，关于因子载荷矩阵 $\boldsymbol{B}=(b_{\ell j})_{\ell=1,\cdots,p,j=1,\cdots,K}$，考虑如下两个情形。

- 情形 1：令 $b_{\ell j}\overset{iid}{\sim}N(0,1)$，$\nu_1^2=\cdots=\nu_p^2=180$。
- 情形 2：令 $b_{jj}=1$，$b_{\ell j}\sim N(0,0.04)$，$j\neq\ell$，$\nu_1^2,\nu_2^2,\cdots,\nu_p^2\sim\mathrm{Unif}(0,5.5)$。

记 ACT 为我们提出的估计准则（式（8）），PC_3 及 IC_3 分别表示 Bai 和 Ng（2002）提出的准则，ON_2 表示 Onatski（2009）提出的准则，ER 及 GR 表示 Ahn 和 Horenstein（2013）提出的准则。所有模拟结果基于 1000 次重复实验。模拟研究的设置和下面的模拟结果见表 4 和表 5（Fan，et al.，2022）。

表 4 情形 1，$n = 300$：“TRUE”，“OVER”及“UNDER”分别表示 1000 次模拟中准确估计、高估、低估因子个数的百分比；“AVE”表示 1000 次模拟中因子个数的平均值

p		PC_3	IC_3	ON_2	ER	GR	ACT
				正态总体			
100	TRUE	0	0	0.1	5.5	5.8	0
	OVER	0	0	0	9.6	9.7	0
	UNDER	100	100	99.9	84.9	84.5	100
	AVE	1	1	1.27	2.51	2.54	1.06
300	TRUE	0	0	1.1	4.2	4.6	5.4
	OVER	0	0	0	0.8	0.9	0
	UNDER	100	100	98.9	95	94.5	94.6
	AVE	1	1	2.85	2.1	2.14	2.91
500	TRUE	0	0	32.5	26.0	27.3	71.3
	OVER	0	0	0	0.2	0.2	2.8
	UNDER	100	100	67.5	73.8	72.5	25.9
	AVE	1	1	4.2	2.92	2.97	4.74
1000	TRUE	0	0	99.6	92.3	92.7	96.2
	OVER	0	0	0	0	0	3.8
	UNDER	100	100	0.4	7.7	7.3	0
	AVE	1	1	5	4.81	4.83	5.04
				均匀总体			
100	TRUE	0	0	0	5.0	5.1	0
	OVER	0	0	0	6.8	7.0	0
	UNDER	100	100	100	88.2	87.9	100
	AVE	1	1	1.27	2.33	2.35	1.08
300	TRUE	0	0	0.5	5.2	5.5	4.6
	OVER	0	0	0	1.2	1.3	0.10
	UNDER	100	100	99.5	93.6	93.2	95.30
	AVE	1	1	2.87	2.25	2.28	2.92
500	TRUE	0	0	37.3	31.5	32.6	76.10
	OVER	0	0	0.1	0.2	0.2	1.10
	UNDER	100	100	62.6	68.3	67.2	22.80
	AVE	1	1	4.26	3.08	3.13	4.76
1000	TRUE	0	0	99.8	94.5	94.7	96.8
	OVER	0	0	0.1	0	0	3.2
	UNDER	100	100	0.1	5.5	5.3	0
	AVE	1	1	5	4.88	4.88	5.03

表 5　情形 2，$n=300$：“TRUE”,“OVER”及“UNDER”分别表示 1000 次模拟中准确估计、高估、低估因子个数的百分比；“AVE”表示 1000 次模拟中因子个数的平均值

p		PC_3	IC_3	ON_2	ER	GR	ACT
正态总体							
100	TRUE	0.2	0	0.7	3.9	4.6	98.20
	OVER	0	0	0	1.9	2.4	0.20
	UNDER	99.8	100	99.3	94.2	93	1.60
	AVE	2.4	1	2.85	2.14	2.21	4.99
300	TRUE	99.5	81.7	97.8	81.6	83	99.3
	OVER	0.1	0	0.1	0	0	0.7
	UNDER	0.4	18.3	2.1	18.4	17.0	0
	AVE	5	4.81	4.98	4.55	4.6	5.01
500	TRUE	63.9	18.5	100	99.9	99.9	99.4
	OVER	0	0	0	0	0	0.6
	UNDER	36.1	81.5	0	0.1	0.1	0
	AVE	4.63	3.81	5	5	5	5.01
1000	TRUE	4.9	0.1	99.9	100	100	99.5
	OVER	0	0	0.1	0	0	0.5
	UNDER	95.1	99.9	0.0	0	0	0
	AVE	3.6	2.54	5	5	5	5
均匀总体							
100	TRUE	0.3	0	1.3	4.7	5.0	96.0
	OVER	0	0	0	2.4	2.8	0.5
	UNDER	99.7	100	98.7	92.9	92.2	3.5
	AVE	2.32	1	2.87	2.21	2.28	4.97
300	TRUE	99.6	88.1	98.8	87.7	88.7	99.6
	OVER	0	0	0.1	0	0	0.4
	UNDER	0.4	11.9	1.1	12.3	11.3	0
	AVE	5	4.88	4.99	4.73	4.76	5
500	TRUE	67.1	18.1	99.8	99.8	99.8	99.7
	OVER	0	0	0.2	0	0	0.3
	UNDER	32.9	81.9	0	0.2	0.2	0
	AVE	4.66	3.85	5	5	5	5
1000	TRUE	6.4	0.2	99.9	100	100	99.3
	OVER	0	0	0.1	0	0	0.7
	UNDER	93.6	99.8	0	0	0	0
	AVE	3.71	2.54	5	5	5	5.01

4.2 大维样本协方差矩阵在多重相关系数中的应用

我们假定 p 维随机向量 $\boldsymbol{x}=(x_1,x_2,\cdots,x_p)^{\mathrm{T}}$ 满足独立成分模型，即 $\boldsymbol{x}_1,\boldsymbol{x}_2,\cdots,\boldsymbol{x}_n$ 为独立同分布随机样本且满足

$$\boldsymbol{x}_i=\begin{pmatrix}\boldsymbol{d}_1\\ \boldsymbol{D}_2\end{pmatrix}\boldsymbol{\omega}_i,\quad i=1,2,\cdots,n \tag{9}$$

其中，$\boldsymbol{d}_1$ 是 $1\times m$ 维向量，$\boldsymbol{D}_2$ 是 $(p-1)\times m$ 维矩阵（秩为 $p-1$，$m\geqslant p$），$\boldsymbol{\omega}_i$ 为 m 维的独立同分布样本且满足 $\mathrm{E}(\boldsymbol{\omega}_i)=\boldsymbol{0}_p$，$\mathrm{cov}(\boldsymbol{\omega}_i)=\boldsymbol{I}_m$。多重相关系数的定义见式（1），样本多重相关系数的定义见式（2）。当多重相关系数 ρ 很小时，即使样本来自正态分布，$\hat{\rho}$ 相对于 ρ 仍具有向上偏的误差，即 $\mathrm{E}(\hat{\rho}^2)\geqslant\rho^2$。Anderson（2003）受高斯模型启发，使用截断技术提出了调整后的样本多重相关系数：

$$\rho^*=\sqrt{\max\left\{\hat{\rho}^2-\frac{p-1}{n-p}(1-\hat{\rho}^2),\ 0\right\}} \tag{10}$$

在给出 $\hat{\rho}$ 及 ρ^* 的渐近理论之前，首先需要定义

$$\sigma^2(t)=2[y+(1-y)t]^2-2[-2(1-y)t^2+4(1-y)t+2y][y+(1-y)t-1/2] \tag{11}$$

其中，$y_n=p/n\to y\in[0,1)$。

定理 2 （Zheng，et al.，2014）在独立成分结构假定（式（9））下，如果 $\boldsymbol{\omega}_i$ 存在有限四阶矩，L_∞ 模 $\|\boldsymbol{d}_1\|_\infty=o(1)$，则有 $\rho^{*2}\longrightarrow\rho^2$（几乎处处收敛），且随着 $n\to\infty$，

$$n^{1/2}\{\hat{\rho}^2-y_n-(1-y_n)\rho^2\}\xrightarrow{d}N\{0,\sigma^2(\rho^2)\}$$

其中，$y_n=p/n\to y<1$。如果 $\rho^2>0$，则有

$$n^{1/2}(\rho^{*2}-\rho^2)\xrightarrow{d}N(0,\sigma^2(\rho^2)/(1-y)^2) \tag{12}$$

$$n^{1/2}\{g(\rho^{*2})-g(\rho^2)\}\xrightarrow{d}N(0,1) \tag{13}$$

其中，$g(x)=\int_0^x(1-y)/\sigma(t)\mathrm{d}t\ (x\geqslant0)$。如果 $\rho^2=0$，则有

$$n^{1/2}(\hat{\rho}^2-y_n)\xrightarrow{d}N\{0,2y(1-y)\} \tag{14}$$

$$(2n)^{1/2}\{\arccos(\hat{\rho})-\arccos(y_n^{1/2})\}\xrightarrow{d}N(0,1) \tag{15}$$

4.2.1 基于调整后多重相关系数的置信区间估计法

基于定理 2 中式（13），可以得到 ρ^2 的 $(1-\alpha)100\%$ 渐近置信区间（L, U），其中

$$L=\min\left\{0\leqslant x\leqslant 1: g(x)\geqslant g(\rho^{*2})-n^{-1/2}z_{\alpha/2}\right\},$$
$$U=\max\left\{0\leqslant x\leqslant 1: g(x)\leqslant g(\rho^{*2})+n^{-1/2}z_{\alpha/2}\right\} \tag{16}$$

$z_{\alpha/2}$ 是标准正态分布的上 $\alpha/2$ 分位点。该置信区间见（Zheng，et al.，2014）。

4.2.2 模拟研究

接下来，将介绍具体模拟设置并基于 10 000 次重复模拟实验来评估置信区间（式（16））的估计效果。下面的模拟设置和模拟结果见表 6（Zheng，et al.，2014）。考虑 $\rho=0.2,0.4,0.6$，当 $y=0.2$ 时，$p=20,30,60$；当 $y=0.8$ 时，$p=20,60,200$ 且 $m=p$。此外，我们设置 $k=\dfrac{p(1+p)}{2}$。样本 $\boldsymbol{x}_1,\boldsymbol{x}_2,\cdots,\boldsymbol{x}_n$ 由模型式（9）生成，其中 $\boldsymbol{d}_1$，$\boldsymbol{D}_2$ 满足

（1）向量 $\boldsymbol{d}_1$ 的所有元素均为 $p^{-1/2}$；

（2）矩阵 $\boldsymbol{D}_2$ 第一行的前 k 个元素等于 $p^{-1/2}$，其余元素等于 $-p^{-1/2}$；

（3）对任意 $l=2,3,\cdots,k$，矩阵 $\boldsymbol{D}_2$ 第 l 行前 $l-1$ 个元素等于 $l^{-1/2}(l-1)^{-1/2}$，第 l 个元素等于 $-l^{-1/2}(l-1)^{-1/2}$，其余为 0;

（4）对任意 $l=k+1,\cdots,p$，矩阵 $\boldsymbol{D}_2$ 第 l 行前 k 个元素为 0，接下来的 $l-k-1$ 个元素等于 $(l-k+1)^{-1/2}(l-k)^{-1/2}$，第 l 个元素等于 $-(l-k+1)^{-1/2}(l-k)^{1/2}$，其余为 0。

从表 6 可以看出，相比于其他方法，基于调整后的样本多重相关系数 ρ^* 所提出的置信区间估计式（16）无论在低维 $(y=0.2)$ 还是高维 $(y=0.8)$ 情形下均具有良好表现，其置信区间长度覆盖率始终接近 95%。

表 6 ρ^2 的 95% 渐近置信区间的平均覆盖率（%）及平均长度（在圆括号中），其中 ω_{ij} 服从均匀分布

p		ρ		
		0.2	0.6	0.8
y=0.2				
20	M1	95.9 (0.19)	94.9 (0.33)	94.9 (0.26)
	A1	90.5 (0.06)	0.0 (0.07)	0.0 (0.07)
	B1	43.6 (0.05)	67.8 (0.30)	76.9 (0.24)
30	M1	95.2 (0.17)	94.7 (0.27)	95.2 (0.21)
	A1	69.5 (0.04)	0.0 (0.05)	0.0 (0.05)
	B1	28.1 (0.02)	58.5 (0.26)	67.7 (0.20)

续表

p		ρ		
		0.2	0.6	0.8
y=0.2				
60	M1	95.4 (0.13)	95.3 (0.20)	95.0 (0.15)
	A1	0.0 (0.02)	0.0 (0.02)	0.0 (0.02)
	B1	7.4 (0.01)	32.8(0.19)	45.6 (0.15)
y=0.8				
20	M1	93.2 (0.52)	92.4 (0.68)	93.7 (0.83)
	A1	95.6 (0.20)	0.0 (0.23)	0.0 (0.25)
	B1	25.6 (0.12)	26.2 (0.18)	26.6 (0.20)
60	M1	95.1 (0.47)	94.6 (0.60)	94.6 (0.69)
	A1	90.5 (0.07)	0.0 (0.09)	0.0 (0.09)
	B1	9.7 (0.02)	10.9 (0.07)	13.2 (0.10)
200	M1	95.0 (0.29)	95.0 (0.46)	94.6 (0.33)
	A1	0.0 (0.03)	0.0 (0.03)	0.0 (0.03)
	B1	1.4 (0.01)	1.0 (0.02)	1.5 (0.04)

注：方法 M1 基于置信区间式（16），方法 A1 基于 Anderson（2003）提出的经典方法，方法 B1 基于 Davison 和 Hinkley（1997）中的 Bootstrap 方法。

5 总结和展望

目前，在大维随机矩阵理论的研究中，大维样本协方差矩阵、大维样本相关矩阵的极限谱分布，线性谱统计量的中心极限定理，极大、极小特征根的极限和渐近分布都得到了较为详细的研究。但相依数据的研究具有一定的困难，研究相对较少，其构成的大维样本协方差矩阵的谱性质的研究将是我们未来研究的重点。

参考文献

[1] Ahn S C, Horenstein A R. Eigenvalue ratio test for the number of factors[J]. Econometrica, 2013, 81(3): 1203-1227.

[2] Anderson T W. An introduction to multivariate statistical analysis[M]. New York: Wiley, 2003.

[3] Bai J, Ng S. Determining the number of factors in approximate factor models[J]. Econometrica, 2002, 70(1): 191-221.

[4] Bai Z D, Yin Y Q. Limit of the smallest eigenvalue of a large dimensional sample covariance matrix[J]. The Annals of Probability, 1993, 21(3): 1275-1294.

[5] Bai Z D, Silverstein J W. CLT for linear spectral statistics of large-dimensional sample covariance matrices[J]. The Annals of Probability, 2004, 32(1A): 553-605.

[6] Bai Z D, Silverstein J W. Spectral analysis of large-dimensional random matrices[M]. 2nd edition. Springer, 2010.

[7] Davison A, Hinkley D. Bootstrap methods and their application (Cambridge Series in Statistical and Probabilistic Mathematics) [M]. Cambridge University Press, 1997.

[8] Dobriban E. Permutation methods for factor analysis and PCA[J]. The Annals of Statistics, 2020, 48(5): 2824-2847.

[9] Dobriban E, Owen A B. Deterministic parallel analysis: an improved method for selecting factors and principal components[J]. Journal of the Royal Statistical Society Series B: Statistical Methodology, 2019, 81(1): 163-183.

[10] Fan J Q, Guo J H, Zheng S R. Estimating number of factors by adjusted eigenvalues thresholding[J]. Journal of the American Statistical Association, 2022, 117(538): 852-861.

[11] Johnstone I M. On the distribution of the largest eigenvalue in principal components analysis[J]. The Annals of Statistics, 2001, 29(2): 295-327.

[12] Lam C, Yao Q. Factor modeling for high-dimensional time series: inference for the number of factors[J]. The Annals of Statistics, 2012, 40(2): 694-726.

[13] Marcenko V A, Pastur L A. Distribution of eigenvalues for some sets of random matrices[J]. Mathematics of the USSR-Sbornik, 1967, 1(4): 457-483.

[14] Ma Z. Accuracy of the Tracy-Widom limits for the extreme eigenvalues in white Wishart matrices[J]. Bernoulli, 2012, 18(1): 322-359.

[15] Onatski A. Testing hypotheses about the number of factors in large factor models[J]. Econometrica, 2009, 77(5): 1447-1479.

[16] Wang H. Factor profiled sure independence screening[J]. Biometrika, 2012, 99(1): 15-28.

[17] Yin Y Q, Bai Z D, Krishnaiah P R. On the limit of the largest eigenvalue of the large dimensional sample covariance matrix[J]. Probability Theory and Related Fields, 1988, 78: 509-521.

[18] Zheng S R, Jiang D D, Bai Z D, et al. Inference on multiple correlation coefficients with moderately high dimensional data[J]. Biometrika, 2014, 101(3): 748-754.

多目标演化学习：理论与算法进展

钱 超

（南京大学人工智能学院）

1 引言

机器学习[1]是人工智能的核心领域之一，旨在从数据中学得具有泛化能力的模型，以改善系统自身的性能。机器学习正在许多应用中发挥越来越重要的作用。机器学习过程一般由三个部分组成[2]：模型表示、模型评估、模型优化，如图 1 所示。为解决复杂学习任务，我们往往需要使用非线性模型形式和/或非凸模型评估函数，这导致学习问题常归结为复杂优化问题，其目标函数往往具有不可导、不连续、存在多个局部最优解等性质，且目标数通常并不唯一。例如，集成剪枝在选择个体学习器子集时，一方面希望集成后的泛化性能尽可能好，另一方面则希望选择的学习器数目尽可能少，从而减少存储和预测开销；神经网络结构搜索在最大化网络精度的同时，也要求尽量减少计算开销。这些复杂性质可能使得传统优化算法（例如梯度下降法）失效，而其他一些强大的优化算法（例如本文讨论的演化算法）可能会大有用武之地。

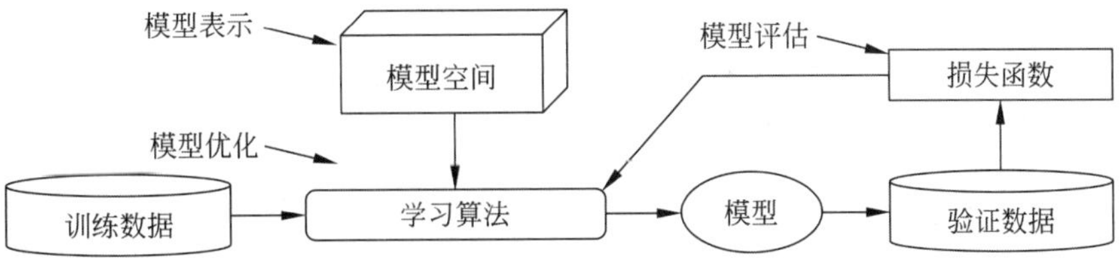

图 1 典型机器学习过程的三个构成部分

在介绍演化算法之前，首先对多目标优化的基本概念进行简单介绍。多目标优化要求同时优化两个甚至多个目标函数，见定义 1。其中，由所有可行解（即满足约束的解）

构成的空间被称为可行域。由于目标之间往往存在冲突，即单独优化某个目标可能使其他目标变差，这导致不存在一个解，能在所有目标上最优，而是存在一组帕累托最优解，见定义 3，它们代表了多个目标不同权衡下的最优。在多目标下，通常采用定义 2 中的支配关系对解进行比较：解与解之间可能不可比，解空间不再是一个全序关系，而是一个偏序关系。因此，多目标优化相比单目标情形要复杂得多，旨在找到定义 3 中的帕累托前沿。

定义 1［多目标优化］ 给定可行域 $\mathcal{S}$ 及 m 个目标函数 $f_1, f_2, \cdots, f_m$，找到解 $\boldsymbol{s}^*$ 满足

$$\boldsymbol{s}^* = \underset{s \subseteq \mathcal{S}}{\arg\max}\, \boldsymbol{f}(\boldsymbol{s}) = \underset{s \subseteq \mathcal{S}}{\arg\max} \left(f_1(\boldsymbol{s}), f_2(\boldsymbol{s}), \cdots, f_m(\boldsymbol{s}) \right)$$

其中，$\boldsymbol{f}(\boldsymbol{s}) = \left(f_1(\boldsymbol{s}), f_2(\boldsymbol{s}), \cdots, f_m(\boldsymbol{s}) \right)$ 表示解 $\boldsymbol{s}$ 的目标向量。

定义 2［支配关系］ 给定可行域 $\mathcal{S}$ 以及目标空间 $\mathbb{R}^m$，令 $\boldsymbol{f} = \left(f_1, f_2, \cdots, f_m \right): \mathcal{S} \to \mathbb{R}^m$ 表示目标向量。对于两个解 $\boldsymbol{s}$ 和 $\boldsymbol{s}' \in \mathcal{S}$，

（1）若 $\forall i \in [m]: f_i(\boldsymbol{s}) \geqslant f_i(\boldsymbol{s}')$，则 $\boldsymbol{s}$ 弱支配 $\boldsymbol{s}'$，记为 $\boldsymbol{s} \succeq \boldsymbol{s}'$；

（2）若 $\boldsymbol{s} \succeq \boldsymbol{s}'$ 且 $\exists i \in [m]: f_i(\boldsymbol{s}) > f_i(\boldsymbol{s}')$，则 $\boldsymbol{s}$ 支配 $\boldsymbol{s}'$，记为 $\boldsymbol{s} \succ \boldsymbol{s}'$；

（3）若 $\boldsymbol{s} \succeq \boldsymbol{s}'$ 和 $\boldsymbol{s}' \succeq \boldsymbol{s}$ 均不成立，则两者不可比。

定义 3［帕累托最优］ 给定可行域 $\mathcal{S}$ 及目标空间 $\mathbb{R}^m$，令 $\boldsymbol{f} = \left(f_1, f_2, \cdots, f_m \right): \mathcal{S} \to \mathbb{R}^m$ 表示目标向量。若某个解不被任意其他解支配，则它是帕累托最优的。所有帕累托最优解的目标向量构成的集合称为帕累托前沿。

演化算法[3]是受达尔文进化论启发的一大类随机优化算法，通过考虑“变异繁殖”和“择优选择”这两个关键因素来模拟自然演化过程。用演化的思想解决复杂问题，最早由图灵在 20 世纪 50 年代提出[4]。这类算法发展至今，已有许多不同的实现，例如遗传算法、遗传编程、演化策略等，但典型的演化算法都能抽象为以下四个步骤（见图 2）：

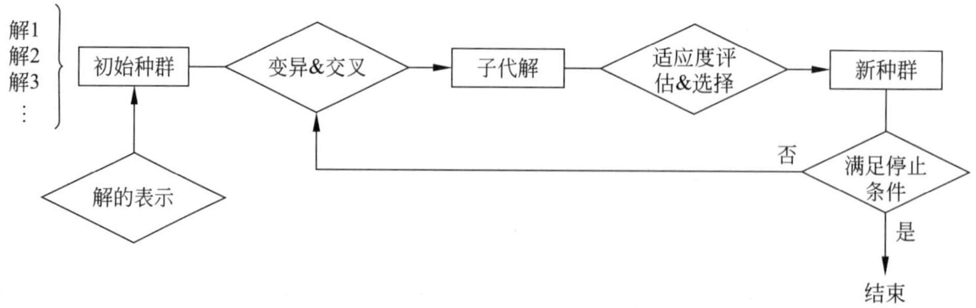

图 2　演化算法的一般结构

（1）生成一个包含若干初始解的集合，称为种群；

（2）基于当前种群，通过变异、交叉等算子繁殖一些子代解；

（3）从当前种群和产生的子代解中移除一些相对差的解，形成新的种群；

（4）返回第二步并重复运行，直至满足某个停止条件。

从上述过程可以看出，演化算法在求解优化问题时，只需能够对解的优劣进行评估，而无须问题结构信息。特别地，演化算法在缺乏目标函数的梯度信息甚至缺乏目标函数的显式表达式时也能使用，只需能够通过实验或仿真模拟评估解的相对优劣即可。因此，演化算法被视为一种通用优化算法，甚至能以“黑箱”的方式求解优化问题。另外，演化算法基于种群搜索（即在优化过程中维持一个解集）的特质正好和多目标优化寻找帕累托最优解集的要求相配，也就是说，演化算法运行一次即可找到多个帕累托最优解，因此演化算法天生适于求解多目标优化问题，例如经典的多目标演化算法 NSGA-II[5]在 Google Scholar 上的引用达 4 万余次。演化算法已在复杂优化任务中取得诸多成功应用，例如，日本中央铁路公司使用演化算法对高铁头部形状进行优化，节省能耗 19%；美国宇航局则使用演化算法对天线形状进行优化，功效从 38%提升至 93%。

由于强大的优化能力及其通用性，演化算法已被用于求解机器学习中的复杂多目标优化问题。例如，被成功地用于集成剪枝任务，在获得更好泛化性能的同时，使用了更少的个体学习器[6]；也被用于神经网络结构搜索，通过演化得到的人工神经网络模型能获得与手工设计的模型相媲美的性能[7]。然而，尽管多目标演化学习（multi-objective evolutionary learning）已取得了诸如此类的许多成功，但因其缺少坚实的理论基础，在很长时期内未获得机器学习社区的广泛接受。

本文将介绍我们试图为多目标演化学习建立理论基础所做的一系列工作。第 2 节针对演化算法的重要理论性质——运行时间复杂度，给出了一个通用分析方法，即调换分析法（switch analysis）。第 3 节给出了关于演化算法的一系列理论结果，包括演化算法关键要素——交叉算子对其性能的影响，以及如何处理机器学习中常见的约束优化和带噪优化等。第 4 节则给出了针对在机器学习中具有广泛应用的子集选择问题，一系列基于理论结果启发的具有一定理论保障的多目标演化学习算法。第 5 节进行总结。

2 理论分析工具——调换分析

演化算法的实现方式多样，如解的表示方式、父代选择、交叉算子、变异算子、生存选择这些关键要素都可以采用不同的实现方式，而且面临的问题也是各种各样的。若每次面对新的算法求解新的问题时都特定性地开展分析，显得极为不便，亟需通用的工具来引导分析。虽然在过去的 20 多年里，演化算法的理论研究取得了长足发展[8-9]，但通用的理论分析工具依然较为欠缺。

本节介绍一种分析演化算法运行时间的方法, 即调换分析法[10]。算法求解问题的效能常用运行时间复杂度来刻画，这也是随机搜索启发式的一个基本理论性质。由于适应度评估往往是演化算法运行过程中代价最大的计算过程，因此用于单目标优化的演化算法的运行时间往往被定义为首次找到一个“期望解”所需的适应度评估（即目标函数 f 的计算) 次数。在进行精确分析时，所考虑的期望解为最优解；而对于近似分析，期望解则是满足一定近似保证的解。对于多目标优化，演化算法的运行时间则被定义为找到帕累托前沿或者帕累托前沿的一个近似所需的对目标向量 $\boldsymbol{f}$ 的计算次数。

调换分析法通过对比两个演化过程的期望运行时间实现分析。具体而言，为了分析一个给定的演化算法在一个给定问题上的期望运行时间，调换分析法将该演化过程与一个参照演化过程进行比较，从而可以计算出二者的期望运行时间之间的关系。这里，参照过程可专门设计，使得参照过程容易分析，进而使得原问题的分析也得到了简化。例如，若待分析的演化过程使用了交叉算子，则参照过程可设计为去除交叉算子后的相应算法。调换分析法的示意图如图 3 所示，下面将对该方法进行详细介绍。

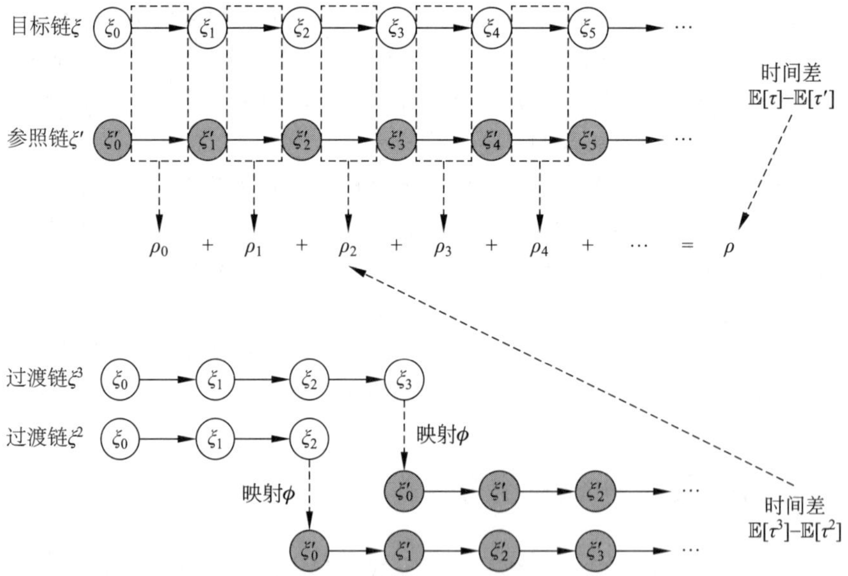

图 3 调换分析法示意图：两条链 ξ 和 ξ' 的时间差可通过累加它们的单步时间差得到，即两条过渡链 ξ^i 和 ξ^{i+1} 的时间差，其中 ξ^i 和 ξ^{i+1} 的差异仅取决于 i 时刻的单步转移

在使用调换分析法时，演化过程被建模为马尔可夫链，如图 4 所示，这是因为在演化算法的运行过程中，子代解往往由当前解变化产生，满足马尔可夫性。马尔可夫链是一个随机变量序列 $\{\xi_t\}_{t=0}^{+\infty}$，其中变量 ξ_{t+1} 仅依赖于变量 ξ_t，即 $P\left(\xi_{t+1}|\xi_t,\cdots,\xi_0\right)=P\left(\xi_{t+1}|\xi_t\right)$。可见，马尔可夫链可完全由初始状态 ξ_0 和转移概率 $P\left(\xi_{t+1}|\xi_t\right)$ 所刻画。

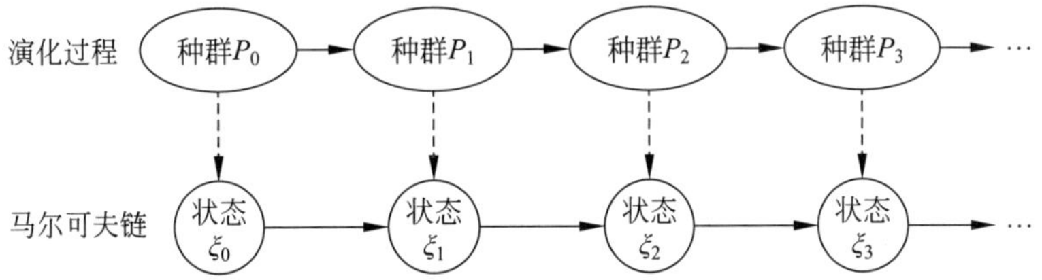

图 4　演化过程的马尔可夫链建模，其中 P_i 表示演化算法运行 i 轮后的种群

将待分析的演化过程和构造的参照演化过程建模为两条马尔可夫链 $\xi\in\mathcal{X}$ 和 $\xi'\in\mathcal{Y}$。令 τ 和 τ' 分别表示它们的首达时。如定理 1 所述，调换分析法比较两条马尔可夫链的分布-条件首达时，即 $\mathbb{E}\left[\tau|\ \xi_0\sim\pi_0\right]$ 和 $\mathbb{E}[\tau'|\ \xi_0'\sim\pi_0^{\phi}]$，其中 π_0 和 π_0^{ϕ} 分别是两条链的初始状态分布。考虑到两条链的状态空间可能不同，定义 4 给出了状态空间之间的对齐映射。

定义 4［对齐映射］　给定目标子空间分别为 $\mathcal{X}^*$ 和 $\mathcal{Y}^*$ 的两个空间 $\mathcal{X}$ 和 $\mathcal{Y}$，函数 $\phi:\mathcal{X}\to\mathcal{Y}$

（1）若满足 $\forall x\in\mathcal{X}^*:\phi(x)\in\mathcal{Y}^*$，则称为左对齐映射；

（2）若满足 $\forall x\in\mathcal{X}\setminus\mathcal{X}^*:\phi(x)\notin\mathcal{Y}^*$，则称为右对齐映射；

（3）若既左对齐又右对齐，则称为最优对齐映射。

如图 3 所示，调换分析法可直观理解为：若两条链由单步差异导致的分布-条件首达时之差（即图 3 中两条过渡链的时间差）可计算，则累加单步差异后可得它们的分布-条件首达时之差。相较于直接计算两条链的分布-条件首达时之差，计算单步差异导致的分布-条件首达时之差要容易得多，仅需在相同的状态分布（即 π_t）和相同的条件首达时（即 $\mathbb{E}[\tau']$）上比较两条链的单步转移。而右（左）对齐映射使得两条链可以拥有不同的状态空间。

定理 1［调换分析法］　给定两条吸收马尔可夫链 $\xi\in\mathcal{X}$ 和 $\xi'\in\mathcal{Y}$，令 τ 和 τ' 分别表示它们的首达时，π_t 表示 ξ_t 的分布。给定一系列值 $\{\rho_t\in\mathbb{R}\}_{t=0}^{+\infty}$ 及右（左）对齐映射 $\phi:\mathcal{X}\to\mathcal{Y}$，若 $\mathbb{E}\left[\tau|\ \xi_0\sim\pi_0\right]$ 是有限的，且

$$\forall t:\sum_{x\in\mathcal{X},y\in\mathcal{Y}}\pi_t(x)P\left(\xi_{t+1}\in\phi^{-1}(y)|\ \xi_t=x\right)\mathbb{E}\left[\tau'|\ \xi_0'=y\right]$$
$$\leqslant(\geqslant)\sum_{u,y\in\mathcal{Y}}\pi_t^{\phi}(u)P\left(\xi_1'=y|\ \xi_0'=u\right)\mathbb{E}\left[\tau'|\ \xi_1'=y\right]+\rho_t$$

其中，$\pi_t^{\phi}(y)=\pi_t\left(\phi^{-1}(y)\right)=\sum_{x\in\phi^{-1}(y)}\pi_t(x)$，则

$$\mathbb{E}\left[\tau|\ \xi_0\sim\pi_0\right]\leqslant(\geqslant)\ \mathbb{E}[\tau'|\ \xi_0'\sim\pi_0^{\phi}]+\rho$$

其中，$\rho=\sum_{t=0}^{+\infty}\rho_t$。

使用上述定理比较两条链时，由于不涉及$\mathbb{E}\left[\tau|\ \xi_0=x\right]$，可避免分析其中一条链的长期行为。因此，通过将目标链与一条容易分析的参照链进行比较，调换分析法可简化对目标链（即待分析的复杂演化过程）的分析。

为展示该方法的分析能力，本节分析了 GSEMO 求解 m COCZ 问题的运行时间复杂度。GSEMO 反映了多目标演化算法的一般结构，在理论分析中被广泛使用。它随机选取一个解作为初始种群，然后在每一轮从种群中均匀随机地选择一个解用以产生一个新解，并使用新产生的解来更新种群。

GSEMO：给定目标向量 $\boldsymbol{f}=(f_1,f_2,\cdots,f_m)$

1. $\boldsymbol{s}\leftarrow$ 从 $\{0,1\}^n$ 中随机均匀选择一个解
2. $P\leftarrow\{\boldsymbol{s}\}$
3. 重复以下操作直到满足终止条件：
4. 　从 P 中随机均匀地选取一个解 $\boldsymbol{s}$
5. 　$\boldsymbol{s}'\leftarrow$ 将 $\boldsymbol{s}$ 的每一位独立地以 $1/n$ 的概率翻转
6. 　如果 $\nexists\boldsymbol{z}\in P$ 使得 $\boldsymbol{z}\succ\boldsymbol{s}'$
7. 　　$P\leftarrow(P\setminus\{\boldsymbol{z}\in P|\ \boldsymbol{s}'\succeq\boldsymbol{z}\})\cup\{\boldsymbol{s}'\}$

m COCZ 问题旨在最大化一个二进制串中前半部分 1 的个数，以及后半部分 m' 个分块中 1 的个数或 0 的个数，如定义 5 所述。该问题的帕累托前沿是 $F^*=\left\{\left(\frac{n}{2}+i_1,\frac{n}{2}+n'-i_1,\cdots,\frac{n}{2}+i_{m'},\frac{n}{2}+n'-i_{m'}\right)\middle|\forall 1\leqslant j\leqslant m':0\leqslant i_j\leqslant n'\right\}$，其中 $n'=n/m$。所有帕累托最优解构成的集合是 $S^*=\left\{\boldsymbol{s}\in\{0,1\}^n\middle|\sum_{i=1}^{n/2}s_i=n/2\right\}$。容易看到 $\left|F^*\right|=(n'+1)^{m'}$ 及 $\left|S^*\right|=2^{n/2}$。

定义 5［m COCZ 问题］ m COCZ 问题旨在找到 n 位的二进制串以最大化

$$\boldsymbol{f}(\boldsymbol{s})=\left(f_1(\boldsymbol{s}),f_2(\boldsymbol{s}),\cdots,f_m(\boldsymbol{s})\right)$$

其中，

$$f_k(\boldsymbol{s})=\sum_{i=1}^{n/2}s_i+\begin{cases}\sum_{i=1}^{n'}s_{n/2+(k-1)n'/2+i}, & \text{若}k\text{是奇数}\\ \sum_{i=1}^{n'}\left(1-s_{n/2+(k-2)n'/2+i}\right), & \text{若}k\text{是偶数}\end{cases}$$

$m=2\cdot m'$，$n=m\cdot n'$，且 $m',n'\in\mathbb{N}^{0+}$。

通过应用调换分析法，证得 GSEMO 找到 m COCZ 问题的帕累托前沿的期望运行时间为 $O\left(n^m\right)$，如定理 2 所述。相比之前得到的运行时间界 $O(n^{m+1})$[12]，渐近紧了 $O(n)$ 倍，这说明调换分析法具有良好的分析能力。

定理 2： GSEMO 找到 m COCZ 问题的帕累托前沿的期望运行时间为 $O\left(n^m\right)$。

3 理论透视

3.1 交叉算子

交叉算子（crossover operator）是演化算法的一个重要组成部件，模拟染色体之间的交叉互换行为，其操作过程为：从种群中选择两个或多个解，然后将它们混合交叉以重组生成新解。图 5 所示的单点交叉就是一种常见的交叉算子，它通过随机选择一个位置将两个解分别进行分割，继而将这两个解被分割开的部分进行交换以产生两个新解。

图 5　两个布尔向量解上的单点交叉：对于两个父代解，通过随机选择一个位置并交换这两个解在该位置后面的部分以产生两个子代解

使用交叉算子的多目标演化算法已成功地用于解决很多实际问题，比如电力调度问题、多处理器芯片系统设计问题、航空航天工程问题、多品种容量网络设计问题等。然而，对于交叉算子的理解尚处于初始阶段。已有的理论分析大多针对仅使用变异算子

（mutation operator）的演化算法，涉及交叉算子的分析很少，这主要是因为交叉算子的不规则行为使得理论分析非常困难。而仅有的考虑交叉算子的理论分析工作主要针对单目标情形。分析交叉算子对多目标演化算法性能的影响不仅可以加深对这种受自然启发的算子的理解，也有助于设计更好的算法。

本节通过比较使用交叉算子及变异算子的多目标演化算法和仅使用变异算子的多目标演化算法的性能来分析交叉算子的效用[13]。对于以往理论分析中常用的两个 P 问题，带权 LPTNO 和 COCZ，我们证明出使用交叉算子后，多目标演化算法找到帕累托前沿的期望运行时间分别可以从 $\Theta(n^3)$ 下降到 $\Theta(n^2)$，以及从 $O(n^2\log n)$ 下降到 $\Theta(n\log n)$。更为重要的是，在理论分析过程中，我们发现了交叉算子起作用的机理：通过对已经找到的具有差异性的帕累托最优解进行交叉，可以快速填充帕累托前沿的其余部分，如图 6 所示。该发现对于多目标优化是独特的，因为在单目标优化中不存在帕累托前沿。

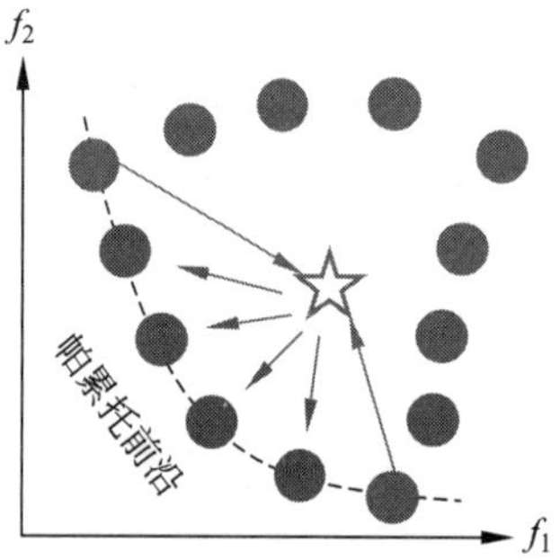

图 6　在多目标演化优化中，交叉算子的工作机理示意图：绿点表示已找到的帕累托最优解，蓝点表示尚未找到的帕累托最优解（见文后彩图 1）

基于此发现，为 NP 难的多目标最小生成树问题设计了一种使用交叉算子的高效多目标演化算法。单目标最小生成树问题是一个多项式可解的经典组合优化问题，其旨在从一个无向连通图 $G=(V,E)$ 中找到一个带有最小权重的生成树。不同于单目标最小生成树问题的每条边对应于一个权重，多目标最小生成树问题的每条边对应于一个权重向量，其目标是找到生成树 $G'=(V,E'\subseteq E)$ 以最小化

$$\left(\sum_{e_i\in E'} w_1^i, \sum_{e_i\in E'} w_2^i, \cdots, \sum_{e_i\in E'} w_k^i\right)$$

其中，w_j^i 是边 e_i 在第 j 种权重上的取值。多目标最小生成树问题在网络设计中有许多真实应用，比如在电话系统铺设线路的设计中，除了考虑站点之间连接的代价，还需考虑

通信时间、网络可靠性等。当目标数为 2 时，已有的分析结果[14]显示：不使用交叉算子的多目标演化算法找到帕累托前沿的一个 2-近似的期望运行时间为

$$O\left(m^2 n w_{\min}\left(\left|\operatorname{conv}\left(F^*\right)\right| + \log n + \log w_{\max}\right)\right)$$

其中，m 和 n 分别表示图中边和点的数目，$\left|F^*\right|$ 和 $\left|\operatorname{conv}\left(F^*\right)\right|$ 分别表示帕累托前沿和其凸子前沿的大小。对于图中边的每种权重的最大值构成的集合，$w_{\max}$ 和 $w_{\min}$ 分别表示该集合中的最大值和最小值。我们证明出使用交叉算子后，多目标演化算法的期望运行时间为

$$O\left(m^2 n w_{\min}\left[\left|\operatorname{conv}\left(F^*\right)\right| + \frac{\log n + \log w_{\max}}{n w_{\min}} - N_{\mathrm{gc}}\left(C_{\min} - \frac{1}{m}\right)\right]\right)$$

其中，$N_{\mathrm{gc}} \geqslant 0$，$C_{\min} \geqslant 1$。通过对比，发现使用交叉算子大大减少了多目标演化算法找到二目标最小生成树问题帕累托前沿的一个 2-近似的运行时间。

因此，本节的理论分析揭示的交叉算子工作机理，即通过对已找到的多样性大的帕累托最优解进行交叉来实现对帕累托前沿的快速填充，很可能在更多场景下成立，从而有助于启发高效多目标演化算法的未来设计。

3.2 约束优化

在机器学习中遇到的优化问题通常是带约束条件的，也就是说，在优化某个目标的同时要满足给定的约束条件。约束优化可以形式化地表述成

$$\begin{aligned} &\underset{\boldsymbol{x}\in\{0,1\}^n}{\arg\min}\, f(\boldsymbol{x}) \\ \text{s.t.}\quad & g_i(\boldsymbol{x}) = 0 \quad 若 1 \leqslant i \leqslant q, \\ & h_i(\boldsymbol{x}) \leqslant 0 \quad 若 q+1 \leqslant i \leqslant m \end{aligned}$$

其中，$f(\boldsymbol{x})$ 是目标函数，$g_i(\boldsymbol{x})$ 和 $h_i(\boldsymbol{x})$ 分别是等式和不等式约束条件。我们考虑布尔解空间 $\{0,1\}^n$。在约束优化中，一个解若满足约束条件，则称为可行解，否则称为不可行解。约束优化即是寻找最大化目标函数 f 的可行解。

当演化算法求解约束优化问题时，一个基本问题是：如何处理约束条件？对于一般的约束优化问题，即我们对目标函数和约束条件不做任何假设，最常用的策略是罚函数法，主要思路是将约束优化问题转化成无约束优化问题：

$$\underset{\boldsymbol{x}\in\{0,1\}^n}{\arg\min}\, f(\boldsymbol{x}) + \lambda \sum_{i=1}^{m} f_i(\boldsymbol{x})$$

其中，f 是原始目标函数，λ 是惩罚系数，f_i 是在第 i 个约束条件上的违反程度，可设置为

$$f_i(\boldsymbol{x})=\begin{cases}|g_i(\boldsymbol{x})|, & 1\leqslant i\leqslant q\\ \max\{0,h_i(\boldsymbol{x})\}, & q+1\leqslant i\leqslant m\end{cases}$$

在问题转化之后，罚函数法将使用无约束优化算法进行求解。

帕累托优化法[15]用一种全新的方式去求解约束优化问题。通过将约束违反程度作为另一个优化目标，原始约束优化问题被转化成一个二目标优化问题：

$$\underset{\boldsymbol{x}\in\{0,1\}^n}{\arg\min}\left(f(\boldsymbol{x}),\sum_{i=1}^{m}f_i(\boldsymbol{x})\right)$$

即在优化原始目标函数的同时，最小化约束违反程度。接下来，帕累托优化法采用多目标演化算法求解该二目标优化问题；在算法停止运行后，从产生的非占优解集中选择最佳的可行解输出。帕累托优化法的一般过程如图 7 所示。

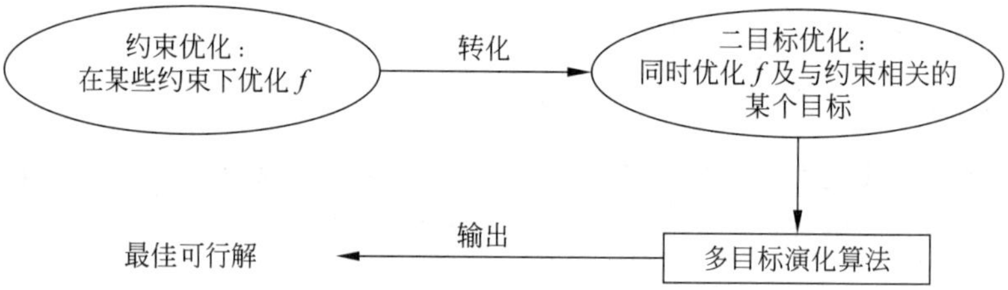

图 7　帕累托优化法的一般过程

帕累托优化法求解约束优化问题的性能仅在一些基准问题上进行了实验测试，目前尚无理论分析。本节通过在两大类约束优化问题上对帕累托优化法和罚函数法的时间复杂度进行比较[16]，为帕累托优化法求解约束优化问题的性能提供了理论支撑。在 P 问题最小拟阵优化上，帕累托优化法和罚函数法找到最优解的期望运行时间分别为 $O(rn(\log n+\log w_{\max}+r))$和 $\Omega(r^2n(\log n+\log w_{\max}))$，其中 n，$w_{\max}$ 和 r 分别是问题规模、最大权重和拟阵最大秩。因此，帕累托优化法比罚函数法快了至少 $\min\{\log n+\log w_{\max},r\}$ 倍。在 NP 难问题最小代价覆盖上，帕累托优化法和罚函数法找到相同质量的近似解的期望时间分别为 $O(Nn(\log n+\log w_{\max}+N))$和指数级（关于 n，N 和 $\log w_{\max}$），其中 N 是子模函数参数。因此，帕累托优化法比罚函数法指数级地快。

帕累托优化法通过将原始约束优化问题转化为同时优化原始目标和最小化约束违反度的二目标优化问题，并采用多目标演化算法求解，使得不可行解能够参与演化过程，

从而可能为算法带来一条穿过不可行区域到达较好可行域的捷径，如图 8 所示。帕累托优化法将被用于求解机器学习中常见的子集选择问题，并展现出优越性能。

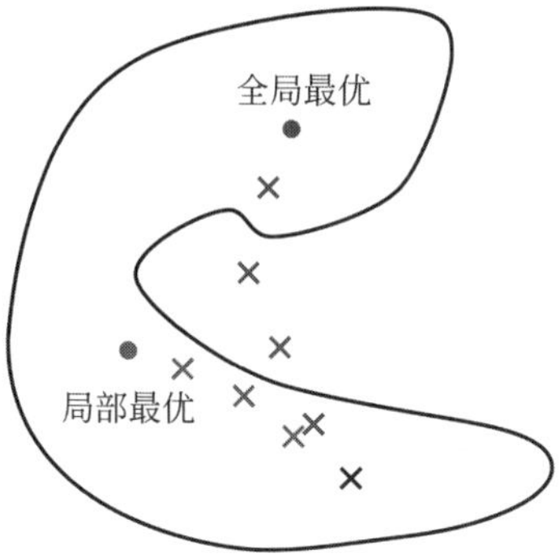

图 8　帕累托优化法的工作机理示意图：绿点表示局部最优，蓝点表示全局最优，黑叉表示起始解（见文后彩图 2）

3.3　带噪优化

在机器学习中遇到的优化问题往往是带噪声的，即难以精确评估解的好坏。例如一个预测模型只能在有限的数据上进行评估，且数据本身可能带噪，导致得出的性能估计偏离其真实性能。在带噪环境中，原始优化问题的特性可能会因为噪声的存在而发生改变，使其更难以求解。当演化算法求解带噪优化问题时，一个基本问题是：如何降低噪声带来的负面影响？

阈值选择（threshold selection）是一种代表性降噪处理策略[17]：仅当子代解比父代解的适应度高过一定阈值 τ 时才接受子代解，从而降低接受较差子代解的风险。在演化过程中，每一轮运行的改进往往是比较小的。由于适应度评估受噪声干扰，这些改进中的相当一部分其实是假的：在噪声下，一个差解获得了比一个好解“更好”的适应度，演化算法在更新种群时受带噪适应度的迷惑而选择了差解。这些假改进可能会误导算法的搜索方向，从而使演化算法的效率下降或陷入局部最优。通过使用阈值选择策略，演化算法在求解一些带噪优化问题时局部性能（即单步取得的改进）良好，但尚不清楚该策略对演化算法求解带噪优化问题的全局性能（即找到最优解所需的运行时间）的影响。

本节对阈值选择策略的效用进行分析[18]，证明得到：通过采取合适的阈值，阈值选择可将演化算法在强噪声下的运行时间从指数级降至多项式级。PNT 是使得算法的期望运行时间为多项式的噪声强度范围，其越大越好，其中噪声强度由噪声发生的概率来表示。具体来说，对于演化算法(1+1)-EA 在一位噪声下求解 OneMax 问题，使用 $\tau=1$ 的阈值选择策略后，PNT 将从 $[0,\Theta(\log n/n)]$ 增加到 $[0,1]$，即演化算法在任意噪声强度下都能在多项式时间内解决问题。

理论分析揭示了阈值选择策略可提升演化算法在噪声环境下的鲁棒性。如图 9 所示，黑点在真实适应度下优于蓝点，而出现噪声后，两者的优劣反之。若不采取任何措施，在带噪环境下，真正好的解（即黑点）将被差解（即蓝点）取而代之。若使用阈值选择策略，虽然蓝点在带噪环境下表现的“好”于黑点，但好的幅度未超过阈值 τ，因而真正好的解（即黑点）依然会被保留在种群中，从而增加算法的鲁棒性。阈值选择策略将被用于求解带噪子集选择问题，并展现出优越性能。

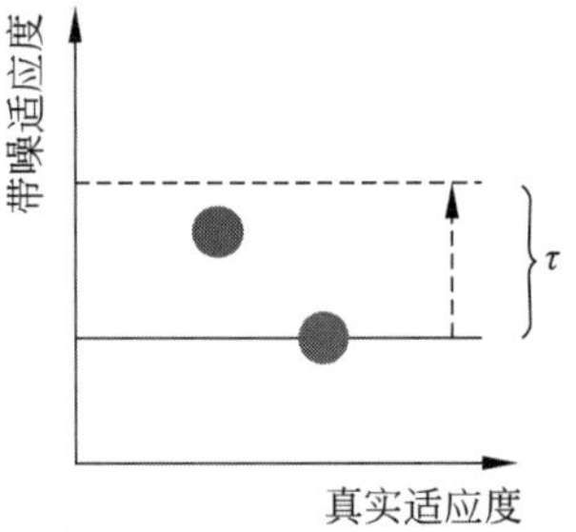

图 9　阈值选择策略的工作机理示意图：横轴表示真实适应度，纵轴表示带噪适应度（见文后彩图 3）

4　多目标演化学习算法

4.1　子集选择

如定义 6 所述，子集选择旨在从全集中选择一个规模有限的子集以最大化某个给定的目标函数。该问题在机器学习领域有着广泛应用，如稀疏回归[19]、无监督特征选择[20]、集成剪枝[21]等，而数据挖掘领域的社交网络影响力最大化[22]、自然语言处理领域的文本摘要[23]、组合优化领域的最大覆盖[24]、网络领域的传感器放置[25]等问题亦均为其特例。由于这些特例均是 NP 难的，故子集选择问题一般而言是 NP 难的。

定义 6［子集选择］ 给定全集 $V=\{v_1,v_2,\cdots,v_n\}$，目标函数 $f:2^V\to\mathcal{R}$，以及预算 b，子集选择问题旨在找到 S^* 满足

$$S^*=\arg\max_{S\subseteq V} f(S)\quad \text{s.t.}\quad |S|\leqslant b$$

子集选择问题受到了许多研究者的关注。最经典的研究成果之一当属冯 • 诺依曼理

论奖得主、美国工程院院士 George Nemhauser 等在 1978 年证明出：当目标函数 f 满足单调性和次模性时，贪心算法可获得 $(1-1/\mathrm{e})$-近似比（即找到解的目标值与最优目标值之比至少是 $1-1/\mathrm{e}$）[26]，且该近似比是最优多项式时间近似比（即多项式时间算法不可能获得超过 $(1-1/\mathrm{e})$ 的近似比）[27]。函数 f 满足单调性当且仅当 $\forall S \subseteq T: f(S) \leqslant f(T)$；$f$ 满足次模性当且仅当 $\forall S \subseteq T, v \notin T: f\left(S \cup \{v\}\right) - f(S) \geqslant f\left(T \cup \{v\}\right) - f(T)$，即满足“收益递减”（diminishing returns）性。Das 和 Kempe 在 2011 年对这一成果进行了扩展[28]，证明出：

定理 3 对于目标函数 f 满足单调性的子集选择问题，贪心算法获得 $(1-\mathrm{e}^{-\gamma})$-近似比，其中 $\gamma \in [0,1]$ 是次模比，刻画了 f 满足次模性的程度。

子集选择问题本质为一个约束优化问题，受 2.2 节的理论结果启发，本节给出了基于帕累托优化的子集选择算法 POSS[29]。注意到 V 的子集 S 可自然地通过布尔向量 $\boldsymbol{s} \in \{0,1\}^n$ 来表示：若 $v_i \in S$，则 $s_i = 1$；否则，$s_i = 0$。为简便起见，本节对这两种等价的表示方式将不作区分。POSS 首先将子集选择问题转化为如下二目标优化问题：

$$\underset{\boldsymbol{s} \in \{0,1\}^n}{\arg\max} \left(f_1(\boldsymbol{s}), f_2(\boldsymbol{s}) \right)$$

其中，

$$f_1(\boldsymbol{s}) = \begin{cases} -\infty, & |\boldsymbol{s}| \geqslant 2b \\ f(\boldsymbol{s}), & \text{否则} \end{cases}, \quad f_2(\boldsymbol{s}) = -|\boldsymbol{s}|$$

也就是说，POSS 在最大化原始目标 f 的同时，最小化子集的规模 $|\boldsymbol{s}|$，即子集所包含的元素个数。将 $|\boldsymbol{s}| \geqslant 2b$ 时的 f_1 设置成 $-\infty$ 是为了在优化过程中排除过度违反规模约束条件的不可行解，即规模至少为 $2b$ 的子集。在二目标优化下，将通过定义 2 中的支配关系对解进行比较。

将原始问题转化为二目标最大化问题后，初始解设置为 0^n（即空集）的 GSEMO 被用于求解该二目标最大化问题，具体过程如算法 1 所示。POSS 从仅包含解 0^n 的初始种群 P 出发，试图迭代地去改进 P 中解的质量。在每一轮迭代中，POSS 首先在第 4 行～第 5 行通过对种群中某个随机选择的解进行逐位变异（即以概率 $1/n$ 独立地翻转每一位）以产生新解；然后在第 6 行将新产生的解与种群 P 中的解进行比较，若新产生的解不被 P 中的任意解支配，则在第 7 行～第 8 行将其加入种群 P 中，同时删除 P 中被新产生解所弱支配的那些解。当运行 T 轮后停止时，POSS 在第 12 行把种群 P 所包含的满足子集规模约束的那些解中 f_1（即 f）值最大的那个解输出。

算法 1   POSS 算法

输入： $V = \{v_1, v_2, \ldots, v_n\}$；目标函数 $f : \{0,1\}^n \rightarrow \mathcal{R}$；预算 b。

参数： 运行轮数 T。

过程：

1.　令 $s = 0^n$，$P = \{s\}$；

2.　令 $t = 0$；

3.　**while**　$t < T$　**do**

4.　　从 P 中均匀随机地选择一个解 s；

5.　　对 s 的每一位以概率 $1 / n$ 独立地进行翻转以产生新解 s'；

6.　　**if** $\nexists z \in P$ 满足 $z \succ s'$ **then**

7.　　　$Q = \{z \in P \mid s' \succeq z\}$；

8.　　　$P = (P \setminus Q) \cup \{s'\}$

9.　　**end if**

10.　　$t = t + 1$

11.　**end while**

12.　**return** $\underset{s \in P, |s| \leqslant b}{\arg\max} f_1(s)$

定理 4 给出了 POSS 在求解目标函数单调的子集选择问题时的多项式时间近似保证。这一近似比是最优多项式时间近似比，之前由贪心算法获得，如定理 3 所述。注意这里的近似保证指算法在最坏情况下的近似比。本节进一步证明出在稀疏回归这一具体应用的指数衰减子类上，POSS 在多项式时间内可找到最优解，而贪心算法则会陷入局部最优解。直观来说，贪心算法在优化过程中仅维持一个解，且每次产生新解时仅将一个 0-位翻转成 1-位（即增加一个元素）；而 POSS 通过二目标转化自然地维持一个具有多样性的解集，且通过变异算子产生新解时，除了能将一个 0-位翻转成 1-位外，还能将一个 1-位翻转成 0-位，且能同时翻转多位，这些特性使得 POSS 具有更好的跳出局部最优解的能力。

定理 4　对于目标函数 f 满足单调性的子集选择问题，POSS 在期望运行轮数 $\mathrm{E}[T] \leqslant 2eb^2 n$ 内可获得 $(1 - e^{-\gamma})$-近似比。

表 1 给出了在稀疏回归这一应用上比较 POSS 和最先进的稀疏回归算法的实验结果。结果显示通过显著度为 0.05 的 t 检验，POSS 在所有数据集上均显著优于对比算法。

4.2　带噪子集选择

在许多现实场景下，子集选择问题的目标函数评估是带噪的。例如，对于影响最大化问题而言，目标函数影响延展的计算是#P 难的，因此常通过对社交网络的随机传播过

表 1 当 $b=8$ 时，稀疏回归算法找到的变量集之平方复相关值（越大越好），其中 ± 前后的数值分别表示均值和标准差。在每个数据集对应的行上，“●”和“○”表示通过显著度为 0.05 的 t 检验，POSS 分别显著好和显著差于相应算法；“—”表示算法在运行 48 小时后依然无法输出结果

数据集	OPT	POSS	FR	FoBa	OMP	RFE	MCP
housing	0.7437±0.0297	0.7437±0.0297	0.7429±0.0300●	0.7423±0.0301●	0.7415±0.0300●	0.7388±0.0304●	0.7354±0.0297●
eunite2001	0.8484±0.0132	0.8482±0.0132	0.8348±0.0143●	0.8442±0.0144●	0.8349±0.0150●	0.8424±0.0153●	0.8320±0.0150●
svmguide3	0.2705±0.0255	0.2701±0.0257	0.2615±0.0260●	0.2601±0.0279●	0.2557±0.0270●	0.2136±0.0325●	0.2397±0.0237●
ionosphere	0.5995±0.0326	0.5990±0.0329	0.5920±0.0352●	0.5929±0.0346●	0.5921±0.0353●	0.5832±0.0415●	0.5740±0.0348●
sonar	—	0.5365±0.0410	0.5171±0.0440●	0.5138±0.0432●	0.5112±0.0425●	0.4321±0.0636●	0.4496±0.0482●
triazines	—	0.4301±0.0603	0.4150±0.0592●	0.4107±0.0600●	0.4073±0.0591●	0.3615±0.0712●	0.3793±0.0584●
coil2000	—	0.0627±0.0076	0.0624±0.0076●	0.0619±0.0075●	0.0619±0.0075●	0.0363±0.0141●	0.0570±0.0075●
mushrooms	—	0.9912±0.0020	0.9909±0.0021●	0.9909±0.0022●	0.9909±0.0022●	0.6813±0.1294●	0.8652±0.0474●
clean1	—	0.4368±0.0300	0.4169±0.0299●	0.4145±0.0309●	0.4132±0.0315●	0.1596±0.0562●	0.3563±0.0364●
w5a	—	0.3376±0.0267	0.3319±0.0247●	0.3341±0.0258●	0.3313±0.0246●	0.3342±0.0276●	0.2694±0.0385●
gisette	—	0.7265±0.0098	0.7001±0.0116●	0.6747±0.0145●	0.6731±0.0134●	0.5360±0.0318●	0.5709±0.0123●
farm-ads	—	0.4217±0.0100	0.4196±0.0101●	0.4170±0.0113●	0.4170±0.0113●	—	0.3771±0.0110●
POSS：胜/平/负		—	12/0/0	12/0/0	12/0/0	11/0/0	12/0/0

程进行多次模拟求平均来估计，这便引入了噪声；对于稀疏回归问题而言，往往只有少量数据可被用于目标函数平方复相关的评估，这亦引入了噪声。文献[30]和文献[31]证明出：

定理 5 对于目标函数 f 满足单调性的子集选择问题，当处于乘性噪声下时，贪心算法获得的近似比和 POSS 在期望运行轮数 $\mathrm{E}[T]\leqslant 2eb^2n$ 内获得的近似比相同，均为

$$\frac{\left(\frac{1-\epsilon}{1+\epsilon}\right)\cdot\frac{\gamma}{b}}{1-\left(\frac{1-\epsilon}{1+\epsilon}\right)\left(1-\frac{\gamma}{b}\right)}\left[1-\left(\frac{1-\epsilon}{1+\epsilon}\right)^b \mathrm{e}^{-\gamma}\right]$$

其中乘性噪声，即 $(1-\epsilon)\cdot f(S)\leqslant F(S)\leqslant(1+\epsilon)\cdot f(S)$，是一种常用的噪声模型，$F(S)$ 和 $f(S)$ 分别表示带噪和真实目标值。

通过与定理 3 和定理 4 比较可得，噪声的出现使贪心算法和 POSS 的性能均大幅下降。例如，当目标函数 f 满足次模性（即 $\gamma=1$）时，贪心算法和 POSS 仅在噪声强度 $\epsilon\leqslant 1/b$ 时才能获得常数近似比。

POSS 使用定义 2 所述的支配关系比较解，而这对于噪声可能不够鲁棒，因为差的解可能拥有更好的带噪目标值，从而替代真正好的解而生存下来。受 2.3 节中分析的阈

值选择噪声处理策略的启发，修改 POSS 使用的支配关系为一种噪声感知策略，即定义 7 所述的“θ 支配”关系，从而得到算法 PONSS[31]。

定义 7 [θ 支配] 对于两个解 $\boldsymbol{s}$ 和 $\boldsymbol{s}'$ 而言，

（1）若 $f_1(\boldsymbol{s}) \geqslant \dfrac{1+\theta}{1-\theta} \cdot f_1(\boldsymbol{s}')$ 且 $f_2(\boldsymbol{s}) \geqslant f_2(\boldsymbol{s}')$，则 $\boldsymbol{s}$ 弱 θ 支配 $\boldsymbol{s}'$，记为 $\boldsymbol{s} \succeq_\theta \boldsymbol{s}'$；

（2）若 $\boldsymbol{s} \succeq_\theta \boldsymbol{s}'$ 且 $\left(f_1(\boldsymbol{s}) > \dfrac{1+\theta}{1-\theta} \cdot f_1(\boldsymbol{s}') \vee f_2(\boldsymbol{s}) > f_2(\boldsymbol{s}')\right)$，则 $\boldsymbol{s}$ θ 支配 $\boldsymbol{s}'$，记为 $\boldsymbol{s} \succ_\theta \boldsymbol{s}'$。

直观来说，在比较带噪目标函数值相近的两个解时，POSS 将选择带噪目标函数值更好的那个解，PONSS 则同时把它们保留下来，从而降低失去其中真的好解的风险。PONSS 在乘性噪声下可获得如下近似比：

定理 6 对于目标函数 f 满足单调性的子集选择问题，在某些假设下，当处于乘性噪声下时，PONSS 在多项式期望运行轮数内可获得 $\left(\dfrac{1-\epsilon}{1+\epsilon}\right) \cdot \left(1-\mathrm{e}^{-\gamma}\right)$-近似比。

通过与定理 5 比较可得，PONSS 在乘性噪声下的性能显著优于贪心算法和 POSS。例如，当 $\gamma=1$ 且 ϵ 是常数时，PONSS 可获常数近似比，而贪心算法和 POSS 均只能获得 $\Theta(1/b)$-近似比。

4.3 大规模子集选择

子集选择的实际应用往往规模很大。例如，稀疏回归的变量数可达百万甚至千万级；影响力最大化的社交网络用户数可达上亿级。POSS 虽能获得好的近似性能，但为此需运行至多 $2eb^2n$ 轮（如定理 4 所述），这对于大规模应用（即 n 和 b 很大的情况）将变得不切实际。而且，POSS 每一轮仅产生一个新解（即算法 1 的第 5 行），难以并行化。为此，本节提出了 POSS 的并行版 PPOSS[32]，如图 10 所示。不同于 POSS 每轮仅产生一个解，PPOSS 每轮产生与机器数等量的解，因此产生和评估新解的过程易于在不同机器上并行执行。定理 7 显示：PPOSS 在保持近似性能的前提下，可获得运行轮数关于机器数目的线性加速比。

定理 7 对于目标函数 f 满足单调性的子集选择问题，为获得 $(1-\mathrm{e}^{-\gamma})$-近似比，PPOSS 所需的期望运行轮数 $\mathrm{E}[T]$ 满足：

（1）若机器数 $m=o(n)$，则 $\mathrm{E}[T] \leqslant 2eb^2n/m$；

（2）若机器数 $m=\Omega(n^i)$，其中 $i \in \{1,2,\cdots,b\}$，则 $\mathrm{E}[T]=O(b^2/i)$；

（3）若机器数 $m=\Omega(n^{\min\{3b-1,n\}})$，则 $\mathrm{E}[T]=O(1)$。

PPOSS 虽克服了 POSS 的时间局限，但仍受制于空间局限，这是因为每个机器仍需

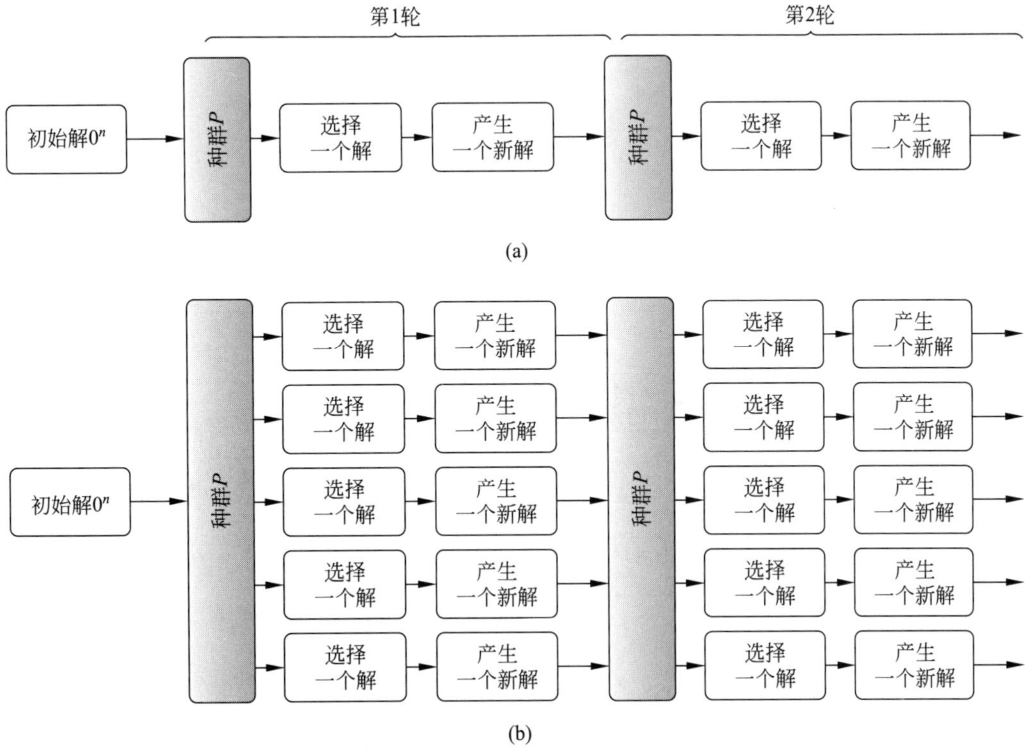

图 10 （a）POSS 的运行示意图；（b）PPOSS 的运行示意图

获取整个数据集，而这在大规模应用中可能无法实现，即单个机器无法存储下整个数据集。为此，本节基于分治思想进一步给出了 POSS 的分布式版 DPOSS[33]。如图 11 所示，DPOSS 的运行分为两个阶段。在第 1 阶段中，DPOSS 首先将整个数据集均匀随机地划分成 m 份，然后在 m 个机器上分布式地对这 m 份数据运行 POSS，从而获得 m 个子集。在第 2 阶段中，DPOSS 首先将第 1 阶段中找到的 m 个子集进行合并，然后在单台机器上对合并后的数据运行 POSS，从而又获得 1 个子集。DPOSS 最后将找到的所有 $(m+1)$ 个子集中的最好子集输出。在稀疏回归和最大覆盖这两个应用上的实验显示：DPOSS 和 POSS 相比性能相差无几，而且也证明了 DPOSS 的近似性能有理论保证。

采用类似的分治思想，文献[34]在 PONSS 的基础上还提出了针对大规模带噪子集选择问题的分布式算法 DPONSS，性能明显优于针对无噪场景的 DPOSS。

4.4 动态子集选择

在子集选择问题的实际应用中，用户需求或资源会随时间而发生变化，从而导致问

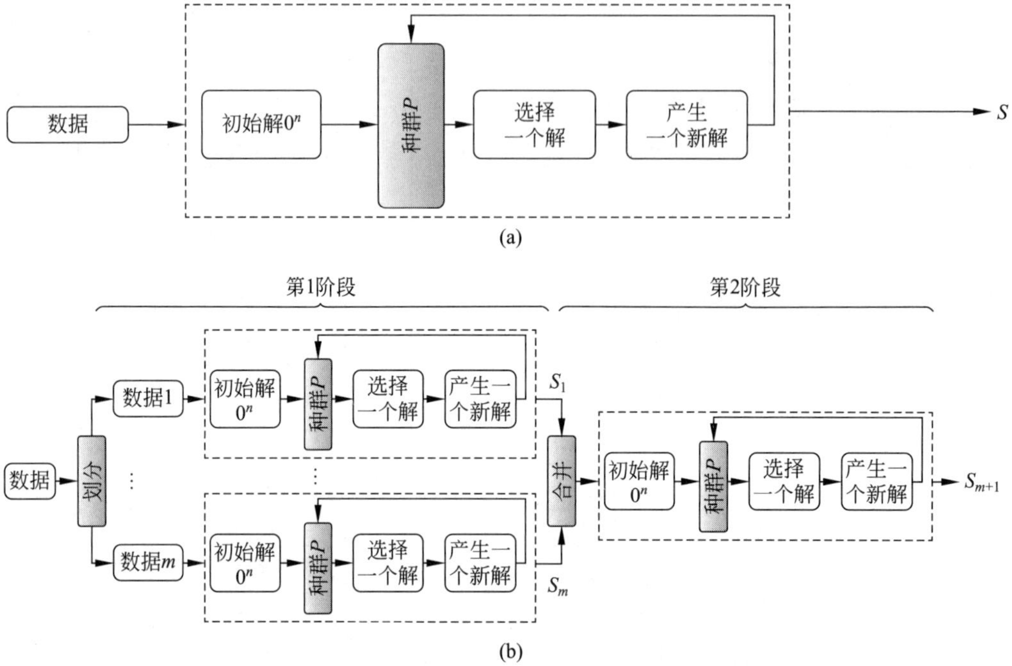

图 11 （a）POSS 的运行示意图；（b）DPOSS 的运行示意图

题动态变化。在问题发生动态变化后，一个好的算法应当能够快速地做出响应，即从当前问题的解出发，快速地找到新问题的较好解。为分析演化算法在求解动态子集选择问题时的性能，本节考虑一类具体的子集选择问题，即结果多样性问题，不仅希望选择的子集具有较高的质量，还需要其具有较高的多样性，如定义 8 所述。例如，对于产品推销问题，我们不仅希望接受产品信息的用户数量尽可能多，同时还希望产品可以尽可能覆盖不同的人群。因此，目标函数可表示为$f(X)+\lambda\cdot\mathrm{div}(X)$，其中$\lambda$是一个系数，$f(X)$反映了一个解的质量，而$\mathrm{div}(X)$反映了一个解的多样性。

定义 8[结果多样性] 给定全集$V=\{v_1,v_2,\cdots,v_n\}$，刻画子集质量的函数$f:2^V\to\mathbb{R}$，关于距离度量函数$d:V\times V\to\mathbb{R}^+$的多样性函数 div，拟阵约束$\mathcal{M}$，旨在找到解满足

$$\underset{X\subseteq V}{\mathrm{argmax}}\, f(X)+\lambda\cdot\mathrm{div}(X)\quad \text{s.t.}\quad X\in\mathcal{M}$$

在现实场景中，质量函数f或距离d可能会随时间发生变化，从而导致目标函数$f+\lambda\cdot\mathrm{div}$的动态变化。问题每次动态变化后，我们都可将其视为具有新目标函数的静态问题，并从头开始运行算法，但是，这可能会导致截然不同的解。因此，我们通常希望通过修改当前解而不完全重新计算来保持解的质量，即我们关注的是算法适应目标变化

的能力[35-36]。也就是说，我们关注算法从对旧目标具有良好近似比的解出发，直到重新获得对新目标具有相同近似比的解的运行时间。请注意，在动态变化之后，我们假设新的质量函数仍满足单调次模性，新的距离仍是一个度量。

对于具有拟阵约束的结果多样性问题，局部搜索算法可以达到最优多项式时间近似比 1/2[35]。因此，一个自然的问题是它是否可以在目标 $f+\lambda\cdot\mathrm{div}$ 发生变化后有效地保持近似比 1/2。Borodin 等表明[35]，对于 f 为模函数且约束为基数约束的特定情况，若限制动态变化的幅度，则局部搜索算法可以仅通过一次贪心交换操作来维持近似比 1/3。但对于动态环境下的一般问题，局部搜索算法能否在多项式运行时间内保持近似比 1/2 尚不清楚。事实上，是否存在一种算法可以在多项式运行时间内保持 1/2 的最优近似比仍是一个开问题[35]。

自然界生物所处的环境是动态变化的，因此，受进化论启发的演化算法也可能具有适应问题动态变化的良好能力。通过最大化问题的原始目标 $f(x)+\lambda\cdot\mathrm{div}(x)$，同时最小化解的规模 $|x|$，GSEMO 可以在期望运行 $O(rn^3(n+(r\log r)/\epsilon))$ 次迭代后重新得到 $1/2-\epsilon/(4n)$ 的渐近最优近似比[37]，如定理 8 所述。

定理 8 对于定义 8 中的结果多样性问题，其中多样性度量 div 为加和多样性，令 $\boldsymbol{x}_{\mathrm{old}}$ 表示具有 $1/2-\epsilon/(4n)$ 近似比的解，其中 $\epsilon>0$。在质量函数 f 或距离 d 发生变化后，GSEMO 从 $\boldsymbol{x}_{\mathrm{old}}$ 出发，在运行 $O(rn^3(n+(r\log r)/\epsilon))$ 期望轮数后，可找到一个对于新的目标具有 $1/2-\epsilon/(4n)$ 近似比的新解 $\boldsymbol{x}_{\mathrm{new}}$，其中 r 为拟阵约束 $\mathcal{M}$ 的秩。

5 总结与展望

现实机器学习任务往往涉及多目标优化。演化算法是解决多目标优化问题的一种有效方法，因而在机器学习领域开始得以应用，但由于其理论基础较为薄弱，多目标演化学习的发展受到了严重阻碍。本文为建立多目标演化学习的理论基础进行了探索：提出了一种通用理论分析工具——调换分析，有助于未来对多目标演化学习理论的进一步探索；分析了关键要素——交叉算子对多目标演化算法性能的影响，并对演化算法求解机器学习中常见的约束优化和带噪优化问题的性能进行分析；并在理论结果指导下，针对机器学习具有广泛应用的子集选择问题提出了性能有理论保障的多目标演化学习算法。复杂优化问题广泛存在于机器学习任务中，因此未来演化学习的进一步应用值得期待，例如，为强化学习任务找到一组质量高且具有多样性的策略等。另外，如何提高演化学习算法的效率也是未来值得研究的问题，例如，数据驱动的参数自适应调整、结合梯度的混合优化、协同演化等。

参考文献

[1] 周志华. 机器学习[M]. 北京: 清华大学出版社, 2016.

[2] Domingos P. A few useful things to know about machine learning[J]. Communications of the ACM, 2012, 55(10): 78-87.

[3] Bäck T. Evolutionary algorithms in theory and practice: Evolution strategies, evolutionary programming, genetic algorithms[M]. Oxford University Press, Oxford, UK, 1996.

[4] Turing A M. Computing machinery and intelligence[J]. Mind, 1950, 49: 433-460.

[5] Deb K, Pratap A, Agarwal S, et al. A fast and elitist multi-objective genetic algorithm: NSGA-II[J]. IEEE Transactions on Evolutionary Computation, 2002, 6(2): 182-197.

[6] Zhou Z H, Wu J, Tang W. Ensembling neural networks: Many could be better than all[J]. Artificial Intelligence, 2002, 137(1): 239-263.

[7] Real E, MooreS, Selle A, et al. Large-scale evolution of image classifiers[C]//Proceedings of the 34th International Conference on Machine Learning (ICML'17). Sydney, Austratia, 2017: 2902-2911.

[8] Neumann F, Witt C. Bioinspired computation in combinatorial optimization: Algorithms and their computational complexity[M]. Springer, Berlin, Germany, 2010.

[9] Auger A, Doerr B. Theory of randomized search heuristics: Foundations and recent developments[M]. World Scientific, Singapore, 2011.

[10] Yu Y, Qian C, Zhou Z H. Switch analysis for running time analysis of evolutionary algorithms[J]. IEEE Transactions on Evolutionary Computation, 2015, 19(6): 777-792.

[11] Bian C, Qian C, Tang K. A general approach to running time analysis of multi-objective evolutionary algorithms[C]//Proceedings of the 27th International Joint Conference on Artificial Intelligence (IJCAI'18). Stockholm, Sweden, 2018: 1405-1411.

[12] Laumanns M, Thiele L, Zitzler E. Running time analysis of multiobjective evolutionary algorithms on pseudo-Boolean functions[J]. IEEE Transactions on Evolutionary Computation, 2004, 8(2): 170-182.

[13] Qian C, Yu Y, Zhou Z H. An analysis on recombination in multi-objective evolutionary optimization[J]. Artificial Intelligence, 2013, 204: 99-119.

[14] Neumann F. Expected runtimes of a simple evolutionary algorithm for the multi-objective minimum spanning tree problem[J]. European Journal of Operational Research, 2007, 181(3):1620-1629.

[15] Coello C A. Theoretical and numerical constraint-handling techniques used with evolutionary algorithms: A survey of the state of the art[J]. Computer Methods in Applied Mechanics and Engineering, 2002, 191(11): 1245-1287.

[16] Qian C, Yu Y, Zhou Z H. On constrained Boolean Paretooptimization[C]//Proceedings of the 24th International Joint Conference on Artificial Intelligence (IJCAI'15). Buenos Aires, Argentina, 2015: 389-395.

[17] Bartz-Beielstein T, Markon S. Threshold selection, hypothesis tests, and DOE methods[C]//Proceedings of the IEEE Congress on Evolutionary Computation (CEC'02). Honolulu, HI, 2002: 777-782.

[18] Qian C, Yu Y, Zhou Z H. Analyzing evolutionary optimization in noisy environments[J]. Evolutionary Computation, 2018, 26(1): 1-41.

[19] Miller A. Subset selection in regression[M]. Chapman & Hall/CRC, London, UK, 2002.

[20] Farahat A K, Ghodsi A, Kamel M S. An efficient greedy method for unsupervised feature selection[C]// Proceedings of the 11th IEEE International Conference on Data Mining(ICDM'11). Vancouver, Canada, 2011: 161-170.

[21] Zhou Z H. Ensemble methods: Foundations and algorithms[M]. Chapman & Hall/CRC, Boca Raton, FL, 2012.

[22] Kempe D, Kleinberg J, Tardos E. Maximizing the spread of influence through a social network[C]// Proceedingsof the 9th ACM SIGKDD International Conference on Knowledge Discovery and Data Mining (KDD'03). Washington, DC, 2003: 137-146.

[23] Lin H, Bilmes J. A class of submodular functions for document summarization[C]//Proceedings of the 49th Annual Meeting of the Association for Computational Linguistics: Human Language Technologies (ACL'11). Porland, 2011: 510-520.

[24] FeigeU. A threshold of $\ln n$ for approximating set cover[J]. Journal of the ACM, 1998, 45(4): 634-652.

[25] Krause A, Singh A, Guestrin C. Near-optimal sensor placements in Gaussian processes: Theory, efficient algorithms and empirical studies[J]. Journal of Machine Learning Research, 2008, 9:235-284.

[26] Nemhauser G L, Wolsey L A, Fisher M L. An analysis of approximations for maximizing submodular setfunctions-I[J]. Mathematical Programming, 1978, 14(1): 265-294.

[27] Nemhauser G L, Wolsey L A. Best algorithms for approximating the maximum of a submodular set function[J]. Mathematics of Operations Research, 1978, 3(3): 177-188.

[28] Das A, Kempe D. Submodular meets spectral: Greedy algorithms for subset selection, sparse approximation anddictionary selection[C]//Proceedings of the 28th International Conference on Machine Learning (ICML'11). Bellevue, WA, 2011: 1057-1064.

[29] Qian C, Yu Y, Zhou Z-H. Subset selection by Pareto optimization[J]. Advances in Neural Information Processing Systems 28 (NIPS'15), 2015: 1765-1773.

[30] Horel T, Singer Y. Maximization of approximately submodular functions[J]. Advances in Neural Information Processing Systems 29 (NIPS'16), 2016: 3045-3053.

[31] Qian C, Shi J-C, Yu Y, et al. Subset selection under noise[C]//Advances in Neural Information Processing Systems 30 (NIPS'17). Long Beach, CA, 2017: 3563-3573.

[32] Qian C, Shi J-C, Yu Y, et al. Parallel Pareto optimization for subset selection[C]//Proceedings of the 25th International Joint Conference on Artificial Intelligence (IJCAI'16). New York, 2016: 1939-1945.

[33] Qian C, Li G, Feng C, Tang K. Distributed Pareto optimization for subset selection[C]//Proceedings of the 27th International Joint Conference on Artificial Intelligence (IJCAI'18). Stockholm, Sweden, 2018: 1492-1498.

[34] Qian C. Distributed Pareto optimization for large-scale noisy subset selection[J]. IEEE Transactions on Evolutionary Computation, 2020, 24(4): 694-707.

[35] Borodin A, Jain A, Lee H C, et al. Max-sum diversification, monotone submodular functions, and dynamic updates[J]. ACM Transactions on Algorithms, 2017, 13(3):1-2.

[36] Neumann F, Pourhassan M, Roostapour V. Analysis of evolutionary algorithms indynamic and stochastic environments[M].Theory of Evolutionary Computation, 2020: 323-357.

[37] Qian C, Liu D X, Zhou Z H. Result diversification by multi-objective evolutionary algorithms with theoretical guarantees[J]. Artificial Intelligence, 2022, 309: 103737.

自监督学习的若干研究进展

杨 健[1] 陈 硕[2] 李 翔[3]

[1]南京理工大学计算机科学与工程学院;
[2]日本理化研究所（RIKEN）先进智能研究中心;
[3]南开大学计算机学院

1 引言

无监督环境下的特征学习是一个由来已久且备受关注的研究问题[1-2]。近年来，基于自监督预训练范式的特征学习算法，即自监督学习（self-supervised learning）[3-4]，获得了蓬勃发展，并在分类[5]、检索[6]、聚类[7]、检测[8]等诸多代表性的机器学习与计算机视觉的具体任务上取得了卓有成效的广泛应用，尤其在一些图像数据上达到了能够媲美半监督或全监督下模型算法的识别精度，从而极大地推动了无监督特征学习的进展历程。

由于无监督特征学习场景下的数据不再提供任何的人类标注，现有自监督学习范式的惯用做法是通过构造关键的伪监督信息（pseudo supervision）[9]来对特征学习的过程进行有效的监督和约束。具体来说，现有自监督学习进行伪监督信息构造的代表性方法主要包括对比学习（contrastive learning）范式和自编码学习（autoencoder learning）范式两种。不同于以往针对具体识别任务下的监督特征学习，现有的自监督学习主要关注如何在模型的预训练阶段获得一个具有较强泛化能力的特征提取器，使得数据被该特征提取器处理后的特征能够在多个下游任务上表现良好。为此，对比学习与自编码学习这两类自监督学习的大多惯用做法是在完成预训练过程后，额外引入一个新的线性分类器，例如 Softmax[10]或支持向量机[11]，来对预训练阶段所学得的特征进行微调（fine-tuning），并在相应的测试集上进行分类实验，从而能够客观有效地衡量所学得特征的鉴别能力。过去的数年间，诸多自监督学习模型和算法的有效性已经在视觉[12]、语音[13]、文本[14]、连通图[15]等多种模态数据上得到了广泛的验证。

在对比学习方面，最初 Wu 等[16]提出了实例鉴别（instance discrimination）的基本框架，基于传统负样本采样的策略来构建负样本对和相应的伪监督信息，在图像分类任务上验证了算法的有效性，初步展示了在无监督环境下的算法分类精度能够较好逼近半监督情形。在随后的工作中，Chen 等[17]通过引入数据增广（data-augmentation）方法来进一步构建正样本对，进而能够同时使用正负样本，基于样本间的相似度来对特征网络进行训练学习，并在 ImageNet 等数据集上较大程度地逼近了监督环境下诸多算法的识别精度。近年来的一些工作考虑进一步利用领域知识来构建具有关键信息量的正负样本对，在多种模态的数据和相应的任务上取得了比传统无监督学习显著更好的识别效果[18]。与此同时，对比学习在理论层面的研究亦受到了广泛关注。例如，Saunshi 等[19]从理论上分析了对比学习的目标函数在下游分类任务上的具体泛化误差界，揭示了随着样本总数与负样本对的增加，误差界会逐渐收敛于一个特定的全监督情形的泛化损失函数值。总的来说，对比学习在近些年的蓬勃发展快速促进了自监督特征学习的广泛应用。

在自编码学习方面，经典的主成分分析（principal component analysis）方法在过去多年里的大量经验结果和理论分析已然证实了基于重构编码的模型的有效性和优越性[20]。在随后的非线性模型中，自编码学习通过将主成分分析中的线性投影与重建过程推广为非线性神经网络的映射和重建过程，并通过约束隐层神经元的个数使得原始数据能够在神经网络的映射过程中进行有效的自编码。此外，稀疏自编码（sparse autoencoder）网络通过引入稀疏正则项来进一步自适应地学习一个低维特征表示[21]。随着卷积神经网络（convolutional neural network）在多种机器学习与计算机视觉任务上的广泛普及，基于各种骨架特征网络的自编码学习也在诸多无监督学习任务上取得了有效应用[22]。近年来，He 等[23]进一步利用掩码方法来构造自监督信息，通过对原始数据进行随机遮挡作为待重构样本来约束自编码器的输出结果，从而提出了掩码自编码学习（masked autoencoder learning）作为一种新型的自监督预训练学习框架。掩码自编码学习是一种具有较好普适性的预训练学习框架，目前的掩码自编码学习中的编码和解码部分的网络主要是通过视觉 Transform 来实现的[24]，学习获得的特征同样能够成功应用在多种下游任务中，并取得准确、稳健的识别性能。总而言之，自编码学习的发展过程充分地向我们展示了基于“编码—解码—重建”这套规则的学习算法的通用性和有效性，同时也促进了自监督特征学习的进一步改善与推广。

然而，现有的自监督学习算法与框架依然存在着诸多亟待解决的重要问题。例如，在对比学习领域，我们通常将训练数据中的任意两个样本视作一个负样本对来构建目标函数进行网络模型的训练，从而在特征空间中拉远任意两个样本对之间的距离（即实例鉴别），但这一做法其实会将一些原本语义相似的样本对错误地当作负样本对进行处理，进而影响整体模型学习的可靠性。与此同时，实例鉴别所需要的特征维度通常较高，这使得对比学习获得的特征面临维度灾难等问题。在自编码学习方面，现有掩码自编码学习的有效性一定程度依赖于视觉 Transform 等基础模型的可靠性，然而视觉 Transform 通常需要较大的内存或显存空间，这在一定程度上限制了基于掩码自编码的自监督学习的进一步推进。

我们围绕上述关键问题开展了一系列研究，并取得一定进展。具体包括：针对错误负样本对采样问题，借鉴度量学习的距离分布规律，提出了距离极化正则法将对比学习中的两两样本对距离约束在一个正确范围内，从而减少错误负样本对采样的干扰；针对正样本对构造的信息不充分问题，提出了基于历史信息的递归混合学习，利用标签平滑的策略，构造了信息量更加丰富的正样本对，有效提升了模型的自监督信息量；针对对比学习特征的高维度问题，引入了全新投影重建层在低维隐空间中对原始高维特征进行有效重建，进而在保证实例鉴别有效性的前提下，避免了维度灾难带来的不利影响；针对掩码自编码学习中的视觉 Transform 所需显存空间过大的问题，提出了一种均匀掩码采样方法，对掩码内容进行重新的有效组合，在不牺牲识别精度的前提下，有效地降低了模型的显存空间的占用。

本文余下部分将如下组织：第 2 节介绍对比学习与自编码学习的概况及相关工作，第 3 节介绍我们在上述几个关键问题上取得的部分结果，最后在第 4 节进行总结。

2 相关工作

在本节，我们将对两类自监督学习的基本范式做一个简要回顾，具体包括对比学习方法与自编码学习方法。

2.1 自监督对比学习

作为一种典型的无监督（自监督）学习方法，对比学习算法的基本目标是期望学习一个普适性的特征表示 $\boldsymbol{\Phi}: R^m \to R^H$，从而将原始的 m 维数据映射到 H 维空间中来抽取特征。作为对比学习的基本原型，实例鉴别通过直接放大任意两个样本对在特征空间中的距离来对训练数据进行有效区分[16]。具体而言，对于来自训练数据集 X 的任意两个样本 $\boldsymbol{x}_i$ 与 $\boldsymbol{x}_j$，实例鉴别过程会尽力学习特征表示映射 $\boldsymbol{\Phi}$ 来放大如下距离：

$$D_{\boldsymbol{\Phi}}\left(\boldsymbol{x}_i, \boldsymbol{x}_j\right) = \left\|\boldsymbol{\Phi}\left(\boldsymbol{x}_i\right) - \boldsymbol{\Phi}\left(\boldsymbol{x}_j\right)\right\|_2 \tag{1}$$

其中的特征映射 $\boldsymbol{\Phi}$ 的结果通常会被归一化以便去除特征尺度的影响。实例鉴别的主要设计思想是当所有的训练样本被打散在特征空间时，每个样本的特性就能够被神经网络完整地记忆住，从而完成对网络的有效训练，这一做法在过去几年的实践中被证实对于图像数据的有效性。

在随后的工作中，SimCLR 框架进一步引入了正样本对信息[17]与非线性投影来构造并学习更为复杂的自监督信息。总的来说，对比学习的有效性主要依赖于上述负样本对与正样本对的自监督信息构造，在实际使用中，通常使用如下 NCE 损失函数来对特征表示$\boldsymbol{\Phi}$进行学习：

$$L_{\mathrm{NCE}}(\boldsymbol{\Phi}) = \mathrm{E}_{x_i, x_j^-}\left[-\log \frac{\mathrm{e}^{\boldsymbol{\Phi}(x)^{\mathrm{T}}\boldsymbol{\Phi}(x)}}{\mathrm{e}^{\boldsymbol{\Phi}(x)^{\mathrm{T}}\boldsymbol{\Phi}(x^+)} + \sum_{j=1}^{n} \mathrm{e}^{\boldsymbol{\Phi}(x)^{\mathrm{T}}\boldsymbol{\Phi}(x_j^-)}}\right] \tag{2}$$

其中，样本$\boldsymbol{x}$与$\left\{\boldsymbol{x}_j^-\right\}_{j=1}^n$是从训练数据集$X$中的均匀采样，这里的$n$为单个 mini-batch 的 batch size 大小。值得注意的是，上述用于对比学习的 NCE 损失函数其实是有偏的，因为存在大量语义相似的样本对被错误地拉远（即相应的距离$D_{\boldsymbol{\Phi}}$被错误地放大）。为了缓解这一问题，现有工作提出使用聚类方法[23]在特征学习的过程中进行样本的聚合，或使用 PU 学习算法来对 NCE 损失函数进行重加权，通过放大正样本对的权重来缓解错误的负样本对带来的干扰[2]。然而，这些做法一定程度依赖于特征网络自身可靠性的假设，或增广正样本对服从原始样本分布的数据假设，因而在实际使用中的有效性受到一定程度的限制。

另一方面，由于要充分发挥实例鉴别这一目标的有效性，现有对比学习方法中通常会在较高维特征空间中进行两两样本对的距离放大操作。例如我们通常使用 2048 维或 4096 维特征来训练 ImageNet 数据集，然而监督情形下的度量学习（metric learning）通常只需要 512 维来学习同样数据集上的特征表示。过高维度的特征使得学习算法不可避免地面临着维度灾难的问题，使得样本过于稀疏地分布在特征空间中，进而导致算法无法捕捉样本间的相似度信息。一些基于知识蒸馏的方法利用学得的原始网络来监督一个小网络进行模型压缩获得低维特征表示，然而原始大网络的不恰当的相似度信息却不可避免地被小网络所继承，因而这一问题没有被真正显式地解决。

2.2 自编码学习

作为一种原始而经典的自监督学习方法，主成分分析已在众多机器学习领域中取得了可靠的应用[20]。实际上，主成分分析具有和实例鉴别极为相似的学习目标。我们知道主成分分析希望学习投影向量 $\boldsymbol{p} \in R^m$ 来对训练样本进行打散，具体的学习目标为如下最大化方差准则[20]：

$$\mathrm{E}_{\boldsymbol{x}\in X}\left[\left(\boldsymbol{x}-\bar{\boldsymbol{x}}\right)^{\mathrm{T}} \boldsymbol{p}\boldsymbol{p}^{\mathrm{T}}\left(\boldsymbol{x}-\bar{\boldsymbol{x}}\right)\right] \tag{3}$$

其中，$\bar{\boldsymbol{x}} \in R^m$ 是训练集 X 中所有样本的均值向量。值得注意的是，上式中的方差同样是一种距离的度量，放大样本在投影空间的方差同样会近乎等价地拉远任意两个样本间的距离。这一效果与对比学习中的实例鉴别过程是极为相似的。

值得注意的是，主成分分析还存在另外一种在数学上与式（3）的最大化等价的误差重建形式。具体而言，主成分分析本质上学习一个正交投影矩阵 $\boldsymbol{P}=\left[\boldsymbol{p}_1,\boldsymbol{p}_2,\cdots,\boldsymbol{p}_l\right]\in R^{m\times l}$ 来对训练数据中的所有训练样本进行重建：

$$\min_{\boldsymbol{P}\in R^{m\times l}} \mathrm{E}_{\boldsymbol{x}\in X}\left[\left\|\boldsymbol{P}\boldsymbol{P}^{\mathrm{T}}\boldsymbol{x}-\boldsymbol{x}\right\|_2^2\right],\quad \text{s.t.}\quad \boldsymbol{P}^{\mathrm{T}}\boldsymbol{P}=\boldsymbol{I}_l \tag{4}$$

其中，$l \in Z^+$ 是低维特征空间的维度，通常设定为显著小于原始数据维度 m，这里的矩阵 $\boldsymbol{I}_l$ 为 l 阶单位矩阵。为了进一步提升主成分分析对于复杂数据的非线性拟合能力，自编码学习通过引入一个非线性激活函数和两个不同的投影矩阵 $\boldsymbol{P}$ 与 $\boldsymbol{P}'$ 来对训练数据进行重建[21]，即

$$\min_{\boldsymbol{P}\in R^{m\times l},\,\boldsymbol{P}'\in R^{l\times m}} \mathrm{E}_{\boldsymbol{x}\in X}\left[\left\|\sigma\left(\boldsymbol{P}'\sigma\left(\boldsymbol{P}^{\mathrm{T}}\boldsymbol{x}\right)\right)-\boldsymbol{x}\right\|_2^2\right] \tag{5}$$

其中，$l \in Z^+$ 是隐空间（latent space）的特征维度。此外，稀疏自编码学习通过引入稀疏正则项来自适应地约束投影矩阵 $\boldsymbol{P}$ 或投影结果 $\boldsymbol{P}^{\mathrm{T}}\boldsymbol{x}$ 的稀疏程度，进而能够自动地控制隐空间的特征维度。

近年来，基于掩码自编码的自监督学习在诸多自监督学习的问题设定下，尤其是图像相关的任务上取得了与对比学习具有竞争力或是更好的识别性能[24]。掩码自编码学习延续了经典自编码学习的设计理念，通过独立的编码器与解码器分别对样本进行投影编码和解码重建，然而不同之处在于，掩码自编码会对原始样本 $\boldsymbol{x}$ 首先进行一个遮挡扰动，随机丢弃一部分样本中的特征。以图像为例，掩码自编码学习将在原始图像中随机定位，并随机丢掉各位置上的图像块，从而获得一个遮挡扰动样本 $\boldsymbol{x}'$，随后依然以重建误差最小准则对扰动前后的样本进行重建逼近：

$$\min_{\boldsymbol{P}\in R^{m\times l},\,\boldsymbol{P}'\in R^{l\times m}} \mathrm{E}_{\boldsymbol{x}\in X}\left[\left\|\boldsymbol{\Phi}_{\text{decoder}}\left(\boldsymbol{\Phi}_{\text{encoder}}\left(\boldsymbol{x}'\right)\right)-\boldsymbol{x}\right\|_2^2\right] \tag{6}$$

值得注意的是，上式中的编码器 $\boldsymbol{\Phi}_{\text{encoder}}$ 与解码器 $\boldsymbol{\Phi}_{\text{decoder}}$ 主要使用视觉 Transform 来进行

实现，其中编码器的 Transform 通常仅作用在未遮挡区域上，而解码器的 Transform 还需要一组额外的位置编码来确保重建的有效性。掩码自编码学习在过去两年里从提出到快速推广，获得了学术界的广泛关注，其学得的特征在多种下游任务上能够取得令人满意的识别精度。除此之外，这一方法还为我们展示了一个十分有趣的现象，对于一张遮挡十分严重的图像（高达 80%的遮挡区域），掩码自编码模型依然能够较好地恢复出该图像的整体轮廓甚至是细节。这一方法与现象因而也深刻揭示了图像数据中广泛存在的冗余信息，启发我们能够设计一些进一步考虑这些性质的新型机器学习模型和算法。

在下面的章节中，详细介绍我们近期针对上述对比学习与自编码学习这两个方面的一些初步代表性工作。

3 基于对比学习与自编码学习的自监督学习算法

在本节中，将依次介绍我们在对比学习与自编码学习方面所做的几项研究工作，包括基于距离极化正则的对比学习[25]、基于递归样本混合的对比学习[26]、基于均匀掩码的自编码学习[27]，以及基于自编码学习的低维对比学习[28]。具体内容包括方法细节、理论分析，以及相应的结果展示。

3.1 基于距离极化正则的对比学习

前面提到，对比学习的关键要素是样本间的相似度信息，对于一个可学习的特征映射 $\boldsymbol{\varphi}: R^m \to R^d$，它通常是被归一化以消除特征尺度的影响，因此样本 $\boldsymbol{x}_i$ 与 $\boldsymbol{x}_j$ 间的欧式距离可以表示为

$$D_{ij}^{\varphi} = \left(1 - \boldsymbol{\varphi}\left(\boldsymbol{x}_i\right)^{\mathrm{T}} \boldsymbol{\varphi}\left(\boldsymbol{x}_j\right)\right) \big/ 2 \tag{7}$$

这意味着样本 $\boldsymbol{x}_i$ 与 $\boldsymbol{x}_j$ 间的距离值始终处在 0 与 1 之间。接下来，分别从经验和理论层面来考查所有样本对应的距离值分布情况。

首先进行一个简单而直接的实验用于统计对比学习后的样本间距离分布情况。具体而言，这里选用流行的 baseline 方法 SimCLR 作为我们的框架来在 CIFAR-10 数据集上学习特征表示 $\boldsymbol{\varphi}$，可以得到如图 1（a）中所示的距离直方图。

从图 1 中可以清晰看出，较多比例的距离分布在 0.5 附近，同时也有少量距离分布在 0 和 1 的距离端点值附近。这意味着，尽管实例鉴别以放大样本间距离为基本目标，单对比学习算法并没有从真正意义上将两两样本间的距离放大为 1。

下面从理论角度来详细分析这一问题，假设特征表示 $\boldsymbol{\varphi}(\boldsymbol{x}) = \left(\varphi_1(\boldsymbol{x}), \varphi_2(\boldsymbol{x}), \cdots, \varphi_d(\boldsymbol{x})\right)^{\mathrm{T}}$

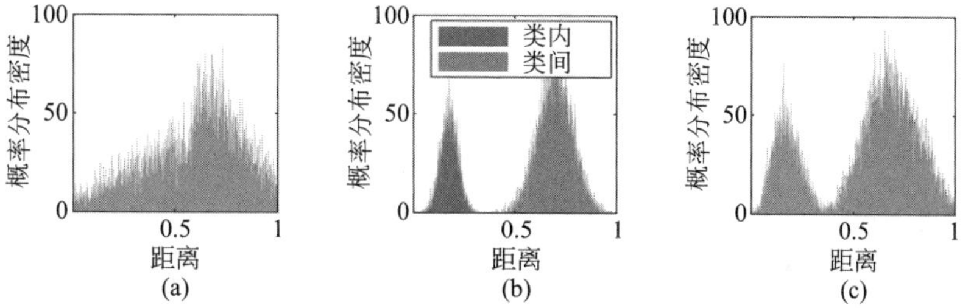

图 1　不同方法在 CIFAR-10 数据集上获得的距离直方图情况

(a) 自监督; (b) 全监督; (c) 距离极化正则

是从如下假设空间中学得

$$H=\left\{\boldsymbol{\varphi} \mid \|\boldsymbol{\varphi}(\boldsymbol{x})\|_2=1 \text{ 且 } \varphi_i(\boldsymbol{x}) \text{ 对于任意的 } i=1,2,\cdots,d \text{ 可微}\right\} \tag{8}$$

其中，$\|\boldsymbol{\varphi}(\boldsymbol{x})\|_2=1$ 表示特征表示网络最终被归一化处理。接下来，针对这样一个一般性的假设集来考查所有样本对距离中的最大值。具体而言，有

$$\begin{aligned}
\mathrm{E}_{1\leqslant i<j\leqslant N}\left[D_{ij}^{\boldsymbol{\varphi}}\right] &= \left[\sum_{1\leqslant i<j\leqslant \mathrm{N}} 1-\boldsymbol{\varphi}(\boldsymbol{x}_i)^{\mathrm{T}}\boldsymbol{\varphi}(\boldsymbol{x}_j)\right]\Big/[N(N-1)] \\
&= \left(C_N^2+N/2-\left\|\sum_{i=1}^{N}\boldsymbol{\varphi}(\boldsymbol{x}_i)\right\|_2^2/2\right)\Big/[N(N-1)] \\
&\leqslant (C_N^2+N/2) \\
&= \left[N(N-1)/2+N/2\right]/[N(N-1)] \\
&= N/(2N-2)
\end{aligned} \tag{9}$$

因此有

$$\lim_{N\to\infty}\max_{\boldsymbol{\varphi}\in H} E_{1\leqslant i<j\leqslant N}\left[D_{ij}^{\boldsymbol{\varphi}}\right] \leqslant \lim_{N\to\infty} N/(2N-2)=1/2 \tag{10}$$

这清楚地揭示了两两样本对距离的均值最大只能被放大到 1/2 而不是理想中的 1。根据上述的初步经验结果与理论分析，我们现在了解到对比学习能够在实例鉴别的过程中自适应地将距离值分布在 0 与 1 之间，从而有效地捕捉相似性信息与差异信息，这也从样本间的相似度角度解释了对比学习的有效性。然而这同样启示我们，现有对比学习并不能在相似样本对与不相似样本对之间产生有效的 margin 间隔，并不能获得理想的监督情形下的距离分布结果（如图 1（b）所示）。为了解决这一问题，我们接下来提出一种新的距离极化正则来约束传统对比学习中的目标函数。

从传统监督情形下的度量学习角度看，我们的学习算法通常要放大类间距离同时减小类内距离，在他们的损失函数中，也存在一个明确的 margin 间隔来区分类内与类间。当这一规则迁移到对比学习中时，我们需要舍弃类别监督信息，但依然可以获得一个重要的先验信息，即距离的数值分布依然呈现出两端密集、中间稀少的特性。因此，可以利用这一特性来构建约束距离的正则项，从而引导学习算法往更合理的方向进行。具体而言，设距离矩阵 $\boldsymbol{D}^{\varphi}=\left[D_{ij}^{\varphi}\right]\in R^{N\times N}$，并假设存在阈值 $0<\delta^{+}<\delta^{-}<1$ 使得类簇内的距离值小于 δ^{+} 而类簇间的距离大于 δ^{-}。因此我们构建如下关于特征映射 $\boldsymbol{\varphi}$ 的距离极化正则：

$$R_0(\boldsymbol{\varphi})=\left\|\min\left[\left(\boldsymbol{D}^{\varphi}-\boldsymbol{\Delta}^{+}\right)*\left(\boldsymbol{D}^{\varphi}-\boldsymbol{\Delta}^{-}\right),0\right]\right\|_0 \tag{11}$$

其中，阈值矩阵 $\boldsymbol{\Delta}^{+}=\delta^{+}\cdot\boldsymbol{1}_{N\times N}$，$\boldsymbol{\Delta}^{-}=\delta^{-}\cdot\boldsymbol{1}_{N\times N}$，这里的范围区间 $\left(\delta^{+},\delta^{-}\right)$ 本质上扮演了用于鉴别样本间相似度的大间隔的角色。由于上述基于 L0 范数的正则项将会对落在 $\left(\delta^{+},\delta^{-}\right)$ 中的距离值进行惩罚，所以大多数距离将会分布在区间 $\left(\delta^{+},\delta^{-}\right)$ 的两侧位置（也就是 $\left(0,\delta^{+}\right)$ 和 $\left(\delta^{-},1\right)$），从而达到一个距离极化的约束效果。接下来，我们进一步来讨论阈值 δ^{+},δ^{-} 的具体取值问题。直观上，我们是期望使用一个较大的阈值 δ^{-} 来尽可能地推远两两样本对，但根据式（10）中的结论，对比学习中的样本对距离实则无法达到最大值 1，所以我们提供了如下定理来揭露 $\delta^{-}=1/2$ 是一个符合我们要求的取值。

定理 1 对于训练数据 $\{\boldsymbol{x}_i\}_{i=1}^{N}$，相应的类别标签 $\{y_i\}_{i=1}^{N}$，以及任意给定的 $\tau\in(0,1/2)$，存在一个特征映射 $\overline{\boldsymbol{\varphi}}\in H$ 使得

$$\max_{(i,j)\in I^{+}} D_{ij}^{\overline{\varphi}}\leqslant 1/2-\tau<1/2\leqslant\max_{(k,l)\in I^{-}} D_{kl}^{\overline{\varphi}} \tag{12}$$

其中，对于任意的 $i=1,2,\cdots,N$ 都有 $y_i=1,2,\cdots,C$，这里的下标集 $I^{+}=\{(i,j)\mid y_i=y_j, i,j=1,2,\cdots,N\}$，$I^{-}=\left\{(i,j)\mid y_i\neq y_j,i,j=1,2,\cdots,N\right\}$。

根据上述定理，可以将类间距离阈值设定为 $\delta^{-}=1/2$，从而配合任意的 $\tau\in(0,1/2)$ 来完成间隔的鉴别效果。不失一般性地，对于大多数基于 NCE 损失函数的对比学习模型而言，我们建立如下大间隔对比学习模型：

$$\min_{\varphi\in H} L_{\mathrm{NCE}}(\boldsymbol{\varphi})+\lambda R_0(\boldsymbol{\varphi}) \tag{13}$$

其中，正则化参数 $\lambda>0$ 通过在使用中具体调节。在实际优化中，由于样本对数量较大，通

常采用随机梯度下降法（stochastic gradient descent）来对目标函数进行极小化[29]，使得我们能够以 $O\left(1/\sqrt{T}\right)$ 的速度收敛到模型的驻点，其中 T 为迭代次数。

下面我们针对上述大间隔距离模型深入进行理论分析。由于对比学习中的主要自监督信息是样本间相似度，这里首先研究两两距离的预测值所对应的误差上界。具体而言，我们建立期望误差 $\mathrm{E}_{y_i\neq y_j}\left[\max\left(\delta_\mu^- - D_{ij}^{\varphi^*},0\right)\right]$ 与 $\mathrm{E}_{y_i=y_j}\left[\max\left(D_{ij}^{\varphi^*}-\delta_\mu^+,0\right)\right]$ 来分别衡量错误的负样本对预测和错误的正样本对预测，并有如下定理揭露这两个数值的具体上界。

定理 2 假设 $\boldsymbol{\varphi}^*\in\min\limits_{\varphi\in H}L_{\mathrm{NCE}}(\boldsymbol{\varphi})+\lambda R_0(\boldsymbol{\varphi})$，且样本 $\{\boldsymbol{x}_i\}_{i=1}^N$ 对应的标签为 $\{y_i\}_{i=1}^N$，那么有

$$\begin{aligned}&\mathrm{E}_{y_i\neq y_j}\left[\max\left(\delta_\mu^- - D_{ij}^{\varphi^*},0\right)\right]+E_{y_i=y_j}\left[\max\left(D_{ij}^{\varphi^*}-\delta_\mu^+,0\right)\right]\\ \leqslant&\left(\delta^- - \delta^+\right)R_1\left(\boldsymbol{\varphi}^*\right)+\left(K_{\max}/K_{\min}\right)/C\\ \leqslant&4\left(\delta^- - \delta^+\right)/\lambda+\left(K_{\max}/K_{\min}\right)/C\end{aligned} \tag{14}$$

其中，阈值常数参数 $\delta_\mu^- = \delta^- - \mu,\ \delta_\mu^+ = \delta^+ - \mu, \mu\in\left(0,\delta^- - \delta^+\right)$，由标签决定的常量参数 $K_{\min} = \min_{1\leqslant k\leqslant C}\left\|\boldsymbol{y}-k\cdot\boldsymbol{1}_N\right\|_0$，$K_{\max}=\max_{1\leqslant k\leqslant C}\left\|\boldsymbol{y}-k\cdot\boldsymbol{1}_N\right\|_0$。

上述定理清楚地揭示了，随着训练样本中类别的增多及正则化参数的变大，相似度的误差界逐渐收敛到 0。这一过程告诉我们，数据的丰富程度（即类别数的大小）能够显著使得对比学习模型掌握更加具有泛化能力的特征，这一结论与现有的经验结果高度契合。其次，上述的误差界同样依赖于我们所引入的距离极化正则项，因而清楚地说明了我们所引入正则项的有效性。

接下来进一步考查我们的方法在具体数据上的一些实验效果，包括合成数据的可视化实验与真实图像、文本等数据上的分类实验。

首先考虑在二维空间构建线性映射来验证算法的有效性，这里我们选择如图 2（a）和（b）所示的两种数据来对方法进行验证。具体而言，通过手动加入高斯噪声来建立正样本对，然后进一步组合两两数据点（包括所有类别）来构建负样本对，随后再使用 NCE 损失函数及式（13）中的目标函数来学习二维投影矩阵，并将得到的结果可视化为图 2（c）～（f）。

我们可以清楚地观察到尽管传统对比学习方法能够粗略地区分每个类别的样本点（如图 2（c）和（d）所示），投影空间中依然存在着一定程度的交叠，具有一定的奇异点。相比之下，当距离极化正则被引入之后，我们的方法能够进一步提升数据点在投影空间的可分性（如图 2（e）和（f）所示）。为了更进一步地在真实数据集上衡量我们方法的优越性，这里还选择了 SimCLR 和 CMC[30]方法作为我们的 baseline，用以实现我们

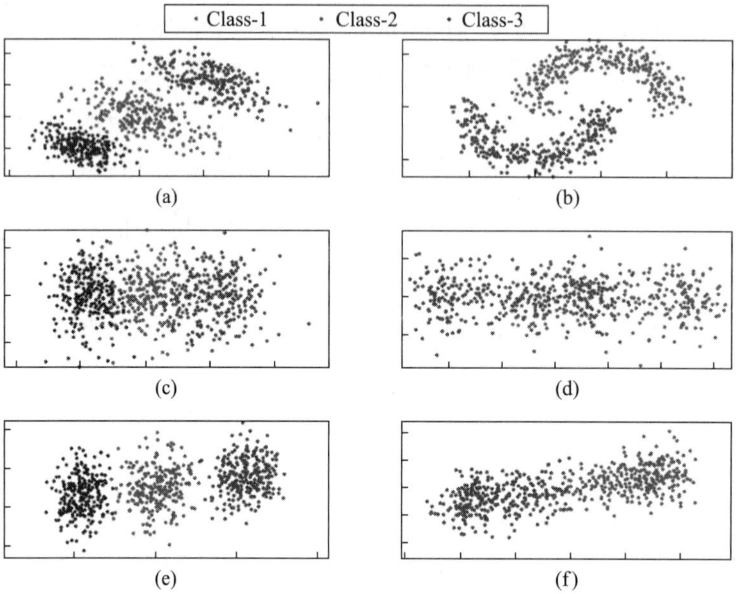

图 2　传统对比学习方法与我们提出的大间隔对比学习方法的可视化（见文后彩图 4）
(a) Three-Bars 数据集; (b) Nested-Moons 数据集; (c) 传统对比学习在 Three-Bars 上的投影结果; (d) 传统对比学习在 Nested-Moons 上的投影结果; (e) 我们的方法在 Three-Bars 上的投影结果; (f) 我们的方法在 Nested-Moons 上的投影结果

的方法进行图像分类。选用 ResNet50 框架来对所有对比方法进行实现，考查它们在 STL-10 和 CIFAR-10 数据集上的分类准确率。

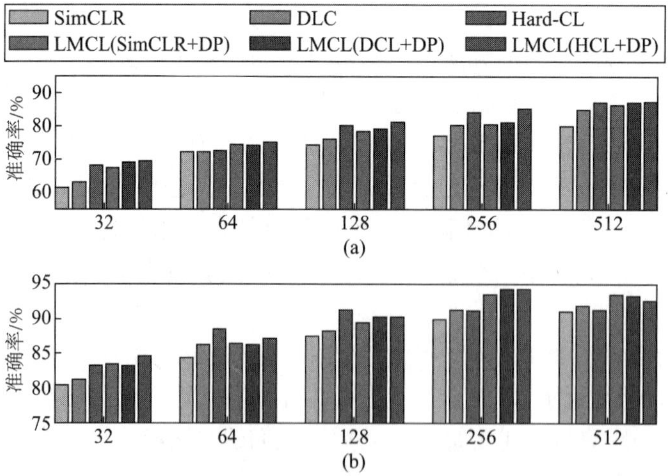

图 3　所有对比方法在 STL-10 和 CIFAR-10 数据集上的分类准确率统计（见文后彩图 5）
(a) 所有对比方法在 STL-10 数据集上的分类准确率; (b) 所有对比方法在 CIFAR-10 数据集上的分类准确率

我们还在 BookCorpus 文本数据集[31]上测试了多个对比方法在六个文本分类任务上的准确率，具体包括 movie review sentiment (MR), product reviews (CR), subjectivity classification (SUBJ), opinion polarity (MPQA), question type classification (TREC)和 paraphrase identification (MSRP)。我们基于 baseline 方法 QT，使用相似的正样本对构建策略（以相邻句子为正样本对）来实现我们的大间隔对比学习算法，并使用十折交叉来统计最终的平均分类准确率，见表 1。

表 1　多个对比方法在 BookCorpus 数据集上的六个分类任务的准确率 %

方法	MR	CR	SUBJ	MPQA	TREC	MSRP
QT	76.8	81.3	86.6	93.4	89.8	73.6
DCL	76.2	82.9	86.9	93.7	89.1	74.7
HCL	77.4	83.6	86.8	93.4	88.7	73.5
LMCL(QT+DP)	77.3	82.3	86.9	93.7	**90.2**	74.1
LMCL(DCL+DP)	77.2	**83.7**	**87.2**	93.8	90.1	**75.1**
LMCL(HCL+DP)	**78.1**	83.5	**87.2**	**94.0**	89.1	74.2

此外，我们还统计了 baseline 方法 QT[32]、对比方法 DCL[33]，以及我们的方法 LMCL 在该数据集上的一个距离直方图，如图 4 所示，从图中可以观察到我们的方法能够在距离空间产生一个明确清晰的间隔区域，从而能够使得最终的预测结果更加准确可靠（即红色占比更小）。

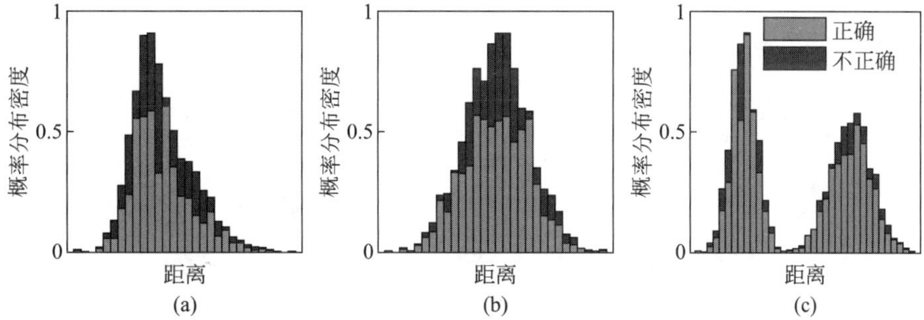

图 4　对比方法与我们的方法在 BookCorus 数据集上得到的距离直方图（见文后彩图 6）
(a) QT; (b) DCL; (c) LMCL (我们的方法)

3.2　基于递归样本混合的对比学习

我们在上文中提到，正样本对的丰富性对模型最终泛化能力有着积极促进的作用，在本节中，我们尝试构建新的“输入-输出-标签”三元组用以提升数据和监督信息的丰富程度，从而提高视觉模型的泛化能力。

我们考虑利用训练过程中单个 mini-batch 中的历史信息来对数据进行有效增广（如图 5 所示），历史批次中的输入样本被缩放到相应的比例代入当前批次的图像中，从而产生新的训练样本及更加丰富的自监督信息。具体而言，在第 t 次迭代的时候，我们所提出的“递归混合”的基本任务是基于当前训练样本 $\left(\boldsymbol{x}^t, y^t\right)$ 和历史某个时刻的样本 $\left(\boldsymbol{x}^h, y^h\right)$ 来生成一个全新的训练样本 $\left(\boldsymbol{x}_{\text{new}}^t, y_{\text{new}}^t\right)$，生产的该训练样本会参与目标函数的优化过程，同时还会对历史样本 $\left(\boldsymbol{x}^h, y^h\right)$ 进行一次更新，具体而言，上述递归过程可以概括为如下循环步骤：

$$\begin{cases} \boldsymbol{x}_{\text{new}}^t = \boldsymbol{M} \times \text{ResizeFill}\left(\boldsymbol{x}^h, \boldsymbol{M}\right) + \left(1 - \boldsymbol{M}\right) \times \boldsymbol{x}^t \\ y_{\text{new}}^t = \lambda^t y^h + \left(1 - \lambda^t\right) y^t \\ \boldsymbol{x}^h = \boldsymbol{x}_{\text{new}}^t \\ y^h = y_{\text{new}}^t \end{cases} \tag{15}$$

其中，矩阵 $\boldsymbol{M} \in \{0,1\}^{W \times H}$ 为二值掩码矩阵，表示样本的相应位置被缩放后的历史样本所覆盖，这里的平衡参数 λ 是从均匀分布 $U[0,\alpha]$ 中进行采样（α 默认设为 0.5）。函数映射 $\text{ResizeFill}\left(\boldsymbol{x}^h, \boldsymbol{M}\right)$ 表示对图像 $\boldsymbol{x}^h$ 进行缩放，然后放入掩码矩阵 $\boldsymbol{M}$ 所标识的区域中（即元素为 1 的位置）。上述递归混合方法与现有的 Mixup[34]和 CutMix[35]的主要区别在于 λ 是一个可变化的连续值。而这一设定也使得我们的递归混合方法更加合理，因为它能够有效地将所有的历史信息保留下来，进而有效地丰富了我们的监督信息。

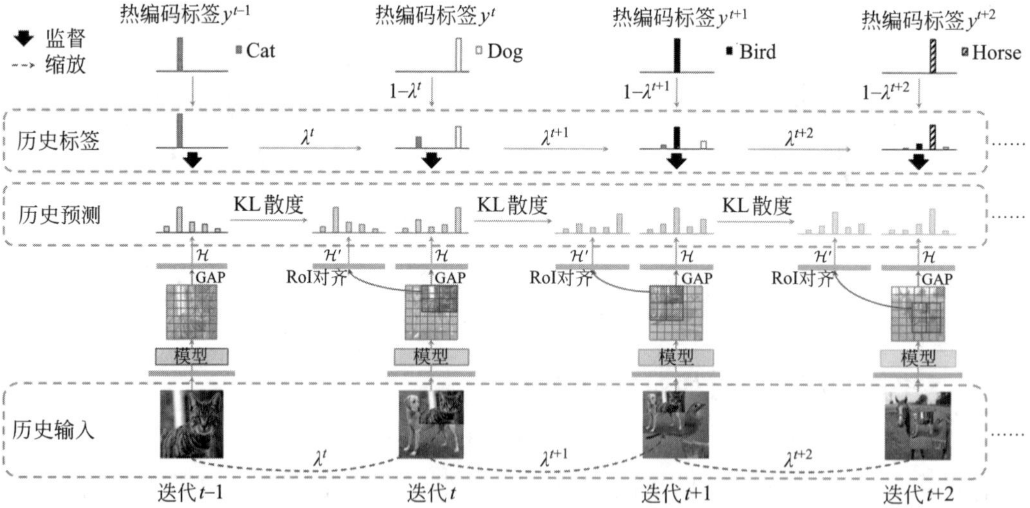

图 5 递归混合算法在多次 mini-batch 迭代过程中的具体操作过程

与 CutMix 方法相似的是，我们方法中的掩码矩阵 $\boldsymbol{M}$ 也是根据遮挡区域来设置数值 0 与 1，其中的遮挡区域 $\boldsymbol{B}=\left(r_x,r_y,r_w,r_h\right)$，具体取值为

$$\begin{cases} r_x \sim U\left(0,W\right), \quad r_w = W\sqrt{\lambda} \\ r_y \sim U\left(0,W\right), \quad r_h = H\sqrt{\lambda} \end{cases} \tag{16}$$

如图 6 所示，当前输入图像中被缩放填充的部分与历史输入上保持一致，而与比例和尺度无关。

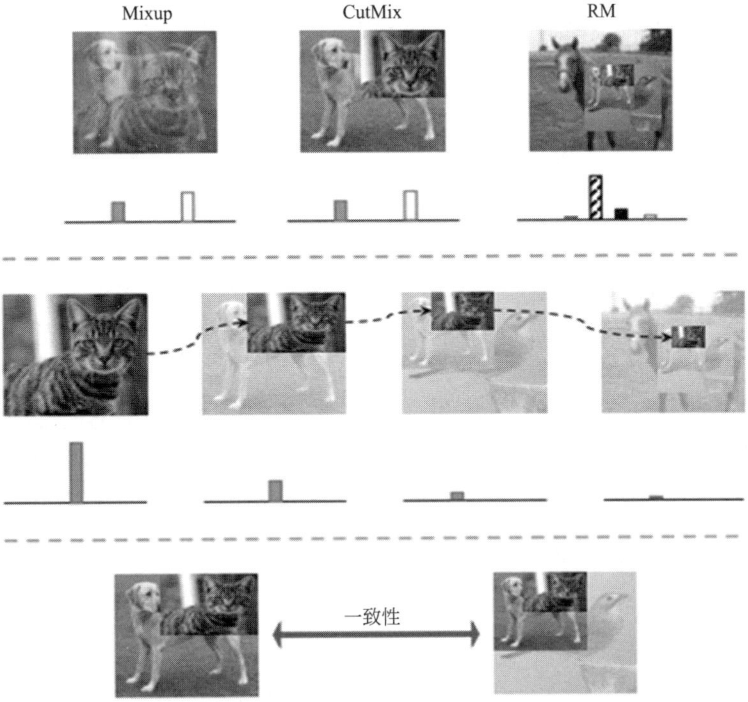

图 6　递归混合策略带来的有效之处：更丰富的数据空间和相应的监督信息及更丰富的空间语义信息

随后，我们基于对比学习中的样本对齐的思想，来对迭代相邻两次的样本的输出进行 KL 散度上的对齐约束。具体而言，我们假设网络映射为 $F(\cdot)$，全局均值池化为 $\text{GAP}(\cdot)$，最后的线性投影层为 $H(\cdot)$，那么在 $t-1$ 次迭代时的网络预测为

$$\begin{cases} \overline{p}^{t-1} = H\left(\text{GAP}\left(F\left(\overline{\boldsymbol{x}}^{t-1}\right)\right)\right) \\ p^h = \overline{p}^{t-1} \end{cases} \tag{17}$$

在第 t 次的迭代中，我们可以基于 1×1 的 RoIAlign 操作[36]来进一步得到如下的最终输出：

$$\overline{p}_{\text{roi}}^{t} = H'\left(\text{RoIAlign}\left(F\left(\overline{\boldsymbol{x}}^{t}\right), \boldsymbol{B}\right)\right) \tag{18}$$

其中，H' 是最终的线性分类层，$\boldsymbol{B}$ 是相应的掩码矩阵。最终我们用 KL 散度来度量 $\overline{p}_{\text{roi}}^{t}$ 与 p^h 之间的一致性，并与传统的交叉熵损失进行结合，进而得到如下优化目标：

$$L = L_{\text{CE}}\left(\boldsymbol{x}_{\text{new}}^{t}, y_{\text{new}}^{t}\right) + \omega\lambda^{t} L_{\text{KL}}\left(\overline{p}_{\text{roi}}^{t}, p^{h}\right) \tag{19}$$

其中，L_{CE} 为交叉熵损失，L_{KL} 为用于衡量一致性的 KL 散度。值得注意的是，这里的 p^h 为上次迭代的历史输出，一致性损失函数的权重通常取 $\omega = 0.1$。此外，我们还使用混合比率 λ 用于进一步动态调节 L_{KL} 的权重以更好地适应不同混合情况下的语义重要性。这里的超参数 ω 及均匀分布中的参数 α 的敏感度分析如图 7 所示。

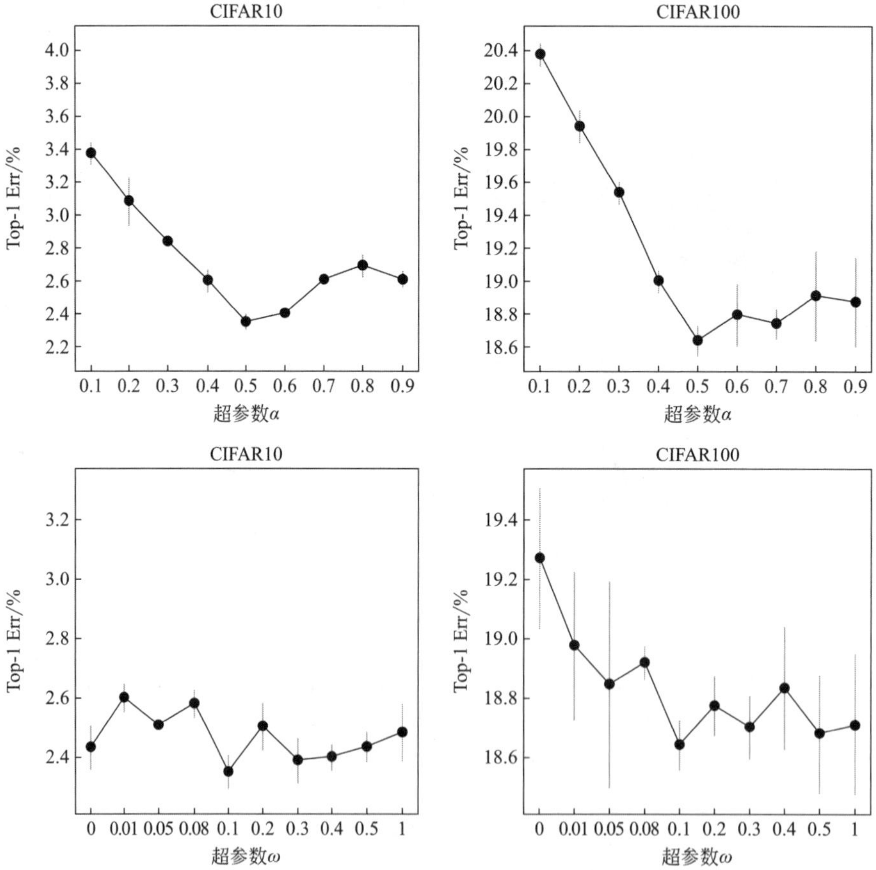

图 7 参数 α 和参数 ω 在 CIFAR-10 和 CIFAR-100 数据集上的敏感度分析

接下来详细报告我们的方法在 CIFAR 和 ImageNet 数据集上的分类性能情况。对所有模型分别进行了 200 轮和 300 轮的训练，其中 200 轮训练的 SGD 中的动量参数为 0.9，Weight Decay 参数为 5×10^{-4}。在 2 个 GPU 上以每个 mini-batch 的 64 个样本来优化我们的模型，步长参数设定为 0.1。对于 300 轮的训练设定，我们与 CutMix 的所有官方参数进行了对齐。这里仅报告我们的方法与对比方法在 CIFAR-100 数据集上的 Top1 分类准确率（如表 2 所示）。我们在 ImageNet 数据集上进行了类似的设定（SGD 的优化步长参数为 0.2），相应的所有对比方法的结果见表 3。

表 2　对比方法在 CIFAR100 数据集上的 Top1 准确率

Model (200 epochs)	Type	Top-1 Err/%
ResNet-18	Baseline	21.70
	+ Mixup	20.99
	+ CutMix	19.61
	+ RM (ours)	**18.64**
ResNet-34	Baseline	20.62
	+ Mixup	19.19
	+ CutMix	17.89
	+ RM (ours)	**17.15**
DenseNet-121	Baseline	19.51
	+ Mixup	17.71
	+ CutMix	17.21
	+ RM (ours)	**16.22**
DenseNet-161	Baseline	18.78
	+ Mixup	16.84
	+ CutMix	16.64
	+ RM (ours)	**15.54**
PyramidNet-164, $\tilde{\alpha}$ =270	Baseline	16.67
	+ Mixup	16.02
	+ CutMix	15.59
	+ RM (ours)	**14.65**

表 3 对比方法在 ImageNet 数据集上的 Top1 和 Top5 准确率

ResNet-50 (300 epochs)	Top-1 Err/%	Top-5 Err/%
Baseline	23.68	7.05
+ Cutout	22.93	6.66
+ Stochastic Depth	22.46	6.27
+ Mixup	22.58	6.40
+ Manifold Mixup	22.50	6.21
+ DropBlock	21.87	5.98
+ Feature CutMix	21.80	6.06
+ CutMix	21.40	5.92
+ PuzzleMix	21.24	5.71
+ MoEx	21.90	6.10
+ CutMix + MoEx	20.90	5.70
+ RM (ours)	**20.80**	**5.42**

最后我们对递归混合方法所学得的语义热图进行了可视化，从图 8 中可以清晰地观察到我们的方法能够更准确地定位到语义目标并高亮出目标中的重要特征区域，从而帮助我们的方法学得更加具有鉴别能力的语义特征。

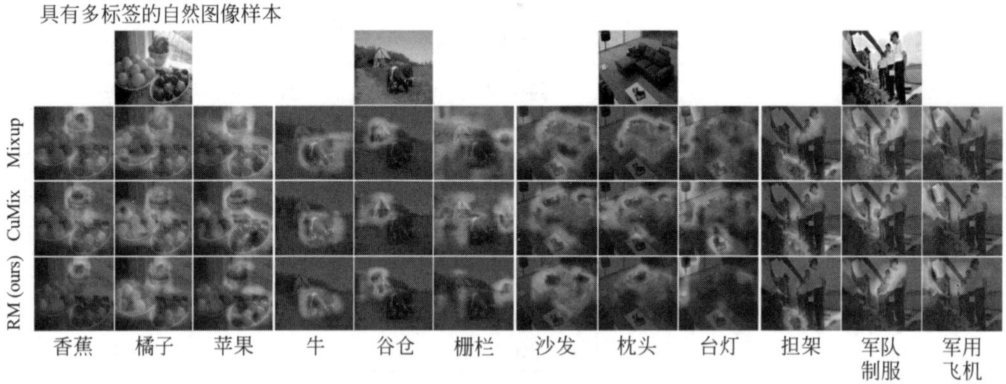

图 8 各种方法语义热图的可视化结果（见文后彩图 7）

3.3 基于均匀掩码的自编码学习

在本节中，我们将对另外一种基于自编码学习的自监督学习提出相应的改进策略。掩码自编码学习已经引领了新一轮的自监督学习范式[23]，其在预训练与微调阶段的高效性和有效性已经获得了广泛认可。值得注意的是，掩码自编码学习的有效性较大程度地依赖于视觉 Transform 中的自注意力机制的推理过程。然而，金字塔 Transform 作为当前先进型的视觉 Transform 模型[37]，依然不清楚是否能够被有效地部署到掩码自编码学习中。这是因为金字塔 Transform 模型需要在局部窗口中进行，这使得我们难以处理部分视觉 tokens 的随机序列（见图 9）。

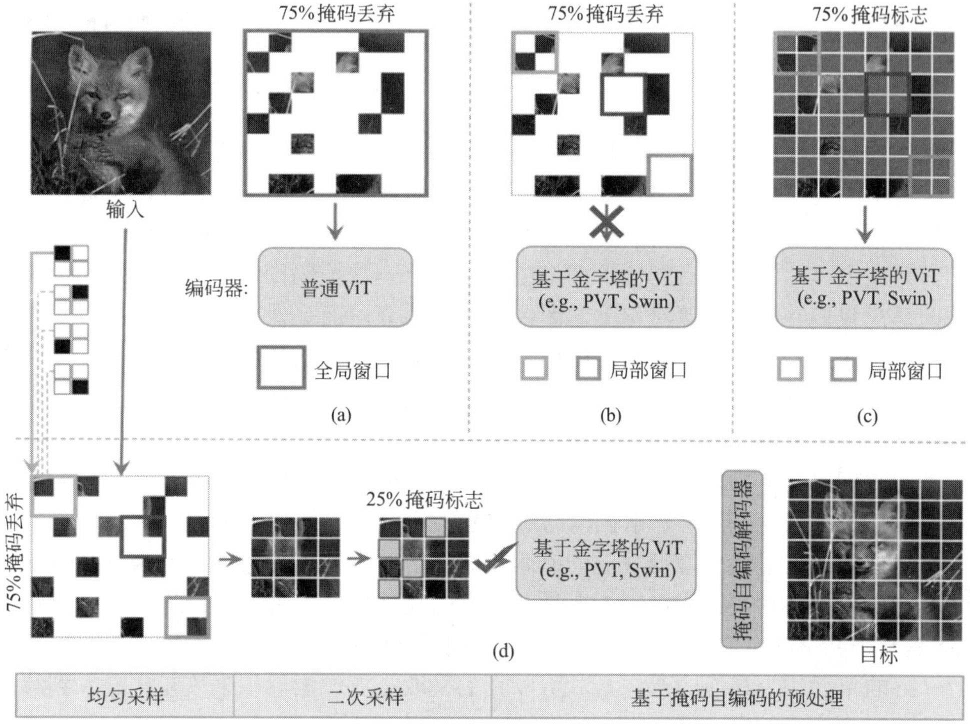

图 9　各种用于支持视觉 Transform 和金字塔 Transform 的输入处理策略

为了解决这一问题，我们提出了一种新型的“均匀掩码策略”，成功地在局部环境下将金字塔 Transform 融入掩码自编码学习中，这一过程包含一个均匀采样过程和二次掩码过程。具体而言，均匀采样过程需要对原始图像中的一部分 patch（通常为 25%）进行随机采样，例如我们可以对任意 2×2 区域中的某单个区域块进行抽取，并丢弃其他的三个区域，被抽取的图像块随后被送入编码器中进行特征学习。均匀编码策略使得输入数据的尺度能够控制在相等的层面上，并且不会随着局部窗口的滑动而发生改变。这一重要性质使得我们能够成功地将目前流行的金字塔 Transform 引入掩码自编码学习中来，基于操作元素的等价性，我们进一步将这些图像块重新组装为一个紧致的 2D 图像，如图 10 中左侧所示。

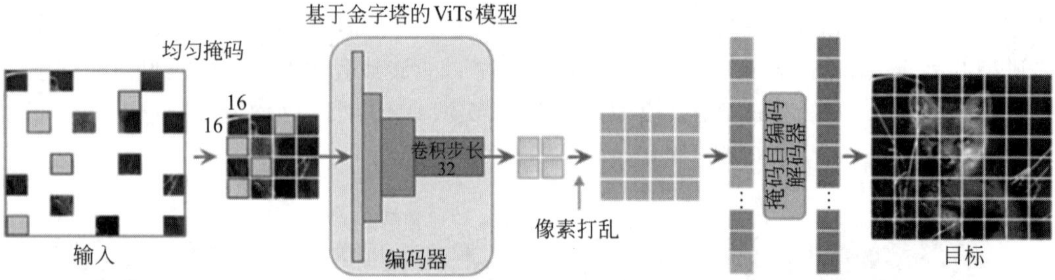

图 10　我们提出的均匀掩码策略及相应的基于金字塔 Transform 的掩码自编码网络

由于均匀采样策略较好地保持了图像的局部信息，所以经由均匀采样的样本相对掩码自编码中的随机采样策略显得更加容易恢复，然而这并不利于为神经网络提供更加具有难度的自监督信息。为了缓解这一问题，我们进一步提出了二次掩码策略，具体而言，我们需要在上述均匀采样后的 2D 图像中重新进行一次掩码操作，但与普通的掩码策略不同的是，我们并不是直接对选中的图像块进行丢弃，而是保留掩码区域并对其参数进行共享，从而能够更好地兼容金字塔视觉 Transform 模型的局部特性。这一操作虽然较为简单，但有效提升了语义的恢复难度，迫使网络能够更好地从不完备的上下文中学得高质量的视觉特征。

下面我们对基于均匀掩码策略的金字塔 Transform 自编码网络的基本架构进行一个总结，对架构中的编码网络、解码网络、重建准则分别进行详细描述。

编码部分：这里我们遵循普通的掩码自编码方法，操作的最小单元为16×16的图像块。我们所提出的均匀掩码在输入上具有更小的尺寸以产生紧致的 2D 输入，每个掩码 token 是一个共享的可学习的向量。由于层次视觉 Transform 通常具有四个阶段，并使利用16×16的单元作为最终的亚像素，所以我们采取了亚像素卷积来恢复它输入到解码器之前的相应超像素结果。

解码部分：解码网络的部分与普通的掩码自编码网络基本一致。解码网络的输入使用了全体 token，包括来自均匀掩码的编码结果，以及掩码的 tokens。我们还在所有的 tokens 上进一步使用了位置映射，具体的解码框架遵循常规掩码自编码网络的轻量级实现版本。

重建准则：我们通过预测具体的像素值来对输入过程进行重建，在解码网络的最后一层使用一个线性投影使得投影层的每个元素与图像块中的像素个数一一对应，最后使用均方误差准则度量重建损失，并由此来建立目标函数。

接下来我们在真实世界图像数据上进行实验，验证我们方法的有效性。与现有的基于金字塔的视觉 Transform 相比，我们所提出的均匀掩码自编码器在空间代价和运行效率上具有较大优势。我们在 ImageNet, ADE20K 和 COCO 数据集上的结果指标见表 4。

表 4 多个数据集上的对比方法的运行效率与性能比较

框架	方法	预训练(200 epoch)		微调性能		
		训练时间	显存占用	ImageNet-1K	ADE20K	COCO
PVT-S	监督情形(基准线)			77.84	40.38	42.3
	SimMIM	38.0 h	20.6 GB	79.28 (+1.44)	**43.04 (+2.66)**	44.8 (+2.5)
	UM-MAE **(ours)**	**21.3 h**	**11.6 GB**	**79.31 (+1.47)**	43.01 (+2.63)	**45.1 (+2.8)**
Swin-T	监督情形(基准线)			81.82	44.51	47.2
	SimMIM	49.3 h	37.4 GB*	**82.20 (+0.38)**	45.35 (+0.84)	47.6 (+0.4)
	UM-MAE **(ours)**	**25.0 h**	**13.4 GB**	82.04 (+0.22)	**45.96 (+1.45)**	**47.7 (+0.5)**

表 4 展示了对比方法基于 PVT-S[37]和 Swin-T[38]架构在预训练 200 个周期的情况，我们统计了在 8 个 GeForce RTX 3090 GPU 上的预训练时间和内存使用情况，发现我们提出的方法能够显著节省一半的训练时间及相应的内存消耗，并在这种情况下能够达到比对比方法甚至更好的测试精度，从而充分验证了我们算法的高效性和有效性。

由于掩码自编码模型本质上基于重建目标，所以我们接下来进一步对于算法的重建结果做一个充分展示。如图 11 所示，在大量遮挡的情况下，baseline 方法 SimMIM[36]和我们的均匀掩码自编码方法都能够大体地恢复出图像的原本面貌，相比之下，我们的方法更加关注细节信息而 SimMIM 方法倾向于给出平滑的结果。

3.4 基于自编码学习的低维对比学习

在前面的章节中，我们对于对比学习和自编码学习的具体模型都提出了相应的改进工作。在本节中，我们将进一步讨论目前对比学习框架上存在的问题，并从自编码学习的角度对这一问题进行解决，从而发现对比学习与自编码学习之间存在的有趣联系。

我们在上文中提到，对比学习的一个重要基本目标是基于实例鉴别策略对训练样本进行区分，将它们尽可能地打散在特征空间中，大多数现有的对比学习算法通常鼓励使用尽可能高维的特征来最大化地达成实例鉴别这一目标[16]，然而这一做法会导致样本稀疏地分布在（高维）特征空间中，使得样本间的内在相似度无法被模型所学得。具体而言，如图 12 所示，当网络的输出层，也就是最终学得的特征维度不断升高时，可以看到对比学习的训练误差能够一致地下降。模型的测试误差也能够在维度升高的起初阶段不断下降，但当特征维度超过一定数值时，虽然训练误差在下降，但测试误差反而呈现上升趋势。这是因为当特征维度不断升高后，数据集中两两样本间的距离分布逐渐变得集中化，缺乏类内、类间的鉴别能力，如图 13 所示。因此对比学习算法性能随着特征维度的升高产生识别性能的瓶颈。

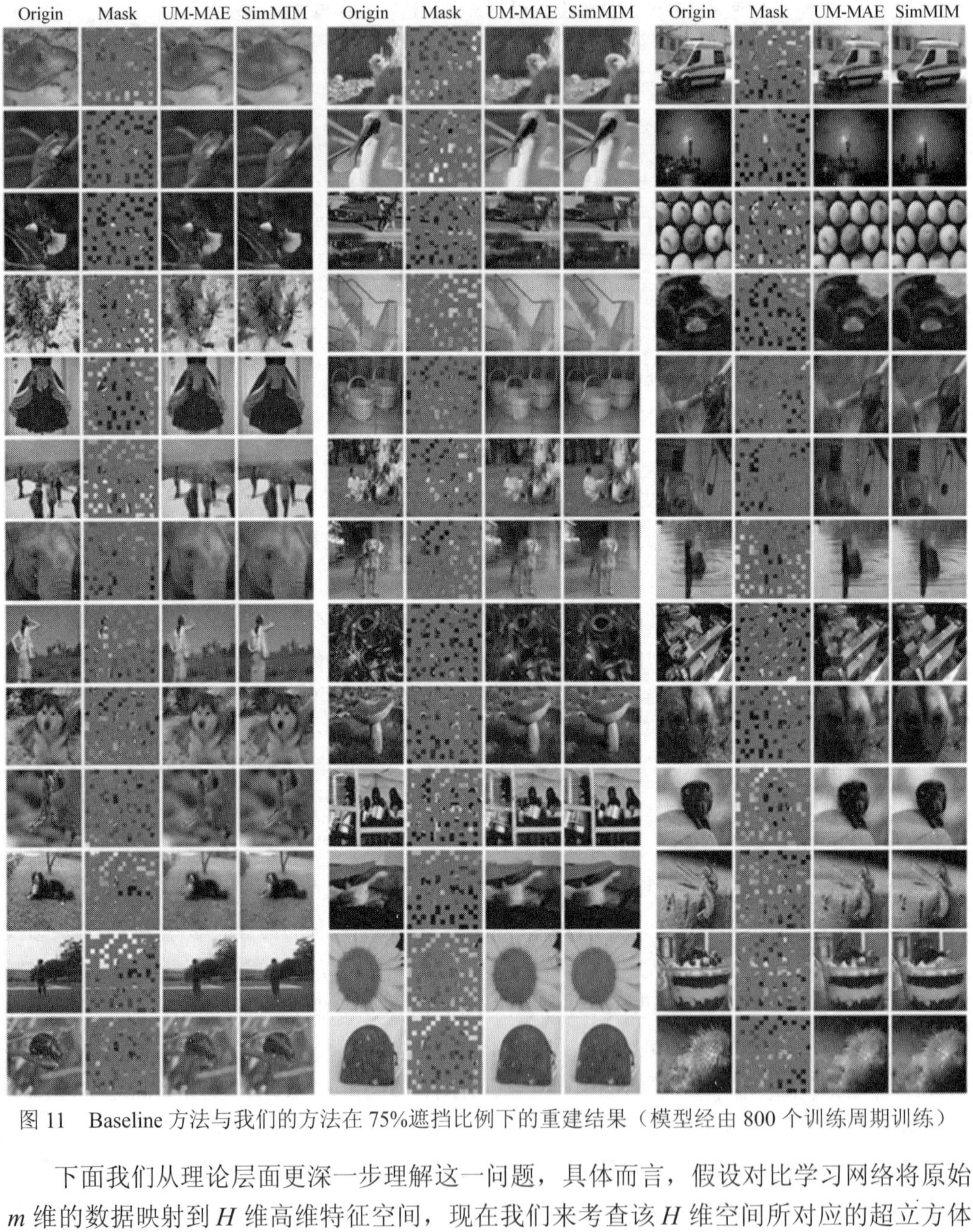

图 11　Baseline 方法与我们的方法在 75%遮挡比例下的重建结果（模型经由 800 个训练周期训练）

下面我们从理论层面更深一步理解这一问题，具体而言，假设对比学习网络将原始 m 维的数据映射到 H 维高维特征空间，现在我们来考查该 H 维空间所对应的超立方体及相应的内切超球体，假设 H 维超立方体的边长为 $2r$，则相应内切超球体的半径为 r。

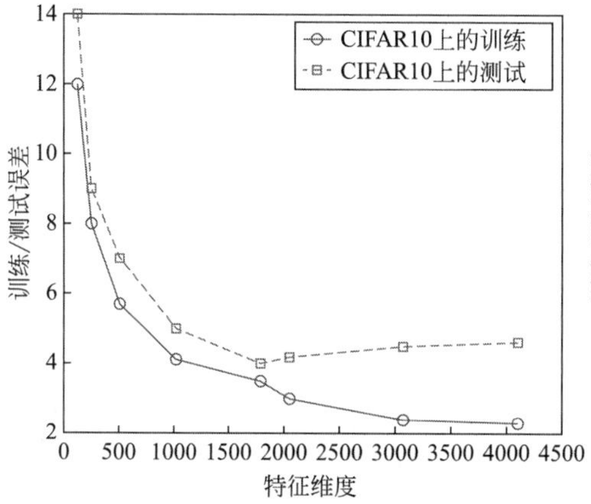

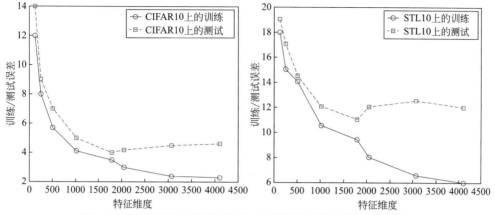

图 12　不同维度设定下的对比学习中的训练误差和测试误差统计

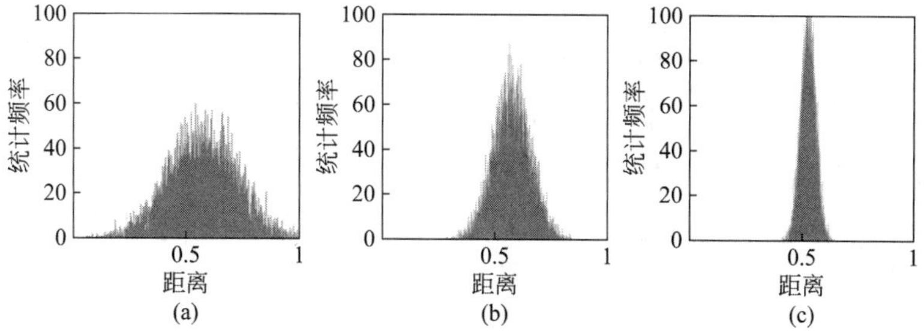

图 13　不同维度设定下的对比学习中的样本间距离直方图统计

(a) 维度=256; (b) 维度=512; (c) 维度=2048

基于此，我们来进一步考查在高维空间中内切超球体所占超立方体的体积比值。首先根据基本几何知识我们知道它们的体积分别为

$$\begin{cases} V_{\text{cube}}(H)=(2r)^H \\ V_{\text{sphere}}(H)=\left(2r^H\pi^{H/2}\right)\big/\left(H\cdot\Gamma(H/2)\right) \end{cases} \tag{20}$$

其中，$\Gamma(z)=\int_0^\infty t^{z-1}\mathrm{e}^{-t}\mathrm{d}t$ 为 Gamma 函数。现在我们进一步考查上述两个体积值在维度 H 趋向于无穷大时的比值，

$$\begin{aligned} \lim_{H\to\infty} V_{\text{sphere}}(H)/V_{\text{sphere}}(H) &= \lim_{H\to\infty}\left[\pi^{H/2}\big/\left(H\cdot\Gamma(H/2)\right)\right]\big/2^{H-1} \\ &\leqslant \lim_{H\to\infty}\pi^{(H-1)/2}/2^{H-1} \\ &= \lim_{H\to\infty}(\pi/4)^{\frac{H-1}{2}} \\ &= 0 \end{aligned} \tag{21}$$

从而我们知道内切超球体在超立方体中的占比会随着维度的升高逐渐趋向于 0，这意味着，在超高维空间中，一个随机给定的点更加可能出现在超立方体的顶点角落位置，而不是内部空间中。另外，对于 H 维超立方体，我们知道它一共具有 $\hat{N}=2^H$ 个顶点，我们的通常设定中会取 $H=2048$，而样本数 N 通常呈现百万级，在这种情况下，有

$$\hat{N}=2^H=2^{2048}=16^{512}\gg 10^{512}\gg 10^6=N \tag{22}$$

这意味着高维空间的顶点数实则远远大于数据集中的样本数，在这种情况下，样本在特征空间中将会呈现出较为稀疏的分布规律，所有的样本将会远离彼此，这使得我们的学习算法难以获得样本间的关键相似度信息，进而使得学得的特征影响下游识别任务。

为了解决这一问题，我们考虑使用与稀疏自编码学习类似的重构策略来对高维空间进行有效重建。具体来说，我们假设特征映射 $\boldsymbol{\Phi}: R^m \to R^H$，引入一个额外的投影矩阵 $\boldsymbol{L}\in R^{H\times H}$ 来进一步把高维特征结果 $\boldsymbol{\Phi}(\boldsymbol{x})$ 变换到隐空间中，变换之后的特征为 $\boldsymbol{L\Phi}(\boldsymbol{x})$，我们通过极小化误差项 $\left\|\boldsymbol{L}^{\mathrm{T}}\boldsymbol{L}\cdot\boldsymbol{\Phi}(\boldsymbol{x})-\boldsymbol{\Phi}(\boldsymbol{x})\right\|_2^2$ 来完成对高维特征的重建，使得低维空间中的隐向量能够较好地保留高维特征中的有用信息。当我们进一步为投影矩阵 $\boldsymbol{L}$ 引入低秩约束后，就能够获得一个低维模式下的对比学习结果，如图 14 所示。具体而言，首先考虑使用行稀疏[39]的方式来约束投影矩阵 $\boldsymbol{L}$，这样一来较少非零行的投影向量就为我们自然而然地构建出了一个低维投影空间，即

$$R_{2,1}(\boldsymbol{\Phi},\boldsymbol{L})=E_{x\in X}\left[\left\|\boldsymbol{L}^{\mathrm{T}}\boldsymbol{L}\cdot\boldsymbol{\Phi}(\boldsymbol{x})-\boldsymbol{\Phi}(\boldsymbol{x})\right\|_2^2\right]+\alpha\|\boldsymbol{L}\|_{2,1} \tag{23}$$

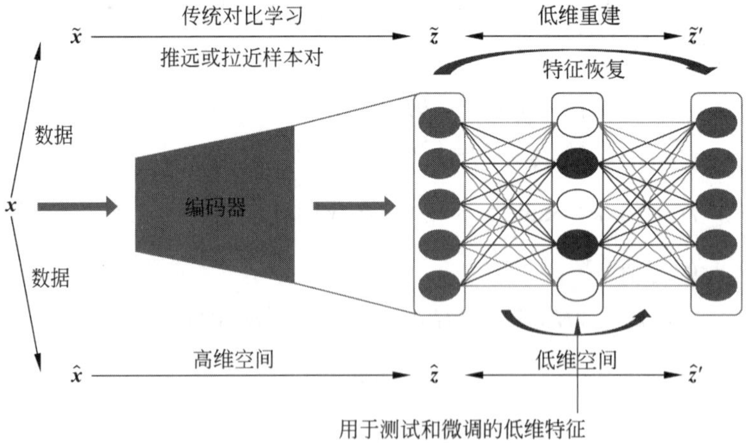

图 14　我们所提出的基于自编码重建的低维对比学习框架

其中，$\boldsymbol{L} \in R^{H \times H}$，参数$\alpha > 0$用来手动调节稀疏程度。当我们通过优化 NCE 损失函数与上式所结合的目标函数时，就能够获得低维特征$\boldsymbol{L\Phi}(\boldsymbol{x})$用于模型后续的测试阶段。除了行稀疏带来的低维效果，我们还可以通过直接在投影矩阵$\boldsymbol{L}$上引入低秩约束来获得低维空间的投影，具体而言，我们期望最终学得的投影矩阵的核范数尽量地小，即优化如下目标：

$$R_{\text{nuclear}}(\boldsymbol{\Phi}, \boldsymbol{L}) = E_{x \in X}\left[\left\|\boldsymbol{L}^{\mathrm{T}}\boldsymbol{L} \cdot \boldsymbol{\Phi}(\boldsymbol{x}) - \boldsymbol{\Phi}(\boldsymbol{x})\right\|_2^2\right] + \alpha\|\boldsymbol{L}\|_* \tag{24}$$

当我们获得投影矩阵后，通过计算$\boldsymbol{L}$的列向量所对应的低维极大线性无关组，即可获得一个低维的特征表示$\boldsymbol{L\Phi}(\boldsymbol{x})$。通过将上述约束的重建目标集成到 NCE 损失函数中，我们进而获得基于稀疏自编码重建的对比学习模型：

$$\min_{\boldsymbol{\Phi} \in H,\ \boldsymbol{L} \in R^{H \times H}} \left\{F(\boldsymbol{\Phi}, \boldsymbol{L}) = L_{\text{NCE}}(\boldsymbol{\Phi}) + \lambda R(\boldsymbol{\Phi}, \boldsymbol{L})\right\} \tag{25}$$

其中正则项参数$\lambda > 0$通过手动调节，上述目标函数具有较强的普适性，其中的损失函数能够被大多数对比学习目标函数所实现，因而该框架能够很好地解决许多对比学习中特征维度过高带来的问题。同时，由于$R(\boldsymbol{\Phi}, \boldsymbol{L})$中的误差项能够拆分为与单个 mini-batch 相关，所以对$F(\boldsymbol{\Phi}, \boldsymbol{L})$使用随机梯度下降优化时并不会显著引入额外的计算负担。

下面针对我们所提出的方法进行深入的理论分析。我们前面提到，高维空间中的样本倾向于分布在超立方体的角落中，这使得彼此间的距离逐渐趋同，可以证明的是，当特征映射$\boldsymbol{\Phi}$不受任何维度约束时，特征空间的最大距离和最小距离逐渐趋于相等，即如下定理所示。

定理 3 对于任意的独立同分布样本$\boldsymbol{x}, \boldsymbol{x}_1, \boldsymbol{x}_2, \cdots, \boldsymbol{x}_n \in R^m$，我们记$D_{\boldsymbol{\Phi}}^{\max}(H) = \max\{D_{\boldsymbol{\Phi}}(\boldsymbol{x}, \boldsymbol{x}_i) \mid i = 1, 2, \cdots, n\}$，$D_{\boldsymbol{\Phi}}^{\min}(H) = \min\{D_{\boldsymbol{\Phi}}(\boldsymbol{x}, \boldsymbol{x}_i) \mid i = 1, 2, \cdots, n\}$，那么有$\lim\limits_{H \to \infty}\{\mathrm{var}[D_{\boldsymbol{\Phi}}(\boldsymbol{x}, \boldsymbol{x}_i) / \mathrm{E}(D_{\boldsymbol{\Phi}}(\boldsymbol{x}, \boldsymbol{x}_i))]\} = 0$，以及

$$P\left\{\lim_{H \to \infty}\left(D_{\boldsymbol{\Phi}}^{\max}(H) - D_{\boldsymbol{\Phi}}^{\min}(H)\right) \big/ D_{\boldsymbol{\Phi}}^{\min}(H) = 0\right\} = 1 \tag{26}$$

其中，$\boldsymbol{\Phi}$为从$\boldsymbol{x}, \boldsymbol{x}_1, \boldsymbol{x}_2, \cdots, \boldsymbol{x}_n \in R^m$中学得的任意特征映射。

从上述定理可以看出，$\left(D_{\boldsymbol{\Phi}}^{\max}(H) - D_{\boldsymbol{\Phi}}^{\min}(H)\right) / D_{\boldsymbol{\Phi}}^{\min}(H)$的数值逐渐趋向于 0，在正实数空间内并不存在一个下界以保证距离的鉴别性能，而当我们进一步引入稀疏正则后，可以得到如下定理。

定理 4 对于任意的独立同分布样本$\boldsymbol{x}, \boldsymbol{x}_1, \boldsymbol{x}_2, \cdots, \boldsymbol{x}_n \in R^m$，我们记$D_{\boldsymbol{\Phi}, \boldsymbol{L}}^{\max}(H) = \max\{D_{\boldsymbol{\Phi}, \boldsymbol{L}}(\boldsymbol{x}, \boldsymbol{x}_i) \mid i = 1, 2, \cdots, n\}$，$D_{\boldsymbol{\Phi}, \boldsymbol{L}}^{\min}(H) = \min\{D_{\boldsymbol{\Phi}, \boldsymbol{L}}(\boldsymbol{x}, \boldsymbol{x}_i) \mid i = 1, 2, \cdots, n\}$，那么有

$$P\left\{\left(D_{\boldsymbol{\Phi}}^{\max}\left(H\right)-D_{\boldsymbol{\Phi}}^{\min}\left(H\right)\right)/D_{\boldsymbol{\Phi}}^{\min}\left(H\right)\geqslant\alpha\lambda C\left(X\right)\right\}=1 \tag{27}$$

其中，$D_{\boldsymbol{\Phi},\boldsymbol{L}}\left(\boldsymbol{x},\boldsymbol{x}_i\right)=\left\|\boldsymbol{L\Phi}\left(\boldsymbol{x}\right)-\boldsymbol{L\Phi}\left(\boldsymbol{x}_i\right)\right\|_2/\operatorname{rank}\left(\boldsymbol{L}\right)$，$\boldsymbol{\Phi}$ 和 $\boldsymbol{L}$ 为从 $\boldsymbol{x},\boldsymbol{x}_1,\boldsymbol{x}_2,\cdots,\boldsymbol{x}_n\in R^m$ 中学得的任意特征映射。

从上述定理 4 中我们可以得知，最小最大距离比值具有一个明确的正实数下界，这一下界主要由正则化参数 α 与 λ 所影响（假设训练数据给定）。这意味着我们的低秩重建项能够有效地控制距离比值，当这一距离比值具有明确的下界时，我们的算法将会对类簇内的距离产生较小距离，同时对类簇间的距离产生较大值，从而保证了距离的鉴别能力，提升了所学的特征的有效性。

下面我们在真实世界数据上进行分类实验，来验证我们的算法的有效性。使用 STL-10 和 CIFAR-10 数据集来训练 baseline 方法 SimCLR 和我们的方法，分别使用 100 个和 400 个 epochs 训练所有模型，并使用相同的批大小和学习率，通过微调线性 softmax 来记录所有方法的测试精度，见表 5。我们可以观察到，在前 100 个训练周期中，baseline 方法能够稍微优于我们的方法，这是因为 baseline 方法对实例鉴别这一目标的强调快速发挥了有效性，而在经过 400 个周期后，我们的方法能够取得比 baseline 方法一致更好的测试精度。进一步将我们的方法在更多不同的 baseline 方法上进行实现，获得的提升效果如图 15 所示。

表 5　各种对比方法在 STL-10 和 CIFAR-10 数据集上的不同训练周期下的分类精度

方法	STL-10		CIFAR-10	
	epochs=100	epochs=400	epochs=100	epochs=400
4096-dim. (w/o $\mathcal{R}(\boldsymbol{\Phi},\boldsymbol{L})$)	55.1 ± 1.1	75.2 ± 3.1	65.1 ± 1.9	85.4 ± 4.2
3072-dim. (w/o $\mathcal{R}(\boldsymbol{\Phi},\boldsymbol{L})$)	54.4 ± 3.1	75.2 ± 2.1	67.2 ± 3.5	86.9 ± 6.1
2048-dim. (w/o $\mathcal{R}(\boldsymbol{\Phi},\boldsymbol{L})$)	56.3 ± 2.1	76.2 ± 1.1	66.3 ± 3.1	89.3 ± 2.1
512-dim. (w/o $\mathcal{R}(\boldsymbol{\Phi},\boldsymbol{L})$)	56.4 ± 2.5	75.2 ± 0.1	66.4 ± 5.1	90.3 ± 0.6
256-dim. (w/o $\mathcal{R}(\boldsymbol{\Phi},\boldsymbol{L})$)	55.3 ± 4.1	74.2 ± 2.1	64.3 ± 5.1	88.3 ± 3.1
512-dim. (w/o sparity, $\alpha=0$)	**56.5 ± 2.5**	75.5 ± 0.5	66.2 ± 4.9	90.1 ± 1.2
256-dim. (w/o sparity, $\alpha=0$)	55.9 ± 2.1	74.1 ± 2.3	64.7 ± 2.1	88.4 ± 2.6
512-dim. (w/ $\ell_{2,1}$ -norm)	56.3 ± 8.2 –	78.3 ± 0.5√	**67.5 ± 0.2** –	**92.5 ± 0.2**√
512-dim. (w/nuclear-norm)	56.2 ± 3.2 –	**79.2 ± 0.2**√	67.5 ± 2.5 –	92.5 ± 2.3√
256-dim. (w/ $\ell_{2,1}$ -norm)	56.2 ± 1.2 –	**79.3 ± 0.5**√	65.5 ± 0.5 –	92.3 ± 0.3√
256-dim. (w/nuclear-norm)	56.3 ± 3.2 –	79.2 ± 0.2√	65.2 ± 5.5 –	**93.1 ± 1.3**√

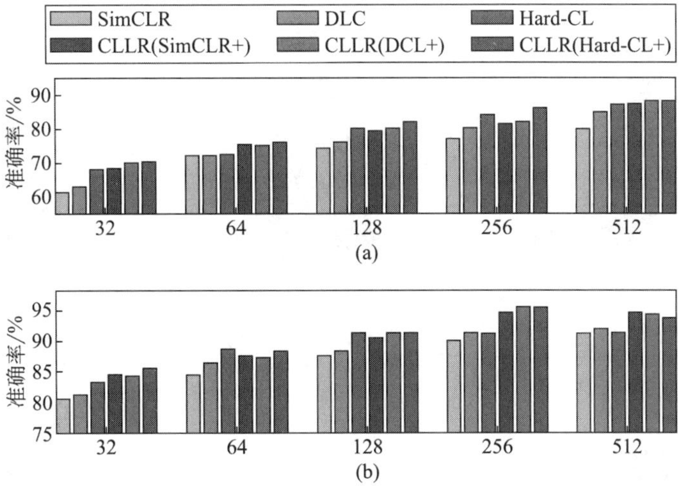

图 15　各种对比方法在 STL-10 和 CIFAR-10 数据集上的分类精度

(a) 所有对比方法在 STL-10 数据集上的分类精度;

(b) 所有对比方法在 CIFAR-10 数据集上的分类精度

我们还在 BookCorpus 文本数据集上测试了多个对比方法在六个文本分类任务上的准确率，具体包括 movie review sentiment (MR), product reviews (CR), subjectivity classification (SUBJ), opinion polarity (MPQA), question type classification (TREC)和 paraphrase identification (MSRP)。我们基于 baseline 方法 QT，使用相似的正样本对构建策略（以相邻句子为正样本对）来实现我们的低维对比学习算法，并使用十折交叉来统计最终的平均分类准确率，见表 6。

表 6　多个对比方法在 BookCorpus 数据集上的六个分类任务的准确率　%

方法	MR	CR	SUBJ	MPQA	TREC	MSRP
QT[26]	76.8	81.3	86.6	93.4	89.8	73.6
DCL[11]	76.2	82.9	86.9	93.7	89.1	74.7
HCL[30]	77.4	83.6	86.8	93.4	88.7	73.5
CLLR(DCL+$\ell_{2,1}$-norm)	77.9	83.3	**87.9**	93.7	**91.3**	75.2
CLLR(DCL+nuclear-norm)	**78.2**	**83.7**	87.2	**95.8**	91.2	**75.7**

此外，我们还统计了 baseline 方法 QT、对比方法 DCL，以及我们的方法 CLLR 在该数据集上的一个距离直方图（见图 16），从图中可以观察到我们的方法能够产生更准确的距离预测结果（即更少比例的红色错误部分）。

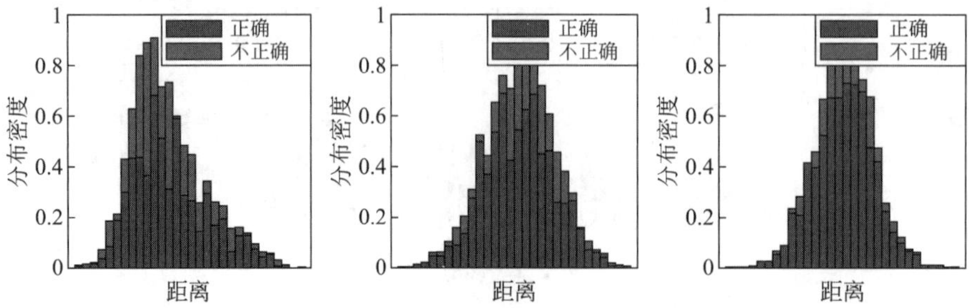

(a)　　(b)　　(c)

图 16　对比方法与我们的方法在 BookCorus 数据集上得到的距离直方图（见文后彩图 8）
(a) QT; (b) DCL; (c) CLLR（我们的方法）

4　总结与展望

自监督学习通过人为构建伪监督信息用于模型的训练，并希望通过训练学得的特征能够广泛地应用于多种下游任务。本文对自监督学习的背景和现有工作进行了简单梳理，并着重介绍了我们针对自监督学习中四个关键问题开展的研究工作。具体地，针对对比学习中的错误负样本问题，我们设计了一种距离极化正则项，约束对比学习学得的两两样本距离在一个更加合理的空间中；为了丰富样本增广的自监督信息，我们提出了递归样本混合策略并将之应用于对比学习，显著提升了样本数据的多样性，增强了模型的泛化能力；针对掩码自编码学习与金字塔 Transform 融合上的困难，提出了均匀掩码策略，在不牺牲算法精度的前提下显著降低了显存消耗和训练时间；针对对比学习中特征维度过高的问题，提出了基于自编码网络的方法在低维空间对高维特征进行了有效重建，在满足对比学习目标的前提下，成功降低了特征维度。总之，我们针对自监督学习的具体范式作出了相应的理论探索和方法改进，进一步为自监督学习的发展提供了全新发展和相应的理论保证。

随着自监督学习的广泛应用，一些实际任务中的新设定促进了自监督学习技术的进一步延伸和发展。例如在预训练阶段我们可以通过极少量的训练样本标注显著提升算法的有效性，这能够使得人力标注所带来的收益大大提升，在监督与非监督问题设定下获得更加贴合实际应用的平衡。

参考文献

[1] Bengio Y, Courville A, Vincent P. Representation learning: A review and new perspectives[J]. IEEE Transactions on Pattern Analysis and Machine Intelligence, 2013.

[2] Chen X, Chen W, Chen T, et al. Self-pu: Self boosted and calibrated positive-unlabeled training[C]// International Conference on Machine Learning (ICML). 2020: 1510-1519.

[3] Jiang Z, Chen T, Mortazavi, B, et al. Selfdamaging contrastive learning[C]//International Conference on Machine Learning (ICML), 2021.

[4] Xu X, Deng C, Xie Y, et al. Group contrastive self-supervised learning on graphs[J]. IEEE Transactions on Pattern Analysis and Machine Intelligence, 2022.

[5] Jing L, Tian Y. Self-supervised visual feature learning with deep neural networks: A survey[J]. IEEE Transactions on Pattern Analysis and Machine Intelligence, 2020.

[6] Kou X, Xu C, Yang X, et al. Attention-guided contrastive hashing for long-tailed image retrieval[C]// International joint conference on artificial intelligence (IJCAI), 2022.

[7] Zhong H, Chen C, Jin Z, et al. Deep robust clustering by contrastive learning[J]. arXiv preprint arXiv:2008.03030, 2020.

[8] Min C, Zhao D, Xiao L, et al. Voxel-mae: Masked autoencoders for pre-training large-scale point clouds[J]. arXiv preprint arXiv:2206.09900, 2022.

[9] Yang H, Dong W, Carlone L, et al. Self-supervised geometric perception[C]//Proceedings of the IEEE/CVF Conference on Computer Vision and Pattern Recognition. 2021: 14350-14361.

[10] Wang F, Cheng J, Liu W, et al. Additive margin softmax for face verification[J]. IEEE Signal Processing Letters, 2018, 25(7): 926-930.

[11] Steinwart I, Christmann A. Support vector machines[M]. Springer Science & Business Media, 2008.

[12] Oord A V D, Li Y, Vinyals O. Representation learning with contrastive predictive coding[J]. arXiv preprint arXiv:1807.03748, 2018.

[13] Xuan H, Xu Y, Chen S, et al. Robust audio-visual instance discrimination via active contrastive set mining[J]. arXiv preprint arXiv:2204.12366, 2022.

[14] Bhattacharjee A, Karami M, Liu H. Text transformations in contrastive self-supervised learning: A review[J]. arXiv preprint arXiv:2203.12000, 2022.

[15] You Y, Chen T, Sui Y, et al. Graph contrastive learning with augmentations[J]. Advances in Neural Information Processing Systems, 2020, 33: 5812-5823.

[16] Wu Z, Xiong Y, Yu S X, et al. Unsupervised feature learning via non-parametric instance discrimination[C]//IEEE Conference on Computer Vision and Pattern Recognition (CVPR). 2018: 3733-3742.

[17] Chen T, Kornblith S, Norouzi M, et al. A simple framework for contrastive learning of visual representations[C]//International Conference on Machine Learning (ICML). 2020: 1597-1607.

[18] Ge Y, Zhu F, Chen D, et al. Self-paced contrastive learning with hybrid memory for domain adaptive object re-id[J]. Advances in Neural Information Processing Systems, 2020, 33: 11309-11321.

[19] Saunshi N, Plevrakis O, Arora S, et al. A theoretical analysis of contrastive unsupervised representation learning[C]//International Conference on Machine Learning (ICML), 2019: 5628-5637.

[20] Wold S, Esbensen K, Geladi P. Principal component analysis[J]. Chemometrics and Intelligent Laboratory Systems, 1987, 2(1-3): 37-52.

[21] Ng A. Sparse autoencoder[J]. CS294A Lecture notes, 2011, 72: 1-19.

[22] Holden D, Saito J, Komura T, et al. Learning motion manifolds with convolutional autoencoders[M]// SIGGRAPH Asia 2015 technical briefs, 2015: 1-4.

[23] He K, Chen X, Xie S, et al. Masked autoencoders are scalable vision learners[C]//Proceedings of the IEEE/CVF Conference on Computer Vision and Pattern Recognition. 2022: 16000-16009.

[24] Dosovitskiy A, Beyer L, Kolesnikov A, et al. An image is worth 16x16 words: Transformers for image recognition at scale[J]. arXiv preprint arXiv:2010.11929, 2020.

[25] Chen S, Niu G, Gong C, et al. Large-margin contrastive learning with distance polarization regularizer[C]//International Conference on Machine Learning. PMLR, 2021: 1673-1683.

[26] Yang L, Li X, Zhao B, et al. Recursivemix: Mixed learning with history[J]. Advances in Neural Information Processing Systems, 2022.

[27] Li X, Wang W, Yang L, et al. Uniform masking: Enabling mae pre-training for pyramid-based vision transformers with locality[J]. arXiv preprint arXiv:2205.10063, 2022.

[28] Chen S, Gong C, Li J, et al. Learning contrastive embedding in low-dimensional space[J]. Advances in Neural Information Processing Systems, 2022.

[29] Johnson R, Zhang T. Accelerating stochastic gradient descent using predictive variance reduction[J]. Advances in Neural Information Processing Systems (NeurIPS), 2013, 26: 315-323.

[30] Tian Y, Krishnan D, Isola P. Contrastive multiview coding[C]//European Conference on Computer Vision (ECCV). 2020: 1-18.

[31] Kiros R, Zhu Y, Salakhutdinov R R, et al. Skip thought vectors[J]. Advances in Neural Information Processing Systems (NeurIPS), 2015, 28: 3294-3302.

[32] Logeswaran L, Lee H. An efficient framework for learning sentence representations[C]//International Conference on Learning Representations (ICLR), 2018.

[33] Chuang C-Y, Robinson J, Yen-Chen L, et al. Debiased contrastive learning[J]. Advances in Neural Information Processing Systems (NeurIPS), 2020,33.

[34] Zhang H, Cisse M, Dauphin Y N, et al. Mixup: Beyond empirical risk minimization[J]. arXiv preprint arXiv:1710.09412, 2017.

[35] Yun S, Han D, Oh S J, et al. Cutmix: Regularization strategy to train strong classifiers with localizable features[C]//Proceedings of the IEEE/CVF International Conference on Computer Vision. 2019: 6023-6032.

[36] Xie Z, Zhang Z, Cao Y, et al. Simmim: A simple framework for masked image modeling[C]//Proceedings of the IEEE/CVF Conference on Computer Vision and Pattern Recognition. 2022: 9653-9663.

[37] Wang W, Xie E, Li X, et al. Pyramid vision transformer: A versatile backbone for dense prediction without convolutions[C]//Proceedings of the IEEE/CVF International Conference on Computer Vision. 2021: 568-578.

[38] Liu Z, Lin Y, Cao Y, et al. Swin transformer: Hierarchical vision transformer using shifted windows[C]//Proceedings of the IEEE/CVF International Conference on Computer Vision. 2021: 10012-10022.

[39] Nie F, Huang H, Cai X, et al. Efficient and robust feature selection via joint ℓ2, 1-norms minimization[J]. Advances in Neural Information Processing Systems. 2010, 23.

因果性学习

李梓健[1]　蔡瑞初[1]　郝志峰[1,2]

（[1]广东工业大学计算机学院；[2]汕头大学工学院）

1　引言

基于统计的机器学习方法旨在学习一个函数，使得这个函数可以拟合可观测的样本并且可以在未观测的样本中取得比较好的效果。虽然这是经典的也是目前主流的机器学习观点，但是这样简单暴力地拟合观测样本往往会造成很多笑话，例如国家获得诺贝尔奖和巧克力消费呈正相关，鹳的繁殖数量和婴儿出生率高度相关。正如 Leibniz 所认为，即给定一堆随机产生的数据，我们总是可以找到一个数学函数来拟合这些点。基于统计的机器学习方法也是如此，我们总能找到一个足够复杂的模型来拟合观测样本，但是这并不能保证模型在未观测样本上的表现。因此，现有基于统计的机器学习方法依然存在不少缺陷。

具体而言，基于统计的机器学习方法有以下缺点。首先是分布外泛化问题。在基于统计的机器学习方法中，独立同分布假设非常重要但是在实际应用场景中却难以满足，不同类型的分布偏移都会违反独立同分布假设，导致现有的机器学习方法失效。如图 1（a）所示，在人脸识别任务中，使用黄种人数据训练的模型，在白人数据集中失效，这是由协变量偏移（covariate shift）引起的性能下降；在分类任务中，即使协变量分布相同，如果训练集和测试集标签分布不同，也会使得模型失效，这是由标签偏移（target shift）引起的性能下降。

其次是伪相关问题。由于基于统计的机器学习方法是通过拟合观测样本的分布来获得模型，容易将变量之间的伪相关作为判别的标准，从而导致模型性能下降。以图 1（b）中骆驼分类任务为例子，由于训练集中大部分是沙漠骆驼的图片，所以模型容易捕抓到骆驼-沙漠伪相关。当测试集中出现水边的骆驼和草原上的骆驼的时候，模型便会出错。

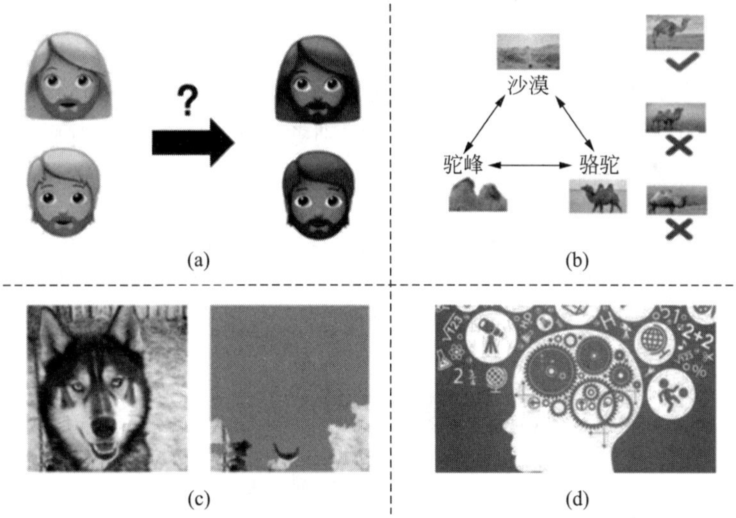

图 1　迁移学习任务示意图

（a）分布外泛化；（b）伪相关；（c）可解释性；（d）可推理性

再者是可解释性问题。现有的机器学习方法通过黑盒的方式拟合数据来做出预测，预测结果往往缺乏可解释性。目前针对机器学习可解释性的方法主要分为两种：一是基于透明模型的可解释性方法，二是基于代理和反事实的方法。虽然现有基于透明模型的解释方法，例如线性回归模型和决策树模型可以提供一定程度上的可解释性，但是这类方法仍有很多不足，例如，对于线性回归模型而言，它只能表示线性关系。而另一种基于代理和反事实的方法（LIME）虽然易于操作，但是缺乏一定的理论保障。

最后是难以正确推理问题。尽管现有的机器学习方法在很多应用场景都有不俗的表现，但是依然不能像人类思考一样进行逻辑推理。例如最近火热的 ChatGPT 虽然在自然语言内容生成这个任务中取得了巨大的成功，但是它本身也会产生不少奇怪的内容。原因在于 ChatGPT 的建模方式依然是基于传统的机器学习范式，更多是记住海量的数据和排列组合，缺乏反事实的推理。

基于统计的机器学习方法依然存在不少缺点，究其原因是仅仅考虑了数据背后的相关性而忽视了因果性。基于统计的机器学习简单地考虑了变量之间的相关性，不但忽视了变量之间的影响方向，而且忽视了潜在的隐变量。与此同时，基于因果的机器学习方法通过考虑数据背后的产生机制，揭露了数据背后隐变量，去除变量之间的伪相关，不但增强了机器学习模型的泛化能力，而且为机器学习模型的可解释性和可推理性提供了可能。

本文拟通过介绍因果性学习的进展来描述因果推断如何对机器学习算法产生指导作用。如图 2 所示，目前因果性学习的研究问题主要分为两个方向：基于先验结构的因果性学习方法和基于因果发现的因果性学习方法。其中，基于先验结构的因果性学习方法考虑如何合理地假设数据背后的因果机制或者合理地引入先验因果结构，再针对该机制进行建模，而基于因果发现的因果性学习方法则考虑如何挖掘数据背后的因果结构，并且针对学到的因果结构进行建模。

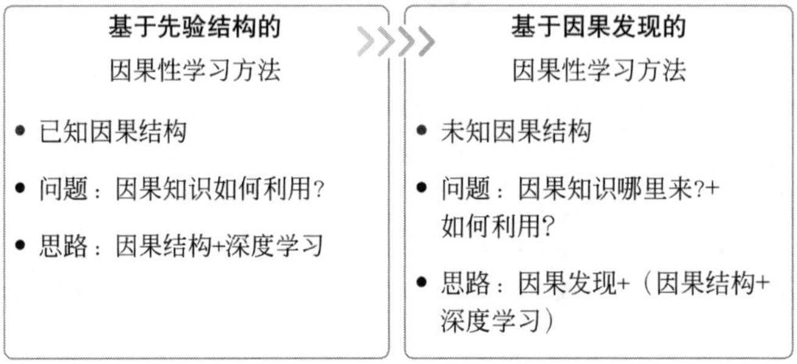

图 2　迁移学习任务示意图

2　基于先验因果结构的因果性学习方法及其应用

基于先验因果结构的因果性学习[1]方法主要利用先验的因果结构来学习观测数据的分布，在领域自适应（domain adaptation）[2-3]、推荐系统（recommendation system）[4]和因果强化学习[5]有不少应用。相关研究表明，将先验因果知识融入机器学习建模中，可以获得更鲁棒的效果。

2.1　无监督领域自适应

基于统计的机器学习中，独立同分布假设意味着训练集和测试集的分布是一致的。但是现实数据中往往存在训练集和测试集分布不一致的情况。领域自适应便是利用了带标签的源域（source domain）数据和无标签的目标域（target domain）数据来估计目标域数据的分布，其示意图如图 3 所示。

为了从带标签的源域数据中获得足够的信息来恢复目标域的数据，引入因果机制非常关键。经典领域自适应方法通常采用协变量偏移假设，但是这种假设往往在大多实际场景中难以满足，而将变量 Y 作为原因变量则可以适合更多的场景。基于这个发现，Zhang 等较早地利用因果机制来解决领域自适应问题，其核心思想是：在没有混杂因子的条件

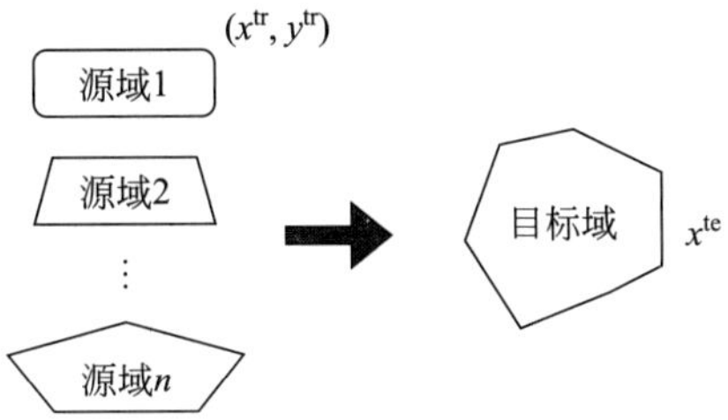

图 3　迁移学习任务示意图

下，P（原因）和 P（结果|原因）是真实因果过程的反映，并且变化是独立的，因此可以通过简单的形式对变化进行描述。

在此基础上，Zhang 等[6]考虑了不同的迁移学习场景（如图 4 所示）协变量偏移（covariate shift）、目标偏移（target shift）、条件偏移（conditional shift）和泛化目标偏移（generalized target shift）。在协变量偏移情况下，我们认为领域变量 D 引起边缘分布 $P(X)$ 的变化，而 $P(Y\mid X)$ 不变。在目标偏移情况下，我们认为 $P(X,Y)$ 变化的原因是由于 $P(Y)$ 的变化，即源域和目标域标签的分布不一致但是协变量分布一致。在条件偏移的情况下，我们认为 $P(X,Y)$ 的变化是由 $P(X\mid Y)$ 引起的，即源域和目标域中的条件分布 $P(X\mid Y)$ 不一致但是标签分布一致。在泛化目标偏移情况下，我们认为 $P(X,Y)$ 的变化同时由 $P(X\mid Y)$ 和 $P(Y)$ 引起。

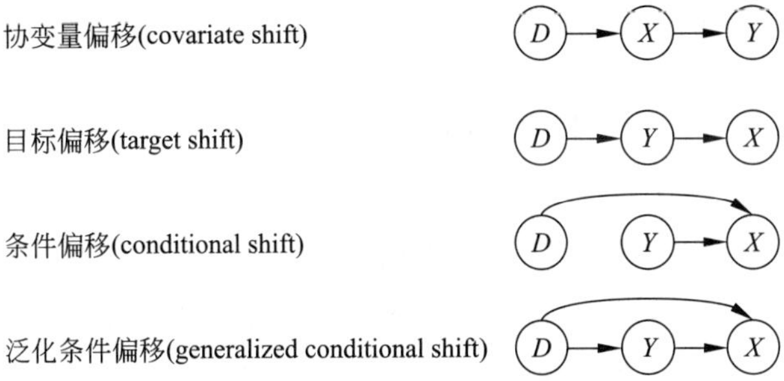

图 4　不同的领域自适应场景

以上方法介绍了在没有隐变量的条件下，如何通过引入因果机制来解决领域自适应问题。对于一些复杂的场景，则需要考虑因果机制中的隐变量如何引起导致数据分布的变化。因此，Cai 等[7]通过引入领域隐变量和语义隐变量来解决领域自适应问题。如图 5 所示，从因果解耦角度，假设不同领域的数据由领域隐变量（domain latent variables）和语义隐变量（semantic latent variable）组成，Cai 等提出了语义解耦表达（disentangled semantic representation，DSR），模型采用变分自动编码机和对梯度反转学习方法实现了领域隐变量(z_d)和语义隐变量(z_y)的重构和解耦。

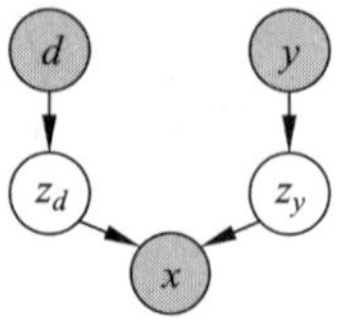

图 5 解耦语义表达模型中因果数据生成过程，其中 z_d 和 z_y 分别表示领域隐变量和语义隐变量

如何得到领域不变的特征是领域自适应中的一个核心问题，目前大多方法都是基于单一的一个特征提取器来提取领域不变的表征，但是 Petar 等[8]发现使用单一的特征提取器在一些情况下（见图 6）是不能提取到领域不变的特征的。那么到底需要怎样的条件才能提取领域不变的特征？

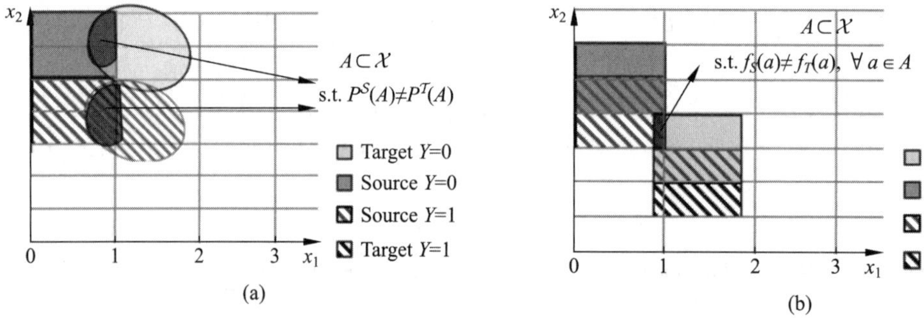

图 6 仅仅用单一的编码器 $\phi(X)$ 不能提取出领域不变特征的两种情况

为了解决这个问题，由图 7 的因果图可知，如果需要提取到领域不变的特征 z ，不仅仅需要利用 X 的信息，也需要利用 θ_X 的信息。为此 Petar 等提出了领域特有对抗网络（DSAN）。和以往的方法不同的是，DSAN 模型将领域信息引入编码中，同时使用解码器模仿数据生成过程，从而提取到领域不变的语义特征。

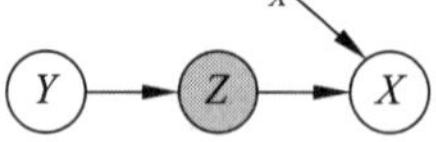

图 7 条件偏移的因果数据生成过程，其中包含观测变量 X,Y 和隐变量 Z ，用于控制条件分布 $P(X \mid Y)$ 如何随着领域变化而变化

虽然以上方法通过将因果结构融入机器学习模型中解决了领域自适应问题，但是这些方法并不能从理论上证明它们所恢复的隐变量是否正确。这时候仅仅通过先验因果结

构不足以帮助我们恢复数据背后的隐变量，因此可以利用因果发现中用于估计噪声的独立成分分析理论来帮助我们恢复隐变量。

为了解决这个问题，Kong 等[9]提出了如图 8 所示的局部解耦自适应方法的因果过程，并且提供了对应隐变量的可识别性证明。图 8 所示的因果机制也包含领域隐变量 z_S 和语义隐变量 z_C，对于 z_S，Kong 等[9]通过非线性独立成分分析的原理证明了在隐变量 z_S 的维度是 n 的情况下，仅需要 $n+1$ 个不同的领域就可以将 z_S 恢复出来，这个被称作逐元素可识别性。同时，在不同领域数据变化足够大的假设下，z_C 也可以被识别出来，这个被称作块可识别性。

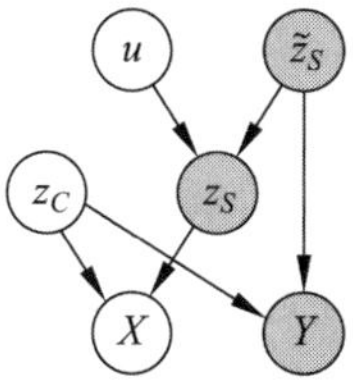

图 8　局部解耦领域自适应方法的因果数据生成过程。其中观测变量 X,Y,u 分别表示观测样本、标签和领域变量；$z_C,z_S,\tilde{z}_S$ 分别表示语义隐变量、领域隐变量和高层语义隐变量

2.2　稳定学习

基于因果的领域自适应方法虽然一定程度上可以解决基于统计的机器学习的泛化性挑战，但是它很大程度上依赖于多个源域的数据和目标域的数据。在很多情况下，我们往往只能获得一个源域且很难获得目标域的数据，即对测试数据集没有任何先验知识。为了解决这个问题，Cui 等[10-12]首先提出了稳定学习（stable learning）的概念。稳定学习旨在解决对测试数据集中没有任何先验知识时，保证机器学习模型在未知分布上做出稳定预测，即在保证预测性能的同时，尽量减小它在未知测试集的方差。通过图 9 可以知

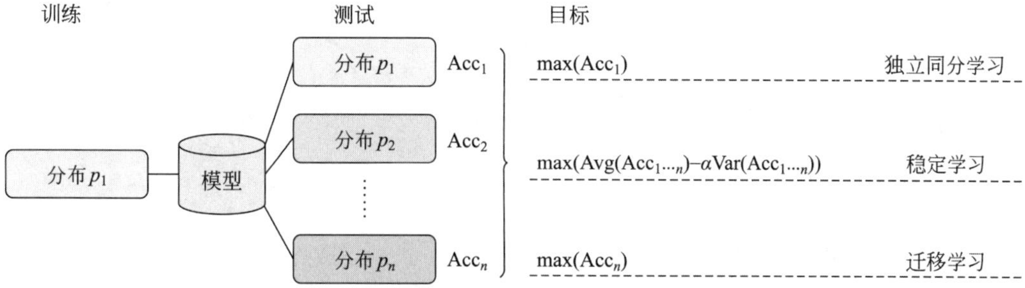

图 9　基于独立同分布假设的机器学习、稳定学习和迁移学习的区别

道稳定学习和独立同分布下的机器学习及迁移学习的区别，相比其他两种类型，稳定学习假设在测试数据中存在多个环境，因此对模型的泛化能力的要求更加严格。

为此，Cui 等[10]在 2018 年的 KDD 上利用因果推断中协变量平衡估计因果效应的思想，提出了一种深度全局平衡回归模型（deep global balancing regression, DGBR）。这个模型包括一个用于特征提取的深度自动编码器模型和一个用于未知环境下稳定预测的全局平衡模型。在全局平衡模型隔离了每一个特征的条件下，估计各个特征的因果效应并估计一组权重以平衡变量，最终使得加权后各个样本的特征尽可能独立。

2.3 因果推荐

推荐系统[3,13-14]作为基于机器学习算法的信息筛选系统，用于估计用户对商品的评分或偏好，从而达到帮助用户进行购买决策的效果，被认为是解决信息过载的有力工具，以满足个体兴趣和偏好的需求。如图 10(a)所示，现有的推荐系统往往简单地使用曝光数据来估计条件分布 $P(C|U,I)$ 而忽略了数据背后的各种偏差（bias），如流行度偏差（popularity bias）[15]，这种流行度偏差会导致模型过度地推荐流行的商品而没有达到理想的推荐效果。

那么这些偏差到底是怎样影响推荐系统的呢？首先如图 10(a)所示，不考虑流行度偏差变量 Z 的情况下，现有的推荐系统算法仅仅利用曝光的用户-商品（user-item）数据来估计条件分布 $P(C|U,I)$。但是如图 10(b)所示，由于流行度偏差变量 Z 作为混淆变量(confounder)同时影响了商品变量 I 和结果变量 C，因此现有的方法容易使得流行的商品变得更加流行。与此同时，Zhang 等[16]也发现流行度偏差也是有用的，因为流行的商品通常意味着更好的质量，如果简单地去除流行度偏差对商品的影响，则会更容易降低推荐的准确度和用户的满意度。于是 Zhang 等利用因果推断中的“do-calculus”理论，在训练阶段消除流行度偏差以达到去偏效果，然后在推理阶段重新引入以达到利用流行度偏差的效果。

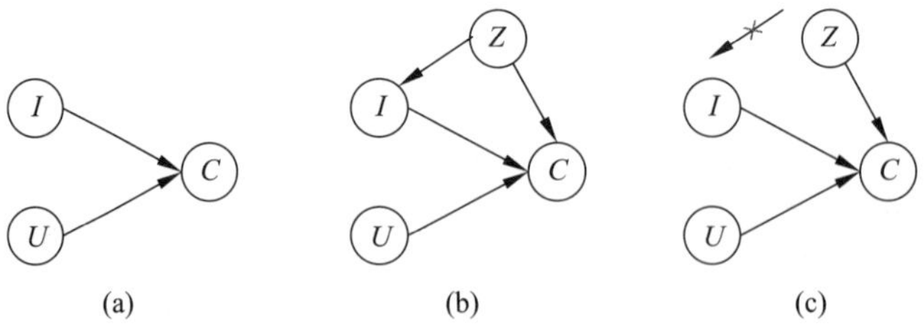

图 10 用于描述推荐系统的因果数据生成机制，其中 U,I,C 分别表示用户、商品和评分

（a）表示传统推荐系统算法仅仅用曝光数据预测用户偏好；（b）表示商品 → 评分的关系受到流行度偏差 Z 的影响；（c）表示干预后的因果生成机制

考虑到现有的因果推荐系统缺乏明确的因果和数学表述，以及各种偏差，Wu 等[4]建立起一个如图 11 所示的统一因果分析框架。在这个框架中，Wu 等[4]通过使用因果推断中的潜在结果模型来克服以上挑战，统一了现有基于因果推断的推荐方法。Wu 等首先分析现有研究中可能使用但是并没有严格讨论的因果假设，然后结合这些假设从因果的角度讨论了各种推荐场景，最后不但形式化了因果推荐系统中的去偏场景，而且总结了基于统计和因果的估计方法。

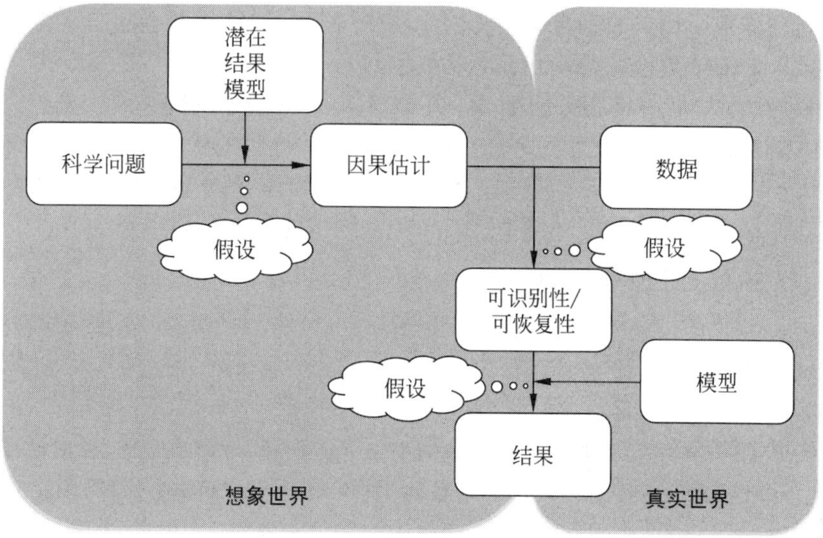

图 11　推荐系统的因果分析框架

2.4　因果强化学习

强化学习[4,17-18]需要解决的问题可以抽象成马尔可夫决策过程（Markov decision process, MDP）。马尔可夫过程的特点是系统下一个时刻由当前时刻决定，和更早的时刻无关。但是，和马尔可夫过程不同的地方是，在 MDP 中，智能体（agent）可以执行不同的动作与环境进行交互，并且得到惩罚和奖励。而强化学习的目的就是训练出一个智能体，使得它获得的奖励最大。目前，虽然强化学习在无人车、机器人控制、推荐系统等领域得到了广泛的应用，但是依然存在不足，主要有两点：数据利用效率低下和决策过程不透明。首先，现有的强化学习算法往往需要模型多次和环境交互才能获得性能优良的模型，但是在一些现实场景中，例如医疗[19]和推荐系统[20]，多次随机的交互是不被允许的。其次现有的强化学习方法大多数基于深度神经网络，但是这些黑盒模型并不能给决策结果带来任何的可解释性。为了解决以上问题，最近越来越多的研究者提出将因果应用到强化学习中。首先，基于因果的强化学习建模在策略学习方面可以更好地刻画状态转移关系，从而加速模型收敛；在环境学习方面可以更好地描述环境状态的分布，从而学到更准确的环境。其次，基于因果的强化学习可以通过挖掘动作、环境、奖励之间的关系为模型的决策提供一定程度的可解释性[21]。

为了提高强化学习的样本利用效率，Zhu 等[22]较早地将因果的思想引入强化学习中，并且提出了不变动作效应模型（invariant action effect model, IAEM）。IAEM 在强化学习中引入了与动作效应相关的因果结构先验。基于“相同的动作在不同的状态上往往产生相似的效果”，IAEM 算法认为动作在状态转移过程中产生的效应可以拆分为只与动作相关的部分和与动作、状态都相关的部分，并给出如图 12 所示的因果结构先验。基于该先验结构，IAEM 算法采用对比学习方法，将由相同动作产生的状态效应视为同一类别，而由不同动作产生的效应视为不同类别，来实现表征学习。基于该算法学到的表征可以快速泛化到动作概念不变的相似环境中。Zhu 等在测试的 8 个环境中至少节省了 13%的训练样本，大大提高了样本利用率。

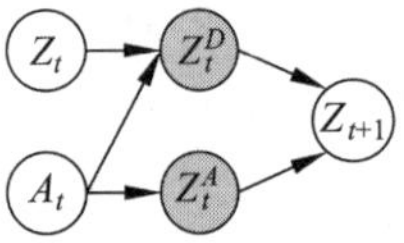

图 12　IAEM 模型的因果结构假设，其中 Z_t, A_t 和 Z_{t+1} 分别表示 t 时刻的状态、t 时刻的动作及 $t+1$ 时刻的状态，Z_t^D 和 Z_t^A 分别表示环境相关的隐变量和动作不变隐变量

为了研究如何使得强化学习策略可以高效透明地适应新的环境，Huang[23]等提出了 ASRs 模型。如图 13 所示，Huang 等通过在强化学习模型中引入结构约束，不但可以由

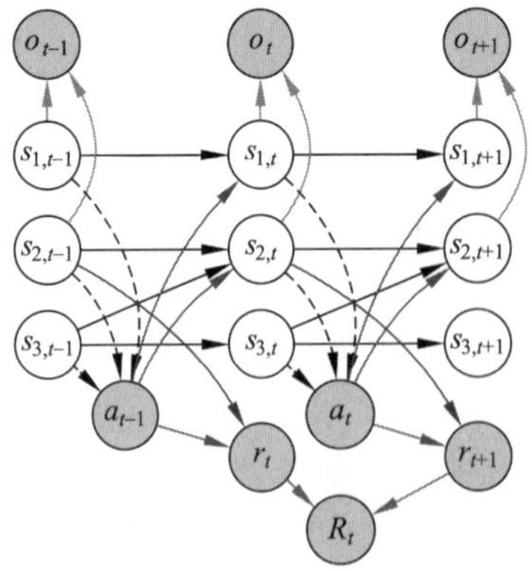

图 13　环境模型的因果数据生成过程。灰色的点表示观测变量，白色的点表示隐变量

结构信息获得状态和动作直接的关系，从而拥有一定的可解释性，而且通过学习到简洁充分的表达保证了状态表达是没有信息损失的，从而保证模型性能。

2.5 基于因果学习的计算机视觉

自从深度学习爆发之后，以注意力机制为代表的机器学习算法引领着计算机视觉领域的发展。但是本质上注意力机制[24]更像是挖掘和标签相关的伪关联信息，它既不能消除由伪关联引起的数据偏置，也不能提供可解释性。为了解决这个挑战，Zhang 等[25-27]将因果图例引入计算机视觉。

Zhang 等[28]从因果推断的角度尝试从理论上分析长尾问题，他们通过因果过程来指出长尾问题的根本原因在于优化器的动量是一个混淆变量（confounder）。如图 14 所示，M 是优化器的动量，它包含数据集的分布信息，X 是模型提取特征，Y 是预测值，D 是头部类别的优化方向。由于 M 后门路径 $X \leftarrow M \rightarrow D \rightarrow Y$ 的影响，使得模型的优化方向倾向于多数类。为了解决这个问题，Tang 等提出了一种基于因果推断的长尾分布解决方案，该方案主要包括两步。首先在训练过程中，Tang 等通过因果推断中后门调整的方法切断后面路径 $X \leftarrow M \rightarrow D \rightarrow Y$。在推理过程中，通过反事实推断去除长尾分布带来的负面影响。

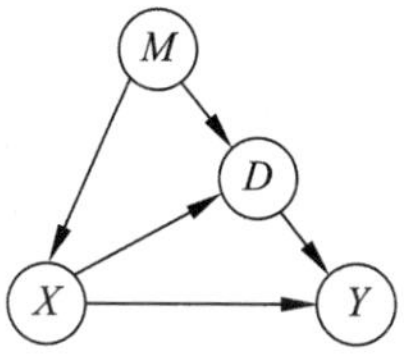

图 14 用于描述优化器动量作为混淆变量怎么产生长尾分布影响的因果机制

3 基于因果发现的因果性学习方法及其应用

在大多场景中，数据背后的因果机制往往由于过于复杂而不能假设，同时也难以获得先验因果结构，这时候我们需要先使用因果发现的方法恢复出数据背后的因果机制，然后结合因果机制来建模，这便是基于因果发现[29-31]的因果性学习方法。和基于先验因果结构的因果性学习方法类似，基于因果发现的因果性学习方法也在领域自适应、时间序列数据解耦及强化学习有不少的应用。相比基于先验因果结构的因果性学习方法，基于因果发现的因果性学习方法更具有普适性。

3.1 因果表征学习

因果表征学习[32]是最近一个炙手可热的话题，其目标是从低层次、高维度的观测数据中学习高层次、低维度的因果表征，并揭示因果表征和观测数据之间的因果关系。它和因果发现中隐变量的关系是非常紧密的，它们的共同之处是关注如何恢复的隐变量[33-35]。

独立成分分析[36]是隐变量场景下因果发现的一类经典方法，但是这些方法通常假设数据生成过程是线性非高斯的。最近 Aapo 等[37]首先提出了非线性条件下独立成分分析的可识别条件[38-39]。如图 15 所示，给定可观察时序数据，并分为 T 个非稳态片段，Aapo 等通过非线性独立成分分析的可识别性理论证明可得仅仅需要设计出一个分类器，分类出不同的片段即可恢复观测数据背后的隐变量。

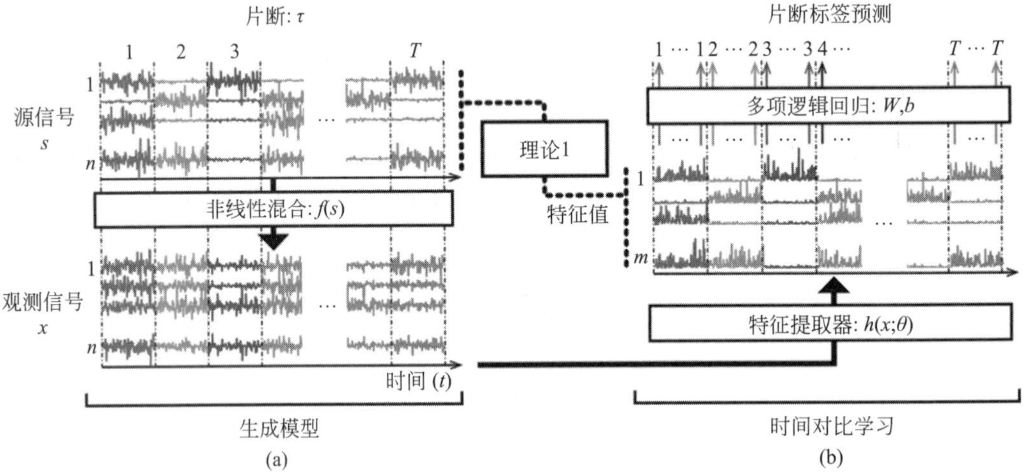

图 15 时间对比学习的模型示意图

（a）基于非线性独立成分分析的生成式模型；（b）通过多项逻辑回归判别不同时间切片

Aapo 等还将非线性条件下独立成分分析的可识别条件推广到任意辅助变量的场景，可以用于非稳态/稳态、不同领域的场景，但是需要假设隐变量满足指数族分布。然而在大多情况下隐变量是不符合指数族分布的，因此 Zhang 等[9,40]最近提出了更加灵活的非线性独立成分分析可识别理论，使得隐变量不再受限于指数族分布，并且在领域自适应和图片翻译任务中取得了优异的效果。

3.2 领域自适应

基于先验因果结构的领域自适应方法虽然通过因果机制融合到领域自适应模型中来恢复隐变量，从而解决领域自适应的挑战，但是现实中依然存在不少的场景，它们的因果结构是未知的而且是不可假设的，这时候就需要结合因果发现的技术来挖掘数据背后的因果机制。

Zhang 等[41]较早地将因果推断与领域自适应结合起来并且提出基于概率图模型的方法 Infer，其流程图如图 16 所示。首先，考虑到不同变量之间可能组成异构关系，他们利用 CD-NOD[42]方法来学习增广有向无环图（augmented DAG）。在增广有向无环图的基础上将观测数据的联合分布分解成多个模块，而各模块的分布在跨域时是否会发生改变是事先未知的。通过使用图模型对联合分布性质进行编码，将领域自适应问题转化成一个图模型上的贝叶斯推断问题，最终得到一种基于数据驱动的无监督领域自适应标准化框架。

在图 16 中，若变量 X_i 与变量 θ 相连，则意味着对于该变量，给定其父亲节点的条件分布可能会随着领域变化而变化。相反地，如果变量 X_i 没有与任何变量 θ 相连，这意味着对于该变量，给定其父亲节点的条件分布不会随着领域变化而变化，其中变量 θ 之间是彼此独立的。这种机制对源域数据的分布是如何跨域变化做出了解释，得到了具有高表现力的图模型，与领域自适应相结合，即可形成一种紧凑的领域自适应方法。

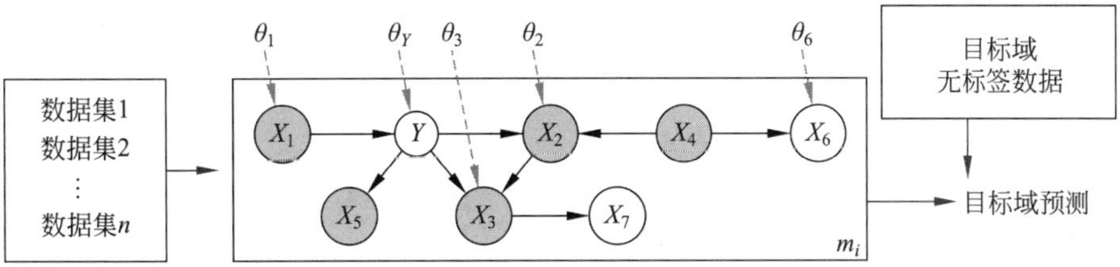

图 16　Infer 的算法流程图

在时间序列预测的领域自适应问题上，先验因果结构同样难以获取，这时候便需要一种方法使得时序数据上的因果发现和自适应预测两个任务同时进行。为了解决这个难题，Li 等[43]提出了格兰杰因果结构对齐方法。首先 Li 等假设时间序列数据由稳定的因果结构生成。如图 17 所示，每一个时间步的数据由过去三个时刻的历史数据所影响，三个时刻对应三种不同时延的因果机制 A_1, A_2, A_3。基于这个因果机制，可以假设不同领域的因果结构是稳定不变的，那么只需要对齐不同领域的因果结构就可以将源域的信息迁移到目标域中，从而解决时间序列预测上的迁移学习问题。

基于以上因果机制，Li 等提出了格兰杰因果对齐模型，模型架构如图 18 所示。由模型架构图可知，模型分为三个组成部分。其中编码器用于递归地将格兰杰因果结构重构出来；解码器用于因果推理，预测下一个时刻的数据；而因果正则化项用于对齐源域和目标域的因果结构。

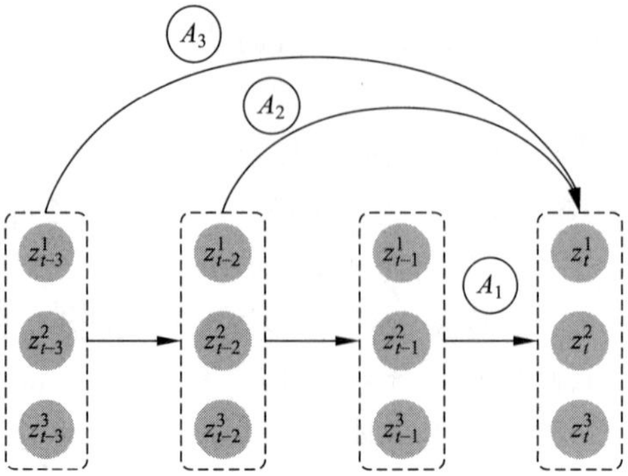

图 17　时间序列数据的因果生成机制

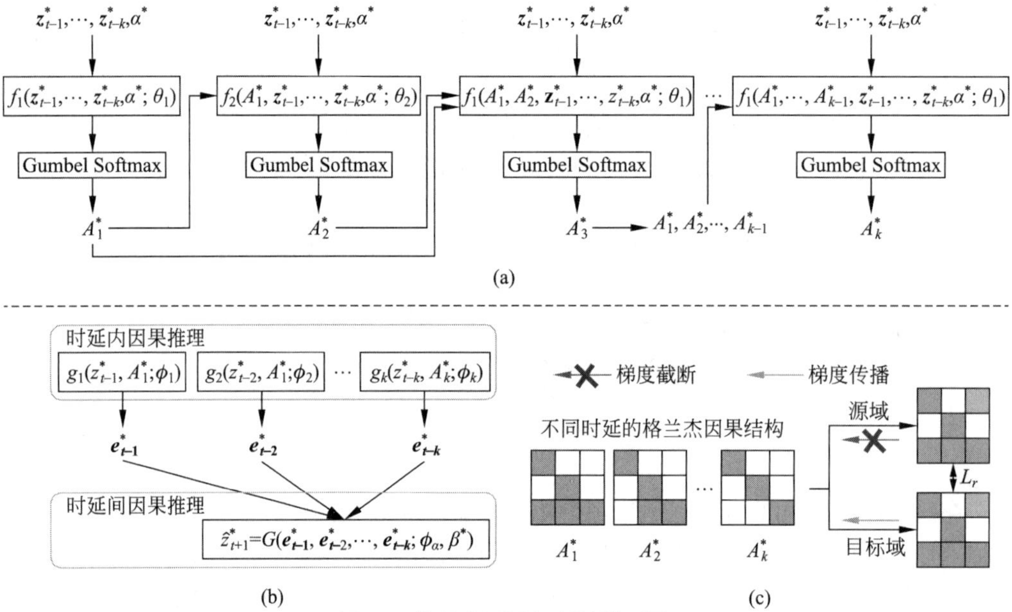

图 18　格兰杰因果机制的模型图

（a）递归格兰杰因果重构；（b）领域编码格兰杰因果预测；（c）格兰杰因果差异正则化

3.3　因果强化学习

和无监督领域自适应类似，现实中依然存在不少的场景，它们的因果结构是未知的且不可假设的，这时候就需要结合因果发现的技术来挖掘数据背后的因果机制，再在学习到的因果机制的基础上建模。

Hann 等[44]发现如果没有考虑因果结构，可能会出现“因果错误识别”的后果。因此他们首先意识到应该在模仿学习[45]（imitation learning，强化学习的一个分支）中引入专家和环境之间的因果结构，但是由于专家和环境之间的因果结构往往没有先验结构可以借鉴，所以 Hann 等提出了一种通过定向干预（targeted interventions）的方法来学习专家和环境之间的因果结构，如图 19 所示。所谓定向干预，是通过模型和环境互动或者向专家询问来识别出正确的因果模型，然后将学到的因果结构用于学习状态转移概率。

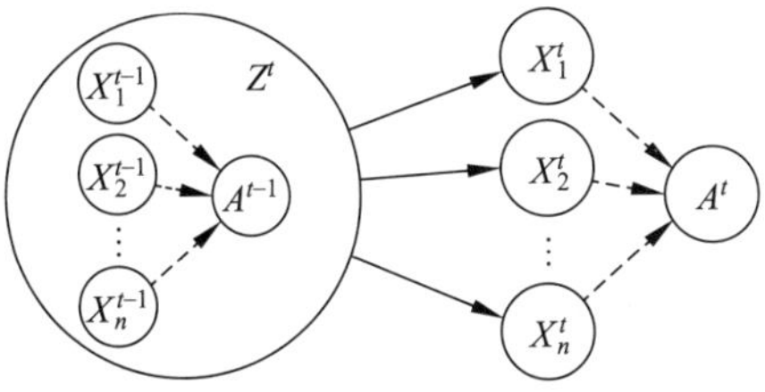

图 19　模仿学习中的因果结构。通过学习状态（state）到行为（action）之间的因果结构，引导学习最优的策略模型

以上方法是通过遍历所有可能的结构来挑选合适的结构作为因果结构，本质上并没有利用现有的因果发现方法，难以拓展到多个变量的情况。为了解决这种弊端，Zhu 等提出了 FOCUS[46]来高效地发现状态之间的因果结构，然后将因果知识引入离线强化学习（offline reinforcement learning）问题。具体而言，Zhu 等首先利用基于核方法的条件独立检验（kernel-based conditional independent test, KCI）[47]来学习因果结构，然后基于因果结构构建环境模型并学习策略。

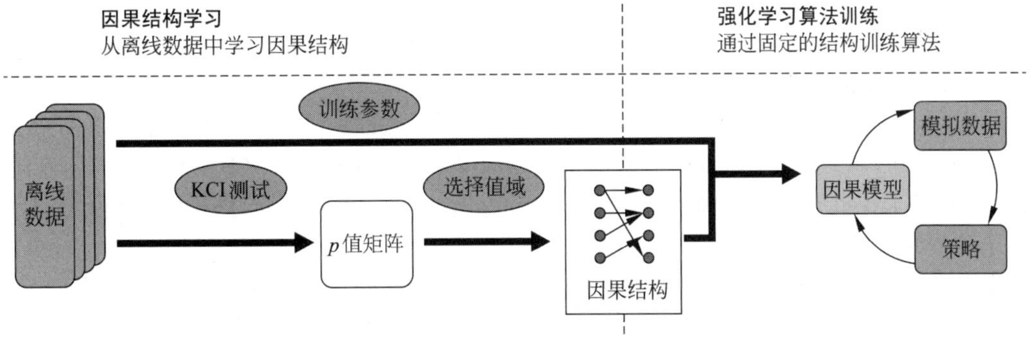

图 20　Focus 模型的算法流程图

4　小结

本文对因果性学习的一些基本方法、引用及最新进展进行了简要介绍。随着因果推断受到越来越多的研究者关注，因果性学习领域已经涌现出大量相关的方法和应用。除

了以上提到的一些问题外，目前还有不少值得解决的问题，例如因果表征的可识别性（identification）、因果推断的可识别性、SUTVA（stable unit treatment value assumption）假设不成立下的因果效应估计、视觉推理等。基于因果发现的因果性学习还处于起步阶段，这主要受限于因果发现理论和方法等方面的突破。通过因果搭建起人类和机器的桥梁，使得机器在开放环境中自主地判断、推理、解释，是因果性学习的重要目标。

参考文献

[1] Bernhard S, Julius von K. From statistical to causal learning[J]. CoRR abs/2204.00607 (2022).

[2] Pan S J, Tsang T W, Kwok J T, et al. Domain adaptation via transfer component analysis[J]. IEEE Transactions on Neural Networks, 2010, 22: 199-210.

[3] Zhang K, Gong M M, Schölkopf B. Multi-source domain adaptation: A causal view[C]//Proceedings of the AAAI Conference on Artificial Intelligence. 2015.

[4] Wu P, et al. On the opportunity of causal learning in recommendation systems: Foundation, estimation, prediction and challenges[C]//Proceedings of the International Joint Conference on Artificial Intelligence. Vienna, Austria. 2022.

[5] Zeng Y, Cai R C, Sun F C, et al. A survey on causal reinforcement learning[J]. CoRR abs/2302.05209 (2023).

[6] Zhang K, et al. Domain adaptation under target and conditional shift[C]//International Conference on Machine Learning. PMLR, 2013.

[7] Cai R C, et al. Learning disentangled semantic representation for domain adaptation[C]//IJCAI: Proceedings of the Conference. 2019.

[8] Stojanov P, et al. Domain adaptation with invariant representation learning: What transformations to learn? [J]. Advances in Neural Information Processing Systems, 2021, 34: 24791-24803.

[9] Kong L J, et al. Partial disentanglement for domain adaptation[C]//International Conference on Machine Learning. PMLR, 2022.

[10] Kuang K, et al. Stable prediction across unknown environments[C]//Proceedings of the 24th ACM SIGKDD International Conference on Knowledge Discovery & Data Mining. 2018.

[11] Cui P, Susan A. Stable learning establishes some common ground between causal inference and machine learning[J]. Nature Machine Intelligence, 2022: 110-115.

[12] Zhang X X, et al. Deep stable learning for out-of-distribution generalization[C]//Proceedings of the IEEE/CVF Conference on Computer Vision and Pattern Recognition. 2021.

[13] Chen G, et al. Causal inference in recommender systems: A survey and future directions[J]. arXiv preprint arXiv:2208.12397 (2022).

[14] Chen J W, et al. Bias and debias in recommender system: A survey and future directions[J]. ACM Transactions on Information Systems, 2023: 1-39.

[15] Wei T X, et al. Model-agnostic counterfactual reasoning for eliminating popularity bias in recommender system[C]//Proceedings of the 27th ACM SIGKDD Conference on Knowledge Discovery & Data Mining. 2021.

[16] Zhang Y, et al. Causal intervention for leveraging popularity bias in recommendation[C]//Proceedings of the 44th International ACM SIGIR Conference on Research and Development in Information Retrieval. 2021.

[17] Chen X H, et al. Adversarial counterfactual environment model learning[J]. arXiv preprint arXiv:2206.04890 (2022).

[18] Kaelbling L P, Michael L L, Andrew W M. Reinforcement learning: A survey[J]. Journal of Artificial Intelligence Research, 1996, 4: 237-285.

[19] Maia T V, Michael J F. From reinforcement learning models to psychiatric and neurological disorders[J]. Nature Neuroscience, 2011: 154-162.

[20] Zheng G J, et al. DRN: A deep reinforcement learning framework for news recommendation[C]//Proceedings of the 2018 World Wide Web Conference. 2018.

[21] Madumal P, et al. Explainable reinforcement learning through a causal lens[C]//Proceedings of the AAAI Conference on Artificial Intelligence. 2020.

[22] Zhu Z M, et al. Invariant action effect model for reinforcement learning[C]//Proceedings of the AAAI Conference on Artificial Intelligence. 2022.

[23] Huang B W, et al. Action-sufficient state representation learning for control with structural constraints[C]//International Conference on Machine Learning. PMLR, 2022.

[24] Rao Y M, et al. Counterfactual attention learning for fine-grained visual categorization and re-identification[J]. Proceedings of the IEEE/CVF International Conference on Computer Vision. 2021.

[25] Yue Z Q, et al. Transporting causal mechanisms for unsupervised domain adaptation[C]//Proceedings of the IEEE/CVF International Conference on Computer Vision. 2021.

[26] Xu Y, Zhang H W, Cai J F. Deconfounded image captioning: A causal retrospect[J]. IEEE Transactions on Pattern Analysis and Machine Intelligence, 2021.

[27] Zhang D, et al. Causal intervention for weakly-supervised semantic segmentation[J]. Advances in Neural Information Processing Systems, 2020, 33: 655-666.

[28] Tang K H, Huang J Q, Zhang H W. Long-tailed classification by keeping the good and removing the bad momentum causal effect[J]. Advances in Neural Information Processing Systems, 2020, 33: 1513-1524.

[29] Spirtes P, Zhang K. Causal discovery and inference: concepts and recent methodological advances[J]. Applied informatics, 2016, 3.

[30] Wang T Z, et al. Cost-effectively identifying causal effects when only response variable is observable[C]//International Conference on Machine Learning. PMLR, 2020.

[31] Cai R C, et al. Causal discovery from discrete data using hidden compact representation[J]. Advances in Neural Information Processing Systems, 2018, 31.
[32] Bernhard S, Francesco L, Stefan B, et al. Bengio: Towards causal representation learning[J]. CoRR abs/2102.11107.
[33] Feng X, et al. Generalized independent noise condition for estimating latent variable causal graphs[J]. Advances in Neural Information Processing Systems, 2020, 33: 14891-14902.
[34] Chen W, et al. FRITL: A hybrid method for causal discovery in the presence of latent confounders[J]. arXiv preprint arXiv:2103.14238.
[35] Chen W, et al. Causal discovery in linear non-gaussian acyclic model with multiple latent confounders[J]. IEEE Transactions on Neural Networks and Learning Systems, 2021: 2816-2827.
[36] Hyvarinen A, Juha K, Erkki O. Independent component analysis[J]. Studies in Informatics and Control, 2002: 205-207.
[37] Hyvarinen A, Hiroshi M. Unsupervised feature extraction by time-contrastive learning and nonlinear ica[J]. Advances in Neural Information Processing Systems, 2016, 29.
[38] Khemakhem I, et al. Variational autoencoders and nonlinear ica: A unifying framework[C]//International Conference on Artificial Intelligence and Statistics. 2020.
[39] Hyvarinen A, Hiroshi M. Nonlinear ICA of temporally dependent stationary sources[C]//International Conference on Artificial Intelligence and Statistics. 2017.
[40] Xie S A, Kong L J, Gong M M, et al. Multi-domain image generation and translation with identifiability guarantees.
[41] Zhang K et al. Domain adaptation as a problem of inference on graphical models[J]. Advances in Neural Information Processing Systems, 2020, 33: 4965-4976.
[42] Zhang K et al. Causal discovery from nonstationary/heterogeneous data: Skeleton estimation and orientation determination[C]//IJCAI: Proceedings of the Conference. 2017.
[43] Li Z J, et al. Transferable time-series forecasting under causal conditional shift[J]. arXiv preprint arXiv:2111.03422.
[44] De H P, Dinesh J, Sergey L. Causal confusion in imitation learning[J]. Advances in Neural Information Processing Systems, 2019, 32.
[45] Osa T, et al. An algorithmic perspective on imitation learning[M]. Foundations and Trends® in Robotics, 2018.
[46] Zhu Z M, et al. Offline reinforcement learning with causal structured world models[J]. arXiv preprint arXiv:2206.01474.
[47] Zhang K, et al. Kernel-based conditional independence test and application in causal discovery[J]. arXiv preprint arXiv:1202.3775.

先排序后微调：预训练模型库利用的新范式

游凯超[1]　刘　雍[1]　张子阳[2]　王建民[1]　Michael I. Jordan[3]　龙明盛[1]

（[1]清华大学；[2]华为有限公司先进计算与存储实验室；[3]加州大学伯克利分校）

1　引言

基于大规模数据集（Deng et al., 2009; Russakovsky et al., 2015; Merity et al., 2017）和专用计算设备（Jouppi et al., 2017）训练的深度神经网络（He et al., 2015, 2016; Devlin et al., 2019）已经在计算机视觉和自然语言处理的许多模式识别任务中取得了惊人的、接近人类的表现。此外，研究表明，基于大规模预训练任务训练的深度神经网络（Yang et al., 2019; Clark et al., 2020; Brown et al., 2020）可以产生通用的表示（Donahue et al., 2014），这些表示有益于诸如目标检测（Girshick et al., 2014）和语言理解（Wang et al., 2019）等下游任务。这些训练好的神经网络被称为预训练模型（PTMs）。读者可以参考专门的综述论文（Han et al., 2021; Qiu et al., 2020; Bommasani et al., 2021）来全面了解预训练模型。预训练模型的强大性能（Brown et al., 2020），加上"预训练 → 微调"的迁移学习范式来利用预训练模型，对视觉（Kornblith et al., 2019）和语言（Devlin et al., 2019）领域产生了重要影响，预训练模型的影响力正在扩展到几何学习等相关领域（Hu et al., 2020）。

预训练模型（PTMs）的训练成本从数百个 GPU 小时到数百个 GPU 天不等（He et al., 2016; Devlin et al., 2019），这对于个人研究者和学术实验室来说可能是难以承受的。大多数预训练模型都由中心化的存储库提供，包括 PyTorch Hub①、TensorFlow Hub② 和 HuggingFace Transformer Models③。这些预训练模型的集合被称为"预训练模型库"，它们非常受欢迎，例如，HuggingFace Transformer 库（Wolf et al., 2020）中最受欢迎的 BERT 模型（Devlin et al., 2019）目前每月下载量超过八千万次（图 1）。

① https://pytorch.org/hub/。

② https://www.tensorflow.org/hub。

③ https://huggingface.co/models。

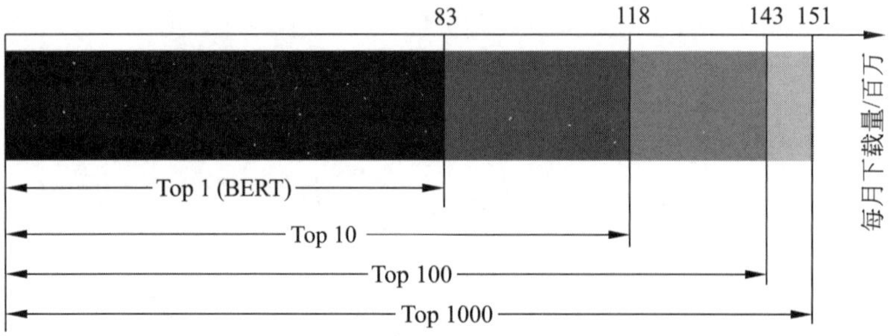

图 1　HuggingFace Transformer 库中顶级热门模型每月下载统计（以百万计）。最受欢迎的预训练模型（BERT）占据了一半以上的下载量，而其他预训练模型的利用率则要低得多

尽管中心化的存储库投入了巨大资源向公众提供大规模的模型库，但事实证明，实践者经常选择最流行的预训练模型，这意味着整个模型库的利用率不高。图 1 分析了 HuggingFace Transformer 模型库中预训练模型的每月下载量。除了几个流行模型外，模型库中的其余预训练模型很少被下载。PyTorch Hub 和 TensorFlow Hub 的统计数据基本相同——几个流行的预训练模型下载量占据绝大多数。

朴素地选择最受欢迎的预训练模型在两个方面都远非最优：① 预训练模型的选择是任务特定的，一个预训练模型不能在所有任务上都是最优的；不同的任务通常有不同的偏好预训练模型，这取决于预训练模型与目标任务之间的兼容性（You et al., 2021）。② 只有一个预训练模型被利用，而集成或聚合多个模型好处的机会被忽视了。相应地，实践者采用次优的朴素做法有两个原因：① 最大化利用预训练模型库需要尝试所有预训练模型的组合并广泛微调每个预训练模型的组合，这需要无法承受的计算量；② 即使可以支付巨大的计算成本，也不清楚如何在迁移学习中利用多个预训练模型。如 2.4 节所讨论的，Shu 等（2021）研究了受限情况下的方案，但缺乏通用解决方案。

为了充分利用预训练模型库，我们提出了一个新的范式：先排序后微调。图 2 给出了这个范式的概述。它由两部分组成：① 通过可迁移性度量，对预训练模型进行排序；② 微调排序靠前的预训练模型，以满足下游应用的要求。我们的初步工作（You et al., 2021）提出了一种称为“最大对数证据的”（LogME）的方法，来估计预训练模型和下游数据集之间的兼容性。我们证明了它在各种预训练模型上的有效性。通过有效的可迁移性排序，如果没有对神经网络结构的约束（例如推理时间或硬件友好运算子），那么最佳排序的预训练模型可以进行微调。如果存在这些约束，满足这些约束的模型可能不是排名最高的，但它可以利用新的 B-Tuning 算法，通过排序前 K 的预训练模型进行微调，如 5.3 节所述。

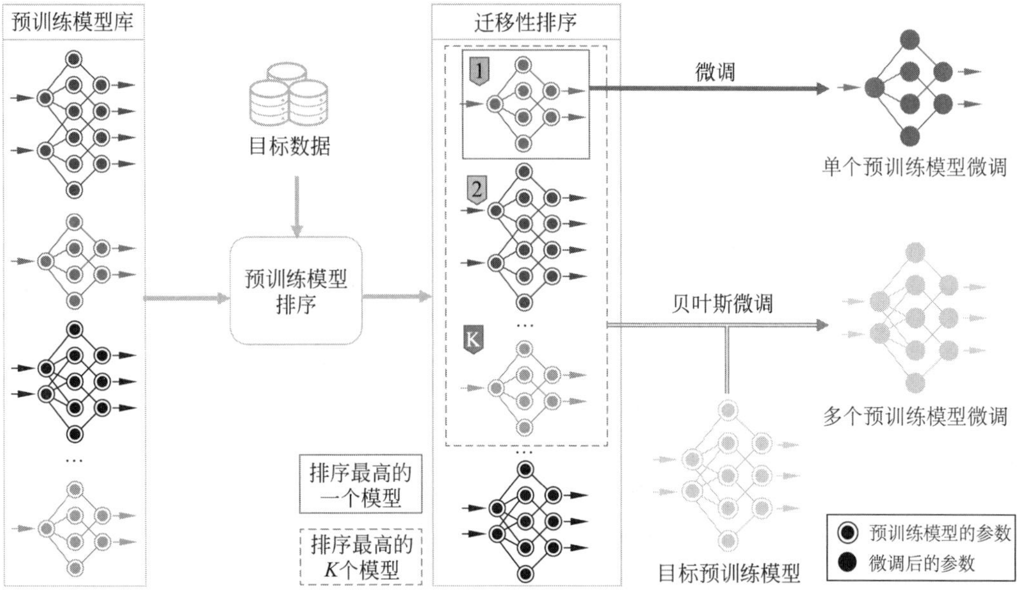

图 2　本文提出的一种预训练模型“先排序后微调”的范式。根据目标数据的可迁移性对预训练模型进行排序，然后通过所提出的 B-Tuning 方法，对最佳预训练模型进行微调，或通过前 K 个预训练模型对目标预训练模型进行微调

与选择最流行的预训练模型相比，我们提出的新范式具有两个显著优势：① 它提供了一个任务自适应排序，可以对预训练模型库中的所有预训练模型进行最优选择；② 它开创了利用多个预训练模型进行微调的新可能性，打破了微调必须与单个预训练模型绑定的固定模式。由于预训练模型在深度学习中变得越来越重要，这种新范式可以在广泛的场景中发挥作用。

除了一种新的利用预训练模型库的范式，本文还提供了新的理论分析和多个预训练模型微调的新算法。① 在理论方面，我们推导了证据最大化算法（MacKay, 1992）收敛的充分条件，并分析了维度对 LogME 的影响。此前，证据最大化算法（MacKay, 1992）主要被用作一种启发式算法，缺乏严格的收敛条件分析。② 在算法设计方面，我们设计了一种方法，称为“B-Tuning”，用于使用贝叶斯学习微调多个预训练模型。这种方法超越了用于同构预训练模型（具有相同架构）的专用方法（Shu et al., 2021），并且也适用于具有异构预训练模型（具有不同架构）的挑战性场景。

本文的贡献总结如下：

（1）提出了一种利用预训练模型库的新范式，即“先排序后微调”。与朴素地微调热门预训练模型的常见做法相比，这种方法具有显著的优势。

（2）关于预训练模型的排序，提出了 LogME 来进行可迁移性评估，并开发了一种快速算法来加速计算。LogME 易于解释且极其高效：与朴素的微调相比，它带来了约 3700 倍的时间加速和仅需要1% 的内存占用。理论分析证明了 LogME 的合理性，并为证据最大化的启发式算法奠定了理论基础。

（3）对于预训练模型的微调，研究了两种可能的情况。在没有特定要求的学术场景下，可以选择按照可迁移性排序选择最佳的预训练模型进行后续微调；在工业场景下，需要特定的预训练模型架构以满足计算和能耗预算，因此提出了 B-Tuning 来微调给定的预训练模型，并使用可迁移性排序前 K 的预训练模型（即使这些预训练模型是异构的）进行微调。

与我们的会议论文（You et al., 2021）只提出了 LogME 用于可迁移性估计相比，本文将 LogME 扩展到了预训练模型的“先排序后微调”范式。在排序部分提供了额外的理论分析，在微调部分提出了一种新算法。此外，还在 6.2.5 节和 6.6 节中针对其他任务（如命名实体识别（Sang and De Meulder, 2003）和提示学习（Liu et al., 2021a））对 LogME 进行了测试。

为了描述我们的方法，需要使用大量的符号，因此，为了方便读者，本文中的所有符号都收集在表 9 中。

我们的基本问题设定包含一个预训练模型库，其中包含 M 个预训练模型 $\{\phi_k\}_{k=1}^{M}$，并且迁移学习任务由带标签的数据集 $\mathcal{D}=\{(x_i,Y_i)\}_{i=1}^{n}$ 给出，其中有 n 个带标签的数据点。本文重点关注分类和回归任务，因此标签 $Y_i \in \mathbb{R}^C$ 是 C 维的。

本文的其余部分组织如下：第 2 节总结了相关工作，第 3 节聚焦于排序并描述了 LogME 可迁移性度量，第 4 节呈现了 LogME 的理论分析，第 5 节聚焦于微调并介绍了用于多个预训练模型微调的 B-Tuning 方法，第 6 节呈现了所有实验，最后第 7 节总结了本文。

2 相关工作

2.1 迁移学习

迁移学习（Thrun and Pratt, 1998）包括直推式迁移学习、归纳式迁移学习、任务迁移等。著名的直推式迁移学习是领域自适应（Quionero-Candela et al., 2009），其目标是通过迁移样本、隐藏特征（Long et al., 2015; Ganin and Lempitsky, 2015）和类别信息（Cao et al., 2022）来减少领域偏移。归纳式迁移学习，特别是深度学习中的微调（Erhan et al.,

2010; Yosinski et al., 2014），利用先前的知识（预训练模型）来提高目标任务的性能。任务迁移学习（Zamir et al., 2018）关注如何迁移任务而不是预训练模型。它旨在发现任务间的共同关联（Ben-David and Schuller, 2003），并利用这种关系来提高目标任务的性能。在深度学习的背景下，迁移学习通常指归纳迁移与预训练模型，这也是本文的重点。

许多先前的工作（Yosinski et al., 2014; Kornblith et al., 2019; Neyshabur et al., 2020）已经表明，使用预训练模型初始化深度神经网络有益处。除了基本方法（即仅将预训练模型用于初始化），研究人员最近还提出了复杂的微调技术，如正则化（Li et al., 2018; Chen et al., 2019）、额外的监督（You et al., 2020）和精心设计的架构（Kou et al., 2020）。它们可以进一步提高迁移学习的性能，但经验表明，这些微调方法并不会改变预训练模型在下游任务中的排名。也就是说，如果经过基本微调后预训练模型 A 比预训练模型 B 更好，那么当这些先进的技术被整合到微调中时，一般来说 A 仍然比 B 更好。例如，在 You 等（2020）的表 2 中，在三个数据集和四个采样率上更好的微调效果也意味着更好的 Co-Tuning（他们提出的方法）的效果，这意味着预训练模型的可迁移性应该是任务特定而不是方法特定。因此，我们的实验将对预训练模型采用基本微调方法。

2.2 预训练模型和模型库

预训练模型（PTMs）是在大规模数据上训练的具有泛化能力的深度网络。它们可以迁移到一系列下游任务中。预训练模型已成为深度学习的基石，它们有时被称为基础模型（Bommasani et al., 2021）。预训练模型的典型类别如下。

有监督的预训练模型。在 ImageNet 分类挑战赛中，He 等（2015）开发了第一个超越人类表现的深度神经网络。通过在 ImageNet 数据集上进行有监督的预训练，深度模型朝着更高的准确性、更少的参数和更低的计算量发展。InceptionNet（Szegedy et al., 2015）利用并行卷积滤波器提取不同级别的特征。ResNet（He et al., 2016）引入跳跃连接以缓解梯度消失问题，从而可以训练更深层的网络。受 ResNet 启发，DenseNet（Huang et al., 2017）配备了密集跳跃连接，以参数高效的方式重用特征。MobileNet（Sandler et al., 2018）是一种低参数、对移动设备友好的网络结构，借助网络结构搜索进一步优化的版本为 MNASNet（Tan et al., 2019）。

无监督预训练模型。尽管有监督预训练是最常见的做法，但大规模数据的标注成本可能会非常昂贵。由于互联网上有大量未标注数据可用但未被充分利用，因此最近许多研究人员试图在未标注数据（Mahajan et al., 2018）上应用自监督学习（Jing and Tian, 2020），并使用对比损失（Gutmann and Hyvärinen, 2010）。相应地，近年来出现了一系列无监督深度模型。He 等（2020）提出了具有创造性的队列结构的 Momentum Contrast，以充分利用未标注数据的流形结构。Chen 等（2020a）通过探索数据增强、多层投影头和数据增强设计显著提高了性能。设计更好的对比预训练策略仍然是活跃的研究领域（Tian et al., 2020）。

语言预训练模型。近年来，自然语言处理领域已经被语言预训练模型（PTMs）所革新。通过在大型未标注语料库（Merity et al., 2017）上训练掩码语言模型（Devlin et al., 2019）或自回归语言模型（Yang et al., 2019），无监督预训练模型已经得到了很好的发展。Liu 等（2019）探讨了许多与语言模型训练相关的实践细节。Sanh 等（2019）提出了蒸馏方法，使预训练模型变得更小、更快。这些预训练语言模型在诸如 GLUE（Wang et al., 2018）和 SQuAD（Rajpurkar et al., 2016）等重要基准排行榜中的获胜提交中非常常见，并在行业中产生了深远影响。

预训练模型（PTMs）被托管在诸如 TorchVision 和 HuggingFace Models 等预训练模型库中。工业实验室在训练这些预训练模型方面投入了大量资源，但遗憾的是，如图 1 中的定量测量和介绍部分中所描述的那样，模型库整体的利用率较低。本文的目标是开发一种新的模型库利用范式，以便预训练模型库得到更充分的利用。

2.3 预训练模型的可迁移性评估

评估预训练模型（PTMs）的可迁移性对指导深度学习实践具有重要意义。它可以用于对可用的预训练模型进行排序，并作为预训练模型选择的标准。Yosinski 等（2014）研究了迁移预训练模型不同层的性能，而 Kornblith 等（2019）研究了具有现代网络架构的各种 ImageNet 预训练模型。这些论文旨在通过昂贵且详尽的微调来深入了解迁移学习（Neyshabur et al., 2020），并且需要大量的计算成本（参见 6.5 节），这对实践者来说是难以承受的。在大多数情况下，实践者最关心的是预训练模型在目标任务上的相对排名，以指导预训练模型的选择，这就需要一种既高效、准确又通用的实用评估方法：可迁移性评估方法应该相对于暴力微调具有足够的效率（Zamir et al., 2018），应该足够准确以识别潜在的最佳模型，并且应该足够通用以应对各种常见场景。

LEEP（Nguyen et al., 2020）和 NCE（Tran et al., 2019）是评估预训练模型可迁移性的两种方法。Nguyen 等（2020）从联合分布 $p(y_t, y_s)$ 构建了一个经验预测器，该联合分布包括预训练标签 y_s 和目标标签 y_t，并计算了经验预测器的对数期望误差（LEEP）作为可迁移性度量。经验预测器预测目标类别 y_t 的概率为 $\sum_{y_s \in Y_s} p(y_t \mid y_s) p(y_s)$，其中 $p(y_s)$ 来自预训练模型（PTM）在预训练类别上的预测。Tran 等（2019）提出的负条件熵（NCE）依赖于信息理论量（Cover, 1999）来揭示不同任务之间的可迁移性和难度。它用 one-hot 标签和预测值来估计联合分布 $p(y_t, y_s)$，并将 NCE 定义为 $-H(y_t \mid y_s)$，即给定预训练模型的预测输出 y_s 的条件下目标标签 y_t 的负条件熵。

表 1　本文提出的 LogME 与现有方法的适用性对比

模态	预训练任务	目标任务	方法		
			LEEP	NCE	LogME
计算机视觉	分类	分类	√	√	√
	分类	回归	×	×	√
	对比学习	分类	×	×	√
	对比学习	回归	×	×	√
自然语言	自然语言建模	分类	×	×	√

然而，所有这些方法都有其局限性。如表 1 所示，它们只能处理具有监督预训练模型的分类任务。越来越受欢迎的对比预训练模型和语言模型则不在它们的考虑范围内。本文提出的 LogME 算法将可迁移性评估的适用性扩展到这些情况。LogME 计算速度快，不容易过拟合，并且广泛适用于各种预训练模型/下游任务/数据模态。本文通过大量实验证实了它的性能。在本文之前，对于大多数（五种中的四种）迁移学习问题设定，任务适应性可迁移性评估还没有满意的解决方案。此外，LogME 的统计严谨性使其可以扩展到多个预训练模型微调的场景（请参见 5.3 节），这进一步完善了预训练模型的“先排序后微调”的新范式。

2.4　多预训练模型微调

在迁移学习中，一种简单的方法是微调从预训练参数初始化的模型，我们称之为“单预训练模型微调”，因为它在微调过程中只能利用特定的某一个预训练模型。

众所周知，迁移学习的成功来自预训练模型中的知识。考虑到模型库中有如此之多的预训练模型，同时迁移多个预训练模型显然具有吸引力，我们称之为“多预训练模型微调”。我们可能期望多预训练模型微调在性能上优于单一预训练模型微调。

不幸的是，由于其中存在的技术挑战，多预训练模型微调尚未得到充分研究。如果多个预训练模型是同构的，即它们具有相同的网络架构，问题就变得更容易了。在这个领域的研究者专注于如何对齐和合并多个同构预训练模型。Singh 和 Jaggi（2020）定义了神经表示之间的传输成本，并最小化了由每个预训练模型的神经元引起的 Wasserstein 距离以进行对齐。Shu 等（2021）开发了一种专门用于卷积神经网络的通道对齐方法，该方法具有可学习的门控功能，用于合并多个预训练模型。在这篇论文之前，Shu 等（2021）在同构预训练模型调优方面的效果最好。

异构预训练模型微调比同构预训练模型微调要困难得多，这种通用形式的微调仍然是一个有待解决的问题。在实践中，模型库中的预训练模型通常具有不同的架构，解决异构问题变得越来越紧迫。

本文提出了一种利用通用预训练模型库的方法。在所提出的范式中，首先使用 LogME 对预训练模型进行排序，然后从模型库中选择排名前 K 的预训练模型进行多模型微调。为了解决多预训练模型微调问题，本文进一步提出了一种贝叶斯调优方法（B-Tuning，详见 5.3 节）。总的来说，该方法提出了一种解决异构预训练模型微调问题的方案，并且超越了专门用于同构预训练模型微调的现有最先进方法（Shu et al., 2021）。

3 对预训练模型进行排序

预训练模型的排序需要一个可迁移性指标。在 3.2 节中介绍可迁移性指标之前，我们将讨论如何量化其对参考可迁移性性能的保真度，这将在 3.1 节中详细阐述。

3.1 如何衡量可迁移性指标的性能？

迁移学习任务（以数据集 $\mathcal{D}=\{(x_i,Y_i)\}_{i=1}^n$ 的形式）应具有评估指标（准确率、MAP、MSE 等）来衡量使用充分超参数调优的微调 ϕ_k 的参考迁移性能 T_k。实际评估方法应为每个预训练模型 ϕ_k 产生一个打分 S_k（理想情况下不需要在 $\mathcal{D}$ 上微调 ϕ_k），并且打分 $\{S_k\}_{k=1}^M$ 与参考可迁移性指标 $\{T_k\}_{k=1}^M$ 的相关性良好，以便通过简单地评估打分 $\{S_k\}_{k=1}^M$ 来选择表现最佳的预训练模型。

完美的预训练模型评估方法将生成与 $\{T_k\}_{k=1}^M$ 顺序完全相同的打分 $\{S_k\}_{k=1}^M$。为了衡量与完美方法的偏差，我们可以使用诸如 Top-1 准确率或 Top-K 准确率这样的简单指标（在集合 $\{S_k\}_{k=1}^M$ 中的 Top-K 中的模型是否也在集合 $\{T_k\}_{k=1}^M$ 的 Top-K 中）。然而，Top-1 准确率过于保守，而 Top-K 准确率在不同的 M 值上不具备可比性。排序相关系数（Fagin et al., 2003）是一种很好的替代方法，可以直接衡量集合 $\{S_k\}_{k=1}^M$ 和集合 $\{T_k\}_{k=1}^M$ 之间的相关性。尽管先前的工作（Nguyen et al., 2020）采用了皮尔逊线性相关系数，但皮尔逊线性相关及其变体（Spearman 排序相关系数）都没有简单的解释（见下文的 τ 解释）。因此，本文并未采用它们。

我们选择的排序相关性方法是 Kendall's τ 系数（Kendall, 1938），它通过计算顺序对来反映在选择一个好的预训练模型时，给定 S_i 优于 S_j 的条件下 T_i 优于 T_j 的可能性。

在不失一般性的情况下，我们假设较大的迁移性能 T 和评分 S 更受欢迎（例如，准确率）。如果情况并非如此（例如，迁移性能是由均方误差衡量的，并且更偏向于小值），可以考虑取 $-T$ 作为迁移性能。对于一对度量 (T_i,S_i) 和 (T_j,S_j)，如果满足 $T_i<T_j \wedge S_i<S_j$ 或者 $T_i>T_j \wedge S_i>S_j$（简洁地说，$\mathrm{sgn}(T_i-T_j)\mathrm{sgn}(S_i-S_j)=1$），则这是一个顺序对。Kendall's

τ 系数由以下方程定义，它枚举所有 $\binom{M}{2}$ 对，并计算顺序对的数量减去逆序对的数量所占的比例。

$$\tau = \frac{\sum_{1\leqslant i<j\leqslant M} \operatorname{sgn}(T_i - T_j)\operatorname{sgn}(S_i - S_j)}{\binom{M}{2}}$$

如何解释 τ（Fagin et al., 2003）：τ 的范围是 $[-1,1]$。$\tau = 1$ 表示 T 和 S 完全相关（$S_i > S_j \Longleftrightarrow T_i > T_j$），而 $\tau = -1$ 表示 T 和 S 完全负相关（$S_i > S_j \Longleftrightarrow T_i < T_j$）。如果 T 和 S 的相关值为 τ，当 $S_i > S_j$ 时，$T_i > T_j$ 的概率为 $\frac{\tau+1}{2}$。

关注表现最佳的模型。 由于可迁移性度量的一个主要应用是选择表现最佳的预训练模型，因此，如果 T_i, T_j, S_i, S_j 较大，顺序对/逆序对应该得到更多的权重。这可以通过 τ_w（Vigna, 2015）获得，它是 Kendall's τ 的加权变体。计算 τ_w 的详细信息可以在 SciPy 实现中找到。有了这种加权方案，相关值 τ_w 对应于顺序对的比例区间，而不是唯一的比例值 $\frac{\tau_w+1}{2}$。然而，该区间接近于值 $\frac{\tau_w+1}{2}$。因此，我们可以大致使用顺序对的概率 $\frac{\tau_w+1}{2}$ 来解释相关值 τ_w。

简而言之，我们通过 τ_w（Vigna, 2015）来衡量 $\{S_k\}_{k=1}^{M}$ 和 $\{T_k\}_{k=1}^{M}$ 之间的相关性。较大的 τ_w 表示更好的相关性和更好的评估质量。

3.2 LogME 方案

本节详细描述 LogME。由于可迁移性度量衡量预训练模型的可迁移性，因此它应为每个预训练模型 ϕ_k 生成一个与其余预训练模型无关的分数 S_k。因此，在本节中，我们省略了下标 k。

设计可迁移性度量的一个重要目标是快速评估许多预训练模型。考虑到这一点，我们将最小化评估时间作为优先事项。首先，为避免整个预训练模型的昂贵优化，本文将预训练模型 ϕ 视为固定的特征提取器。请注意，Nguyen 等（2020）仅限于监督预训练模型，因为他们使用了预训练的分类头 h。相反，我们仅使用预训练表示模型 ϕ，以便所提出的方法可以应用于任何预训练模型（无论是监督预训练还是无监督预训练）。

将 ϕ 固定后，可以使用目标任务的特征 $\{f_i = \phi(x_i)\}_{i=1}^{n}$ 和标签 $\{Y_i\}_{i=1}^{n}$ 来评估预训练模型。本节其余部分讨论如何计算特征和标签的兼容性作为一种可迁移性度量。

3.2.1 证据计算

首先，考虑一个具有 D 维特征 $f_i \in \mathbb{R}^D$ 和标量标签 $y_i \in \mathbb{R}$ 的简单情况。请注意，实际标签 Y_i 可以是非标量的，3.2.2 节详细说明了如何从标量标签 y_i 扩展到向量标签 Y_i。

设特征矩阵 $\boldsymbol{F} \in \mathbb{R}^{n \times D}$ 表示所有特征，$y \in \mathbb{R}^n$ 表示所有标签。直接衡量特征 $\boldsymbol{F}$ 和标签 y 之间兼容性的方法是概率密度 $p(y \mid \boldsymbol{F})$，但如果没有参数化模型，则无法计算这一统计量。由于常用的迁移学习实践是在预训练模型之上添加一个线性层，因此我们在特征上使用由 w 参数化的线性模型。

要处理线性模型的简单方法是在最大似然估计下通过逻辑回归或线性回归找到最佳 w^*，并通过似然函数 $p(y \mid F, w^*)$ 评估预训练模型。然而，众所周知最大似然估计容易过拟合（Bishop, 2006）。像 ℓ_2-正则化这样的正则化技术可能会以额外的超参数为代价减轻过拟合，但是这又需要人工干预或网格搜索来调整这些超参数。即使经过大量的超参数调整，其性能如 6.6 节中观察到的那样并不令人满意，因为找到最优的超参数非常困难。理想情况下，可迁移性指标应该没有超参数，这样就可以在无须人工干预的情况下应用到下游任务中。显然，这种最大似然估计的方法不满足无超参数的属性。

上述方法的缺点可以通过下面介绍的证据方法来克服。证据（也称为边缘似然）定义为 $p(y \mid F) = \int p(w) p(y \mid F, w) \mathrm{d}w$，它在所有可能的 w 值上积分，而不是取一个 w^* 值。这种基于证据的方法是一种优雅的模型选择方法，并具有严格的理论基础（Knuth et al., 2015）。$p(w)$ 和 $p(y \mid F, w)$ 由两个正超参数 α 和 β 指定的图形模型（图 3）建模：权重的先验分布是各向同性的多元高斯分布 $w \sim \mathcal{N}(0, \alpha^{-1} I)$，每个观测值的分布是一维正态分布 $p(y_i \mid f_i, w, \beta) \sim \mathcal{N}(y_i \mid w^T f_i, \beta^{-1})$。幸运的是，如 3.2.2 节所述，超参数 α 和 β 可以自动设置为其最优值。

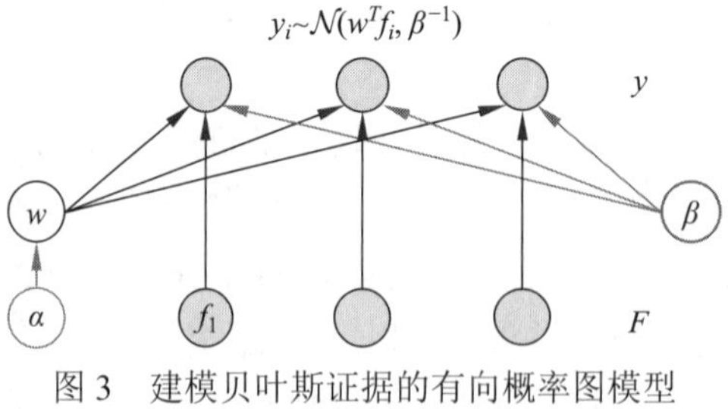

图 3 建模贝叶斯证据的有向概率图模型

根据图 3 中的因果结构和概率图模型的基本原理（Koller and Friedman, 2009），证据可以通过以下方式进行解析计算：

$$p(y\,|\,F,\alpha,\beta)=\int p(w\,|\,\alpha)\prod_{i=1}^{n}p(y_i\,|\,f_i,w,\beta)\mathrm{d}w=\left(\frac{\beta}{2\pi}\right)^{\frac{n}{2}}\left(\frac{\alpha}{2\pi}\right)^{\frac{D}{2}}\int \mathrm{e}^{-\frac{\alpha}{2}w^{\mathrm{T}}w-\frac{\beta}{2}\|Fw-y\|^2}\mathrm{d}w \tag{1}$$

式（1）可以通过这一恒等式进行简化：$\int \mathrm{e}^{-\frac{1}{2}(w^{\mathrm{T}}Aw+b^{\mathrm{T}}w+c)}\,\mathrm{d}w=\sqrt{\frac{(2\pi)^D}{|A|}}\mathrm{e}^{-\frac{1}{2}c+\frac{1}{8}b^{\mathrm{T}}A^{-1}b}$。为简单起见，两边同时取对数，则式（2）展示了作为 α,β 的函数的对数证据 $\mathcal{L}$，其中 $A=\alpha I+\beta F^{\mathrm{T}}F, m=\beta A^{-1}F^{\mathrm{T}}y$。

$$\mathcal{L}(\alpha,\beta)=\log p(y\,|\,F,\alpha,\beta)=\frac{n}{2}\log\beta+\frac{D}{2}\log\alpha-\frac{n}{2}\log 2\pi-\frac{\beta}{2}\|Fm-y\|_2^2-\frac{\alpha}{2}m^{\mathrm{T}}m-\frac{1}{2}\log|A| \tag{2}$$

3.2.2 证据最大化和 LogME

式（2）中一个未解决的问题就是如何选择 α,β。Gull（1989）建议选择 α,β 来最大化证据函数，也就是说，使用 $(\alpha^*,\beta^*)=\underset{\alpha,\beta}{\operatorname{argmax}}\,\mathcal{L}(\alpha,\beta)$。因为 m 和 A 耦合在一起，直接最大化 $\mathcal{L}(\alpha,\beta)$ 是困难的。为了解决这一问题，MacKay（1992）提出了一种启发式算法来解决这一最大化问题：① 设置 α,β 的初始值；② 使用给定的 α,β 计算 A,m,γ：$A=\alpha I+\beta \boldsymbol{F}^{\mathrm{T}}\boldsymbol{F}, m=\beta A^{-1}\boldsymbol{F}^{\mathrm{T}}y, \gamma=\sum_{i=1}^{D}\frac{\beta\sigma_i^2}{\alpha+\beta\sigma_i^2}$，其中 σ_i 是 $\boldsymbol{F}$ 的奇异值；③ 通过求解 $\frac{\partial\mathcal{L}}{\partial\alpha}=0, \frac{\partial\mathcal{L}}{\partial\beta}=0$ 来最大化 α,β（m,γ 视作固定值），这样就可以得到 $\alpha\leftarrow\frac{\gamma}{m^T m}, \beta\leftarrow\frac{n-\gamma}{\|Fm-y\|_2^2}$。这一算法被叫做 MacKay 算法（算法 1）。4.1 节给出了这一算法的收敛性的理论保障。有趣的是，用于收敛性分析的不动点迭代也可以在实际中用于获得一种新的、更快的证据最大化算法（算法 2）。详细信息请参阅 4.1 节。

在证据最大化收敛之后，本文使用对数最大证据 $\mathcal{L}(\alpha^*,\beta^*)$ 来评估特征与标签之间的兼容性。因为 $\mathcal{L}(\alpha^*,\beta^*)$ 与 n 成线性关系，我们将其归一化为 $\frac{\mathcal{L}(\alpha^*,\beta^*)}{n}$ 并将其称为 LogME（最大对数证据）。关于维度 D 影响的讨论见 4.2 节。LogME 可以直观地解释为给定预训练特征的最大标签证据的对数。

将 LogME 扩展到复杂情况。LogME 方法从单目标回归开始。如果目标问题是一个多元回归任务，即 $Y\in\mathbb{R}^{n\times C}$，我们可以计算每个维度 $c\,(1\leqslant c\leqslant C)$ 的 LogME，并在 C 个维度上求平均。如果目标问题是具有 C 个类别的分类任务，方程 (1) 在分类先验分布下无法得到解析表达式（Daunizeau，2017）。像拉普拉斯近似（Immer et al.，2021）这样的

算法 1 MacKay 方法

输入：提取的特征 $\boldsymbol{F} \in \mathbb{R}^{n \times D}$ 和相应的标签 $y \in \mathbb{R}^n$
输出：对数最大证据（LogME）
注意：$\boldsymbol{F}$ 已经被分解为 $\boldsymbol{F} = \boldsymbol{U\Sigma V}^{\mathrm{T}}$
初始化 $\alpha = 1, \beta = 1$
while α, β 未收敛 **do**
  计算 $\gamma = \sum_{i=1}^{D} \frac{\beta\sigma_i^2}{\alpha + \beta\sigma_i^2}, \Lambda = \mathrm{diag}\{(\alpha + \beta\sigma^2)\}$
  朴素方法：$A = \alpha I + \beta \boldsymbol{F}^{\mathrm{T}}\boldsymbol{F}, m = \beta A^{-1}\boldsymbol{F}^{\mathrm{T}} y$
  改良方法 You et al.（2021）：$m = \beta(\boldsymbol{V}(\Lambda^{-1}(\boldsymbol{V}^{\mathrm{T}}(\boldsymbol{F}^{\mathrm{T}} y))))$
  更新 $\alpha \leftarrow \frac{\gamma}{m^{\mathrm{T}} m}, \beta \leftarrow \frac{n - \gamma}{\| \boldsymbol{F}m - y \|_2^2}$
end while
使用式 2 计算并返回 $\mathcal{L} = \frac{1}{n}\mathcal{L}(\alpha, \beta)$

算法 2 改良不动点迭代法

输入：提取的特征 $\boldsymbol{F} \in \mathbb{R}^{n \times D}$ 和相应的标签 $y \in \mathbb{R}^n$
输出：对数最大证据（LogME）
前提：$\boldsymbol{F}$ 的截断 SVD：$\boldsymbol{F} = \boldsymbol{U}_r \boldsymbol{\Sigma}_r \boldsymbol{V}_r^{\mathrm{T}}$，其中 $\boldsymbol{U}_r \in \mathbb{R}^{n \times r}, \boldsymbol{\Sigma}_r \in \mathbb{R}^{r \times r}, \boldsymbol{V}_r \in \mathbb{R}^{D \times r}$
计算前 r 项投影 $z = \boldsymbol{U}_r^{\mathrm{T}} y$
计算其余项总和：$\Delta = \sum_{i=r+1}^{n} z_i^2 = \sum_{i=1}^{n} y_i^2 - \sum_{i=1}^{r} z_i^2$
初始化 $\alpha = 1, \beta = 1, t = \frac{\alpha}{\beta} = 1$
while t 未收敛 **do**
  计算 $\boldsymbol{m}^{\mathrm{T}}\boldsymbol{m} = \sum_{i=1}^{r} \frac{\sigma_i^2 z_i^2}{(t + \sigma_i^2)^2}$，$\gamma = \sum_{i=1}^{r} \frac{\sigma_i^2}{t + \sigma_i^2}$，$\| \boldsymbol{F}\boldsymbol{m} - y \|_2^2 = \sum_{i=1}^{r} \frac{z_i^2}{(1 + \sigma_i^2 / t)^2} + \Delta$
  更新 $\alpha \leftarrow \frac{\gamma}{\boldsymbol{m}^{\mathrm{T}}\boldsymbol{m}}, \beta \leftarrow \frac{n - \gamma}{\| \boldsymbol{F}\boldsymbol{m} - y \|_2^2}, t = \frac{\alpha}{\beta}$
end while
计算 $\boldsymbol{m} = \boldsymbol{V}_r \boldsymbol{\Sigma}' z$，其中 $\Sigma'_{ii} = \frac{\sigma_i}{t + \sigma_i^2} (1 \leqslant i \leqslant r)$
使用式 2 计算并返回 $\mathcal{L} = \frac{1}{n}\mathcal{L}(\alpha, \beta)$

最先进的近似方法在玩具数据中效果很好，但在真实任务中表现不尽如人意，详见 6.1 节。因此，我们转向另一种解决方案：将分类标签转换为独热编码标签，并将问题视为多元回归。这种方法也适用于多标签分类。这样，LogME 可以用于（单标签和多标签）分类和回归任务。

LogME 的整体算法流程在算法 3 中呈现。

算法 3 LogME

输入：预训练模型 ϕ 和目标数据集 $\mathcal{D}=\{(x_i,Y_i)\}_{i=1}^{n}$

输出：对数最大证据（LogME）

使用预训练模型 ϕ 提取特征：$F\in\mathbb{R}^{n\times D}$，$f_i=\phi(x_i)$，$Y\in\mathbb{R}^{n\times C}$

计算 $\boldsymbol{F}$ 的 SVD：$\boldsymbol{F}=\boldsymbol{U\Sigma V}^{\mathrm{T}}$，$\boldsymbol{F}^{\mathrm{T}}\boldsymbol{F}=V\mathrm{diag}\{\sigma^2\}\boldsymbol{V}^{\mathrm{T}}$

for $c=1$ to C **do**

  令 $y=Y^{(c)}\in\mathbb{R}^{n}$，

  计算 $\mathcal{L}_c$ 的 LogME 值（算法 1 或算法 2）

end for

返回 LogME $\frac{1}{C}\sum_{c=1}^{C}\mathcal{L}_c$

3.2.3 计算加速

尽管最大证据的贝叶斯方法具有严密的理论解释（Knuth et al., 2015），但它继承了贝叶斯方法在高计算复杂性方面的缺点。算法 1 的简单实现导致了总体复杂度为 $\mathcal{O}(CD^3+nCD^2)$。对于典型的使用情况，如 $D\approx10^3,n\approx10^4,C\approx10^3$，计算成本为$10^{13}$，与微调预训练模型$\phi$的实际运行时间相当。

我们的会议论文（You et al., 2021）通过避免矩阵求逆和矩阵-矩阵乘法，加速了计算，如算法 1 的第 8 行所示。在本文中，我们通过不动点迭代对 MacKay 算法的收敛性进行了分析。结果发现，该分析意味着一种更快的证据最大化算法。该算法在算法 2 中给出，其原理在 4.1 节进行了解释。

表 2 将计算 LogME 的复杂度与三种证据最大化实现进行了比较。最朴素的实现具有四次复杂度，You 等（2021）将其变为立方复杂度，而本文进一步减少了立方项的数量。优化后的算法使得耗时的贝叶斯方法变得足够快，将实际运行时间减少了10^2的数量级（请参见 6.5 节的定量测量）。请注意，这三种实现方法在功能上是等价的，仅在计算复杂度上有所不同。因此，本文提出的固定点迭代方法在我们的实现中默认使用。

表 2　三类贝叶斯证据最大化方法的复杂度对比。其中 n,C 分别为下游分类任务中的样本数与类别数（或回归任务中的目标变量数），D 是预训练模型产生的特征数

贝叶斯证据最大化方法	循环区复杂度	整体复杂度
朴素方法	$\mathcal{O}(D^3+nD^2)$	$\mathcal{O}(nCD^2+CD^3)$
You 等（2021）改良方法	$\mathcal{O}(D^2+nD)$	$\mathcal{O}(nD^2+nCD+CD^2+D^3)$
本文提出的不动点迭代法	$\mathcal{O}(n)$	$\mathcal{O}(nD^2+nCD)$

4　LogME 算法的理论分析

在本节中，我们分析了所提出的 LogME 的两个理论问题，进一步解释了 LogME 算法背后的原理，并帮助了解为什么 LogME 有效。

4.1　证据最大化算法的收敛性分析

历史发展过程：在 3.2.2 节中提出的证据最大化过程是由 MacKay（1992）作为一种启发式方法来最大化给定数据的证据，遵循经验贝叶斯学习的精神（Bishop, 1995）。因为缺乏理论分析，它在现代机器学习实践中被用作启发式方法。近年来，研究者们在理论上的证明方面取得了进展，Li 等（2016）指出，如果预测不确定性 β 是已知的，那么关于模型不确定性 α 的最大化可以被视为 EM 算法的一个特殊实例（Dempster et al., 1977）。然而，预先确定 β 是次优的，在实践中 α,β 是同时最大化的。在本文中，提供了一种 MacKay 算法的分析，其中 α,β 是同时被优化的。

我们在这里注明一些必要的符号含义：n 表示数据的数量；D 表示特征维度的大小；$\boldsymbol{F}\in\mathbb{R}^{n\times D}$ 是特征矩阵，$r=\operatorname{rank}(\boldsymbol{F})$ 是它的秩；$\boldsymbol{y}\in\mathbb{R}^n$ 是数据的标签向量。因此立刻可以得到：$r\leqslant\min\{n,D\}$。

我们的理论分析的关键就是充分利用特征矩阵 $\boldsymbol{F}=\boldsymbol{U\Sigma V}^{\mathrm{T}}$ 的奇异值分解结果，其中 $\boldsymbol{U}\in\mathbb{R}^{n\times n}$，$\boldsymbol{V}\in\mathbb{R}^{D\times D}$，$\boldsymbol{\Sigma}\in\mathbb{R}^{n\times D}$。注意到 $\boldsymbol{\Sigma}$ 只有 r 个非零的值：$\Sigma_{ii}=\sigma_i>0\,(1\leqslant i\leqslant r)$，其中 σ_i^2 是 $\boldsymbol{F}^{\mathrm{T}}\boldsymbol{F}$ 的第 i 大的特征值，$\sigma_i=0(r+1\leqslant i\leqslant\max(n,D))$。为了简化表达式，记 $z=\boldsymbol{U}^{\mathrm{T}}\boldsymbol{y}$ 为 $\boldsymbol{y}$ 在正交基 $\boldsymbol{U}$ 之下变换的结果，即 $\boldsymbol{y}=\boldsymbol{U}z$。

MacKay 算法（算法 ）由一个 while 循环组成，该循环在算法 4 中呈现。分析整个算法的关键在于分析 while 循环的每次迭代。在每次迭代过程中，根据旧值 α,β 计算新值 α',β'，可以将其视为计算一个向量值函数 $(\alpha',\beta')=g(\alpha,\beta)$。

算法 4 算法 1 的单次贝叶斯证据最大化迭代

1. **输入：** α,β；**输出：** 下一次迭代的 α',β'
2. **计算** $A=\alpha I+\beta \boldsymbol{F}^{\mathrm{T}}\boldsymbol{F}, m=\beta A^{-1}\boldsymbol{F}^{\mathrm{T}}\boldsymbol{y}, \gamma=\sum_{i=1}^{D}\frac{\beta\sigma_i^2}{\alpha+\beta\sigma_i^2}$
3. 返回 $\alpha'=\frac{\gamma}{\boldsymbol{m}^{\mathrm{T}}\boldsymbol{m}}, \beta'=\frac{n-\gamma}{\|\boldsymbol{F}\boldsymbol{m}-\boldsymbol{y}\|_2^2}$

MacKay 算法当且仅当算法 4 中的 $(\alpha',\beta')=(\alpha,\beta)$ 时收敛。当 F,y 是常数时，算法 1 的收敛性等价于向量值函数 g 的不动点的存在性，也即使得 $(\alpha,\beta)=g(\alpha,\beta)$ 的 (α,β) 的存在性。

一般来说，矢量值函数的不动点难以分析和可视化。幸运的是，我们发现矢量值函数 $(\alpha',\beta')=g(\alpha,\beta)$ 是齐次的：$g(k\alpha,k\beta)=kg(\alpha,\beta),\forall k>0$。设 $t=\alpha/\beta$，且 $t'=\alpha'/\beta'$，矢量值函数 $(\alpha',\beta')=g(\alpha,\beta)$ 可导出一个标量函数 $t'=f(t)$，其显式形式可以在定理 1 中推导出来。计算 $g(\alpha,\beta)$ 等同于计算 $f\left(\frac{\alpha}{\beta}\right)$，后者更容易分析。

定理 1 算法 4 可以导出一个关于标量 $t=\frac{\alpha}{\beta}$ 和 $t'=\frac{\alpha'}{\beta'}$ 的函数（式(3)）。

$$t'=f(t)=\left(\frac{n}{n-\sum_{i=1}^{D}\frac{\sigma_i^2}{t+\sigma_i^2}}-1\right)t^2\frac{\sum_{i=1}^{n}\frac{z_i^2}{(t+\sigma_i^2)^2}}{\sum_{i=1}^{n}\frac{\sigma_i^2 z_i^2}{(t+\sigma_i^2)^2}} \tag{3}$$

证明详见附录 B。尽管 $f(t)$ 看上去非常复杂，令人惊讶的是，在一些可解释的条件下，函数 $f(t)$ 不动点的存在性是可以保证的，见定理 2。

定理 2 若 $r<n$ 并且 $\sum_{1\leqslant i,j\leqslant n}(z_i^2-z_j^2)(\sigma_i^2-\sigma_j^2)>0$，则 $f(t)$ 具有不动点，因此 MacKay 算法可收敛。

证明详见附录 C。定理 2 需要两个条件保证不动点的存在性：$r<n$ 且 $\sum_{1\leqslant i,j\leqslant n}(z_i^2-z_j^2)(\sigma_i^2-\sigma_j^2)>0$。第一个条件易于解释且很容易满足：$n>D$ 且 $n>D\geqslant r$ 这个条件在实际中是很容易满足的。本文首次提出了第二个条件：$\sum_{1\leqslant i,j\leqslant n}(z_i^2-z_j^2)(\sigma_i^2-\sigma_j^2)>0$。注意到 $z=\boldsymbol{U}^{\mathrm{T}}\boldsymbol{y}$ 及 $z_i=\boldsymbol{U}_i^{\mathrm{T}}\boldsymbol{y}$，其中 $\boldsymbol{U}_i$（$\boldsymbol{U}$ 的第 i 行）是 σ_i 的左奇异向量，z_i 则是标签向量 $\boldsymbol{y}$ 在该左奇异

向量下的投影。从直觉上看，$\sum_{1\leqslant i,j\leqslant n}(z_i^2-z_j^2)(\sigma_i^2-\sigma_j^2)>0$ 需要 z_i^2 与 σ_i^2 有着同样严格的降序排列。对于较大的 σ_i^2（例如，较小的 i），这意味着 $\boldsymbol{y}$ 在左奇异向量下应该更大，这可大致解释为 $\boldsymbol{y}$ 对于特征 $\boldsymbol{F}$ 是有语义关联的。在这里我们想强调对 z_i^2 的顺序要求其实是比较宽松的：$z_i^2\geqslant z_j^2 \Longleftrightarrow i\leqslant j \Longleftrightarrow \sigma_i^2\geqslant\sigma_j^2$ 的严格顺序显然能保证 $\sum_{1\leqslant i,j\leqslant n}(z_i^2-z_j^2)(\sigma_i^2-\sigma_j^2)>0$ 的收敛条件，但实际上只要大多数 z_i^2 遵循上述顺序，收敛性条件就能得到满足。通过实验我们也发现本文中大多数实验环境下都满足这个收敛性条件，例如，图 4 具体绘制了在 CIFAR10 数据集上的 $f(t)$。它们无一例外地展示了 $f(t)$ 和 t 具有一个交点（不动点），因此 $\sum_{1\leqslant i,j\leqslant n}(z_i^2-z_j^2)(\sigma_i^2-\sigma_j^2)>0$ 的条件是成立的。

不动点迭代加速：注意到式 (3) 的不动点迭代显式要求了以 $\mathcal{O}(n^2)$ 的存储和计算复杂度获得 $z=\boldsymbol{U}^{\mathrm{T}}\boldsymbol{y}$，而这在 n 很大时是不可取的。为了得到一个实际可用的算法，我们注意到当 $i>r$ 时，$\sigma_i=0$，将不动点迭代算法优化如下：

$$
\begin{aligned}
t'=f(t)&=\left(\frac{n}{n-\sum_{i=1}^{D}\frac{\sigma_i^2}{t+\sigma_i^2}}-1\right)t^2\frac{\sum_{i=1}^{n}\frac{z_i^2}{(t+\sigma_i^2)^2}}{\sum_{i=1}^{n}\frac{\sigma_i^2 z_i^2}{(t+\sigma_i^2)^2}}\\
&=\left(\frac{n}{n-\sum_{i=1}^{r}\frac{\sigma_i^2}{t+\sigma_i^2}}-1\right)t^2\frac{\sum_{i=1}^{r}\frac{z_i^2}{(t+\sigma_i^2)^2}+\frac{1}{t^2}\sum_{i=r+1}^{n}z_i^2}{\sum_{i=1}^{r}\frac{\sigma_i^2 z_i^2}{(t+\sigma_i^2)^2}}\\
&=\left(\frac{n}{n-\sum_{i=1}^{r}\frac{\sigma_i^2}{t+\sigma_i^2}}-1\right)t^2\frac{\sum_{i=1}^{r}\frac{z_i^2}{(t+\sigma_i^2)^2}+\frac{1}{t^2}\left(\sum_{i=1}^{n}y_i^2-\sum_{i=1}^{r}z_i^2\right)}{\sum_{i=1}^{r}\frac{\sigma_i^2 z_i^2}{(t+\sigma_i^2)^2}}
\end{aligned}
$$

由此，我们为不动点迭代推导出了一个更快速的算法（式（4））。该算法只需要 z 的前 r 项而无须计算完整的 $\boldsymbol{U}$ 矩阵或 $\boldsymbol{z}$ 向量。这就是我们在算法 2 中采取的公式：

$$
t'=f(t)=\left(\frac{n}{n-\sum_{i=1}^{r}\frac{\sigma_i^2}{t+\sigma_i^2}}-1\right)t^2\frac{\sum_{i=1}^{r}\frac{z_i^2}{(t+\sigma_i^2)^2}+\frac{1}{t^2}\left(\sum_{i=1}^{n}y_i^2-\sum_{i=1}^{r}z_i^2\right)}{\sum_{i=1}^{r}\frac{\sigma_i^2 z_i^2}{(t+\sigma_i^2)^2}} \tag{4}
$$

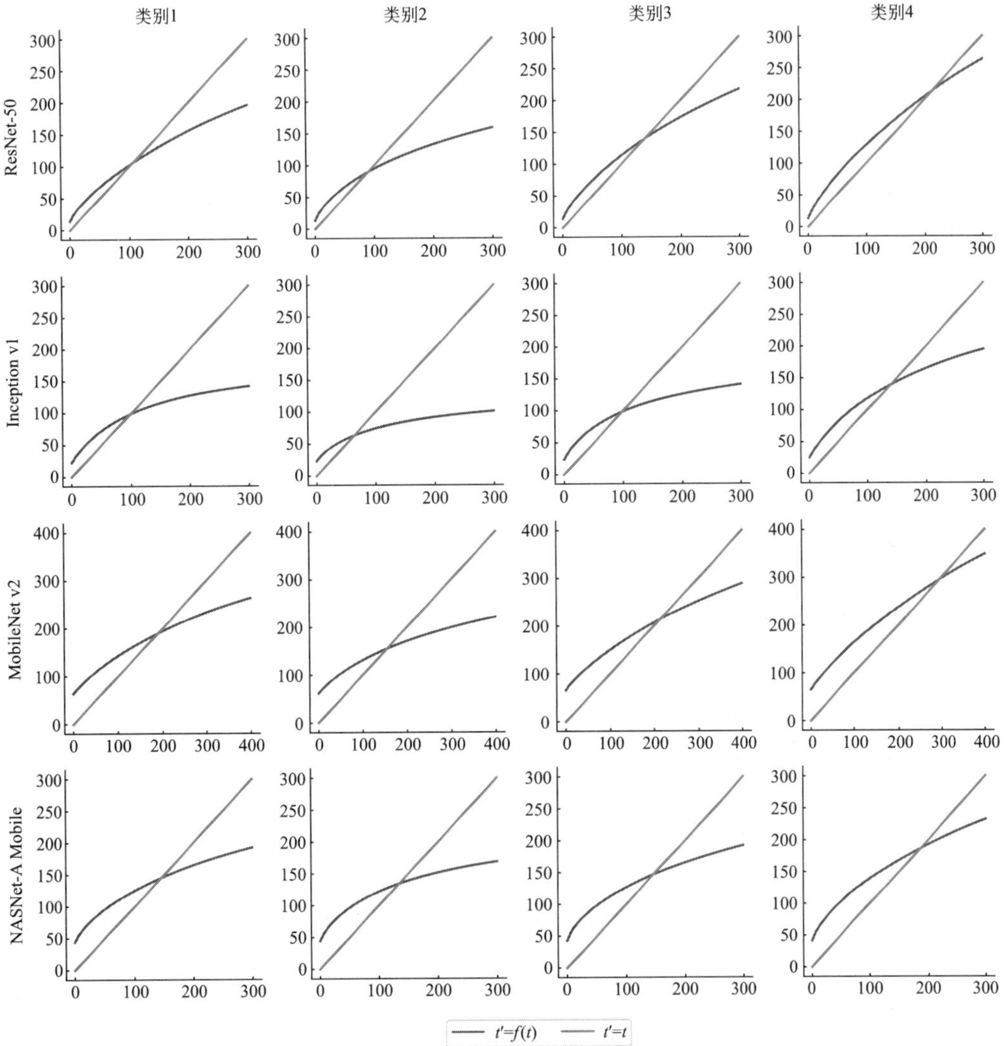

图 4　式（3）的不动点可视化（同一行子图对应 CIFAR10 的四个类别，同一列子图对应四种预训练模型。完整图表可见图 13。横坐标代表迭代之前的 t 值，纵坐标代表迭代之后的 t' 值，其中函数 $t' = f(t)$ 以蓝线表示，函数 $t' = t$ 以橘色表示，两者的交点即为不动点 $f(t) = t$ 。不动点的存在保证了 MacKay 算法的收敛性）（见文后彩图 9）

4.2　特征维度对 LogME 值的影响

在 3.2.2 节，我们用样本数对 LogME 进行归一化，以免式 (2) 随着 n 线性增长。另一方面，特征维度 D 的影响尚未探究。在本节中，我们发现在两种情况下（特征复制与特征填充）LogME 的值不会随着无信息增量特征的增加而改变。这两种情况证明了存在无限多个具有任意特征维的特征，它们共享相同的 LogME 值，因此消除了维数归一化的必要性。

推论 1（特征复制） 复制任意数量的原始特征，LogME 的值保持不变。形式化表达为：若计算 $\boldsymbol{F}\in\mathbb{R}^{n\times D}$ 与 $\boldsymbol{y}\in\mathbb{R}^{n}$ 的 LogME 为 $\mathcal{L}$，则计算 $\tilde{\boldsymbol{F}}=[\boldsymbol{F},\cdots,\boldsymbol{F}]\in\mathbb{R}^{n\times qD}$ 与 $y\in\mathbb{R}^{n}$ 的 LogME 依然为 $\mathcal{L}$ ($q\in\mathbb{N}$ 为原始特征重复次数)。

推论 2（特征填充） 在原始特征的基础上填充任意数量的零特征，LogME 的值保持不变。形式化表达为：若计算 $\boldsymbol{F}\in\mathbb{R}^{n\times D}$ 与 $\boldsymbol{y}\in\mathbb{R}^{n}$ 的 LogME 为 $\mathcal{L}$，则计算 $\tilde{\boldsymbol{F}}=[\boldsymbol{F},\boldsymbol{0}]\in\mathbb{R}^{n\times(D+d)}$ 与 $\boldsymbol{y}\in\mathbb{R}^{n}$ 的 LogME 依然为 $\mathcal{L}$ ($d\in\mathbb{N}$ 为零特征填充个数)。

推论 1 和推论 2 的证明分别可见附录 D 和附录 E。证明的核心是找到 $\tilde{\boldsymbol{F}}$ 与 $\boldsymbol{F}$ 的 SVD 分解之间的闭式关系。

推论 1 和推论 2 意味着复制特征或用零填充特征不会改变 LogME 的值。LogME 能够过滤掉特征中的冗余信息，这从一方面解释了其在 You 等（2021）的效果。

5 预训练模型微调

我们提出的新范式包括对预训练模型进行排序和微调。第 3 节和第 4 节介绍了预训练模型排序的技术背景，包括可迁移性度量 LogME 及其理论分析。在本节中，我们将重点讨论预训练模型的微调，以完成整个范式。

我们确定了预训练模型微调的两种可能场景：单一最佳预训练模型调优和多预训练模型调优。① 单一最佳预训练模型微调适用于网络结构、参数量或计算 FLOPs 没有限制的情况。这些限制在工业应用中很常见，但在学术研究中不太重要。因此，单一最佳预训练模型微调在学术研究中很常见。直观地说，剩下的预训练模型被认为不如排名最高的预训练模型，因此不值得花费精力去识别和部署。读者可以查看如何微调单一预训练模型的专门论文（Chen et al., 2019; Kou et al., 2020; You et al., 2020）以获得相关方法的介绍。② 当我们在工业应用中部署神经网络时，通常对内存占用或功耗预算有严格的限制。因此，满足这些约束的预训练模型 ϕ_t 可能不是排名最高的。目前的最新技术是，实践者只能微调 ϕ_t，而无法利用预训练模型库 $\{\phi_i\}_{i=1}^{M}$ 的总体知识。在本文中，我们展示了在微调过程中将多个教师预训练模型 $\{\phi_i\}_{i=1}^{K}$ 的知识迁移到目标预训练模型 ϕ_t 的可能性，我们将这个范式称为“多预训练模型微调”。

在微调多个预训练模型（PTMs）时，如何选择教师预训练模型也是一个问题。通常，$K<M$，即并非所有的预训练模型都是必要的，因为有些预训练模型可能不适用于目标

任务，会阻碍迁移学习过程。然而，对于 M 个预训练模型，可能的教师组合数为 $\mathcal{O}(2^M)$，这在实践中是不可能枚举的。为了克服指数复杂性，我们利用预训练模型排序。通过预训练模型排序，我们可以根据排名选择教师预训练模型。例如，如果我们想选择 K 个教师预训练模型，那么排名前 K 的预训练模型 $\{\phi_k\}_{k=1}^K$ 就是知识迁移的教师。我们在 6.3 节给出如何选择超参数 K $(1 \leqslant K \leqslant M)$ 的一些建议。

多预训练模型微调相较于简单地微调目标预训练模型 ϕ_t 具有独特的优势：如果指定的目标预训练模型 ϕ_t 并非排名最高的，仍然可以通过从表现最佳的预训练模型 $\{\phi_k\}_{k=1}^K$ 中迁移知识来改进它。

5.1 多预训练模型微调的问题设定

现在假设我们选择了 K 个预训练模型 $\{\phi_k\}_{k=1}^K$，每个预训练模型 ϕ_k 将输入 x 转换为一个 D_k 维特征向量。一般来说，预训练模型 $\{\phi_k\}_{k=1}^K$ 具有不同的网络结构，特征维度 $\{D_k\}_{k=1}^K$ 也可能不同。设 ϕ_t 为目标结构，它将输入转换为 D_t 维特征向量。形式上，多预训练模型（PTM）微调问题是通过利用选定的教师预训练模型 $\{\phi_k\}_{k=1}^K$ 对预训练模型 ϕ_t 进行微调，如图 2 所示。

要在目标任务中微调模型 ϕ_t，需要在 ϕ_t 后添加一个新的输出头，以计算目标特定损失。目标特定的头和损失对于多预训练模型微调的每个可能解决方案都是必要的，这由损失函数 L_{task} 负责。我们不会详细讨论 L_{task}，因为它随任务而变化。接下来，在 5.2 节中，我们总结了现有的解决方法，并在 5.3 节中介绍我们的方法。

5.2 多预训练模型微调的现有解决方法

基线方法是对 ϕ_t 进行微调，而不考虑教师预训练模型 $\{\phi_k\}_{k=1}^K$。这可以作为衡量多预训练模型微调带来改进的基线。

多预训练模型微调的知识蒸馏方法是通过均方误差在特征空间进行知识蒸馏（Hinton et al., 2015）。由于 ϕ_t 和 $\{\phi_k\}_{k=1}^K$ 之间的特征维数可能不同，因此需要一个转换模块。知识蒸馏（KD）方法通过添加正则项来利用选定的预训练模型。$L_{\text{KD}} = \frac{1}{n}\sum_{i=1}^{n}\frac{1}{K}\sum_{k=1}^{K}\| \phi_k(x_i) - W_k\phi_t(x_i)\|_2^2$，其中 W_k 是可学习参数，将 D_t 维特征 $\phi_t(x_i)$ 转换为与 $\phi_k(x_i)$ 兼容的 D_k 维向量。即使 $D_k = D_t$，ϕ_t 和 ϕ_k 中每个维度的语义也可能不同，这使得有必要引入转换参数 W_k。最终的损失为 $L_{\text{task}} + \lambda L_{\text{KD}}$，其中超参数 λ 用于权衡这两项。KD 方法是多预训练模型微调中另一个简单但通用的基线方法。它可以应用于各种预训练模型，但性能改进有限。

同构预训练模型微调的 Zoo-tuning。在特殊情况下，当 ϕ_t 和 $\{\phi_k\}_{k=1}^K$ 都共享相同的网络结构时，Shu 等（2021）提出的 Zoo-tuning 方法可以按层次将 $\{\phi_k\}_{k=1}^K$ 的参数自适应地

聚合到 ϕ_t 中。它不修改损失 L_{task}，而是通过模型聚合来改变训练过程。Zoo-tuning 是目前同构预训练模型微调的最先进方法，但它无法处理当 ϕ_t 和 $\{\phi_k\}_{k=1}^K$ 的架构不同时的异构场景。

5.3 B-Tuning：一种多预训练模型微调的贝叶斯方法

我们从前述知识蒸馏方法和 Zoo-tuning 方法的不足之处中汲取教训。知识蒸馏在输出特征层面进行操作，这适用于异构预训练模型（PTMs），但在预训练模型间对齐特征并不容易。Zoo-tuning 在参数层面进行操作，因此局限于同构情况。我们结合这两个框架的优点，设计了一种在特征层面操作的方法来掩盖预训练模型之间的异构性，并且超越了特征层面，以避免显式地对齐各种预训练模型的特征。受到排序指标（LogME）的启发，我们提出了一种基于贝叶斯回归的后验预测分布的方法。

后验预测分布 $p(y' \mid f, F, y) = \int_w p(y' \mid w, f) p(w \mid F, y) \mathrm{d}w$ 在给定全部特征 F 和标签 y 的条件下预测输入特征 f 的标签 y'，而不是只使用输入特征 f。有了预先计算好的 α^*, β^*, m（LogME 算法的副产品），根据定义 $p(y' \mid w, f) \sim \mathcal{N}(w^{\mathrm{T}} f, {\beta^*}^{-1})$，根据贝叶斯定理 $p(w \mid F, y) = \dfrac{p(w) p(F, y \mid w)}{\int_{w'} p(w') p(F, y \mid w') \mathrm{d}w'}$，Rasmussen（2003）证明 $p(w|F,y) \sim \mathcal{N}(\beta^* A^{-1} F^{\mathrm{T}} y, A^{-1})$，其中 $A = \alpha^* I + \beta^* F^{\mathrm{T}} F$。代入分布 $p(y' \mid w, f)$ 和 $p(w \mid F, y)$，Rasmussen（2003）证明 $p(y' \mid f, F, y) \sim \mathcal{N}(f^{\mathrm{T}} m, f^{\mathrm{T}} A^{-1} f + {\beta^*}^{-1})$，其中 $m = \beta^* A^{-1} F^{\mathrm{T}} y$。简而言之，对于抽取好的特征 $F \in \mathbb{R}^{n \times D}$ 和标注 $y \in \mathbb{R}^n$，LogME 算法给出 α^*, β^*, m，则后验预测分布就是 $p(y' \mid f, F, y) \sim \mathcal{N}(f^{\mathrm{T}} m, f^{\mathrm{T}} A^{-1} f + {\beta^*}^{-1})$。详细的理论推导可参见 Rasmussen（2003）。

后验预测分布取决于训练数据(F, y)和输入特征 f。令 F_k 是预训练模型 ϕ_k 抽取的特征，$f_k = \phi_k(x)$ 是预训练模型 ϕ_k 对当前数据点抽取的特征，那么每个预训练模型都能产生一个后验预测分布 $p(y_k' \mid f_k, F_k, y) \sim \mathcal{N}(f_k^T m_k, f_k^T A_k^{-1} f_k + {\beta_k^*}^{-1})$。如何组合这些分布呢？我们提出可以按照它们的 LogME 分数 $\{\mathcal{L}_k\}_{k=1}^K$ 混合成为高斯混合模型，$\overline{y}' = \sum_{k=1}^{K} \pi_k y_k'$，其中 $\pi_k = \dfrac{\exp(\mathcal{L}_k / t)}{\sum_{j=1}^{K} \exp(\mathcal{L}_j / t)}$，$t$ 是温度超参数（Hinton et al., 2015），可以根据 LogME 值的差异来进行调节。尽管 $\{y_k'\}_{k=1}^K$ 是简单的高斯分布，混合后的分布 $\overline{y}'$ 是不可计算的，因为这些特征 F_k 来自同一个数据集，$\{y_k'\}_{k=1}^K$ 是相关的。然而，根据期望的线性性质，$\mathbb{E}\overline{y}' = \sum_{k=1}^{K} \pi_k \mathbb{E} y_k' = \sum_{k=1}^{K} \pi_k f_k^{\mathrm{T}} m_k$，因此 $\overline{y}'$ 的期望是已知的。

对于目标模型 ϕ_t，后验预测分布的定义为 $p(y'_t \mid f_t, F_t, y) \sim \mathcal{N}(f_t^T m_t, f_t^T A_t^{-1} f_t + \beta_t^{*-1})$。既然 $\bar{y}'$ 可以被认为是预训练模型 $\{\phi_k\}_{k=1}^K$ 的先验知识，我们能够对齐 y'_t 和 $\bar{y}'$ 的期望来作为一个正则项，$L_{\text{Bayesian}} = \frac{1}{n}\sum_{i=1}^{n} \| \mathbb{E}\bar{y}' - \mathbb{E}y'_t \|_2^2$。注意到这个期望是对后验预测分布求取的，因此可以被解析地计算出来。将其扩展到多分类的场景，最终的正则项的表达式就是

$$L_{\text{Bayesian}} = \frac{1}{n}\sum_{i=1}^{n}\frac{1}{C}\sum_{c=1}^{C}\left(\sum_{k=1}^{K}\pi_k f_k^{\mathrm{T}} m_{k,c} - f_t^{\mathrm{T}} m_{t,c}\right)^2 \tag{5}$$

其中 $m_{k,c}, m_{t,c}$ 是被 LogME 算法计算得到的，并且在训练过程中保持固定。最终的损失函数是 $L_{\text{task}} + \lambda L_{\text{Bayesian}}$，其中的 λ 是为了平衡这两项的权重。因为这一方法依靠贝叶斯定理来计算后验预测分布，我们把它叫做贝叶斯微调，简称 B-Tuning。图 5 描述了这一方法的计算图。只有 ϕ_t 在训练过程中被更新，教师预训练模型 $\{\phi_k\}_{k=1}^K$ 保持固定。

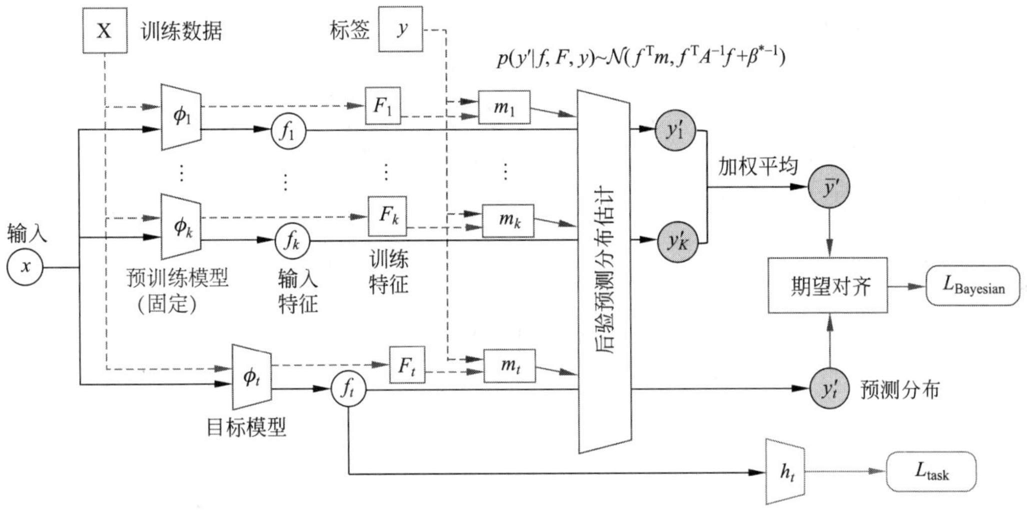

图 5　B-Tuning 方法说明。虚线部分表示在微调前可提前计算

B-Tuning 相较于之前的方法有两个优势：①它通过在特征层面上处理，掩盖了预训练模型（PTMs）之间的异构性，从而为同构和异构情况下的多预训练模型微调提供了一个通用解决方案。②B-Tuning 有一个简单的解释：它通过 m 作为类似于注意力机制的方式自适应地对齐特征，从而无须像知识蒸馏方法那样学习将特征转换到共享空间。B-Tuning 在多预训练模型微调方面的优越性在 6.3 节中得到了实证验证。

6 实验

本节展示了全面的实验。6.1 节阐述了 LogME 在玩具问题上的表现。关于预训练模型的排序和微调的实验分别在 6.2 节和 6.3 节，它们展示了本文所提出的新范式的强大能力。6.5 节对 LogME 的效率进行了量化测量，6.6 节将 LogME 与在固定特征提取器上重新训练头部的常用方法进行了对比，为 LogME 提供了全面的理解。附录中提供了一些图表的原始数据。LogME 的代码可在 https://github.com/thuml/LogME 上找到。

6.1 在玩具数据集上的演示

为了直观地展示 LogME 的工作原理，我们生成具有递增噪声的特征，以模拟预训练模型中可迁移性逐渐降低的特征，并检查 LogME 是否能够衡量特征质量。

对于分类问题（图 6 左），本文在一个 2D 平面中生成了三个簇，颜色表示类别。最初，特征之间的距离较大，因此 LogME 的值较大。然后，我们向数据中添加具有递增方差的高斯噪声，特征空间中的聚类结构消失，导致 LogME 值如预期的那样变小。

对于回归问题（图 6 右），x 均匀分布($x \sim \mathcal{U}[0,1]$)，输出 $y = 2x + \epsilon$，其中观测误差 $\epsilon \sim \mathcal{N}(0, 0.1^2)$。通过向特征添加噪声 $x' = x + \mathcal{N}(0, t^2)$，特征 x' 的质量变差，从 x' 预测 y 变得更困难。当 t（噪声的标准差）较大时，LogME 值如预期的那样变小。

这些在合成数据上的玩具实验表明，LogME 是一种有效的特征质量衡量方法，因此可以为预训练模型库中的模型提供排序。

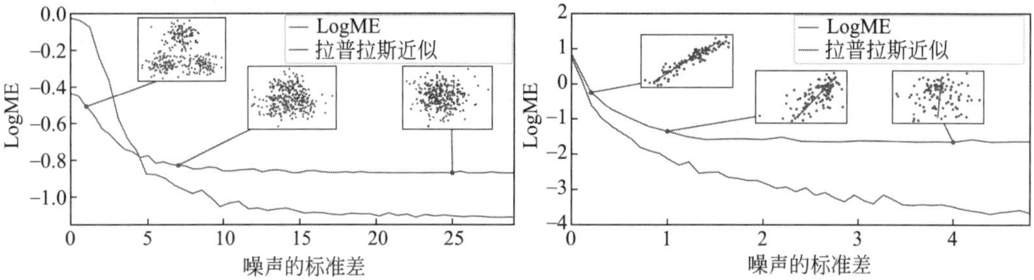

图 6　在玩具数据上实验表明，LogME 值随着特征质量的降低而降低（见文后彩图 10）

图 6 还展示了通过拉普拉斯近似法计算的由 Immer 等（2021）提出的 LogME 值。在这个玩具实验中，LogME 和拉普拉斯近似法都能正确衡量特征质量的趋势。在回归中，拉普拉斯近似法严格低于 LogME；在分类中，拉普拉斯近似法使用类别先验并近似边际似然，而 LogME 将分类标签转换为带有高斯先验的独热标签并在无近似的情况下计算精确值。图 6 左侧的图表证实，这两种方法都能反映特征质量的趋势。然而，我们注意

到拉普拉斯近似法的波动比 LogME 大，并且拉普拉斯近似法比 LogME 需要更多的计算。此外，其在真实数据中的性能（6.2.1 节）并不令人满意。因此，在处理分类数据时，我们将分类标签转换为独热标签，并在 LogME 中将问题视为多元回归问题。如何使用类别先验解析计算 LogME 值作为未来研究问题留待解决。

6.2 对预训练模型进行排序

本节重点关注所提出范式的第一部分：对预训练模型进行排序。目标是对预训练模型进行排序，以便为后续的微调过程选择潜在的最佳预训练模型。本节非常重视预训练模型和下游任务的多样性。6.2.1 节和 6.2.2 节分别将监督预训练模型迁移到分类和回归任务；6.2.3 节在分类和回归任务上探讨无监督预训练模型；6.2.4 节和 6.2.5 节分别研究预训练语言模型在语言理解任务和序列标注任务上的应用。这些广泛的实验展示了所提出的 LogME 方法在对预训练模型进行排序方面的通用性和有效性。

6.2.1 在分类问题中对有监督预训练模型进行排序

使用 PyTorch 中的 12 个 ImageNet 预训练模型：Inception V1（Szegedy et al., 2015），Inception V3（Szegedy et al., 2016），ResNet 34（He et al., 2016），ResNet 50（He et al., 2016），ResNet 101（He et al., 2016），ResNet 152（He et al., 2016），Wide ResNet 50（Zagoruyko and Komodakis, 2016），DenseNet 121（Huang et al., 2017），DenseNet 169（Huang et al., 2017），DenseNet 201（Huang et al., 2017），MobileNet V2（Sandler et al., 2018）和 NASNet-A Mobile（Tan et al., 2019）。这些预训练模型覆盖了大部分迁移学习实践者经常使用的有监督预训练模型。

对于下游任务，使用了九个常用的数据集：Aircraft（Maji et al., 2013），Birdsnap（Berg et al., 2014），Caltech（Fei-Fei et al., 2004），Cars（Krause et al., 2013），CIFAR10（Krizhevsky and Hinton, 2009），CIFAR100（Krizhevsky and Hinton, 2009），DTD（Cimpoi et al., 2014），Pets（Parkhi et al., 2012）和 SUN（Xiao et al., 2010）。这些数据集的描述和数据统计量列在了附录 F 中。

对于使用的所有数据集，如果存在官方的训练/验证/测试划分，我们会遵循这些划分，否则我们会使用 60%的数据进行训练，20%的数据进行验证（搜索超参数以测量参考迁移学习性能），以及 20%的数据进行测试。模型使用固定的 epoch 数量进行训练，并使用验证划分中的最佳模型作为最终将在测试划分中进行测试的模型。

为了计算参考迁移学习性能 $\{T_m\}_{m=1}^{M}$ $(M=12)$，我们通过超参数的网格搜索仔细微调预训练模型。Li 等（2020）指出，学习率和权重衰减是两个最重要的超参数。因此，我们对学习率和权重衰减进行网格搜索（从 10^{-1} 到 10^{-4} 的七个学习率，以及从 10^{-6} 到 10^{-3} 的七个权重衰减，所有这些都采用对数间隔），在验证划分中选择最佳超参数，并计算测试划分的准确率作为参考迁移学习性能。值得注意的是，LogME 既不需要微调，也不需要网格搜索。在这里，我们微调预训练模型，以查看 LogME 值与参考迁移性能的关联程度，但实践者可以直接使用 LogME 评估预训练模型，而无须微调。

我们将 LogME 与 LEEP（Nguyen et al., 2020）和 NCE（Tran et al., 2019）进行比较。使用 Laplace 近似计算证据的结果（Immer et al., 2021）不令人满意，因此只被列在附录中，没有在这里显示出来。在本文之前，LEEP 和 NCE 是唯一两种无须微调即可对预训练模型进行排序的方法，它们仅可以对分类任务中的监督预训练模型进行排序。我们使用 LEEP，NCE 和 LogME 将12 个预训练模型应用到数据集，计算得分 $\{S_m\}_{m=1}^{M}$。图 7 展示了得分与微调准确性之间的相关值 τ_w。

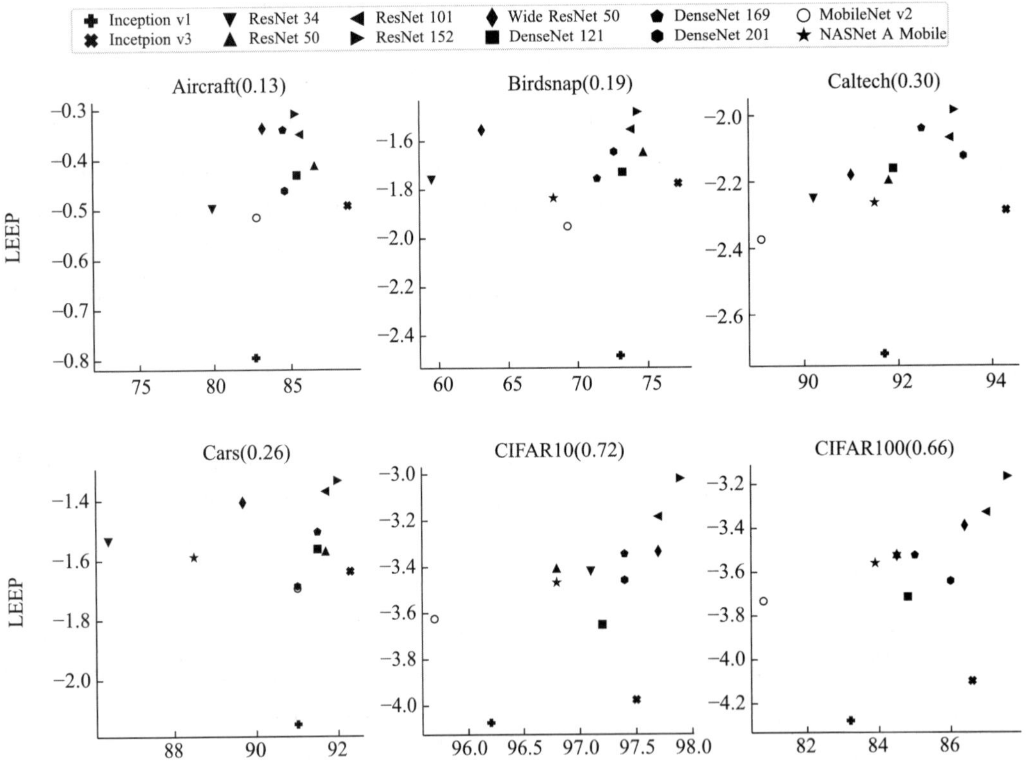

图 7　微调后准确率（x 轴）与可迁移性指标（y 轴）之间的相关系数 τ_w（同一行子图对应九个数据集，同一列子图对应三种迁移性度量方法）。每个子图包含十二个预训练模型，每个预训练模型对应一个标记，标题括号中 τ_w 为相关系数，每个数据集中最好的迁移性度量方法的 τ_w 以粗体标记

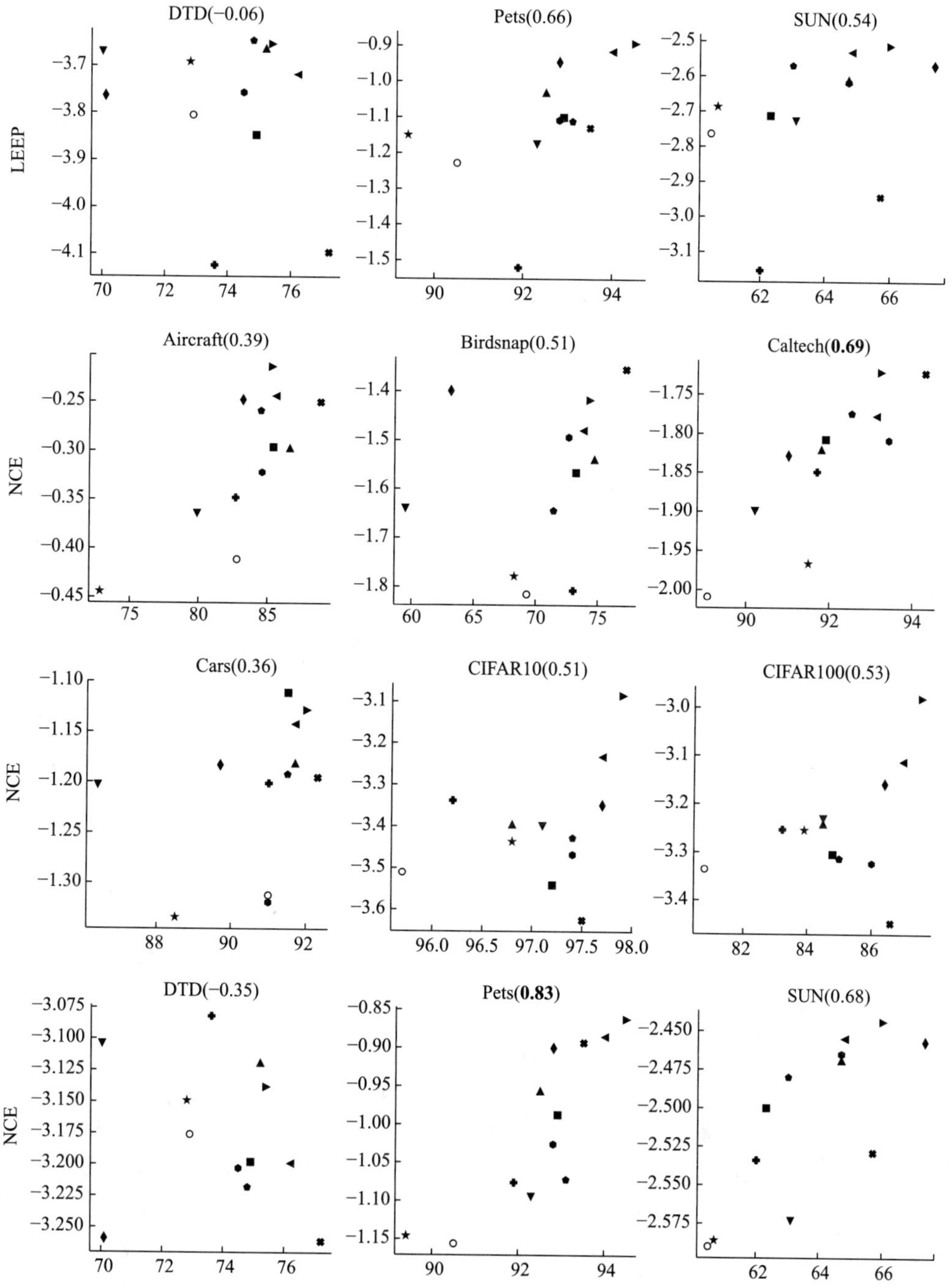
DTD(−0.06)
Pets(0.66)
SUN(0.54)
LEEP
Aircraft(0.39)
Birdsnap(0.51)
Caltech(**0.69**)
NCE
Cars(0.36)
CIFAR10(0.51)
CIFAR100(0.53)
NCE
DTD(−0.35)
Pets(**0.83**)
SUN(0.68)
NCE

图 7 （续）

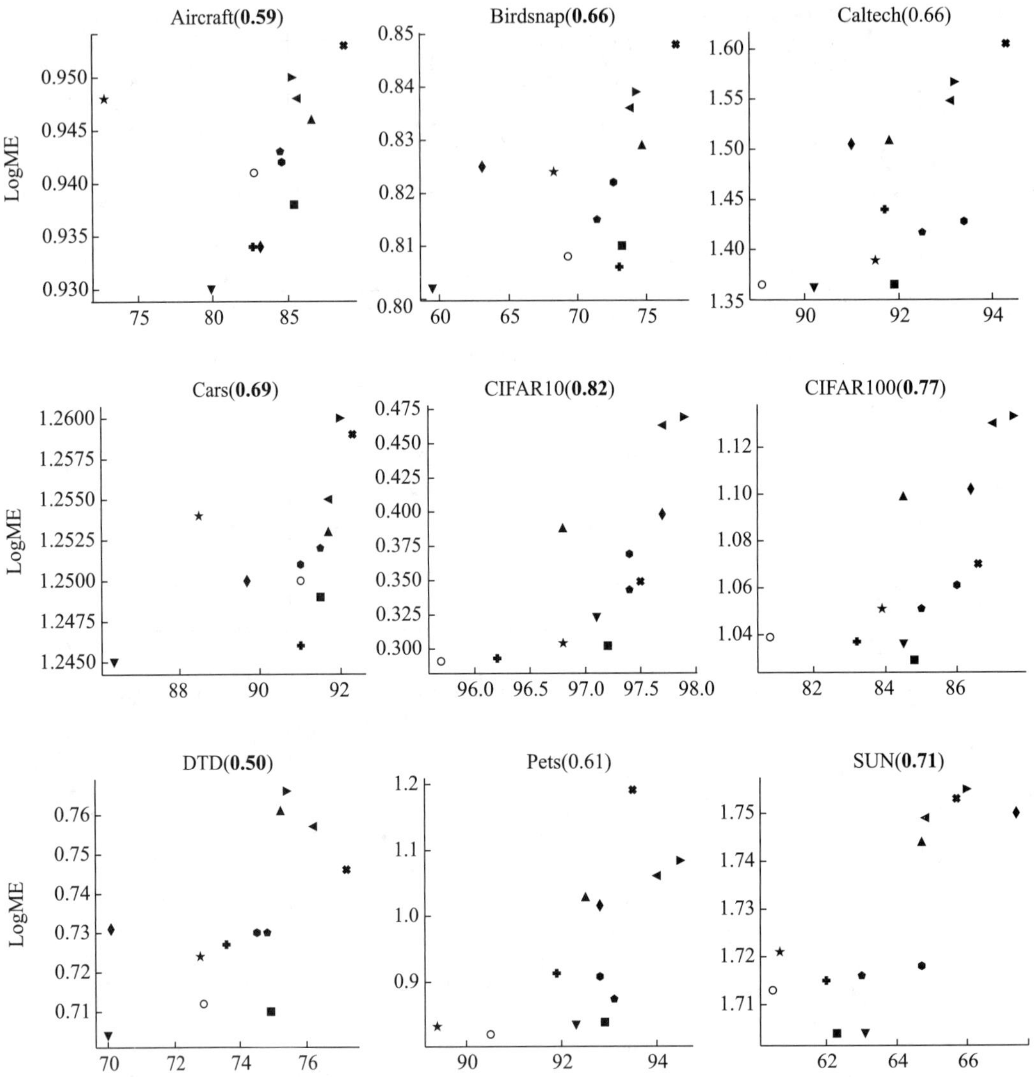

图 7　（续）

我们可以发现，LogME 与 LEEP 相比具有更好的相关性，并且在大多数数据集上（9 个数据集中的 7 个）胜过 NCE。需要注意的是，LEEP 和 NCE 在 DTD（Cimpoi et al., 2014）中甚至表现出负相关性，因为它们依赖于预训练任务和目标任务的类别之间的关系，但 DTD 类别（纹理）与 ImageNet 类别（对象）非常不同。相比之下，LogME 在 DTD 上仍然表现得相当不错。

根据 3.1 节中 τ_w 的解释，相关性值 τ_w 可以大致转换为 $\frac{\tau_w+1}{2}$ 的正确比较概率（顺序对）。在图 7 中，LogME 的最小 τ_w 约为 0.5，因此如果预训练模型 ϕ_A 的 LogME 较大，则 ϕ_A 比 ϕ_B 转移得更好的概率约为 75%。对于大多数任务，LogME 的 τ_w 为 0.7 或 0.8，因此正确选择的概率为 85% 或 90%，足以满足实际应用需求。

6.2.2 在回归任务中对有监督预训练模型进行排序

我们现在来评估 LogME 在回归任务中评估预训练模型的效果。前两种方法（LEEP 和 NCE）依赖于预训练类别与下游类别之间的分类关系，因此它们不适用于回归任务。

我们使用的回归任务是来自 Visual Task Adaptation Benchmark（Zhai et al., 2020）的 dSprites（Matthey et al., 2017）数据集，这是评估学习表示质量的常见基准。输入是一个包含心形、正方形和椭圆形的图像，具有不同的比例/方向/位置。预训练模型被迁移到预测四个标量（比例、方向和 (x, y) 位置）的任务上，并报告测试数据的均方误差（MSE）。有监督预训练模型和超参数调整方案与 6.2.1 节中的相同。

结果绘制在图 8 中。很明显，LogME 和 MSE 之间的关系很好，相关系数 $\tau_w = 0.79$ 非常大：如果预训练模型 ϕ_A 的 LogME 大于 ϕ_B，那么实际微调后，约有 89.5% 的概率 ϕ_A 比 ϕ_B 好（具有较小的 MSE）。

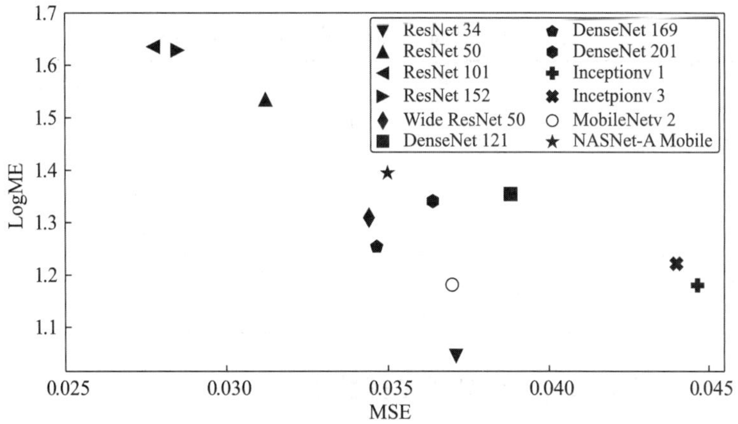

图 8 有监督预训练模型微调至 dSprites 数据集

6.2.3 在下游任务中对对比学习预训练模型进行排序

无监督预训练模型由于其潜在的利用互联网上海量无标签数据集的能力而受到了广泛关注（He et al., 2020）。它们使用对比损失（Gutmann and Hyvärinen, 2010）将监督信号注入无标签数据的预训练过程中，并具有连续输出的投影头。对比式预训练模型的排序是一个重要的新兴挑战，不幸的是，当前的模型如 LEEP 和 NCE 不能扩展到处理基于对比的无监督预训练模型的投影头，因为它们依赖于离散的类别关系。

由于 LogME 只需要从预训练模型中提取的特征，因此可以将其应用于对比式预训练模型。为了证明这一点，我们使用四个经过各种训练方案预训练的热门模型：具有动量对比的 MoCo V1（He et al., 2020）、具有多层投影头和强数据增强的 MoCoV2（Chen et al., 2020b）、按照 Chen 等（2020a）建议使用 800 个 epoch 训练的 MoCo800，以及通过精心设计的训练方案训练的 SimCLR（Chen et al., 2020a）。

对于分类问题，我们使用 Aircraft（Maji et al., 2013），这是 6.2.1 节中首个（按字母顺序排列）数据集；对于回归问题，我们使用 dSprites（Matthey et al., 2017），这是本文中唯一的回归任务。结果如表 3 所示。由于在几次试验后 SimCLR 在 dSprites 上没有收敛，可能是因为它过于专注于分类任务，因此本文未报告其在 dSprites 上的结果。LogME 在准确率和 MSE 上给出了完美的排序。需要注意的是，Aircraft 迁移学习性能的参考顺序（MoCo V1 < MoCo V2 < MoCo 800）与 dSprites 中的顺序（MoCo V1 < MoCo 800 < MoCo V2）不同，这表明了预训练模型的排名是任务自适应的。我们还观察到，无监督预训练模型的 LogME 值相似（差异小于 6.2.1 节中监督分类的对应值），主要是因为无监督特征的区分性不强。

表 3　在无监督预训练模型上使用 LogME

预训练模型	Aircraft		dSprites	
	准确率 / %	LogME	均方误差	LogME
MoCo V1	81.68	0.934	0.069	1.52
MoCo V2	84.16	0.941	0.047	1.64
MoCo 800	86.99	0.946	0.050	1.58
SimCLR	88.10	0.950	—	—
	τ_w: 1.0		τ_w: 1.0	

6.2.4 在 GLUE 基准榜上对预训练语言模型进行排序

为了更进一步证明 LogME 的通用性，我们展示了 LogME 如何为预训练语言模型服务。同样地，现有的方法（LEEP 和 NCE）不能处理这些预训练语言模型。

在这里，我们采用另一种方法来评估参考迁移性能 $\{T_m\}_{m=1}^{M}$。我们不对预训练模型进行微调，而是直接从 HuggingFace 模型库中获取微调后的结果，检查 LogME 值是否能与结果表现出很好的相关性。具体来说，我们选择了 HuggingFace 组织微调过的具有 GLUE

指标的预训练模型，并选取了下载量最高的八个模型：RoBERTa（Liu et al., 2019），RoBERTa-D，uncased BERT-D，cased BERT-D，ALBERT-v1（Lan et al., 2020），ALBERT-v2（Lan et al., 2020），ELECTRA-base（Clark et al., 2020）和 ELECTRA-small（Clark et al., 2020）（“D”表示蒸馏后的版本）。图 9 中绘制了七个 GLUE 任务上的 LogME 值及微调后的准

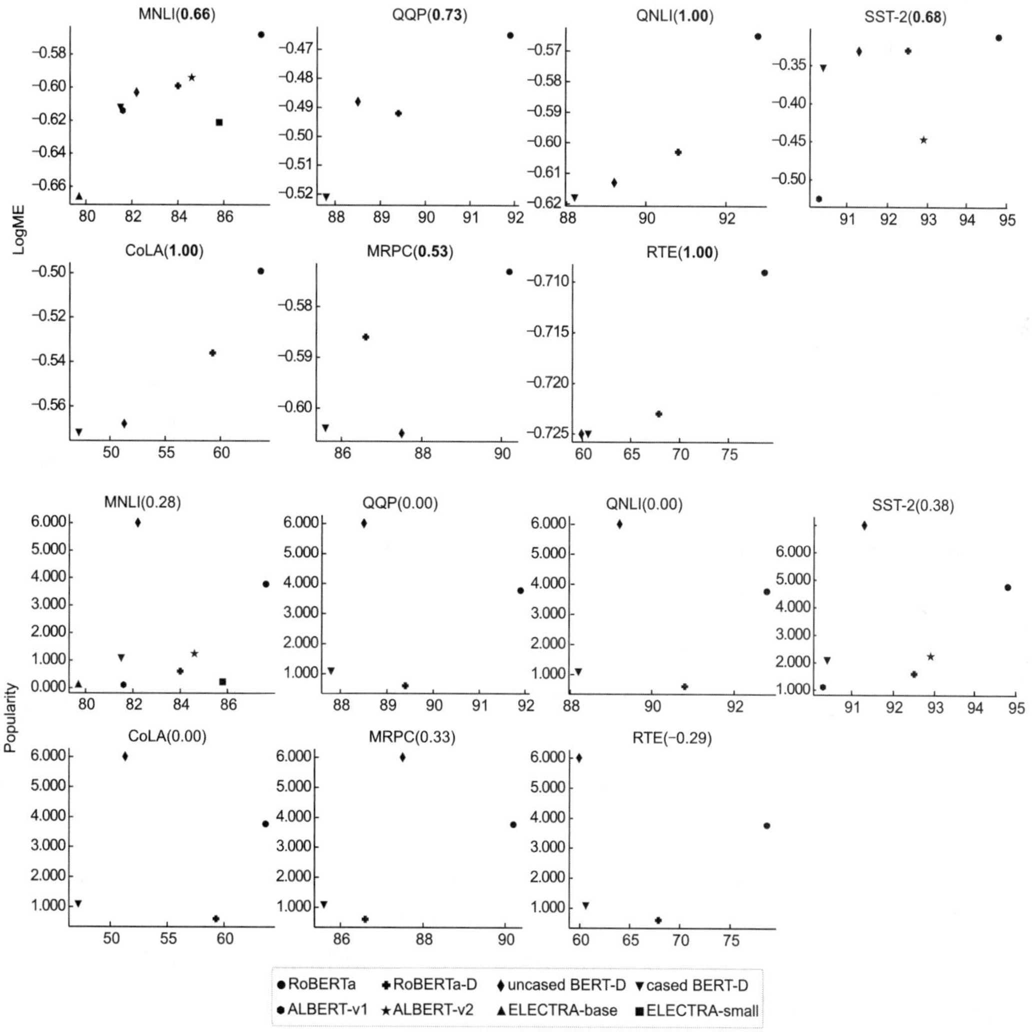

图 9　在 GLUE 的七个任务中，八种预训练模型的微调精度（x 轴）与其 LogME/Popularity（y 轴）之间的相关系数（τ_w）

确率。某些模型只有特定任务的结果，因此我们只画出了它们在这些任务上的表现。尽管这些准确率数字是由 HuggingFace 组织微调得到的，但 LogME 对三个任务的迁移性能排名进行了完美估计（$\tau_w=1$），显示出 LogME 在对预训练模型进行排序方面的惊人效果。

人们可能会好奇预训练模型的受欢迎程度如何反映其迁移学习性能，因为人们普遍认为在许多任务中都有稳定改进的预训练模型（PTMs）可能会变得受欢迎。为了回答这个问题，需要对受欢迎程度进行定量衡量。我们考虑两个可能的数量：提出预训练模型的论文的引用次数，以及预训练模型的下载次数。论文引用次数并不是评估单个预训练模型可迁移性的适当指标，因为一篇论文可以包含许多预训练模型。例如，BERT 论文（Devlin et al., 2019）包含 BERT-base 和 BERT-large，它们的引用次数相同，但迁移能力处于不同水平。下载次数是一个以预训练模型为单位的明确定义的指标，因此我们可以将其作为受欢迎程度的代理。

感谢来自 HuggingFace 的公开数据，每个预训练模型（PTM）的下载量（以百万为单位）可用于近似衡量流行度。图 9 中的底部图形显示了流行度作为可迁移性度量时的表现。很明显，流行度与迁移学习性能之间的相关性不强：流行度的 τ_w 值明显低于 LogME 的 τ_w 值，并且在 RTE 任务中出现负相关值。注意，BERT 模型是最受欢迎的，但 RoBERTa 在这些任务中是最好的，这揭示了流行度与迁移学习性能之间的不匹配。这些实验为本文的动机提供了进一步的理由——由于缺乏满意的选择策略，实践者通常选择最受欢迎的预训练模型，而 LogME 可以帮助他们进行合适的选择。

6.2.5 在一个序列标记任务中对预训练语言模型进行排序

迄今为止，我们只考虑了简单的分类和回归任务。将 LogME 扩展到具有结构化输出的任务，如目标检测和语义分割，将具有很高的价值。接下来我们展示如何在一个序列标记任务中使用 LogME，其中输入和输出都是结构化的。如何处理具有结构化输出的一般任务，将作为未来工作留待研究。

我们在本节中考虑的具体任务是命名实体识别（Sang and De Meulder, 2003）。这要求模型预测句子中每个词的实体标签（人、地点、组织等），因此输出是结构化的。考虑到命名实体识别任务有时被称为“词语级别的分类”，我们可以将词语维度展平以应用 LogME。唯一的变化是 n 表示的是词语数量而不是句子数量。

我们使用与 6.2.4 节中相同的预训练模型（PTMs），数据集是 CoNLL-2003（Sang and De Meulder, 2003），其性能由 F-1 分数衡量。表 4 中列出了结果。它们的排序相关系数 τ_w 为 0.20，比前几节的结果小。较小的 τ_w 是由一个名为 RoBERTa（Liu et al., 2019）的异常预训练模型（PTM）引起的，其具有最大的 F-1 分数，但相对较小的 LogME 值。我们推测 RoBERTa 的 LogME 值较小，是因为它在掩码语言建模任务中的训练时间比 BERT 长得多，这可能使得其表示更加适应该任务，在命名实体识别这个不相似的任务中降低了其 LogME 分数。另外，RoBERTa 经过了稳健优化，因此可以很容易地进行微调，以获得具有竞争力的下游任务结果。

表 4　在命名实体识别任务上对预训练模型进行排序（CoNLL-2003 任务）

预训练模型	RoBERTa	RoBERTa-D	uncased BERT-D	cased BERT-D	ALBERT-v1	ALBERT-v2	ELECTRA-base	ELECTRA-small	τ_w
F-1 指标/%	97.4	96.6	96.8	95.5	97.0	97.4	97.2	91.9	
LogME	0.685	0.723	0.783	0.623	0.834	0.809	0.746	0.646	0.20

如果我们根据最大的 LogME 值选择最佳预训练模型（PTM），则会使用 ALBERT-v1，其性能与最佳性能相当（97.0% 与 97.4%）。从这个角度来看，LogME 具有合理的实用性。总的来说，如何更好地处理结构化任务是一个需要进一步努力的研究问题。

6.3　预训练模型微调

本节将讨论所提出范式的第二部分：微调预训练模型。正如第 5 节所提到的，大多数学术研究人员不受部署模型的推理成本限制，他们可以直接使用根据 LogME 值排名最高的预训练模型（PTM）。本文关注实际使用场景，即计算约束要求我们使用特定的预训练模型，但我们仍希望利用预训练模型库中其他预训练模型的知识。

本节的实验旨在比较微调多个预训练模型的三种方法：知识蒸馏方法、Zoo-tuning 方法和本文所提出的 B-Tuning 方法。我们首先进行多个同构预训练模型的实验，这三种方法都适用；然后深入研究多个异构预训练模型的实际案例。默认情况下，方程 5 中温度缩放超参数 t 设置为 0.1。

6.3.1　多个同构预训练模型的微调

遵照 Zoo-tuning（Shu et al., 2021）的实验设定，我们使用五个同构的预训练模型。它们是不同预训练任务训练得到的 ResNet-50 模型变种：① ImageNet 有监督预训练（He et al., 2016）；② MoCo 无监督预训练（He et al., 2020）；③ MaskRCNN 预训练（He et al., 2017）；④ DeepLab V3（Chen et al., 2017）；⑤ COCO 关键点监测预训练（Lin et al., 2014）。我们使用的数据集为 Aircraft（Maji et al., 2013），在 6.2.1 节中按字母顺序第一个的数据集。目标模型就是 ImageNet 预训练的 ResNet-50，这样问题设定就保持与 Shu 等（2021）一致了。

为了展示 B-Tuning 的有效性，我们使用所有五个预训练模型（PTMs）作为教师模型，并报告三种方法（B-Tuning、知识蒸馏和 Zoo-tuning）在多预训练模型微调中的性能，如表 5 第一行所示。Zoo-tuning 的表现优于普通的知识蒸馏，但是新的 B-Tuning 方法超越了 Zoo-tuning，为多预训练模型微调设立了新的最先进基准。

表 5　不同教师模型与微调方法在 Aircraft 数据上进行多模型微调的准确率。基准效果：单一模型微调准确率为 82.99%　%

教师模型	方法		
	知识蒸馏	Zoo-tuning	B-Tuning
预训练模型库的全部模型	82.97±0.27	83.32±0.32	83.49±0.17
LogME 排序前三的模型	84.29±0.30	—	85.12±0.15

为了展示 LogME 选择在多个预训练模型微调中的有效性，我们根据 LogME 对五个预训练模型进行排序，并选择排名前 K 的预训练模型作为后续微调中的教师模型。Shu 等（2021）使用所有五个预训练模型来调整目标预训练模型，因为他们没有研究如何选择预训练模型。为了充分测试选择的效果，我们选择 $K=\underset{3\leqslant K\leqslant 5}{\operatorname{argmax}}\binom{5}{K}=3$，这样就有很多可能的选择，稍后我们可以探讨 LogME 选择的最优性。结果在表 5 的第二行。令人惊讶的是，选择排名前 3 的预训练模型带来了显著的性能提升，证明了“先排序后微调”范式的有效性。

为了评估 LogME 选择的最优性，我们尝试从五个预训练模型中选择三个，一共有 $\binom{5}{3}=10$ 种组合方式。使用普通知识蒸馏来避免混淆因素。结果如图 10 所示，以对单个 ResNet-50 进行微调的准确性为基线。从图 10 中我们有两个观察结果：① 从多个预训练模型中迁移知识始终优于微调单个预训练模型（82.99%），这符合我们的直觉，即利用来自各种预训练模型的丰富知识优于单独微调。② 最佳组合实现了 84.41% 的准确率，但通常尝试所有组合（10 次试验）的成本太高。相反，可以使用 LogME 选择前 3 个预训练模型，准确率达到84.29%，是第二好的。此外，可以通过 LogME 选择前 3 个预训练模型，然后执行 B-Tuning，甚至超过最佳组合，准确率达到85.12%。

从本节的实验中，可以得出三个结论：① 多预训练模型的微调优于单预训练模型的微调；② 根据 LogME 选择排名靠前的预训练模型优于使用所有预训练模型（在所有可能的选择中接近最优）；③ B-Tuning 优于知识蒸馏和 Zoo-tuning。

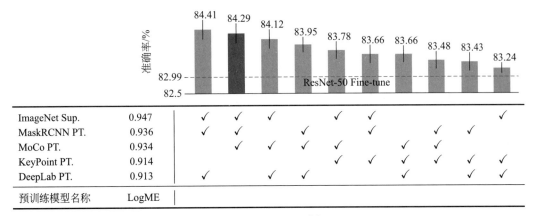

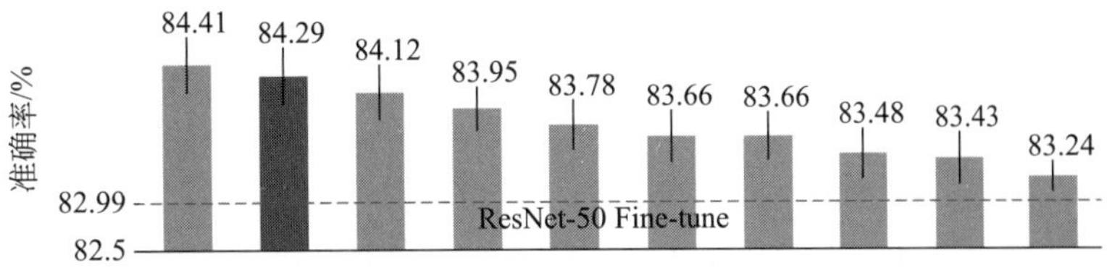

ImageNet Sup.	0.947	✓	✓	✓		✓	✓				✓
MaskRCNN PT.	0.936	✓	✓		✓		✓		✓	✓	
MoCo PT.	0.934		✓	✓	✓	✓		✓	✓		
KeyPoint PT.	0.914					✓	✓	✓	✓	✓	✓
DeepLab PT.	0.913	✓		✓	✓			✓		✓	✓
预训练模型名称	LogME										

图 10　选择三个预训练模型进行知识蒸馏的准确率，总计 $\binom{5}{3}=10$ 种组合。选择 LogME 排名前三的模型组合时取得了微调效果的第二名

需要指出的是，基于 LogME 值的选择是一种贪心的过程，这种过程可能无法捕捉到预训练模型之间复杂的高阶相互作用。例如，在图 10 中，DeepLab 预训练模型具有最低的 LogME 值，但它出现在最佳组合中。如何分析预训练模型之间的高阶相互作用将是未来值得研究的问题。

6.3.2　多个异构预训练模型的微调

6.3.1 节研究了使用同构模型进行多预训练模型的微调，这遵循了 Shu 等（2021）的设定，并证明了 B-Tuning 的优越性。然而，与微调多个同构预训练模型相比，多预训练模型微调的更一般和更具吸引力的应用是从大量异构预训练模型的模型库中迁移知识。本节关注从大量异构预训练模型中迁移知识，并提供了关于如何选择适当数量的预训练模型（即超参数 K ）作为教师的一些建议。

本实验选择按字母顺序排列的第一个和第二个数据集（Aircraft 和 Birdsnap），预训练模型库包括 6.2.1 节中使用的12 个预训练模型。这12 个预训练模型按照它们的 LogME 值进行排序，目标预训练模型 ϕ_t 是最常见的 ResNet-50。在 B-Tuning 中使用 Top-K 个预训练模型对目标模型进行微调， K 从1变化到12 。结果绘制在图 11 中，其中 X 轴是 K 的值。

根据图 11，我们得出以下观察：① 使用多个预训练模型的 B-Tuning 始终优于单个预训练模型微调。② 使用全部12 个 PTM 的 B-Tuning 并未产生最佳精度，这强调了选择合适预训练模型的重要性。③ 关于 K 的精度趋势变化很复杂，如何选择最佳 K 是未来研究的一个值得关注的课题。

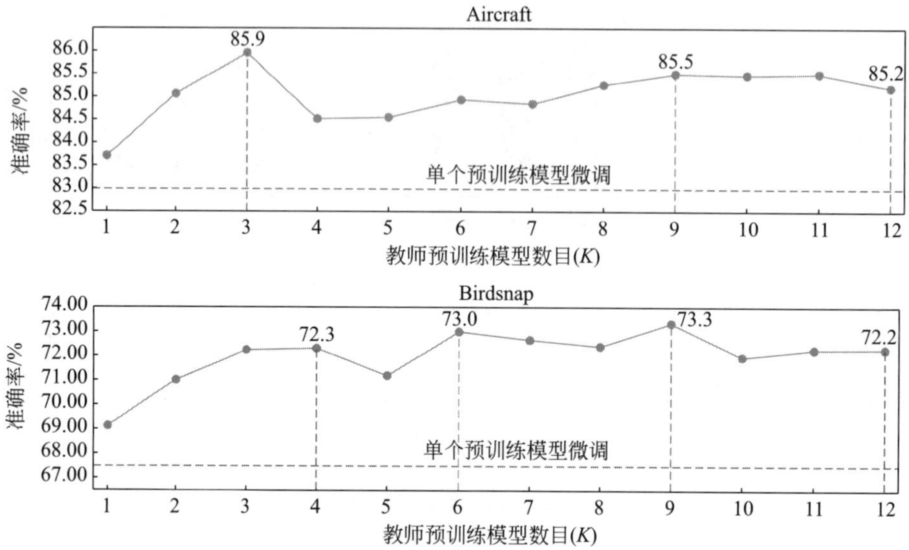

图 11 教师预训练模型数目对于 B-Tuning 方法的影响（上图：Aircraft 数据集；下图：Birdsnap 数据集）

对于实践者来说，关于 K 的选择有两个考虑：① 选择最佳 K 可以获得最佳精度；② 但较大的 K 会导致更大的计算成本，因为在微调过程中需要每个预训练模型的前向传播。考虑到图 11 中的结果及计算成本与性能改进之间的权衡，我们建议在实践中从 2,3,4 中选择 K 。

6.4 使用 ImageNet-1K 作为下游任务

上述实验集中在小规模和中等规模的下游任务上，这在迁移学习研究中很常见。本节进一步使用大规模的 ImageNet-1K（Deng et al., 2009）作为下游数据集。在这种情况下，应该使用比 ImageNet-1K 更大的数据集进行预训练。JFT-300M（Sun et al., 2017）、Instagram-1B（Mahajan et al., 2018）和 ImageNet-21K（Deng et al., 2009）是常用的比 ImageNet-1K 大的数据集。其中，ImageNet-21K 是唯一公开可用的数据集，因此在此作为预训练数据集。ImageNet-21K 预训练模型由 timm 项目提供。它主要包含在 ImageNet-1K 上预训练的模型，但也有三个在 ImageNet-21K 上预训练并在 ImageNet-1K 上进行微调的模型，包括 MLP-Mixer（Tolstikhin et al., 2021），ViT（Dosovitskiy et al., 2021）和 Swin-T（Liu et al., 2021b）。以 ImageNet-1K 为下游数据集，它们的 LogME 得分和微调后的参考迁移学习性能见表 6。LogME 与参考性能的趋势完全一致，相关值 $\tau_w=1$ 。然后，使用 B-Tuning 对在 ImageNet-1K 中训练的常用 ResNet-50 进行调整，以 ViT 和 Swin-T 作为教师模型。准确率从 76.15% 提高到 76.50% 。

表 6 对 ImageNet-21K 预训练模型进行排序并微调到 ImageNet-1K 的效果

ImageNet-21K 预训练模型	MLP-Mixer	ViT	Swin-T	τ_w
ImageNet-1K 上微调效果 / %	76.61	84.53	85.25	1.00
LogME 指标	2.075	2.085	2.134	

本节的实验表明 LogME 和 B-Tuning 不仅能在小规模和中等规模数据集上奏效，而且能在大规模数据集中奏效。

6.5 LogME 的计算效率

一个理论上合理的算法通常很复杂，而且需要很大的计算量，没有优化的 LogME 也是如此。幸运的是，在分析了 LogME 的不动点迭代（参见 4.1 节）的理论收敛性后，我们成功地降低了计算复杂度。我们在表 2 中总结了算法复杂度，表 7 给出了实证结果，在其中，我们展示了在使用 ResNet-50 的 Aircraft 中测得的实际运行时间加速比。朴素实现非常慢。我们的会议论文（You et al., 2021）提出了一种针对矩阵乘法和矩阵求逆的优化方案，带来了 61.7 倍的加速。本文进一步提出了不动点迭代算法，从而实现了更大的加速（131.5 倍）。得益于优化方法，LogME 不仅在理论上是合理的，而且在计算上是高效的。

表 7 贝叶斯证据最大化计算加速的定量分析

方法	实际运行时间 / s	加速倍数
朴素贝叶斯证据最大化方法	802.5±5.6	—
You 等（2021）改良方法	13.1±0.7	61.7 倍
本文提出的不动点迭代法	6.1±0.7	131.5倍

接下来，我们定量测量 LogME 在计算机视觉和自然语言处理方面的计算时间和内存占用情况，具体数据请参见表 8。计算机视觉使用的是在 Aircraft 数据集上的 ResNet-50，而自然语言处理使用的是在 MNLI 任务上的 RoBERTa-D。其余模型和数据集的成本有所不同，但比例相似。计算参考可迁移性 T_m（带有超参数搜索的微调）的成本作为预训练模型排序成本的上限。注意，由于粗心选择的超参数无法区分优秀模型和劣质模型，因此必须将超参数搜索的成本归因于微调。我们还列出了通过预训练模型提取特征的成本，这是预训练模型排序成本的下限。

基于表 8，我们得出以下观察结果：① 暴力求解微调在计算上非常昂贵，对于一个数据集和一个预训练模型，大约需要一天时间。从 12 个模型中选择最佳预训练模型的成本为 12 GPU-天。② 提取特征非常便宜，成本远低于微调。③ LogME 与特征提取相比的额外时间成本非常小，这意味着 LogME 的成本非常接近下限。在计算机视觉领域，

表 8　LogME 的计算代价和显存占用

项目	实际运行时间		显存占用	
计算机视觉	微调（效果上界）	161 000s	微调（效果上界）	6.3GB
	提取特征（时间下界）	37s	提取特征（时间下界）	43MB
	LogME	43s	LogME	53 MB
	效益	3 700↑	效益	120↑
自然语言处理	微调（效果上界）	100 200s	微调（效果上界）	88GB
	提取特征（时间下界）	1 130 s	提取特征（时间下界）	1.2GB
	LogME	1 136s	LogME	1.2GB
	效益	88↑	效益	73↑

LogME 比微调快3700倍，内存占用少120倍。在 NLP 领域，特征提取比计算机视觉中的速度慢得多，因此计算时间加速（88 倍）并不那么惊人。

总之，由于理论分析启发的优化算法（不动点迭代）的优势，LogME 在计算时间和内存占用方面都非常高效。

6.6　将 LogME 与重新训练头部对比

直接衡量特征与标签之间关系的一种方法是为下游任务训练一个线性分类/回归头，并使用头的性能作为度量，这被称为线性探测或“线性评估”。实证上，我们发现重新训练头部效果不佳。接下来，我们从三个方面总结了为什么重新训练头部不如 LogME，这部分解释了为什么过去对预训练模型（PTMs）的排序和微调这一重要问题研究不足。

（1）LogME 比重新训练头部更高效。在线性评估中，头部中的参数通过最大似然估计进行学习，容易过拟合。为了缓解过拟合，需要在验证集上对其超参数（如 L2 正则化强度）进行大量网格搜索，使重新训练头部这一方法效率低下。例如，在 Caltech 数据集中，我们从 12 个预训练模型中提取特征，用调整过的超参数（L2 正则化强度）训练 softmax 回归器，并在图 12 中绘制最佳头部精度与参考迁移性能之间的相关性 τ_w 与超参数试验次数的关系。LogME 的相关性作为参考。计算 LogME 所需的时间是重新训练一个固定超参数的头部所需时间的3倍，而重新训练一个带有详尽超参数搜索的头部仍然比 LogME 的相关系数差很多。

（2）重新训练头部在有限的训练数据下效果不佳。由于重新训练头部遵循有监督学习范式，因此在低样本学习场景中表现不佳。例如，提示学习（Liu et al., 2021a）是自然语言处理中的一个活跃研究领域，研究人员试图利用仅有少量训练数据点的冻结预训练模型的潜力。在情感分类任务 SST-2（Socher et al., 2013）中，提示学习（Liu et al., 2021a）提取每个句子 S 的句子嵌入 E_S，并将 E_S 与正面锚定词 P（如“good”和“fantastic”）和

负面锚定词 N（如“bad”和“awful”）的词嵌入 E_P, E_N 进行比较。决策规则是：句子 S 含有积极情感 $\Longleftrightarrow E_S^{\mathrm{T}} E_P > E_S^{\mathrm{T}} E_N$。在这种情况下，在验证数据上搜索适当的锚定词可以获得 61.4% 的准确率（完整结果可以在表 13 中找到）。重新训练头部（即在冻结的句子嵌入 E_S 上使用有限的训练数据训练一个简单的分类头，并在验证集上调整权重衰减超参数）只能在使用10个句子进行训练的情况下获得 51.64% 的准确率。同时，我们可以将 LogME（或更具体地说，是在 5.3 节中引入的后验预测分布）应用于这个问题，这不需要任何超参数调整。这样，我们可以将训练数据与验证数据相结合，计算每个类别的预测权重 m，并将 m 用作虚拟锚定词的嵌入，从而获得 79.24% 的准确率，大大优于重新训练头部和手动选择的锚定词。此外，LogME 的优越性能是可解释的：我们分析了负面情感类别的预测权重 m，发现它最接近于“垃圾”“:(”“更糟”和“糟糕”的嵌入。有趣的是，它能发现网络词汇“:(”用来表达不开心的情绪。

（3）重新训练头部没有明确的度量标准。作为一个次要问题，即使我们为下游任务重新训练一个头部，也不清楚应该使用哪个数量作为排序指标。当下游任务的性能通过准确性或 MSE 进行评估时，使用重新训练的头部的准确性或 MSE 是否过拟合？事实上，在图 12 中，当超参数试验的数量增加时，相关性甚至可能下降，证实了过拟合的担忧。相比之下，LogME 基于统一的标签证据建模，具有明确的统计支持。

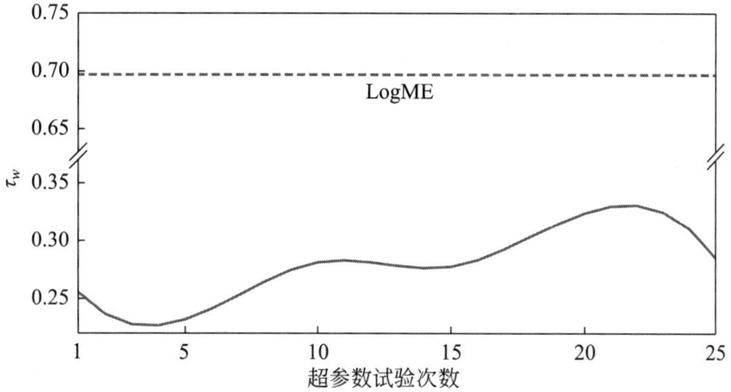

图 12　重新训练特征映射头与超参数试验次数的相关性

7　结论

预训练模型被普遍认为是深度学习的基础。研究人员已经探讨了许多创建和利用预训练模型的方法。在本文中，我们将关注点从单个预训练模型转向预训练模型库，并研究如何在新的“先排序后微调”范式中充分利用预训练模型库。排序部分引入了一个理论上合理且计算效率高的可迁移性度量指标，名为 LogME。然后，LogME 进一步扩展为我们称为 B-Tuning 的多预训练模型微调方法，该方法完成了新范式的微调部分。

我们提供了大量实验证明，所提出的方法在排序（LogME vs. 暴力微调/LEEP/NCE）、选择（由 LogME 选择的前 K 个预训练模型 vs. 指数级多的组合）和微调（B-Tuning vs. Zoo-tuning 和知识蒸馏）方面的有效性，表明利用预训练模型库的新范式对实践者具有吸引力。

附　录

A 符号对照表

本文使用的符号见表 9。我们尽量避免符号冲突，但以下冲突值得注意：① f_i 表示样本 x_i 的特征，$f(t)$ 表示不动点迭代函数。② w 表示特征映射头中的参数，同时加权 Kendall 自相关系数 τ_w 使用 w 作为下标。③ t 用于收敛性证明，也用于表示 B-Tuning 中的温度超参数。

表 9　本文符号对照表

符号	维度	含义
i,j,k	$\mathbb{N}$	遍历下标
M,n	$\mathbb{N}$	用于选择的模型数与样本数
K	$\mathbb{N}$	需要选出的模型数目
C,D	$\mathbb{N}$	标签与特征的维度
ϕ	—	某预训练模型
x_i	—	某样本
$f_i=\phi(x_i)$	$\mathbb{R}^D$	某样本提取的特征
$\boldsymbol{F}=[f_1,f_2,\cdots,f_n]^{\mathrm{T}}$	$\mathbb{R}^{n\times D}$	全体 f_i 特征的堆叠
Y_i	$\mathbb{R}^C$	x_i 的标签
y_i	$\mathbb{R}$	Y_i 的分量
y	$\mathbb{R}^n$	全体 n 个样本的标签
y'	—	输入样本的预测分布
$\pi_k=\dfrac{\exp(\mathcal{L}_k/t)}{\sum_{j=1}^{K}\exp(\mathcal{L}_j/t)}$	$\mathbb{R}$	教师模型 ϕ_k 的加权系数
$\overline{y}'=\sum_{k=1}^{K}\pi_k y_k$	—	y' 的加权平均

续表

符号	维度	含义
T	$\mathbb{R}$	可迁移性参考值
S	$\mathbb{R}$	可迁移性度量
τ	$\mathbb{R}$	Kendall 排序相关系数
τ_w	$\mathbb{R}$	加权 Kendall 排序相关系数
w	$\mathbb{R}^D$	特征映射头的超参数
α,β	$\mathbb{R}$	贝叶斯线性模型的超参数
$A=\alpha I_D+\beta\boldsymbol{F}^{\mathrm{T}}\boldsymbol{F}$	$\mathbb{R}^{D\times D}$	计算 LogME 时使用的参量
$m=\beta A^{-1}\boldsymbol{F}^{\mathrm{T}}y$	$\mathbb{R}^D$	计算 LogME 时使用的参量
γ	$\mathbb{R}$	计算 LogME 时使用的参量
$\mathcal{L}=\mathcal{L}(\alpha,\beta)$	$\mathbb{R}$	给定 α,β 的对数贝叶斯证据取值
α^*,β^*	$\mathbb{R}$	α,β 在最大化贝叶斯证据时的取值
U,Σ,V	—	SVD 分解项($\boldsymbol{F}=\boldsymbol{U\Sigma V}^{\mathrm{T}}$)
σ	$\mathbb{R}$	$\boldsymbol{\Sigma}$ 的对角项
r	$\mathbb{N}$	$\boldsymbol{F}$ 的秩
$z=\boldsymbol{U}^{\mathrm{T}}y$	$\mathbb{R}^n$	y 在 $\boldsymbol{U}$ 矩阵下的投影
$t=\dfrac{\alpha}{\beta}$	$\mathbb{R}$	收敛性证明中使用的参量
t',α',β'	$\mathbb{R}$	一次迭代后 t,α,β 的值
$f(t)$	—	不动点迭代函数
$\tilde{\mathcal{L}},\tilde{F}$	—	$\mathcal{L},F$ 表示复制与填充的特征
$\boldsymbol{W}$	—	知识蒸馏中的变换矩阵

B 定理 1 证明

定理 1 算法 4 导出一个标量函数：$t'=f(t)=\left(\dfrac{n}{n-\sum\limits_{i=1}^{D}\dfrac{\sigma_i^2}{t+\sigma_i^2}}-1\right)t^2\dfrac{\sum\limits_{i=1}^{n}\dfrac{z_i^2}{(t+\sigma_i^2)^2}}{\sum\limits_{i=1}^{n}\dfrac{\sigma_i^2 z_i^2}{(t+\sigma_i^2)^2}}$。

证明 将所有符号用 $\alpha,\beta,\boldsymbol{\Sigma},z,\boldsymbol{U},\boldsymbol{V}$ 表示：

- $\boldsymbol{A}=\alpha\boldsymbol{I}+\beta\boldsymbol{F}^{\mathrm{T}}\boldsymbol{F}=\boldsymbol{V}(\alpha\boldsymbol{I}+\beta\Sigma^{\mathrm{T}}\Sigma)\boldsymbol{V}^{\mathrm{T}}$
- $\boldsymbol{A}^{-1}=\boldsymbol{V}\Sigma_{\mathrm{inv}}\boldsymbol{V}^{\mathrm{T}}$，其中 $(\Sigma_{\mathrm{inv}})_{ii}=\dfrac{1}{\alpha+\beta\sigma_i^2}(1\leqslant i\leqslant D)$

- $\boldsymbol{m}=\beta\boldsymbol{A}^{-1}\boldsymbol{F}^{\mathrm{T}}y=\beta\boldsymbol{V}\Sigma_{\mathrm{inv}}\boldsymbol{\Sigma}^{\mathrm{T}}z$
- $\boldsymbol{m}^{\mathrm{T}}\boldsymbol{m}=z^{\mathrm{T}}\boldsymbol{\Sigma}_m z$，其中 $\Sigma_m=\beta^2\boldsymbol{\Sigma}\Sigma_{\mathrm{inv}}^2\Sigma^{\mathrm{T}}$，$(\boldsymbol{\Sigma}_m)_{ii}=\dfrac{\beta^2\sigma_i^2}{(\alpha+\beta\sigma_i^2)^2}$，因此 $\boldsymbol{m}^{\mathrm{T}}\boldsymbol{m}=\displaystyle\sum_{i=1}^{n}\frac{\beta^2\sigma_i^2 z_i^2}{(\alpha+\beta\sigma_i^2)^2}$
- $\boldsymbol{Fm}=\beta\boldsymbol{U\Sigma}\Sigma_{\mathrm{inv}}\boldsymbol{\Sigma}^{\mathrm{T}}z$，$\boldsymbol{Fm}-y=\boldsymbol{U\Sigma}_{\mathrm{res}}z$，其中 $\boldsymbol{\Sigma}_{\mathrm{res}}=\beta\boldsymbol{\Sigma}\Sigma_{\mathrm{inv}}\boldsymbol{\Sigma}^{\mathrm{T}}-\boldsymbol{I}$，$(\boldsymbol{\Sigma}_{\mathrm{res}})_{ii}=-\dfrac{\alpha}{\alpha+\beta\sigma_i^2}$
- $\|\boldsymbol{Fm}-y\|_2^2=(\boldsymbol{Fm}-y)^{\mathrm{T}}(\boldsymbol{Fm}-y)=z^{\mathrm{T}}(\boldsymbol{\Sigma}_{\mathrm{res}})^2 z=\displaystyle\sum_{i=1}^{n}\frac{\alpha^2 z_i^2}{(\alpha+\beta\sigma_i^2)^2}$
- $\gamma=\displaystyle\sum_{i=1}^{D}\frac{\beta\sigma_i^2}{\alpha+\beta\sigma_i^2}=\sum_{i=1}^{D}\frac{\sigma_i^2}{t+\sigma_i^2}$

代入 $f(t)$ 中得到：

$$t'=\frac{\alpha'}{\beta'}=\frac{\gamma}{n-\gamma}\frac{\|\boldsymbol{Fm}-y\|_2^2}{\boldsymbol{m}^{\mathrm{T}}\boldsymbol{m}}=\left(\frac{n}{n-\displaystyle\sum_{i=1}^{D}\frac{\sigma_i^2}{t+\sigma_i^2}}-1\right)t^2\frac{\displaystyle\sum_{i=1}^{n}\frac{z_i^2}{(t+\sigma_i^2)^2}}{\displaystyle\sum_{i=1}^{n}\frac{\sigma_i^2 z_i^2}{(t+\sigma_i^2)^2}}=f(t)$$

■

C 定理 2 证明

定理 2 若 $r<n$ 且 $\displaystyle\sum_{1\leqslant i,j\leqslant n}(z_i^2-z_j^2)(\sigma_i^2-\sigma_j^2)>0$，则 $f(t)$ 具有一个不动点，因此 MacKay 算法能够收敛。

证明 此定理的证明方法在于研究 $f(t)$ 在 $0\sim\infty$ 的行为。

我们有 $\lim\limits_{t\to 0}f(t)=\dfrac{r}{n-r}\dfrac{\sum_{i=r+1}^{n}z_i^2}{\sum_{i=1}^{r}z_i^2}>0$，这是一个常数且为正数。

当 t 接近无穷时， 我们发现 $\lim\limits_{t\to\infty}\dfrac{f(t)}{t}=\dfrac{\sum_{i=1}^{n}\sigma_i^2}{n}\dfrac{\sum_{i=1}^{n}z_i^2}{\sum_{i=1}^{n}\sigma_i^2 z_i^2}$ 为常数。这意味当 t 足够大时，$f(t)$ 呈线性增长。

利用切比雪夫总和不等式（Hardy et al., 1952），有

$$\sum_{1\leqslant i,j\leqslant n}(z_i^2-z_j^2)(\sigma_i^2-\sigma_j^2)=2n\sum_{i=1}^{n}\sigma_i^2 z_i^2-2\left(\sum_{i=1}^{n}\sigma_i^2\right)\left(\sum_{i=1}^{n}z_i^2\right)$$

因此 $\sum_{1\leqslant i,j\leqslant n}(z_i^2-z_j^2)(\sigma_i^2-\sigma_j^2)>0$ 转化为 $\dfrac{\sum_{i=1}^{n}\sigma_i^2}{n}\dfrac{\sum_{i=1}^{n}z_i^2}{\sum_{i=1}^{n}\sigma_i^2 z_i^2}<1$。

这意味着 $f(t)$ 以斜率小于1的直线为渐近线 $\left(\lim_{t\to\infty}\dfrac{f(t)}{t}=\dfrac{\sum_{i=1}^{n}\sigma_i^2}{n}\dfrac{\sum_{i=1}^{n}z_i^2}{\sum_{i=1}^{n}\sigma_i^2 z_i^2}<1\right)$。

当 t 接近0时，我们能够保证 $\lim_{t\to 0}f(t)>t=0$；当 t 足够大时，我们能够保证 $f(t)<t$。综合以上两个条件，我们推导出了 $t_0>0$ 时存在一个不动点使得 $f(t_0)=t_0$。 ■

D 推论 1 证明

推论 1 复制任意数量的原始特征，LogME 的值保持不变。形式化表达为：若计算 $\boldsymbol{F}\in\mathbb{R}^{n\times D}$ 与 $\boldsymbol{y}\in\mathbb{R}^{n}$ 的 LogME 为 $\mathcal{L}$ 则计算 $\tilde{\boldsymbol{F}}=[\boldsymbol{F},\cdots,\boldsymbol{F}]\in\mathbb{R}^{n\times qD}$ 与 $\boldsymbol{y}\in\mathbb{R}^{n}$ 的 LogME 依然为 $\mathcal{L}$ ($q\in\mathbb{N}$ 为原始特征重复次数)。

证明 由于 LogME 是通过迭代算法计算的，我们通过迭代不变量（每次 while 循环迭代后都成立的定量关系）来证明该推论。

预备工作： $\tilde{\boldsymbol{F}}$ 的 SVD 分解。已知 $\boldsymbol{F}$ 的 SVD 为 $\boldsymbol{F}=\boldsymbol{U}\boldsymbol{\Sigma}\boldsymbol{V}^{\mathrm{T}}$，并且 σ_i 为 $\boldsymbol{F}\boldsymbol{F}^{\mathrm{T}}$ 的第 i 大的特征值。由于 $\tilde{\boldsymbol{F}}\tilde{\boldsymbol{F}}^{\mathrm{T}}=q\boldsymbol{F}\boldsymbol{F}^{\mathrm{T}}$，重复后的特征 $\tilde{\boldsymbol{F}}$ 有特征值 $\tilde{\sigma}_i^2=\begin{cases}q\sigma_i^2, & 1\leqslant i\leqslant D\\ 0, & D+1\leqslant i\leqslant qD\end{cases}$，令其左正交矩阵与 $\boldsymbol{F}$ 一致：即 $\tilde{\boldsymbol{U}}=\boldsymbol{U}$，则 $\tilde{\boldsymbol{F}}$ 的右正交矩阵也存在如下的重复关系：我们设定一个正交矩阵 $\boldsymbol{Q}_{q\times q}$，它的第一列均为 $\dfrac{1}{\sqrt{q}}$。其他列的取值我们不关心，只要满足 $\boldsymbol{Q}_{q\times q}$ 是一个正交矩阵即可。例如，我们可以使用 $\boldsymbol{Q}_{2\times 2}=\begin{bmatrix}\frac{1}{\sqrt{2}} & -\frac{1}{\sqrt{2}}\\ \frac{1}{\sqrt{2}} & \frac{1}{\sqrt{2}}\end{bmatrix}$，或者 $\boldsymbol{Q}_{3\times 3}=\begin{bmatrix}\frac{1}{\sqrt{3}} & -\frac{1}{\sqrt{6}} & -\frac{1}{\sqrt{2}}\\ \frac{1}{\sqrt{3}} & \frac{2}{\sqrt{6}} & 0\\ \frac{1}{\sqrt{3}} & -\frac{1}{\sqrt{6}} & \frac{1}{\sqrt{2}}\end{bmatrix}$。

之后我们定义 $\tilde{\boldsymbol{F}}$ 的右正交矩阵 $\tilde{\boldsymbol{V}}=\boldsymbol{Q}_{q\times q}\otimes\boldsymbol{V}$，其中 $\otimes$ 为两个矩阵的 Kronecker 内积。在矩阵的分块写法下 $\tilde{\boldsymbol{V}}$ 可写作 $\tilde{\boldsymbol{V}}=\begin{bmatrix}\frac{1}{\sqrt{p}}\boldsymbol{V} & \cdots & \cdots\\ \vdots & \ddots & \vdots\\ \frac{1}{\sqrt{p}}\boldsymbol{V} & \cdots & \cdots\end{bmatrix}\in R^{qD\times qD}$，其中 $\tilde{\boldsymbol{V}}$ 的前 D 列对应特征值 $\sqrt{q}\sigma_i,1\leqslant i\leqslant D$，以及 $\tilde{\boldsymbol{V}}$ 的其他 $(q-1)\times D$ 行是互相正交的，且特征值 $\sigma_i=0$。那么，若 $\boldsymbol{F}=\boldsymbol{U\Sigma V}^{\mathrm{T}}$，则 $\tilde{\boldsymbol{F}}=\tilde{\boldsymbol{U}}\tilde{\boldsymbol{\Sigma}}\tilde{\boldsymbol{V}}^{\mathrm{T}}$，其中 $\tilde{\boldsymbol{U}}=\boldsymbol{U},\tilde{\boldsymbol{\Sigma}}=[\sqrt{q}\Sigma,0,\cdots,0],\tilde{\boldsymbol{V}}=\begin{bmatrix}\frac{1}{\sqrt{q}}\boldsymbol{V} & \cdots & \cdots\\ \vdots & \ddots & \vdots\\ \frac{1}{\sqrt{q}}\boldsymbol{V} & \cdots & \cdots\end{bmatrix}=\boldsymbol{Q}_{q\times q}\otimes\boldsymbol{V}$。

迭代不变性：我们对 $\tilde{\boldsymbol{F}}$ 和 $\boldsymbol{F}$ 分别使用算法 1，唯一的不同在于初始化时 $\tilde{\alpha}=q,\tilde{\beta}=1$。使用数学归纳法，假设在 Line 5 之前满足 $\tilde{\alpha}=q\alpha,\tilde{\beta}=\beta$，得到：

$$\tilde{\gamma}=\sum_{i=1}^{qD}\frac{\tilde{\beta}\tilde{\sigma}_i^2}{\tilde{\alpha}+\tilde{\beta}\tilde{\sigma}_i^2}=\sum_{i=1}^{D}\frac{q\beta\sigma_i^2}{q\alpha+q\beta\sigma_i^2}=\sum_{i=1}^{D}\frac{\beta\sigma_i^2}{\alpha+\beta\sigma_i^2}=\gamma$$

$$\tilde{\Lambda}=\mathrm{diag}\left\{\tilde{\alpha}+\tilde{\beta}\tilde{\sigma}_i^2\right\},\tilde{\alpha}+\tilde{\beta}\tilde{\sigma}_i^2=\begin{cases}q(\alpha+\beta\sigma_i^2), & 1\leqslant i\leqslant D\\ q\alpha, & D+1\leqslant i\leqslant qD\end{cases}$$

$$\begin{aligned}\tilde{\boldsymbol{m}}&=\tilde{\beta}\tilde{A}^{-1}\tilde{\boldsymbol{F}}^{\mathrm{T}}y=\beta\tilde{\boldsymbol{V}}\tilde{\boldsymbol{\Lambda}}^{-1}\tilde{\boldsymbol{V}}^{\mathrm{T}}\tilde{\boldsymbol{V}}\tilde{\boldsymbol{\Sigma}}^{\mathrm{T}}\tilde{\boldsymbol{U}}^{\mathrm{T}}y=\beta\tilde{\boldsymbol{V}}\tilde{\boldsymbol{\Lambda}}^{-1}\tilde{\boldsymbol{\Sigma}}^{\mathrm{T}}\boldsymbol{U}^{\mathrm{T}}y\\ &=\beta\left(\begin{bmatrix}\frac{1}{\sqrt{q}}\boldsymbol{V} & \cdots & \cdots\\ \vdots & \ddots & \vdots\\ \frac{1}{\sqrt{q}}\boldsymbol{V} & \cdots & \cdots\end{bmatrix}\begin{bmatrix}\frac{1}{q}\boldsymbol{\Lambda}^{-1} & \\ & \frac{1}{q\alpha}\boldsymbol{I}_{(q-1)\times D}\end{bmatrix}\begin{bmatrix}\sqrt{q}\boldsymbol{\Sigma}^{\mathrm{T}}\\ 0\\ \vdots\\ 0\end{bmatrix}\right)\boldsymbol{U}^{\mathrm{T}}y\\ &=\begin{bmatrix}\frac{1}{q}\boldsymbol{V}\boldsymbol{\Lambda}^{-1}\boldsymbol{U}^{\mathrm{T}}y\\ \vdots\\ \frac{1}{q}\boldsymbol{V}\boldsymbol{\Lambda}^{-1}\boldsymbol{U}^{\mathrm{T}}y\end{bmatrix}=\begin{bmatrix}\frac{1}{q}m\\ \vdots\\ \frac{1}{q}m\end{bmatrix}\end{aligned}$$

则 $\tilde{\boldsymbol{m}}^{\mathrm{T}}\tilde{\boldsymbol{m}}=\frac{1}{q}\boldsymbol{m}^{\mathrm{T}}\boldsymbol{m},\tilde{\boldsymbol{F}}\tilde{\boldsymbol{m}}=[\boldsymbol{F},\cdots,\boldsymbol{F}]\begin{bmatrix}\frac{1}{q}m\\ \cdots\\ \frac{1}{q}m\end{bmatrix}=\boldsymbol{F}\boldsymbol{m}$。

在 while 内循环迭代一次后，$\tilde{\alpha}'=\frac{\tilde{\gamma}}{\tilde{\boldsymbol{m}}^{\mathrm{T}}\tilde{\boldsymbol{m}}}=\frac{\gamma}{\frac{1}{q}\boldsymbol{m}^{\mathrm{T}}\boldsymbol{m}}=q\alpha',\tilde{\beta}'=\frac{n-\tilde{\gamma}}{\|\tilde{\boldsymbol{F}}\tilde{\boldsymbol{m}}-y\|_2^2}=\frac{n-\gamma}{\|\boldsymbol{F}\boldsymbol{m}-y\|_2^2}=\beta'$，则迭代后的不变量依然满足 $\tilde{\alpha}=q\alpha,\tilde{\beta}=\beta$。因此，当算法收敛时，$\tilde{\alpha}^*=q\alpha^*,\tilde{\beta}^*=\beta^*$。相应的最大化贝叶斯证据为

$$
\begin{aligned}
\tilde{\mathcal{L}}&=\frac{n}{2}\log\tilde{\beta}^*+\frac{qD}{2}\log\tilde{\alpha}^*-\frac{n}{2}\log 2\pi-\frac{\tilde{\beta}^*}{2}\|\tilde{\boldsymbol{F}}\tilde{\boldsymbol{m}}-y\|_2^2-\frac{\tilde{\alpha}^*}{2}\tilde{\boldsymbol{m}}^{\mathrm{T}}\tilde{\boldsymbol{m}}-\frac{1}{2}\log\left|\tilde{A}^*\right|\\
&=\frac{n}{2}\log\beta^*+\frac{qD}{2}\log(q\alpha^*)-\frac{n}{2}\log 2\pi-\frac{\beta^*}{2}\|\boldsymbol{F}\boldsymbol{m}-y\|_2^2-\frac{\alpha^*}{2}\boldsymbol{m}^{\mathrm{T}}\boldsymbol{m}-\frac{1}{2}\log\left|\tilde{\Lambda}^*\right|\\
&=\frac{n}{2}\log\beta^*+\frac{qD}{2}\log\left(q\alpha^*\right)-\frac{n}{2}\log 2\pi-\frac{\beta^*}{2}\|\boldsymbol{F}\boldsymbol{m}-y\|_2^2-\frac{\alpha^*}{2}\boldsymbol{m}^{\mathrm{T}}\boldsymbol{m}-\\
&\quad\frac{1}{2}\log\left|\Lambda^*\right|-\frac{1}{2}\log\left(q^D(q\alpha^*)^{(q-1)D}\right)\\
&=\mathcal{L}-\frac{D}{2}\log\alpha^*+\frac{qD}{2}\log(q\alpha^*)-\frac{1}{2}\log\left(q^D(q\alpha^*)^{(q-1)D}\right)\\
&=\mathcal{L}
\end{aligned}
$$

通过 4.1 节的收敛性分析，初始化 α,β 只改变了 t 的初始值，并不影响定点迭代收敛时的值。因此，我们可以得出结论，重复特征不会改变 LogME 的值。

虽然上面的证明针对的是算法 1，但是它同样适用于算法 2。

■

E 推论 2 证明

推论 2：*在原始特征的基础上填充任意数量的零特征，LogME 的值保持不变。形式化表达为：若计算* $\boldsymbol{F}\in\mathbb{R}^{n\times D}$ *与* $\boldsymbol{y}\in\mathbb{R}^n$ *的 LogME 为* $\mathcal{L}$*，则计算* $\tilde{\boldsymbol{F}}=[\boldsymbol{F},\boldsymbol{0}]\in\mathbb{R}^{n\times(D+d)}$ *与* $\boldsymbol{y}\in\mathbb{R}^n$ *的 LogME 依然为* $\mathcal{L}$ *(*$d\in\mathbb{N}$ *为零特征填充个数)。*

证明 证明思路与推论 1 类似，但是 $\tilde{\boldsymbol{F}}$ 的 SVD 分解会更简单。若 $\boldsymbol{F}=\boldsymbol{U}\boldsymbol{\Sigma}\boldsymbol{V}^{\mathrm{T}}$，则

$\tilde{\boldsymbol{F}}=\tilde{\boldsymbol{U}}\tilde{\boldsymbol{\Sigma}}\tilde{\boldsymbol{V}}^{\mathrm{T}}$，其中 $\tilde{\boldsymbol{U}}=\boldsymbol{U},\tilde{\boldsymbol{\Sigma}}=[\boldsymbol{\Sigma},\boldsymbol{0}],\tilde{\boldsymbol{V}}=\begin{bmatrix}\boldsymbol{V} & \\ & \boldsymbol{W}\end{bmatrix}$，其中 $\boldsymbol{W}\in\mathbb{R}^{d\times d}$ 为满足 $\boldsymbol{W}^{\mathrm{T}}\boldsymbol{W}=\boldsymbol{I}_d$ 的正交矩阵。注意到 $\tilde{\boldsymbol{\Sigma}}=[\boldsymbol{\Sigma},\boldsymbol{0}]$ 变为 $\tilde{\sigma}_i^2=\begin{cases}\sigma_i^2, & 1\leqslant i\leqslant D\\ 0, & D+1\leqslant i\leqslant D+d\end{cases}$。

迭代不变性：我们对 $\tilde{\boldsymbol{F}}$ 和 $\boldsymbol{F}$ 分别使用算法 1，使用同样的初始化 $\tilde{\alpha}=1,\tilde{\beta}=1$。使用数学归纳法，假设在 Line 5 之前满足 $\tilde{\alpha}=\alpha,\tilde{\beta}=\beta$。我们得到：

$$\tilde{\gamma}=\sum_{i=1}^{D+d}\frac{\tilde{\beta}\tilde{\sigma}_i^2}{\tilde{\alpha}+\tilde{\beta}\tilde{\sigma}_i^2}=\sum_{i=1}^{D}\frac{\beta\sigma_i^2}{\alpha+\beta\sigma_i^2}=\gamma$$

$$\tilde{\Lambda}=\operatorname{diag}\left\{\tilde{\alpha}+\tilde{\beta}\tilde{\sigma}_i^2\right\},\tilde{\alpha}+\tilde{\beta}\tilde{\sigma}_i^2=\begin{cases}\alpha+\beta\sigma_i^2, & 1\leqslant i\leqslant D\\ \alpha, & D+1\leqslant i\leqslant D+d\end{cases}$$

$$\tilde{\boldsymbol{m}}=\tilde{\beta}\tilde{\boldsymbol{A}}^{-1}\tilde{\boldsymbol{F}}^{\mathrm{T}}y=\beta\begin{bmatrix}\boldsymbol{V} & \\ & \boldsymbol{W}\end{bmatrix}\begin{bmatrix}\boldsymbol{\Lambda}^{-1} & \\ & \frac{1}{\alpha}\boldsymbol{I}_d\end{bmatrix}\begin{bmatrix}\boldsymbol{V}^{\mathrm{T}} & \\ & \boldsymbol{W}^{\mathrm{T}}\end{bmatrix}\begin{bmatrix}\boldsymbol{F}^{\mathrm{T}}\\ \boldsymbol{0}_{n\times d}^{\mathrm{T}}\end{bmatrix}y=\begin{bmatrix}\boldsymbol{m}\\ \boldsymbol{0}_{d\times 1}\end{bmatrix}$$

$$\tilde{\boldsymbol{m}}^{\mathrm{T}}\tilde{\boldsymbol{m}}=\boldsymbol{m}^{\mathrm{T}}\boldsymbol{m},\tilde{\boldsymbol{F}}\tilde{\boldsymbol{m}}=[\boldsymbol{F},\boldsymbol{0}_{n\times d}]\begin{bmatrix}\boldsymbol{m}\\ \boldsymbol{0}_{d\times 1}\end{bmatrix}=\boldsymbol{F}\boldsymbol{m}$$

在 while 内循环迭代一次后，$\tilde{\alpha}'=\dfrac{\tilde{\gamma}}{\tilde{\boldsymbol{m}}^{\mathrm{T}}\tilde{\boldsymbol{m}}}=\dfrac{\gamma}{\boldsymbol{m}^{\mathrm{T}}\boldsymbol{m}}=\alpha',\tilde{\beta}'=\dfrac{n-\tilde{\gamma}}{\|\tilde{\boldsymbol{F}}\tilde{\boldsymbol{m}}-y\|_2^2}=\dfrac{n-\gamma}{\|\boldsymbol{F}\boldsymbol{m}-y\|_2^2}=\beta'$，则迭代后的不变量依然满足 $\tilde{\alpha}=\alpha,\tilde{\beta}=\beta$。因此，当算法收敛时，$\tilde{\alpha}^*=\alpha^*,\tilde{\beta}^*=\beta^*$。相应的最大化贝叶斯证据为

$$\begin{aligned}\tilde{\mathcal{L}}&=\frac{n}{2}\log\tilde{\beta}^*+\frac{D+d}{2}\log\tilde{\alpha}^*-\frac{n}{2}\log 2\pi-\frac{\tilde{\beta}^*}{2}\|\tilde{\boldsymbol{F}}\tilde{\boldsymbol{m}}-y\|_2^2-\frac{\tilde{\alpha}^*}{2}\tilde{\boldsymbol{m}}^{\mathrm{T}}\tilde{\boldsymbol{m}}-\frac{1}{2}\log\left|\tilde{A}^*\right|\\
&=\frac{n}{2}\log\beta^*+\frac{D+d}{2}\log\alpha^*-\frac{n}{2}\log 2\pi-\frac{\beta^*}{2}\|\boldsymbol{F}\boldsymbol{m}-y\|_2^2-\frac{\alpha^*}{2}\boldsymbol{m}^{\mathrm{T}}\boldsymbol{m}-\frac{1}{2}\log\left|\tilde{\boldsymbol{A}}^*\right|\\
&=\frac{n}{2}\log\beta^*+\frac{D+d}{2}\log\alpha^*-\frac{n}{2}\log 2\pi-\frac{\beta^*}{2}\|\boldsymbol{F}\boldsymbol{m}-y\|_2^2-\frac{\alpha^*}{2}\boldsymbol{m}^{\mathrm{T}}\boldsymbol{m}-\\
&\quad\frac{1}{2}\log\left|\boldsymbol{\Lambda}^*\right|-\frac{1}{2}\log\left(\alpha^*\right)^d\\
&=\mathcal{L}+\frac{d}{2}\log\alpha^*-\frac{d}{2}\log\alpha^*\\
&=\mathcal{L}\end{aligned}$$

■

F 数据集描述

Aircraft: 该数据集包含 10 000 张飞机图片，包含 100 个细分飞机种类，每类包含 100 张图片。

Birdsnap: 该数据集包含 500 种北美鸟类的 49 829 张图像。

Caltech: 该数据集包含 101 个类别的 9144 张物体图片，每类有 40～800 张图片。

Cars: 该数据集包含 196 类汽车的 16 185 张图像。数据划分为 8144 张训练图像和 8041 张测试图像。

CIFAR 10: 该数据集包含 60 000 张 32×32 分辨率的彩色图像，共 10 个类别，每类有 6000 张图像。数据划分 50 000 张图片用于训练，以及 10 000 张图片用于测试。

CIFAR 100: 该数据集与 CIFAR 10 类似，包含 100 个类，每类包含 600 张图像。

DTD: 该数据集包含了 5640 张野外纹理图像的集合，并人工标注了一系列属性。共有 47 个类，每类包含 120 个图像。

Pets: 该数据集包含 7049 张猫和狗的图像，共 47 个类，每类大约 200 张图像。

SUN: 该数据集包含 39 700 张风景图片，共 397 个类，每类包含 100 个样本。

G 图表的原始结果

表 10、表 11 及表 12 展示了部分正文图表的原始结果。

表 10 图 4 原始结果

任务		ResNet-34	ResNet-50	ResNet-101	ResNet-152	WideResNet-50	DenseNet-121	DenseNet-169	DenseNet-201	Inception v1	Inception v3	MobileNet v2	NASNet-A Mobile	τ_w
Aircraft	准确率/%	79.9	86.6	85.6	85.3	83.2	85.4	84.5	84.6	82.7	88.8	82.8	72.8	—
	Laplace	–2.864	–3.127	–3.080	–3.158	–3.721	–2.235	–1.906	–1.754	–2.382	–2.822	–2.217	–1.481	**–0.32**
	LEEP	–0.497	–0.412	–0.349	–0.308	–0.337	–0.431	–0.340	–0.462	–0.795	–0.492	–0.515	–0.506	0.13
	NCE	–0.364	–0.297	–0.244	–0.214	–0.248	–0.296	–0.259	–0.322	–0.348	–0.250	–0.411	–0.444	0.39
	LogME	0.930	0.946	0.948	0.950	0.934	0.938	0.943	0.942	0.934	0.953	0.941	0.948	**0.59**
Birdsnap	准确率/%	59.5	74.7	73.8	74.3	63.1	73.2	71.4	72.6	73.0	77.2	69.3	68.3	–
	LEEP	–1.758	–1.647	–1.553	–1.481	–1.554	–1.729	–1.756	–1.645	–2.483	–1.776	–1.951	–1.835	0.19
	NCE	–1.640	–1.538	–1.479	–1.417	–1.399	–1.566	–1.644	–1.493	–1.807	–1.354	–1.815	–1.778	0.51
	LogME	0.802	0.829	0.836	0.839	0.825	0.810	0.815	0.822	0.806	0.848	0.808	0.824	**0.66**

续表

任务		ResNet-34	ResNet-50	ResNet-101	ResNet-152	WideResNet-50	DenseNet-121	DenseNet-169	DenseNet-201	Inception v1	Inception v3	MobileNet v2	NASNet-A Mobile	τ_w
Caltech	准确率/%	90.2	91.8	93.1	93.2	91.0	91.9	92.5	93.4	91.7	94.3	89.1	91.5	–
	LEEP	–2.249	–2.195	–2.067	–1.984	–2.179	–2.159	–2.039	–2.122	–2.718	–2.286	–2.373	–2.263	0.30
	NCE	–1.899	–1.820	–1.777	–1.721	–1.828	–1.807	–1.774	–1.808	–1.849	–1.722	–2.009	–1.966	**0.69**
	LogME	1.362	1.509	1.548	1.567	1.505	1.365	1.417	1.428	1.440	1.605	1.365	1.389	0.66
Cars	准确率/%	86.4	91.7	91.7	92.0	89.7	91.5	91.5	91.0	91.0	92.3	91.0	88.5	–
	LEEP	–1.534	–1.570	–1.370	–1.334	–1.406	–1.562	–1.505	–1.687	–2.149	–1.637	–1.695	–1.588	0.26
	NCE	–1.203	–1.181	–1.142	–1.128	–1.183	–1.111	–1.192	–1.319	–1.201	–1.195	–1.312	–1.334	0.36
	LogME	1.245	1.253	1.255	1.260	1.250	1.249	1.252	1.251	1.246	1.259	1.250	1.254	**0.69**
CIFAR10	准确率/%	97.1	96.8	97.7	97.9	97.7	97.2	97.4	97.4	96.2	97.5	95.7	96.8	–
	LEEP	–3.418	–3.407	–3.184	–3.020	–3.335	–3.651	–3.345	–3.458	–4.074	–3.976	–3.624	–3.467	0.72
	NCE	–3.398	–3.395	–3.232	–3.084	–3.348	–3.541	–3.427	–3.467	–3.338	–3.625	–3.511	–3.436	0.51
	LogME	0.323	0.388	0.463	0.469	0.398	0.302	0.343	0.369	0.293	0.349	0.291	0.304	**0.82**
CIFAR100	准确率/%	84.5	84.5	87.0	87.6	86.4,	84.8	85.0	86.0	83.2	86.6	80.8	83.9	–
	LEEP	–3.531	–3.520	–3.330	–3.167	–3.391	–3.715	–3.525	–3.643	–4.279	–4.100	–3.733	–3.560	0.66
	NCE	–3.230	–3.241	–3.112	–2.980	–3.158	–3.304	–3.313	–3.323	–3.253	–3.447	–3.336	–3.254	0.53
	LogME	1.036	1.099	1.130	1.133	1.102	1.029	1.051	1.061	1.037	1.070	1.039	1.051	**0.77**
DTD	准确率/%	70.0	75.2	76.2	75.4	70.1	74.9	74.8	74.5	73.6	77.2	72.9	72.8	–
	LEEP	–3.670	–3.663	–3.718	–3.653	–3.764	–3.847	–3.646	–3.757	–4.124	–4.096	–3.805	–3.691	–0.06
	NCE	–3.104	–3.119	–3.199	–3.138	–3.259	–3.198	–3.218	–3.203	–3.082	–3.261	–3.176	–3.149	–0.35
	LogME	0.704	0.761	0.757	0.766	0.731	0.710	0.730	0.730	0.727	0.746	0.712	0.724	**0.50**
Pets	准确率/%	92.3	92.5	94.0	94.5	92.8	92.9	93.1	92.8	91.9	93.5	90.5	89.4	–
	LEEP	–1.174	–1.031	–0.915	–0.892	–0.945	–1.100	–1.111	–1.108	–1.520	–1.129	–1.228	–1.150	0.66
	NCE	–1.094	–0.956	–0.885	–0.862	–0.900	–0.987	–1.072	–1.026	–1.076	–0.893	–1.156	–1.146	**0.83**
	LogME	0.835	1.029	1.061	1.084	1.016	0.839	0.874	0.908	0.913	1.191	0.821	0.833	0.61
SUN	准确率/%	63.1	64.7	64.8	66.0	67.4	62.3	63.0	64.7	62.0	65.7	60.5	60.7	–
	LEEP	–2.727	–2.611	–2.531	–2.513	–2.569	–2.713	–2.570	–2.618	–3.153	–2.943	–2.764	–2.687	0.54
	NCE	–2.573	–2.469	–2.455	–2.444	–2.457	–2.500	–2.480	–2.465	–2.534	–2.529	–2.590	–2.586	0.68
	LogME	1.704	1.744	1.749	1.755	1.750	1.704	1.716	1.718	1.715	1.753	1.713	1.721	**0.71**

表 11　图 5 原始结果

任务		ResNet-34	ResNet-50	ResNet-101	ResNet-152	WideResNet-50	DenseNet-121	DenseNet-169	DenseNet-201	Inception v1	Inception v3	MobileNet v2	NASNet-A Mobile	τ_w
dSprites	MSE	0.037	0.031	0.028	0.028	0.034	0.039	0.035	0.036	0.045	0.044	0.037	0.035	—
	LogME	1.05	1.53	1.64	1.63	1.31	1.35	1.25	1.34	1.18	1.22	1.18	1.39	0.79

表 12　图 9 原始结果，Popularity 表示模型下载量（百万）

任务		RoBERTa	RoBERTa-D	uncased BERT-D	cased BERT-D	ALBERT-v1	ALBERT-v2	ELECTRA-base	ELECTRA-small	τ_w
MNLI	准确率/%	87.6	84.0	82.2	81.5	81.6	84.6	79.7	85.8	—
	LogME	−0.568	−0.599	−0.603	−0.612	−0.614	−0.594	−0.666	−0.621	0.66
	Popularity	3.78	0.61	6.01	1.09	0.11	1.25	0.13	0.23	0.28
QQP	准确率/%	91.9	89.4	88.5	87.8	—	—	—	—	—
	LogME	−0.465	−0.492	−0.488	−0.521	—	—	—	—	0.73
	Popularity	3.78	0.61	6.01	1.09	—	—	—	—	0.00
QNLI	准确率/%	92.8	90.8	89.2	88.2	—	—	—	—	—
	LogME	−0.565	−0.603	−0.613	−0.618	—	—	—	—	1.00
	Popularity	3.78	0.61	6.01	1.09	—	—	—	—	0.00
SST−2	准确率/%	94.8	92.5	91.3	90.4	90.3	92.9	—	—	—
	LogME	−0.312	−0.330	−0.331	−0.353	−0.525	−0.447	—	—	0.68
	Popularity	3.78	0.61	6.01	1.09	0.11	1.25	—	—	0.38
CoLA	Acc(%)	63.6	59.3	51.3	47.2	—	—	—	—	—
	LogME	−0.499	−0.536	−0.568	−0.572	—	—	—	—	1.00
	Popularity	3.78	0.61	6.01	1.09	—	—	—	—	0.00
MRPC	准确率/%	90.2	86.6	87.5	85.6	—	—	—	—	—
	LogME	−0.573	−0.586	−0.605	−0.604	—	—	—	—	0.53
	Popularity	3.78	0.61	6.01	1.09	—	—	—	—	0.33
RTE	Acc(%)	78.7	67.9	59.9	60.6	—	—	—	—	—
	LogME	−0.709	−0.723	−0.725	−0.725	—	—	—	—	1.00
	Popularity	3.78	0.61	6.01	1.09	—	—	—	—	−0.29

H 提示学习完整结果

表 13 提示学习完整结果

锚点词（积极） \ 准确率/%	锚点词（消极）				
	negative	bad	ill	evil	poor
positive	49.8	52.8	49.1	49.1	60.9
good	51.0	50.9	49.0	52.4	50.9
fine	51.7	51.0	49.1	54.5	50.9
great	55.4	53.1	49.1	**61.4**	51.0
nice	51.6	50.6	49.1	51.0	50.8

I 收敛性分析完整图表

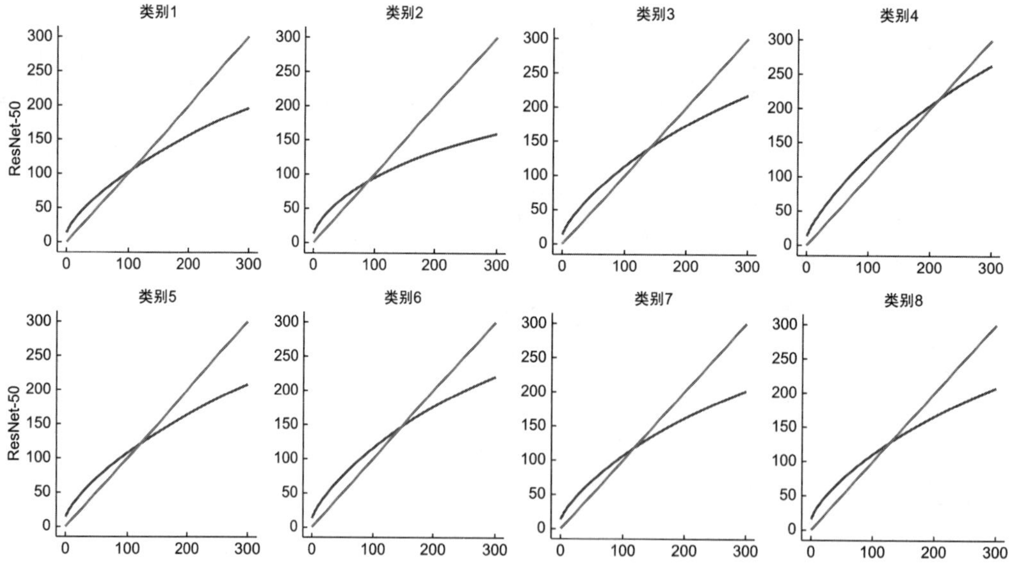

图 13 式（3）中的不动点可视化（同一行子图对应 CIFAR10 的十个类别，同一列子图对于五种预训练模型）。函数 $t' = f(t)$ 以蓝色标出，函数 $t' = t$ 以橘色标出，两者交点为不动点。不动点的存在确保了 LogME 使用的贝叶斯证据最大化算法的收敛性（见文后彩图 11）

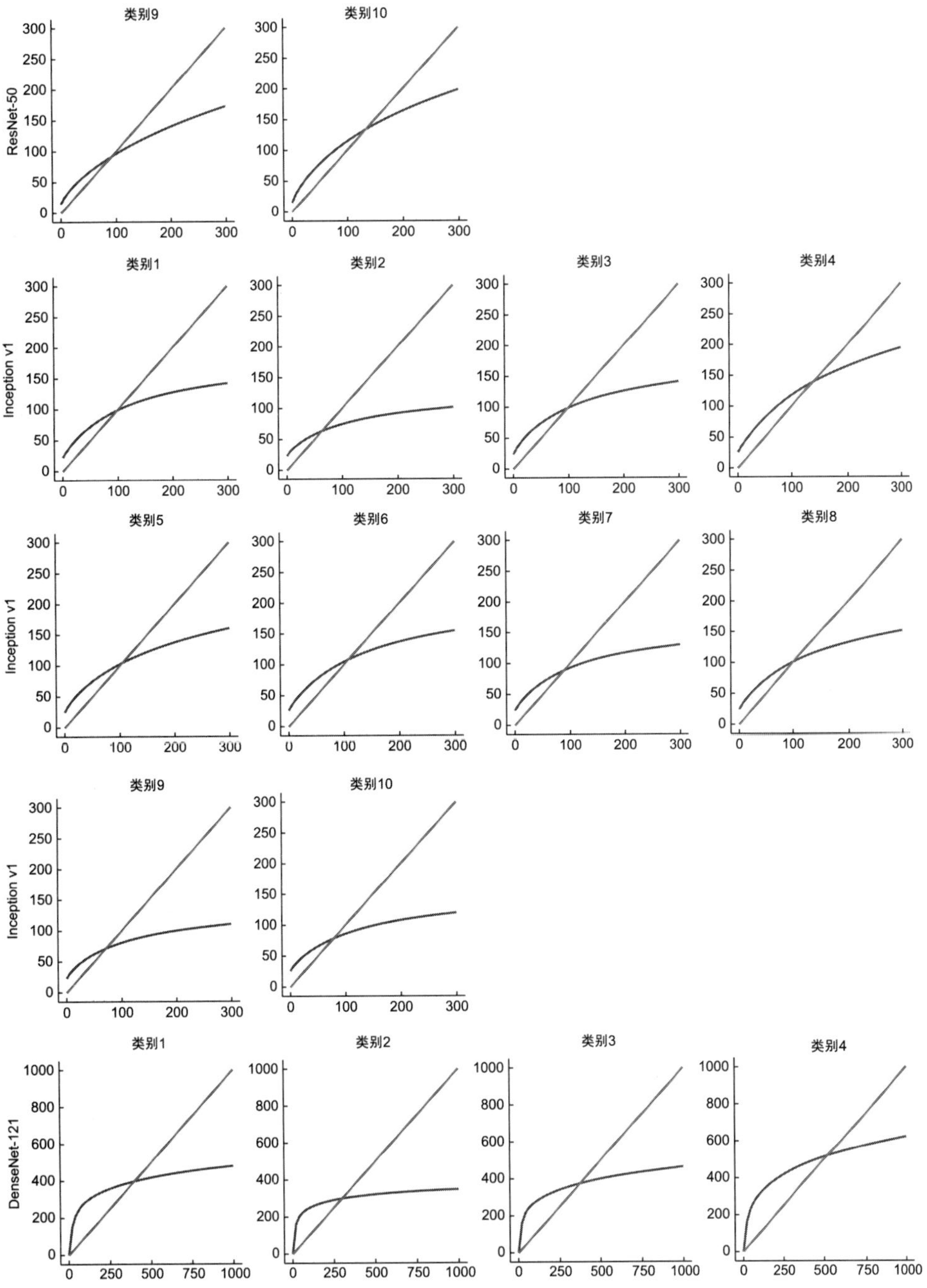
类别9
类别10
ResNet-50
类别1
类别2
类别3
类别4
Inception v1
类别5
类别6
类别7
类别8
Inception v1
类别9
类别10
Inception v1
类别1
类别2
类别3
类别4
DenseNet-121

图 13 （续）

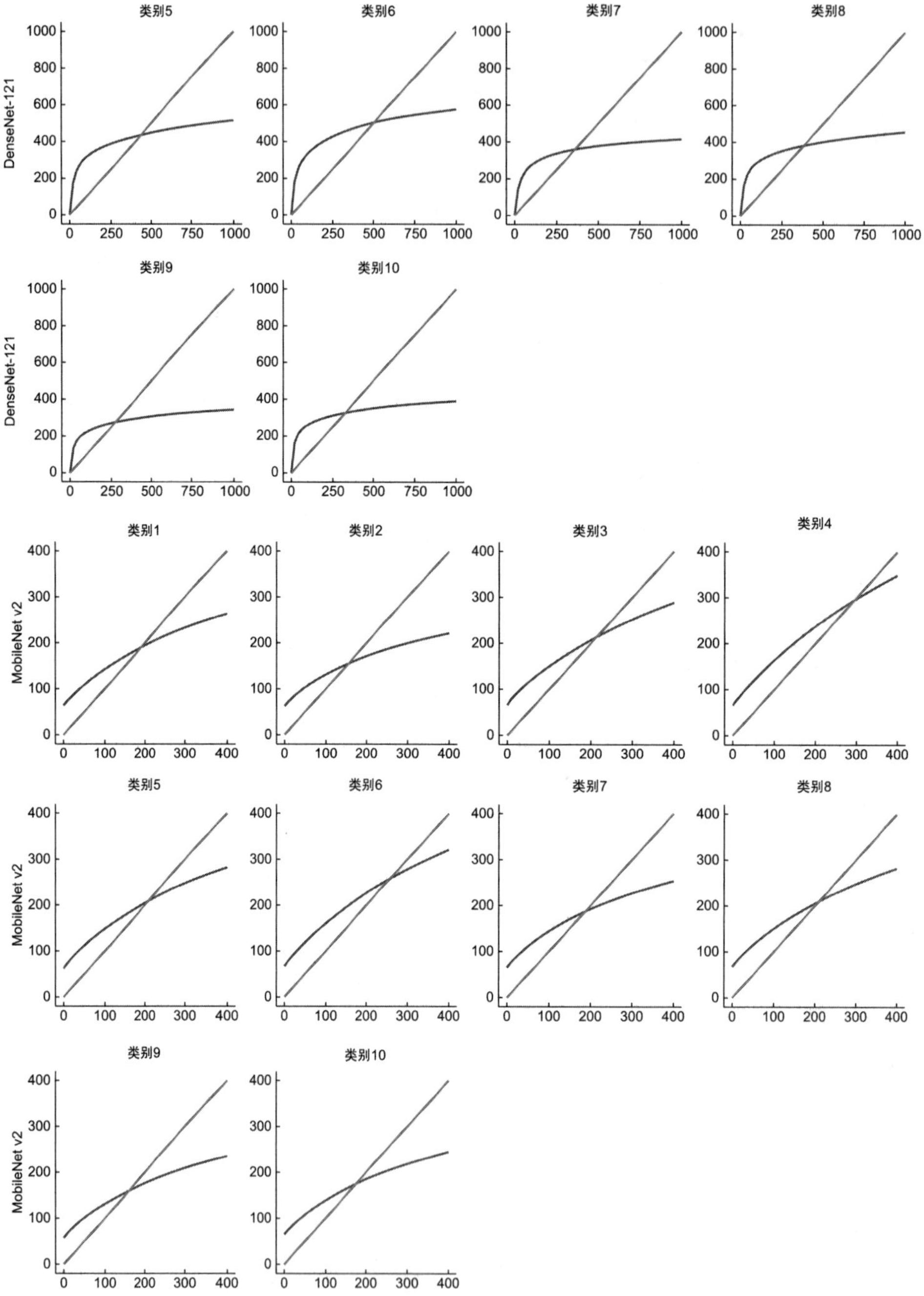
类别5
类别6
类别7
类别8
类别9
类别10
DenseNet-121
类别1
类别2
类别3
类别4
类别5
类别6
类别7
类别8
类别9
类别10
MobileNet v2

图 13 （续）

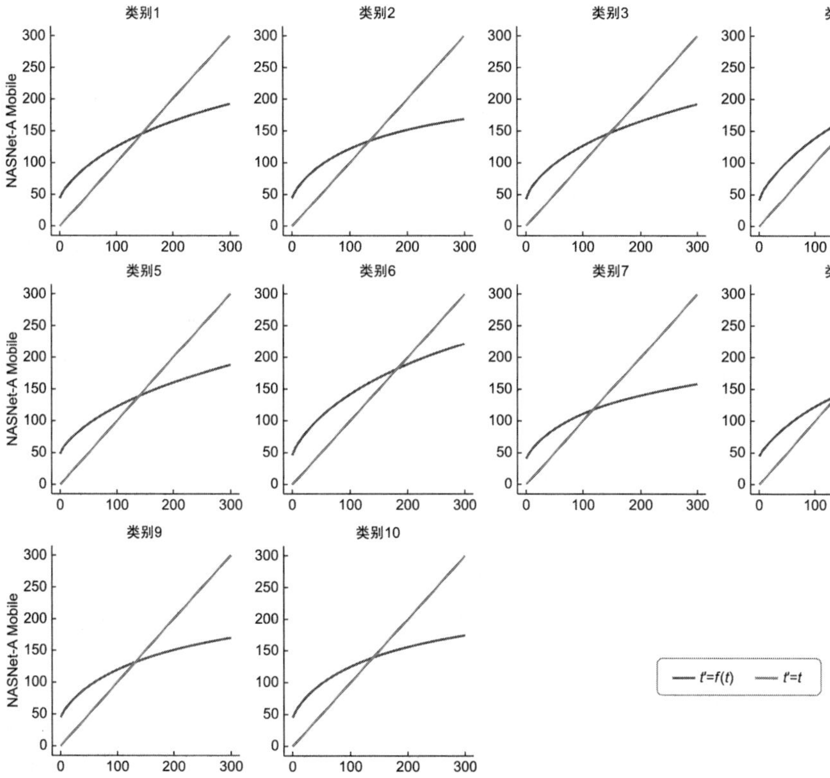

图 13 （续）

参考文献

[1] S. Ben-David , R. Schuller. Exploiting task relatedness for multiple task learning[C]//COLT, 2003.

[2] T. Berg, J. Liu, S. W L, et al. Bird-snap: Large-scale fine-grained visual categorization of birds[C]// CVPR, 2014.

[3] C. M. Bishop. Neural networks for pattern recognition[M]. Oxford University Press, 1995.

[4] C. M. Bishop. Pattern recognition and machine learning[M]. Springer, , 2006.

[5] R. Bommasani, D. A. Hudson, E. Adeli, et al. On the opportunities and risks of foundation models[J]. arXiv:2108.07258 [cs], 2021.

[6] T. Brown, B. Mann, N. Ryder, et al. Language models are few-shot learners[C]//NeurIPS, 2020.

[7] Z. Cao, K. You, Z. Zhang, et al. From big to small: Adaptive learning to partial-set domains[C]//TPAMI, 2022.

[8] L.-C. Chen, G. Papandreou, F. Schrof, et al. Rethinking atrous convolution for semantic image segmentation[J]. arXiv:1706.05587 [cs], 2017.

[9] T. Chen, S. Kornblith, M. Norouzi, et al. A simple framework for contrastive learning of visual representations[C]//ICML, 2020.

[10] X. Chen, S. Wang, B. Fu, et al. Catastrophic forgetting meets negative transfer: Batch spectral shrinkage for safe transfer learning[C]//NeurIPS, 2019.

[11] X. Chen, H. Fan, R. Girshick, et al. Improved baselines with momentum contrastive learning[J]. arXiv: 2003.04297 [cs], 2020.

[12] M. Cimpoi, S. Maji, I. Kokkinos, et al. Describing textures in the wild[C]//CVPR, 2014.

[13] K. Clark, M.-T. Luong, Q. V. Le, et al. ELECTRA: Pre-training text encoders as discriminators rather than generator[C]//ICLR, 2020.

[14] T. M. Cover. Elements of information theory[M]. John Wiley & Sons, 1999.

[15] J. Daunizeau. Semi-analytical approximations to statistical moments of sigmoid and soft-max mappings of normal variables[J]. arXiv preprint arXiv:1703.00091, 2017.

[16] A. P. Dempster, N. M. Laird, D. B. Rubin. Maximum likelihood from incomplete data via the EM algorithm[J]. Journal of the Royal Statistical Society: Series B (Methodological), 1977, 39(1):1-22.

[17] J. Deng, W. Dong, R. Socher, et al. Imagenet: A large-scale hierarchical image database[C]//CVPR, 2009.

[18] J. Devlin, M.-W. Chang, K. Lee, et al. BERT: Pre-training of deep bidirectional transformers for language understanding[C]//NAACL, 2019.

[19] J. Donahue, Y. Jia, O. Vinyals, et al. Decaf: A deep convolutional activation feature for generic visual recognition[C]//ICML, 2014.

[20] A. Dosovitskiy, L. Beyer, A. Kolesnikov, et al. An image is worth 16×16 words: Transformers for image recognition at scale[C]//ICLR, 2021.

[21] D. Erhan, A. Courville, Y. Bengio, et al. Why does unsupervised pre-training help deep learning? [C]// AISTATS, 2010.

[22] R. Fagin, R. Kumar, D. Sivakumar. Comparing top *k* lists. [C]//SODA, 2003.

[23] L. Fei-Fei, R. Fergus, P. Perona. Learning generative visual models from few training examples: An incremental bayesian approach tested on 101 object categories[C]//CVPR, 2004.

[24] Y. Ganin, V. Lempitsky. Unsupervised domain adaptation by backpropagation[C]//ICML, 2015.

[25] R. Girshick, J. Donahue, T. Darrell, et al. Rich feature hierarchies for accurate object detection and semantic segmentation[C]//CVPR, 2014.

[26] S. F. Gull. Developments in maximum entropy data analysis[M]//Maximum Entropy and Bayesian Methods, 1989.

[27] M. Gutmann, A. Hyvärinen. Noise-contrastive estimation: A new estimation principle for unnormalized statistical models[C]//AISTATS, 2010.

[28] X. Han, Z. Zhang, N. Ding, et al. Pre-trained models: past, present and future[J]. arXiv:2106.07139[cs], 2021.

[29] G. H. Hardy, J. E. Littlewood, G. Pólya, et al. Inequalities[M]. Springer, 1952.

[30] K. He, X. Zhang, S. Ren, et al. Delving deep into rectifers: Surpassing human-level performance on imagenet classifcation[C]//ICCV, 2015.

[31] K. He, X. Zhang, S. Ren, et al. Deep residual learning for image recognition[C]//CVPR, 2016.

[32] K. He, G. Gkioxari, P. Dollár, et al. Mask R-CNN[C]//ICCV, 2017.

[33] K. He, H. Fan, Y. Wu, et al. Momentum contrast for unsupervised visual representation learning[C]// CVPR, 2020.

[34] G. Hinton, O. Vinyals, J. Dean. Distilling the knowledge in a neural network[J]. arXiv:1503.02531, 2015.

[35] W. Hu, B. Liu, J. Gomes, et al. Strategies for pre-training graph neural networks[C]//ICLR, 2020.

[36] G. Huang, Z. Liu, K. Q. Weinberger, et al. Densely connected convolutional networks[C]//CVPR, 2017.

[37] A. Immer, M. Bauer, V. Fortuin, et al. Scalable marginal likelihood estimation for model selection in deep learning[C]//ICML, 2021.

[38] L. Jing, Y. Tian. Self-supervised visual feature learning with deep neural networks: A survey[J]. TPAMI, 2020, 43(11): 4037-4058.

[39] N. P. Jouppi, C. Young, N. Patil, et al. In-datacenter performance analysis of a tensor processing unit[C]//ISCA, 2017.

[40] M. G. Kendall. A new measure of rank correlation[J]. Biometrika, 1938, 30(1):81-93.

[41] K. H. Knuth, M. Habeck, N. K. Malakar, et al. Bayesian evidence and model selection[J]. Digital Signal Processing, 2015, 47: 50-67.

[42] D. Koller, N. Friedman. Probabilistic graphical models: Principles and techniques[M]. MIT Press, 2009.

[43] S. Kornblith, J. Shlens, Q. V. Le. Do better imagenet models transfer better? [C]//CVPR, 2019.

[44] Z. Kou, K. You, M. Long, et al. Stochastic normalization[C]//NeurIPS, 2020.

[45] J. Krause, J. Deng, M. Stark, et al. Collecting a large-scale dataset of fne-grained cars[R]. 2013.

[46] A. Krizhevsky, G. Hinton. Learning multiple layers of features from tiny images[R]. 2009.

[47] Z. Lan, M. Chen, S. Goodman, et al. ALBERT: A lite BERT for self-supervised learning of language representations[C]//ICLR, 2020.

[48] C. Li, Y. Mao, R. Zhang, et al. On hyper-parameter estimation in empirical Bayes: a revisit of the MacKay algorithm[C]//UAI, 2016.

[49] H. Li, P. Chaudhari, H. Yang, et al. Rethinking the hyperparameters for fne-tuning[C]// ICLR, 2020.

[50] X. Li, Y. Grandvalet, F. Davoine. Explicit inductive bias for transfer learning with convolutional networks[C]//ICML, 2018.

[51] T.-Y. Lin, M. Maire, S. Belongie, et al. Microsoft coco: Common objects in context[C]//ECCV, 2014.

[52] P. Liu, W. Yuan, J. Fu, et al. Pre-train, prompt, and predict: A systematic survey of prompting methods in natural language processing[J]. arXiv:2107.13586 [cs], 2021.

[53] Y. Liu, M. Ott, N. Goyal, et al. Roberta: A robustly optimized BERT pretraining approach[J]. arXiv preprint arXiv:1907.11692, 2019.

[54] Z. Liu, Y. Lin, Y. Cao, et al. Swin Transformer: Hierarchical vision Transformer using shifted windows[C]//ICCV, 2021.

[55] M. Long, Y. Cao, J. Wang, et al. Learning transferable features with deep adaptation networks[C]//ICML, 2015.

[56] D. J. MacKay. Bayesian interpolation[J]. Neural Computation, 4(3): 415-447, 1992.

[57] D. Mahajan, R. Girshick, V. Ramanathan, et al. Exploring the limits of weakly supervised pretraining[C]//ECCV, 2018.

[58] S. Maji, E. Rahtu, J. Kannala, et al. Fine-grained visual classifcation of aircraft[J]. arXiv:1306.5151 [cs], 2013.

[59] L. Matthey, I. Higgins, D. Hassabis, et al. dSprites: Disentanglement testing Sprites dataset[R]. 2017.

[60] S. Merity, C. Xiong, J. Bradbury, et al. Pointer sentinel mixture models[C]//ICLR, 2017.

[61] B. Neyshabur, H. Sedghi, C. Zhang. What is being transferred in transfer learning? [C]//NeurIPS, 2020.

[62] C. Nguyen, T. Hassner, M. Seeger, et al. LEEP: A new measure to evaluate transferability of learned representations[C]//ICML, 2020.

[63] O. M. Parkhi, A. Vedaldi, A. Zisserman, et al. Cats and dogs[C]//CVPR, 2012.

[64] X. Qiu, T. Sun, Y. Xu, et al.Pre-trained models for natural language processing: A survey[J]. Science China Technological Sciences, 2020, 63(10): 1872-1897.

[65] J. Quionero-Candela, M. Sugiyama, A. Schwaighofer, et al. Dataset shift in machine learning[M]. MIT Press, 2009.

[66] P. Rajpurkar, J. Zhang, K. Lopyrev, et al. SQuAD: 100000+ questions for machine comprehension of text[C]//EMNLP, 2016.

[67] C. E. Rasmussen. Gaussian processes in machine learning[Z]. 2003: 63-71.

[68] O. Russakovsky, J. Deng, H. Su, et al. Imagenet large scale visual recognition challenge[J]. IJCV, 2015, 115(3):211-252.

[69] M. Sandler, A. Howard, M. Zhu, et al. MobileNetV2: inverted residuals and linear bottlenecks[C]//CVPR, 2018.

[70] E. T. K. Sang, F. De Meulder. Introduction to the CoNLL-2003 shared task: Language-independent named entity recognition[C]//NAACL, 2003.

[71] V. Sanh, L. Debut, J. Chaumond, et al. DistilBERT, a distilled version of BERT: Smaller, faster, cheaper and lighter[J]. arXiv:1910.01108, 2019.

[72] Y. Shu, Z. Kou, Z. Cao, et al. Zoo-Tuning: Adaptive transfer from a zoo of models[C]//ICML, 2021.

[73] S. P. Singh, M. Jaggi. Model fusion via optimal transport[C]//NeurIPS, 2020.

[74] R. Socher, A. Perelygin, J. Wu, et al. Recursive deep models for semantic compositionality over a sentiment treebank[C]//EMNLP, 2013.

[75] C. Sun, A. Shrivastava, S. Singh, et al. Revisiting unreasonable effectiveness of data in deep learning era[C]//ICCV, 2017.
[76] C. Szegedy, W. Liu, Y. Jia, et al. Going deeper with convolutions[C]//CVPR, 2015.
[77] C. Szegedy, V. Vanhoucke, S. Iofe, et al. Rethinking the inception architecture for computer vision[C]//CVPR, 2016.
[78] M. Tan, B. Chen, R. Pang, et al. Mnasnet: Platform-aware neural architecture search for mobile[C]//CVPR, 2019.
[79] S. Thrun, L. Pratt. Learning to learn: Introduction and overview[J]. Learning to Learn, 1998: 3-17.
[80] Y. Tian, C. Sun, B. Poole, et al. What makes for good views for contrastive learning? [C]//NeurIPS, 2020.
[81] I. O. Tolstikhin, N. Houlsby, A. Kolesnikov, et al. Mlp-mixer: An all-mlp architecture for vision[C]//NeurIPS, 2021.
[82] A. T. Tran, C. V. Nguyen, T. Hassner. Transferability and hardness of supervised classifcation tasks[C]//ICCV, 2019.
[83] S. Vigna. A weighted correlation index for rankings with ties[C]//WWW, 2015.
[84] A. Wang, A. Singh, J. Michael, et al. GLUE: A multi-task benchmark and analysis platform for natural language understanding[C]//EMNLP, 2018.
[85] A. Wang, Y. Pruksachatkun, N. Nangia, et al. SuperGLUE: A stickier benchmark for general-purpose language understanding systems[C]//NeurIPS, 2019.
[86] T. Wolf, J. Chaumond, L. Debut, et al. Transformers: State-of-the-art natural language processing[C]//EMNLP, 2020.
[87] J. Xiao, J. Hays, K. A. Ehinger, et al. Sun database: Large-scale scene recognition from abbey to zoo[C]//CVPR, 2010.
[88] Z. Yang, Z. Dai, Y. Yang, et al. Xlnet: Generalized autoregressive pretraining for language understanding[C]//NeurIPS, 2019.
[89] J. Yosinski, J. Clune, Y. Bengio, et al. How transferable are features in deep neural networks[C]//NeurIPS, 2014.
[90] K. You, Z. Kou, M. Long, et al. Co-tuning for transfer learning[C]//NeurIPS, 2020.
[91] K. You, Y. Liu, J. Wang, et al. LogME: Practical assessment of pre-trained models for transfer learning[C]//ICML, 2021.
[92] S. Zagoruyko, N. Komodakis. Wide residual networks[C]//BMVC, 2016.
[93] A. R. Zamir, A. Sax, W. Shen, et al. Taskonomy: Disentangling task transfer learning[C]//CVPR, 2018.
[94] X. Zhai, J. Puigcerver, A. Kolesnikov, et al. A large-scale study of representation learning with the visual task adaptation benchmark[J]. arXiv:1910.04867 [cs, stat], 2020.

迁 移 学 习

庄福振

（北京航空航天大学人工智能研究院）

1 引言

尽管传统机器学习技术已大有所成，且在许多实际应用中成功应用，但在某些真实的场景下，这些技术仍存在局限性。理想的机器学习场景中应有大量的标记训练实例，且训练实例与测试实例同分布。然而，收集大量的训练数据通常成本高和耗时长，在很多情况下甚至难以实现。半监督学习可以减少对大量标记数据的需求，在一定程度上解决了这个问题。半监督学习通常只需要一定数量的标记数据，并利用大量的未标记数据来提高学习精度。但在许多情况下，即使是未标记的实例也难以收集，因此传统模型的训练结果并不理想。

迁移学习（transfer learning）侧重于跨领域的知识迁移，是一种有希望解决上述问题的机器学习方法。迁移学习的概念可能起源于教育心理学。根据心理学家 C.H. Judd 提出的迁移泛化理论（the generalization theory of transfer），学习迁移是经验泛化的结果。人只要能对已有的经验进行泛化，就可能实现不同场景之间的知识迁移。基于上述理论，迁移的前提是两个学习任务之间存在相关性。实际上，学过小提琴的人再学钢琴会比别人学得快，因为钢琴和小提琴都是乐器，可能有一些共通的知识。图 1 展示了一些关于迁移学习的直观例子。迁移学习受人类跨领域知识迁移能力的启发，旨在利用相关领域（称为源域）的知识来提高学习性能，或者最小化目标域所需的标记实例数量。值得一提的是，迁移的知识不一定总能给新任务带来积极影响。假如源域与目标域没什么共同点，那知识迁移就可能不成功。例如，学骑自行车不一定能让我们学钢琴学得更快。此外，领域之间的相似性并不一定有助于学习，因为有时相似性可能会产生误导作用。例如，虽然西班牙语和法语之间有着密切联系，同属于罗曼语族，但懂得西班牙语的人学法语可能会有困难，如错用词汇或变形。这是由于之前学西班牙语的成功经验会对学法语的构词、用法、发音、变形等造成干扰。在心理学上，这种以往经验对新的学习任务产生负面影响的现象被称为负迁移（negative transfer）[1]。同样，在迁移学习领域，如果目标学习器受到迁移知识的负面影响，这种现象也被称为负迁移[2-3]。负迁移的发生与否取决于几个因素，如源域与目标域之间的相关性、学习器跨领域寻找知识中可迁移的有效部分的能力。文献[4]给出了负迁移的正式定义及一些分析。

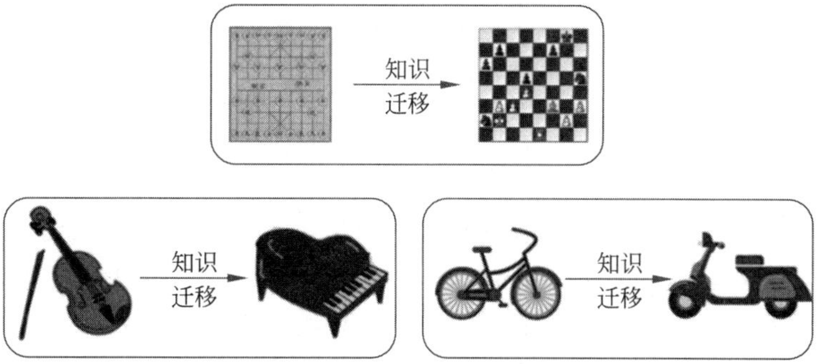

图 1　迁移学习的直观示例

粗略地讲，根据领域之间的差异，迁移学习可以进一步分为两类，即同构迁移学习（homogeneous transfer learning）和异构迁移学习（heterogeneous transfer learning）[4]。同构迁移学习方法用于处理源域和目标域具有相同特征空间的情况。在同构迁移学习中，一些工作假设领域之间仅在边缘概率分布上有所不同。因此，这些工作通过校正实例的选择偏差[5]或协变量偏移（covariate shift）[6]来适应域。然而，这个假设在很多情况下并不成立。如情感分类问题中，一个词语在不同的领域可能有不同的意义倾向。这种现象也被称为上下文特征偏差（context feature bias）[7]。为解决这个问题，一些工作对条件分布进行了进一步的适应性调整。异构迁移学习指在领域具有不同特征空间的情况下的知识迁移过程。除了分布自适应，异构迁移学习还需要特征空间自适应[7]，因此异构迁移学习比同构迁移学习更复杂。

本文旨在从数据和模型的角度，让读者全面了解迁移学习[8]。本文将介绍迁移学习方法的机制和策略，使读者了解这些方法的工作原理；并将具体介绍 40 多种代表性的迁移学习方法，将这些方法串联起来系统化地梳理。此外，本文还通过实验验证迁移学习模型在哪些数据集上表现良好。

需要说明的是，本文更关注同构迁移学习，且未谈及一些有趣的迁移学习主题，如强化迁移学习[9]、终身迁移学习[10]和在线迁移学习[11]。本文的其余部分分为七个小节。第 2 节阐明迁移学习与其他相关机器学习技术的区别；第 3 节介绍了本文中使用的符号及迁移学习的有关定义；第 4 节和第 5 节分别从数据和模型的角度解释了迁移学习方法；第 6 节介绍了迁移学习的一些应用；实验结果见第 7 节；最后一节对本文进行总结。本文的主要贡献如下：

（1）介绍和总结了超过 40 种具有代表性的迁移学习方法，足以让读者对迁移学习有全面的了解。

（2）开展了实验来比较不同的迁移学习方法。对二十多种方法进行了直观的展示和分析，对读者在实践中选择合适的方法有一定的指导和帮助。

2 相关工作

本节介绍了一些与迁移学习相关的领域，阐明它们与迁移学习的联系与区别。

半监督学习（semi-supervised learning）[12]：半监督学习是介于监督学习（实例全标记）和无监督学习（实例完全无标记）之间的一种机器学习的任务和方法。通常，半监督方法利用大量的未标记实例，结合有限的标记实例来训练学习器。半监督学习减少了对标记实例的依赖，从而降低了昂贵的标记成本。请注意，在半监督学习中，标记的和未标记的实例都来源于相同的分布。相比之下，在迁移学习中，源域和目标域的数据分布一般不同。许多迁移学习方法都借鉴了半监督学习技术。迁移学习还使用了半监督学习中的关键假设，即平滑度假设、聚类假设和流形假设，见表 1。要说明的是，“半监督迁移学习”是一个有争议的术语。原因是迁移学习中涉及源域和目标域两个领域，因此有关标签信息在迁移学习中是否可用的概念较为模糊。

表 1 半监督学习中的关键假设

术语	概念
平滑度假设	位于稠密数据区域（高密度假设）的两个距离很近的样例的类标签相似
聚类假设	当两个样例位于同一聚类簇时，它们在很大的概率下有相同的类标签
流形假设	将高维数据嵌入低维流形中，当两个样例位于低维流形中的一个小局部邻域内时，它们具有相似的类标签

多视图学习（multi-view learning）[13]：多视图学习关注的是多视图数据的机器学习问题。一个视图代表一个独特的特征集。多视图的一个直观的例子就是，视频对象可以从两个不同的视角来描述，即图像信号和音频信号。简而言之，多视图学习从多个视角

描述一个对象，从而产生丰富的信息。合理地考虑各视图的信息可以提高学习器的学习性能。多视图学习采用的策略包括子空间学习（subspace learning）、多核学习（multi-kernel learning）和协同训练（co-training）[14-15]。在一些迁移学习方法中也采用了多视图学习技术。例如，Zhang 等提出了一种多视图迁移学习框架，该框架加强了多个视图之间的一致性[16]。Yang 和 Gao 将跨领域的多视图信息用于知识迁移[17]。Feuz 和 Cook 的研究引入了一种用于活动学习（activity learning）的多视图迁移学习方法，可在异构传感器平台之间迁移活动知识[18]。

多任务学习（multi-task learning）[19]：多任务学习的思想是联合学习一组相关的任务。具体而言，多任务学习利用任务之间的相互联系，即兼顾任务间的相关性和任务间的差异性，来强化各个学习任务，从而增强了每个任务的泛化能力。迁移学习与多任务学习的主要区别在于前者迁移相关领域内的知识，而后者通过同时学习多个相关任务来迁移知识。换而言之，多任务学习对每个任务同等关注，而迁移学习对目标任务的关注多于对源任务的关注。迁移学习和多任务学习之间存在一些共性和关联。二者都旨在通过知识迁移来提高学习器的学习性能，在构建模型时还采用了一些类似的策略，如特征转换和参数共享等。请注意，一些现有的研究同时使用了迁移学习和多任务学习技术。例如，Zhang 等的工作采用多任务和迁移学习技术进行生物图像分析[20]。Liu 等的工作提出了一个基于多任务学习和多源迁移学习的人类动作识别框架[21]。El-allaly 等提出一种基于多任务迁移学习的方法来从临床文本数据中学习药物不良事件[22]。

3 概述

为方便起见，本节列出了本文中使用的符号。此外，还介绍了迁移学习的一些定义和分类，并提供了一些相关文献。

3.1 符号

为方便起见，符号及其定义见表 2。此外，我们使用$\|\cdot\|$表示范数，用上标 ^{T} 表示向量/矩阵的转置。

表 2 符号定义

符号	定义	符号	定义
n	实例数量	$\mathcal{T}$	任务
m	域数量	$\mathcal{X}$	特征空间
D	域	$\mathcal{Y}$	X 对应的标签集

续表

符号	定义	符号	定义
$\boldsymbol{x}$	特征向量	σ	单调递增函数
y	标签	Ω	结构化风险
S	源域	k	核函数
T	目标域	$\boldsymbol{K}$	核函数矩阵
L	标记实例	$\boldsymbol{H}$	中心矩阵
U	没有标记的实例	$\boldsymbol{C}$	协方差矩阵
$\mathcal{H}$	再生核希尔伯特空间	d	文档
θ	映射/系数向量	w	单词
α	加权系数	z	类变量
β	加权系数	$\tilde{z}$	噪声
λ	权衡参数	$\mathcal{D}$	鉴别器
δ	参数/误差	$\mathcal{G}$	生成器
b	偏差	S	函数
B	边界参数	M	标准正交基
N	迭代/核数量	Θ	模型参数
f	决策函数	P	概率
$\mathcal{L}$	损失函数	E	期望
η	尺度参数	$\boldsymbol{Q}$	矩阵变量
G	图	$\boldsymbol{R}$	矩阵变量
Φ	非线性映射	$\boldsymbol{W}$	映射矩阵

3.2 定义

本节给出了迁移学习的有关定义。在给出迁移学习的定义之前，先来回顾一下域和任务的定义。

定义 1 （域）一个域D由特征空间$\mathcal{X}$和边缘分布$P(X)$两部分组成。换而言之，$D=\mathcal{X}, P(X)$。其中，符号X指实例集，$X=\{\boldsymbol{x} \mid \boldsymbol{x}_i \in \mathcal{X}, i=1,2,\cdots,n\}$。

定义 2 （任务）一个任务$\mathcal{T}$由标签空间$\mathcal{Y}$和决策函数f组成，即$\mathcal{T}=\mathcal{Y}, f$。其中，决策函数$f$是隐式函数，由样本数据中学习得到。

有些机器学习模型实际上输出预测的实例的条件分布，这种情况下，$f\left(x_j\right)=P\left(y_k|x_j\right) \mid y_k \in \mathcal{Y}, k=1,2,\cdots,|\mathcal{Y}|$。

在实践中，一般通过许多带标签或不带标签信息的实例来观察一个域。例如，对应于源任务 $\{(D_{T_j},\mathcal{T}_{T_j})\mid j=1,2,,m^T\}$ 的源域 D_S 通常是通过观察“实例-标签”对得到的，即 $D_S=(x,y)\mid x_i\in\mathcal{X}^S,\ y_i\in\mathcal{Y}^S,i=1,2,\cdots,n^S$；对目标域的观察通常由大量未标记实例和/或有限数量的标记实例组成。

定义 3 （迁移学习）给定对应于 $m^S\in N^+$ 个源域和任务的观察（即 $\{(D_{S_i},\mathcal{T}_{S_i})\mid i=1,2,\cdots,m^S\}$），以及对 $m^T\in N^+$ 个目标域和任务的观察（即 $\{(D_{T_j},\mathcal{T}_{T_j})\mid j=1,2,\cdots,m^T\}$），迁移学习利用源域中隐含的知识来提升目标域的决策函数 $f^{T_j}(j=1,2,\cdots,m^T)$ 的性能。

上述定义涵盖了多源迁移学习的情况，是综述[2]中提出的定义的扩展。如果 m^S 为 1，则该场景称为单源迁移学习；否则称为多源迁移学习。此外，m^T 表示迁移学习的任务数。一些研究更关注 $m^T>2$ 的情况[23]，而现有的研究侧重于 $m^T=1$ 的情况（尤其是 $m^S=m^T=1$）。值得一提的是，对域或任务的观察是一个广义的概念，通常被固化成有标签或无标签的实例集或预学习的模型。一个常见的场景是我们在源域上有大量的标记实例或有一个训练良好的模型，而在目标域上只有有限数量的标记实例。在这种情况下，实例和模型等实际上是观察结果，而迁移学习的目标是在目标域上学习更准确的决策函数。

迁移学习领域的另一个常用术语是领域自适应（domain adaptation）。领域自适应是指通过适应一个或多个源域来迁移知识，提高目标学习器的学习性能[4]。迁移学习往往依赖于领域自适应的过程，该过程试图减少域之间的差异。

3.3 迁移学习分类

迁移学习有几个分类标准。例如，按迁移学习问题可以分为三类，即直推式（transductive）迁移学习、归纳式（inductive）迁移学习和无监督迁移学习[2]。三个类别的完整定义在文献[2]中给出。这三个类别可以从标签设置的角度来解释。粗略地说，直推式迁移学习是指标签信息仅来自源域的情况；若目标域实例的标签信息可用，则可以归为归纳式迁移学习；而源域和目标域的标签信息都未知的情况称为无监督迁移学习。另一种分类是基于源域和目标域的特征空间及标签空间的一致性。若 $\mathcal{X}^S=\mathcal{X}^T$ 且 $\mathcal{Y}^S=\mathcal{Y}^T$，此情形称为同构迁移学习；否则，若 $\mathcal{X}^S\neq\mathcal{X}^T$ 或/且 $\mathcal{Y}^S\neq\mathcal{Y}^T$，此情形称为异构迁移学习。

根据综述[2]，迁移学习方法可分为四类：基于实例的、基于特征的、基于参数的和基于关系的。基于实例的迁移学习方法主要基于实例加权策略。基于特征的方法转换原始特征以生成新的特征表示，进一步地，可再分为基于特征的非对称迁移学习和基于特征的对称迁移学习两个子类。非对称方法转换源域特征以匹配目标特征；而对称方法试图找到一个共同的潜在特征空间，然后将源域特征和目标域特征转化为一种新的特征表示。基于参数的迁移学习方法在模型/参数层面上迁移知识。基于关系的迁移学习方法主要关注关系领域中的问题，将源域中学习到的逻辑关系或规则迁移到目标域。为了让读者更好地理解，图 2 展示了上述迁移学习分类。

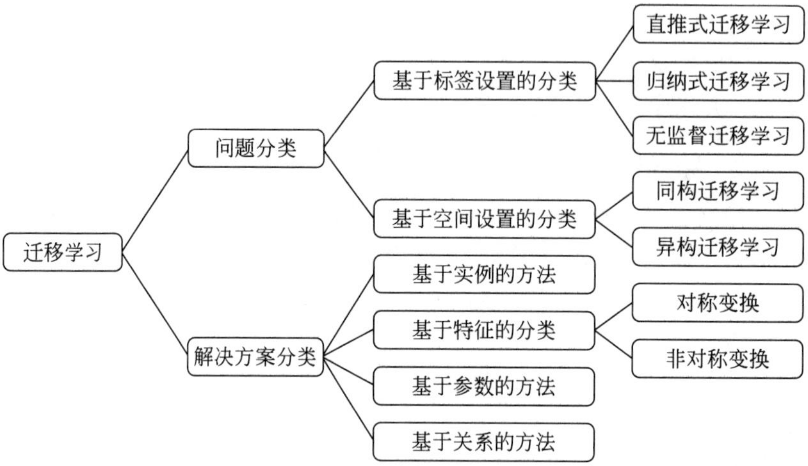

图 2　迁移学习分类

这里列举一些文章，以使读者对这一领域有全面的认识。Pan 和 Yang 的文章[2]是一项开创性的工作，对迁移学习进行了分类，回顾了 2010 年以前的研究进展。Weiss 等的文章介绍和总结了许多同构和异构迁移学习方法[4]。在 Day 和 Khoshgoftaar 的文章[7]中特别回顾了异构迁移学习。一些文章回顾了与特定主题相关的文献，如强化学习[9]、计算智能[24]和深度学习[25-26]。此外，还有一些针对特定应用场景的文章，包括活动识别[27]、视觉分类[28]、协同推荐[29]、计算机视觉[26]、情感分析[30]。

请注意，本文并没有严格遵循上述分类。在第 4 节和第 5 节中，将从数据和模型的角度来诠释迁移学习方法。粗略地说，基于数据的解释涵盖了上述基于实例的迁移学习方法和基于特征的迁移学习方法，但是是从更宽泛的角度出发的。基于模型的解释包括上述基于参数的方法。由于涉及基于关系的迁移学习的研究相对较少，且代表性的迁移学习方法在文献[2]和文献[4]中有很好的介绍，因此本文并不关注基于关系的迁移学习方法。

4 基于数据的解释

许多迁移学习方法，特别是基于数据的迁移学习方法，侧重于通过数据的调整和转换来迁移知识。图 3 从数据的角度展示了这些方法的策略和目标。如图 3 所示，空间自适应是目标之一，通常在异构迁移学习需要得到满足。在本文中，更多地关注同构迁移学习，它的主要目标是减少源域实例和目标域实例之间的分布差异。此外，一些先进的方法尝试在自适应过程中保存数据属性。从数据的角度来看，实现这一目标通常有两种策略，即实例加权和特征转换。在本节中，将根据图3所示的策略，依次介绍相关的迁移学习方法。

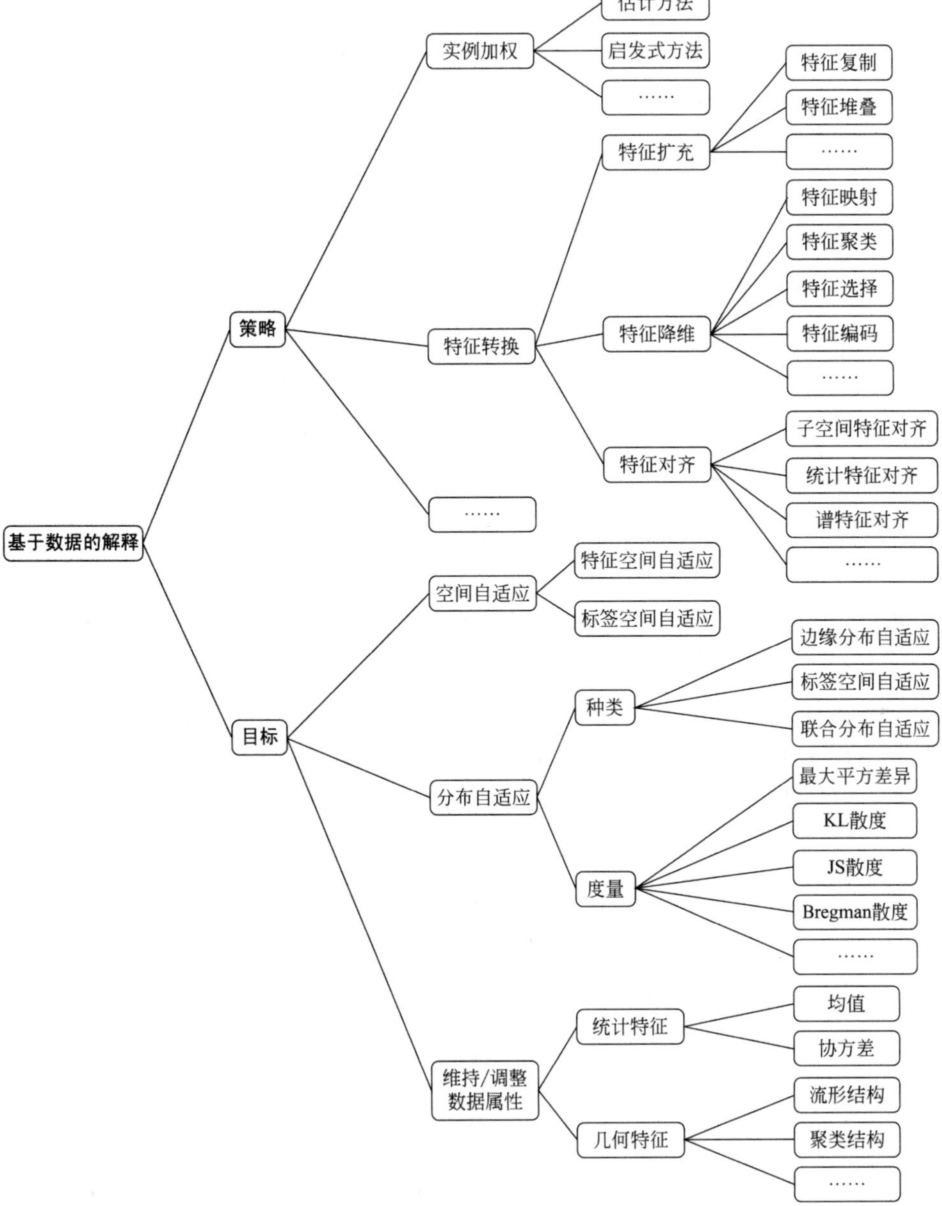

图3　从数据角度分析迁移学习方法的策略和目标

4.1 实例加权策略

首先假设一个简单的场景，其中有大量已标记的源域实例和有限数量的目标域实例，并且域仅在边缘分布上有所不同（即 $P^S(X) \neq P^T(X)$ 且 $P^S(Y \mid X) = P^T(Y \mid X)$）。例如，我们需要建立一个模型来诊断某个以老年人为主的地区的癌症情况。给出了有限的目标域实例，并且可以从另一个以年轻人为主的地区获得相关数据。直接从其他地区迁移数据的效果可能不理想，因为存在边缘分布差异，且老年人比年轻人患癌症的风险更高。在这种情况下，很自然想到应该考虑调整边缘分布。一个简单的想法是在损失函数中为源域实例分配权重，加权的方程如下[5]:

$$
\begin{aligned}
\mathbb{E}_{(x,y)\sim P^T}[\mathcal{L}(x,y;f)] &= \mathbb{E}_{(x,y)\sim P^S}\left[\frac{P^T(x,y)}{P^S(x,y)}\mathcal{L}(x,y;f)\right] \\
&= \mathbb{E}_{(x,y)\sim P^S}\left[\frac{P^T(x)}{P^S(x)}\mathcal{L}(x,y;f)\right]
\end{aligned}
$$

因此，学习任务的一般目标函数可以写成[5]

$$
\min_f \frac{1}{n^S}\sum_{i=1}^{n^S}\beta_i \mathcal{L}\left(f\left(x_i^S\right), y_i^S\right) + \Omega(f)
$$

其中，$\beta_i\left(i=1,2,\cdots,n_S\right)$ 是权重参数。理论上来说，$\beta_i = P^T\left(x_i\right)/P^S\left(x_i\right)$，然而，这个比值通常是未知的，且难以用传统方法获得。

核均值匹配（kernel mean matching，KMM）[5]由 Huang 等提出，通过在重构核希尔伯特空间（reproducing kernel Hilbert space，RKHS）中匹配源域实例和目标域实例的均值来解决上述比值未知的估计问题，即

$$
\begin{aligned}
&\arg\min_{\beta_i\in[0,B]} \left\| \frac{1}{n^S}\sum_{i=1}^{n^S}\beta_i \Phi\left(x_i^S\right) - \frac{1}{n^T}\sum_{j=1}^{n^T}\Phi\left(x_j^T\right) \right\|_{\mathcal{H}}^2 \\
&\text{s.t.} \left| \frac{1}{n^S}\sum_{i=1}^{n^S}\beta_i - 1 \right| \leqslant \delta
\end{aligned}
$$

其中，δ 是一个很小的参数，B 是一个约束参数。通过展开并利用核技巧，可以将上述优化问题转化成二次规划问题。这种估计分布比率的方法很容易合并到许多现有的算法中。只要获得权重 β_i，就可以在加权的源域实例上训练学习器。

还有其他试图估算权重的研究。例如，Sugiyama 等提出了一种名为 Kullback-Leibler importance estimation procedure (KLIEP)[6]的方法。该方法依赖于 Kullback-Leibler(KL)散

度的最小化，并包含一个内置的模型选择过程。在研究权重估计的基础上，一些研究提出了基于实例的迁移学习框架或算法。例如，Sun 等提出了一个多源框架，称为 2-stage weighting framework for multi-source domain adaptation (2SW-MDA)，包括以下两个阶段[31]：

（1）实例加权：类似于 KMM，对源域实例进行权重配置以减少边缘分布差异。

（2）领域加权：基于平滑度假设，对每个源域分配权重以减少条件分布差异[32]。

接着，根据实例权重和区域权重重新对源域实例进行权重设置。这些重新加权的源域实例和标记的目标域实例将用于训练目标分类器。

除了直接估计权重参数外，迭代调整权重也是有效的做法。关键是设计一种机制来降低对目标学习器产生负面影响的实例的权重。具有代表性的研究是由 Dai 等提出的 TrAdaBoost[33]，该框架是 AdaBoost[34]的扩展。AdaBoost 是一种针对传统机器学习的 boosting 算法。在 AdaBoost 的每次迭代中，学习器都会在具有更新权重的实例上进行训练得到一个弱分类器，实例的加权机制确保分类错误的实例得到更多关注。最终，将得到的多个弱分类器集成一个强分类器。TrAdaBoost 将 AdaBoost 拓展到迁移学习场景，设计了一种新的加权机制来减少分布差异的影响。具体而言，在 TrAdaBoost 中，标记的源域实例和标记的目标域实例组合成一个训练集来训练弱分类器。源域实例和目标域实例的加权操作并不相同。在每次迭代中，引入临时变量 $\overline{\delta}$ 来计算标记目标域实例的分类错误率；之后，目标域实例的权重根据 $\overline{\delta}$ 和自身分类结果更新，而源域实例的权重根据一个设定的常数和自身分类结果更新。为了更好地理解，列出第 k 次迭代（$k=1,2,\cdots,N$）的更新权重公式如下[33]：

$$\beta_{k,i}^{S}=\beta_{k-1,i}^{S}\left(1+\sqrt{2\ln n^{S}/N}\right)^{-|f_k(x_i^S)-y_i^S|}(i=1,2,\cdots,n^S),$$
$$\beta_{k,j}^{T}=\beta_{k-1,j}^{T}\left(\overline{\delta}_k/(1-\overline{\delta}_k)\right)^{-|f_k(x_j^T)-y_j^T|}(j=1,2,\cdots,n^T)$$

每次迭代都会形成一个新的弱分类器，最终的分类器是以投票方案组合和集成一半的新产生的弱分类器来构建的。

一些研究进一步扩展了 TrAdaBoost。Yao 和 Doretto 的工作[35]提出了多源 TrAdaBoost (MsTrAdaBoost)算法，每次迭代主要有以下两步。

（1）构建候选分类器：在每个源域和目标域（即 $D_{S_i}\cup D_T(i=1,2,\cdots,m^S)$）的加权实例对上分别训练一组候选弱分类器。

（2）实例加权：选择一个在目标域上具有最小分类错误率 $\overline{\delta}$ 的弱分类器（用 j 表示，在 $D_{S_j}\cup D_T$ 上训练得到），用于更新 D_{S_j} 和 D_T 中实例的权重。

最后，将每次迭代中选择的分类器组合起来，构建最终的分类器。在文献[33]中也提出了另一种基于参数的算法 TaskTrAdaBoost，将在 5.3 节中介绍。

一些研究采用启发式的方法来实现实例加权。例如，Jiang 和 Zhai 提出了一个通用的加权框架[36]。框架的目标函数中有三个术语，旨在最小化三种实例的交叉熵损失，这三种实例将用于构造目标分类器，列出如下：

- 标记的目标域实例：分类器应最小化它们的交叉熵损失，这实际上是标准的监督学习任务。
- 无标记的目标域实例：这些实例的真实条件分布 $P\left(y|x_i^{T,U}\right)$ 是未知的，需要估计。一种可能的方案是在已标记的源域实例和目标域实例上训练辅助分类器，以估计条件分布或为这些实例分配伪标签。
- 标记的源域实例：作者将 $x_i^{S,L}$ 的权重定义为 α_i 和 β_i 的乘积。理想情况下，$\beta_i = P^T\left(x_i\right) / P^S\left(x_i\right)$，可通过 KMM 等非参数的方法估计，在最坏的情况下也可以统一设置。权重 α_i 用于滤除与目标域差异很大的源域实例。

可用启发式方法生成 α_i，步骤如下：

（1）辅助分类器构建：在标记的目标域实例上训练辅助分类器，以对未标记的源域实例进行分类。

（2）实例排序：根据概率预测结果对源域实例进行排序。

（3）启发式加权（β_i）：预测错误的前 k 个源域实例的权重设置为零，其他的权重设置为 1。

4.2 特征转换策略

在基于特征的方法中经常采用特征转换策略。例如，对于一个跨领域的文本分类问题，任务是用相关领域的标记文本数据构建目标分类器。在这种情况下，一个可行的解决方案是通过特征转换找到共同的潜在特征（例如，潜在主题），并将它们作为迁移知识的桥梁。基于特征的方法将每个原始特征转换为用于知识迁移的新特征表示。构建新特征表示的目标包括最小化边缘和条件分布差异，保留数据的属性或潜在结构，以及找到特征之间的对应关系。特征转换的操作可以分为三种类型，即特征增强、特征降维和特征对齐。此外，特征降维可以进一步分为特征映射、特征聚类、特征选择和特征编码等类型。一个算法中完整的特征转换过程可能由多个操作组成。

4.2.1 分布差异度量

特征转换的一个主要目标是减少源域实例和目标域实例的分布差异。因此，如何有效地衡量域之间的分布差异或相似性至关重要。

最大平均差异(maximum mean discrepancy, MMD)在迁移学习领域广泛应用，其公式如下[35]：

$$\mathrm{MMD}(X^S, X^T) = \left\| \frac{1}{n^S} \sum_{i=1}^{n^S} \Phi\left(x_i^S\right) - \frac{1}{n^T} \sum_{j=1}^{n^T} \Phi\left(x_j^T\right) \right\|_{\mathcal{H}}^2$$

MMD 可使用核技巧进行计算。简言之，MMD 通过计算 RKHS 中实例的平均值的距离来量化分布差异。请注意，上述 KMM 实际是利用最小化域之间的 MMD 距离来生成实例的权重。

表 3 列出了一些常用的度量标准和相关算法。除了表 3 中列出的，迁移学习中还采用了一些其他的度量标准，包括 Wasserstein 距离[61-62]、中心矩差异[63]等。一些研究侧重于优化和改进现有的度量。以 MMD 为例，Gretton 等提出了 MMD 的多核版本，即 MK-MMD[64]，该方法利用了多内核的优势。此外，Yan 等提出了 MMD[65]的加权版本，以解决类权重偏差的问题。

表 3 迁移学习中的度量标准

度量	相关算法
最大平均差异[37]	文献[38]～文献[41]
Kullback-Leibler 散度[42]	文献[43]～文献[46]
Jensen-Shannon 散度[47]	文献[48]～文献[51]
Bregman 散度[52]	文献[53]～文献[56]
希尔伯特•施密特独立准则[57]	文献[38]，文献[58]～文献[60]

4.2.2 特征增强

特征增强操作广泛应用于特征变换，尤其是在基于对称特征的方法中。具体而言，如特征复制（feature replication）和特征堆叠（feature stacking）等方法都可以实现特征增强。为更好地理解，我们从基于特征复制建立的简单迁移学习方法讲起。

Daumé 的工作提出了一种简单的领域自适应方法，即特征增强方法(feature augmentation method, FAM) [66]。这种方法通过简单的特征复制来转换原始特征。具体而言，在单源迁移学习场景中，特征空间扩大到其原始大小的三倍。新的特征表示包括一般特征、源特定特征和目标特定特征。请注意，对于转换后的源域实例，其目标特定特征设置为零。类似地，对于转换后的目标域实例，其源特定特征设置为零。FAM 的新特征表示如下：

$$\Phi_S\left(x_i^S\right) = \langle x_i^S, x_i^S, \boldsymbol{0} \rangle, \Phi_T\left(x_j^T\right) = \left\langle x_j^T, 0, x_j^T \right\rangle$$

其中，Φ_S 和 Φ_T 分别表示从源域和目标域到新特征空间的映射。最终分类器在转换后的标记实例上进行训练。值得一提的是，这种增强方法其实是多余的，以其他方式（用更少的维度）扩大特征空间也可能可以产生足够的性能。FAM 的优势在于其特征扩展具有优雅的形式，从而具有了一些良好的特性，如向多源场景的泛化。Daumé 等在文献[67]中提出了 FAM 的扩展，可利用未标记的实例进一步促进知识迁移。

然而，FAM 在处理异构迁移学习任务时可能表现不佳，因为当源域和目标域具有不同的特征表示时，直接复制特征和填充零向量的效果较差。为了解决这个问题，Li 等提出了异构特征增强（heterogeneous feature augmentation, HFA）[68-69]。HFA 的特征表示如下：

$$\Phi_{\mathrm{S}}\left(x_i^S\right)=\langle W^S x_i^S, x_i^S, \boldsymbol{0}\rangle, \Phi_{\mathrm{T}}\left(x_j^T\right)=\left\langle W^T x_j^T, \boldsymbol{0}, x_j^T\right\rangle$$

其中，$W^S x_i^S$ 和 $W^T x_i^T$ 具有相同的维度；$\boldsymbol{0}^S$ 和 $\boldsymbol{0}^T$ 分别表示维数为 x^S 和 x^T 的零向量。HFA 将原始特征映射到公共特征空间，然后进行特征堆叠操作。映射特征、原始特征和零元素按特定顺序堆叠以产生新的特征表示。

4.2.3 特征映射

在传统机器学习领域，有许多可行的基于映射的特征提取方法，如主成分分析（PCA）[70]和核主成分分析（KPCA）[71]。然而，这些方法主要关注数据方差而不是分布差异。为了解决分布差异问题，另有一些用于迁移学习的特征提取方法。首先考虑一个域的条件分布几乎没有区别的简单场景。此时，可使用以下简单的目标函数来查找特征提取的映射：

$$\min_{\Phi}(\mathrm{DIST}\left(X^S, X^T;\Phi\right)+\lambda\Omega(\Phi))\,/\,(\mathrm{VAR}(X^S\cup X^T;\Phi))$$

其中，Φ 是低维映射函数，$\mathrm{DIST}(\cdot)$ 表示分布差异度量，$\Omega(\Phi)$ 是控制 Φ 复杂度的正则项，$\mathrm{VAR}(\cdot)$ 表示实例的方差。该目标函数旨在找到一个映射函数 Φ 使域之间的边际分布差异最小化，同时使实例的方差尽可能大。分母对应的目标可通过多种方式进行优化。一种可能的方式是使用方差约束优化分子的目标，如映射实例的散布矩阵可以强制为单位矩阵。另一种方式是首先在高维特征空间中优化分子的目标。然后，可以执行 PCA 或 KPCA 等降维算法来实现分母的目标。

此外，找到 $\Phi(\cdot)$ 的显式公式并非易事。为解决这个问题，一些方法采用线性映射技术或核技巧。总的来说，处理上述优化问题主要有 3 种思路。

- 映射学习+特征提取。首先，通过解决核矩阵学习问题或求变换矩阵问题，来寻找满足目标的高维空间。然后，将高维特征压缩以形成低维特征表示。例如，只要学习了核矩阵，就可以提取隐含的高维特征的主成分，以构建基于 PCA 的新特征表示。

- 映射构建+映射学习。首先将原始特征映射到构建的高维特征空间，然后学习低维映射以满足目标函数。例如，可以首先基于选定的核函数构造核矩阵，而后学习变换矩阵，将高维特征投影到公共潜在子空间中。
- 直接低维映射学习。一般来说，很难直接找到所需的低维映射。但是，若假设映射满足某些条件，则或许可解。例如，如果将低维映射限制为线性映射，则优化问题很容易解决。

一些方法还尝试匹配条件分布并保留数据的结构。为了实现这一点，上述简单的目标函数需要加入新的术语或/和约束。例如，下列通用目标函数可以作为一个选择：

$$\min_{\Phi} \mu \mathrm{DIST}(X^S, X^T; \Phi) + \lambda_1 \Omega^{\mathrm{GEO}}(\Phi) + \lambda_2 \Omega(\Phi) + (1-\mu)\mathrm{DIST}(Y^S \mid X^S, Y^T \mid X^T; \Phi),$$
$$\text{s.t.}\ \Phi(X)^{\mathrm{T}} H \Phi(X) = I, H = I - (\boldsymbol{1}/n) \in \mathbb{R}^{n\times n}$$

其中，μ 是平衡边缘和条件分布差异的参数[72]；$\Omega^{\mathrm{GEO}}(\Phi)$ 是控制几何结构的正则项；$\Phi(X)$ 是用提取的新特征表示的矩阵，矩阵的行来自源域和目标域的实例；$\boldsymbol{H}$ 是构建散布矩阵的中心矩阵；约束用于最大化方差。目标函数中的最后一项表示条件分布差异的度量。

在进一步讨论上述目标函数之前，需要说明的是，目标域实例的标签信息往往是有限的，甚至是未知的。标签信息的缺乏使得估计分布差异变得困难。为了解决这个问题，一些方法求助于伪标签策略，即将伪标签分配给未标记的目标域实例。实现这一点的一个简单方法是训练一个基分类器来分配伪标签。顺便说一下，还有其他一些提供伪标签的方法，例如协同训练[73-74]和三重训练[75-76]。一旦补充了伪标签信息，就可以测量条件分布差异。例如，可以修改和扩展 MMD 以衡量条件分布差异。具体来说，对于每个标签，收集属于同一类的源域和目标域实例，条件分布差异的估计表达式给出如下[38,40]：

$$\sum_{k=1}^{|\mathcal{Y}|} \left\| \frac{1}{n_k^S} \sum_{i=1}^{n_k^S} \Phi(x_i^S) - \frac{1}{n_k^T} \sum_{j=1}^{n_k^T} \Phi(x_j^T) \right\|_{\mathcal{H}}^2$$

其中，n_k^S 和 n_k^T 分别表示源域和目标域中具有相同标签 $\mathcal{Y}_k$ 的实例数。这个估计实际上测量了类条件分布（即 $P(x \mid y)$）的差异以近似条件分布（即 $P(y \mid x)$）的差异。一些研究对上述估计进行改良。例如，Wang 等的工作使用加权方法来额外解决类不平衡问题[72]。为了更好地理解，作为上一段中提出的一般目标函数的特殊情况的迁移学习方法详细叙述如下。

- $\mu=1$ 且 $\lambda_1 \neq 0$ 。maximum mean discrepancy embedding (MMDE)的目标函数给出如下[77]：

$$\min_{K} \text{MMD}(X^S, X^T; \Phi) - \frac{\lambda_1}{n^S + n^T} \sum_{i \neq j} \| \Phi(x_i) - \Phi(x_j) \|^2$$

$$\text{s.t.} \ \forall (x_i \in k - \text{NN}(x_j)) \wedge (x_j \in k - \text{NN}(x_i))$$

$$\| \Phi(x_i) - \Phi(x_j) \|^2 = \| x_i - x_j \|^2, x_i, x_j \in X^S \cup X^T$$

其中，$k-\text{NN}(x)$ 表示实例 x 的 k 个最近邻居。这个目标函数是作者受最大方差展开（maximum variance unfolding, MVU）[78]的启发而设计的。该目标函数的约束和第二项并非采用散布矩阵约束，而是旨在最大化实例之间的距离并保留局部几何形状。可以通过解决 semi-definite programming(SDP)[79]问题来学习所需的核矩阵 $\boldsymbol{K}$。得到核矩阵后，对其使用 PCA，然后选择前几项特征向量以构建低维特征表示。

- $\mu=1$ 且 $\lambda_1 = 0$ 。Pan 等的工作提出了 transfer component analysis (TCA)[38,80]。TCA 采用 MMD 来衡量边际分布差异，并用散布矩阵作为约束。与 MMDE 学习核矩阵进一步采用 PCA 不同，TCA 是一种统一的方法，只需要学习从经验核特征空间到低维特征空间的线性映射，以此避免了解决 SDP 问题，因此计算量较小。最终的优化问题可以通过特征分解轻松解决。也可以对 TCA 进行扩展来利用标签信息。在扩展版本中，不再采用散布矩阵约束，而用一个可平衡标签依赖性（由 HSIC 衡量）和数据方差的新约束。此外，还添加了图（graph）的拉普拉斯正则项[32]以保留流形的几何形状。同样，最终的优化问题也可以通过特征分解来解决。
- $\mu=0.5$ 且 $\lambda_1 = 0$ 。Long 等提出了联合分布适应(joint distribution adaptation, JDA)的方法[40]。JDA 试图找到一个变换矩阵，将实例映射到一个低维空间，其中边际分布和条件分布差异都被最小化。为此，采用了 MMD 和伪标签的方法。可以通过特征分解求解轨迹优化问题来获得所需的变换矩阵。此外，估计伪标签的准确性显然会影响 JDA 的性能。为了提高标注质量，作者采用了迭代细化操作。具体而言，在每次迭代中，执行 JDA，然后在有提取特征的实例上训练分类器。接下来，根据训练的分类器更新伪标签。之后，使用更新的伪标签重复执行 JDA。若模型收敛则迭代结束。请注意，JDA 可以通过利用标签和结构信息[81]、聚类信息[82]、各种统计和几何信息[83]等进行扩展。

- $\mu \in (0,1)$ 且 $\lambda_1 = 0$。Wang 等的论文提出了平衡分布自适应(balanced distribution adaptation, BDA)[72]的方法。作为 JDA 的扩展，与 JDA 假设边际分布和条件分布在自适应中具有同等重要性不同，BDA 试图平衡边际和条件分布适应。BDA 的操作类似于 JDA。此外，作者还提出了加权 BDA（weighted BDA, WBDA）。在 WBDA 中，条件分布差异是通过加权版本的 MMD 来衡量的，以解决类不平衡问题。

一些方法将特征转换到新的特征空间（通常是高维的）并同时训练自适应分类器。为了实现这一点，需要将特征的映射函数和分类器的决策函数相关联。可以定义决策函数 $f(x) = \theta \cdot \phi(x) + b$，其中 θ 表示分类器参数，b 表示偏差。根据文献[84]中的定理，参数 θ 可以定义为 $\theta = \sum_{i=1}^{n} \alpha_i \phi(x_i)$，因此有

$$f(x) = \sum_{i=1}^{n} \alpha_i \Phi(x_i) \cdot \Phi(x) + b = \sum_{i=1}^{n} \alpha_i \kappa(x_i, x) + b$$

其中，κ 表示核函数。以核矩阵作引，为映射函数设计的正则项可以合并到分类器的目标函数中。这样，最终的优化问题通常是有关参数（如 α_i）或核函数的。例如，Long 等的论文提出了基于适应正则化的迁移学习（adaptation regularization based transfer learning, ARTL）的通用框架[41]。ARTL 的目标是学习自适应分类器，最小化结构风险，共同减少边际和条件分布差异，以及最大化数据结构和预测结构之间的流形一致性。作者还根据不同的损失函数提出了该框架下的两种具体算法。这两种算法首先构造了计算 MMD 的系数矩阵和流形正则化的图（graph）的拉普拉斯矩阵。其次，选择一个核函数来构造核矩阵；最后，将分类器学习问题转化为参数（即 α_i）求解问题，求解公式也在文献[41]中给出。

在 ARTL 中，核函数的选择会影响最终分类器的性能。为了构建健壮（robust）的分类器，一些研究转向核学习。例如，Duan 等的论文提出了一个统一的框架——域迁移多核学习（domain transfer multiple kernel learning, DTMKL）[85]。在 DTMKL 中，核函数被假定为一组基核的线性组合，即 $\kappa(x_i, x_j) = \sum_{k=1}^{N} \beta_k \kappa_k(x_i, x_j)$。DTMKL 旨在同时最小化分布差异、分类误差等。DTMKL 的一般目标函数可以写成

$$\min_{\beta_k, f} \sigma(\text{MMD}(X^S, X^T; \kappa)) + \lambda \Omega^L(\beta_k, f)$$

其中，σ 可以是任何单调递增函数，f 是与 ARTL 中定义相同的决策函数，$\Omega^L(\beta_k, f)$ 表

示在标记实例上定义的一系列正则项，例如最小化分类错误并控制结果模型的复杂性。作者设计了一种算法，通过使用减少梯度下降法同时学习内核和决策函数[86]。在每次迭代中，首先固定基核的权重系数来更新决策函数。然后，固定决策函数以更新权重系数。DTMKL 可以合并许多现有的内核方法。作者在这个框架下提出了两种具体的算法。第一种方法通过使用铰链损失和支持向量机（SVM）来实现该框架。第二种方法是第一种方法的扩展，增加了一个利用伪标签信息的正则项，未标记实例的伪标签是通过使用基分类器生成的。

4.2.4 特征聚类

特征聚类旨在找到原始特征的更抽象的表示。虽然可以看作一种特征提取的方式，但它不同于上述基于映射的提取。

例如，一些迁移学习方法通过使用协同聚类方法隐式地减少了特征，即基于信息理论同时对列联表的列和行（或者说，协同聚类）进行聚类[87]。Dai 等的论文[43]提出了用于文档分类的基于协同聚类的分类算法(co-clustering based classification, CoCC)。在文档分类问题中，迁移学习任务是借助标记的源域的 document-to-word 数据对目标域文档（由 document-to-word 矩阵表示）进行分类。CoCC 将协同聚类技术视为迁移知识的桥梁。在 CoCC 算法中，源域和目标域的 document-to-word 矩阵都是联合聚类（co-clustered）的。基于已知标签信息对源域 document-to-word 矩阵联合聚类以生成词簇（word cluster），这些词簇在目标域数据的联合聚类过程中用作约束。联合聚类的准则是最小化互信息的损失，并通过迭代得到聚类结果。每次迭代包含以下两个步骤。

（1）文档聚类：目标域的 document-to-word 矩阵的每一行根据更新文档聚类的目标函数重新排序。

（2）词聚类：调整词簇以最小化源域和目标域 document-word 矩阵的联合互信息损失。

多次迭代后算法收敛，即得到分类结果。需要注意的是，在 CoCC 中，词聚类过程隐式提取词特征以形成统一的词簇。

Dai 等还提出了一种无监督聚类方法，称为自学聚类（self-taught clustering, STC）[44]。与 CoCC 类似，该算法也是一种基于协同聚类的算法，但 STC 不需要标签信息。假设源域和目标域在其共有特征空间中有相同的特征簇，STC 旨在同时对这两个域的实例进行协同聚类。因此，两个协同聚类任务同时单独执行以找到共有特征簇。STC 的每次迭代都有以下步骤。

（1）实例聚类：更新源域和目标域实例的聚类结果，使各自的互信息损失最小。

（2）特征聚类：更新特征簇以最小化互信息中的联合损失。

算法收敛则得到目标域实例的聚类结果。

与上述基于协同聚类的方法不同，一些方法将原始特征提取为概念（或主题）。在文档分类问题中，概念代表着词的高级抽象（如词簇）。为了便于介绍基于概念的迁移学习方法，我们简要回顾一下潜在语义分析(latent semantic analysis, LSA)[88]、概率LSA(probabilistic LSA, PLSA）[89]和 Dual-PLSA [90]。

- LSA：LSA 是一种基于 SVD 技术将 document-to-word 矩阵映射到低维空间（即潜在语义空间）的方法。简而言之，LSA 试图找到单词的真正含义。为了实现这一点，采用 SVD 技术进行降维，可以去除原始数据中的无关信息，过滤掉噪声信息。
- PLSA：PLSA 是基于 LSA 的统计视图开发的。PLSA 假设存在一个反映概念的潜在类变量 z，将文档 d 和单词 w 关联起来。此外，d 和 w 独立地以概念 z 为条件。该图形模型的示意图如下所示：

$$d \xleftarrow{P(d_i|\,z_k)} \overset{\overset{P(z_k)}{\Downarrow}}{z} \xrightarrow{P(w_j|\,z_k)} w$$

其中，下标 i 、j 和 k 分别表示文档、单词和概念的索引。PLSA 构建了一个贝叶斯网络，使用期望最大化（EM）算法来估计参数[91]。

- Dual-PLSA：Dual-PLSA 是 PLSA 的扩展。这种方法假设有两个潜在变量 z^d 和 z^w 关联文档和单词。具体来说，变量 z^d 和 z^w 分别反映了文档和单词背后的概念。Dual-PLSA 的示意图如下所示：

$$d \xleftarrow{P(d_i|\,z^d_{k_1})} z^d \xleftarrow{P(z^d_{k_1},z^w_{k_2})} z^w \xleftrightarrow{P(w_j|\,z^w_{k_2})} w$$

Dual-PLSA 的参数也可以基于 EM 算法获得。

一些基于概念的迁移学习方法是基于 PLSA 建立的。例如，Xue 等的论文提出了一种跨域文本分类方法，称为 topic-bridged probabilistic latent semantic analysis（TPLSA）[92]。TPLSA 是 PLSA 的扩展，它假设源域和目标域实例有相同的词混合概念。作者没有对源域和目标域分别执行两个 PLSA，而是通过使用混合概念 z 作为桥梁将这两个 PLSA 合并为一个整体，即每个概念都有一些概率产生源域和目标域文档。TPLSA 的示意图如下所示：

$$\begin{array}{l} d^S \nwarrow \dfrac{P(d_i^S|\,z_k)}{} \\ d^T \swarrow \dfrac{}{P(d_i^T|\,z_k)} \end{array} z \xleftarrow{P(z_k|\,w_j)} w$$

请注意，PLSA 不需要标签信息。为了利用标签信息，作者在 TPLSA 的目标函数中添加了概念约束作为惩罚项，包括 must-link 和 cannot-link 约束。最后，通过使用 EM 算法迭代优化目标函数以获得分类结果（即 $\arg\max_{z} P\left(z|d_i^T\right)$）。

Zhuang 等的工作提出了一种称为协同 Dual-PLSA(collaborative dual-PLSA, CD-PLSA) 的方法，用于多域文本分类（m^S 个源域和 m^T 个目标域）[93-94]。CD-PLSA 是 Dual-PLSA 的扩展，其示意图如下所示：

$$
\begin{array}{ccccccccc}
P\left(\mathcal{D}_{k_0}\right) & & P\left(d_i|z_{k_1}^d,\mathcal{D}_{k_0}\right) & & & & & & P\left(w_j|z_{k_2}^d,\mathcal{D}_{k_0}\right) \\
\Downarrow & & \Downarrow & & & & & & \Downarrow \\
\mathcal{D} & \rightarrow & d & \leftarrow & z^d & \xleftrightarrow{P(z_{k_1}^d,z_{k_2}^d)} & z^w & \rightarrow & w \\
 & & & & \searrow\_\_\_\nearrow & & & &
\end{array}
$$

其中，$1 \leqslant k_0 \leqslant m^S + m^T$ 表示域索引。域 D 连接变量 d 和 w，但独立于变量 z^d 和 z^w。通过初始化值 $P\left(d_i|z_{k_1}^d, D_{k_0}\right)\left(k_0 = 1,2,\cdots,m^S\right)$ 来利用源域实例的标签信息。由于缺少目标域标签信息，值 $P\left(d_i|z_{k_1}^d, D_{k_0}\right)\left(k_0 = m^S + 1,\cdots,m^S + m^T\right)$ 可以基于任何监督分类器进行初始化。同样，作者采用 EM 算法来寻找参数。通过迭代，得到贝叶斯网络中的所有参数。因此，目标域中第 i 个文档的类标签（由 D_k 表示）可以通过计算后验概率来预测，即 $\arg\max_{z^d} P\left(z^d|d_i, D_k\right)$。

Zhuang 等进一步提出了一个通用框架，称为 homogeneous-identical-distinct-concept model (HIDC) [95]。该框架也是 Dual-PLSA 的扩展。HIDC 由三个生成模型组成，即相同概念模型（identical-concept model）、同构概念模型（homogeneous-concept model）和不同概念模型（distinct-concept model）。这三个图类模型如下所示：

Identical-concept model：

$$
\begin{array}{c}
\mathcal{D} \rightarrow d \leftarrow z^d \rightarrow z_{\mathrm{IC}}^w \rightarrow w \\
\searrow\_\_\_\_\nearrow
\end{array}
$$

Homogeneous-concept model：

$$
\begin{array}{c}
\nearrow\overline{\qquad\qquad\qquad}\searrow \\
\mathcal{D} \rightarrow d \leftarrow z^d \rightarrow z_{\mathrm{HC}}^w \rightarrow w \\
\searrow\_\_\_\_\nearrow
\end{array}
$$

Distinct-concept model:

$$
\begin{array}{c}
\nearrow \overline{\qquad\qquad} \searrow \overline{\quad} \searrow \\
\mathcal{D} \rightarrow d \leftarrow z^{d} \rightarrow z_{\mathrm{DC}}^{w} \rightarrow w \\
\searrow \underline{\qquad} \nearrow
\end{array}
$$

原始的词概念 z^w 分为三种，即 z_{IC}^{w} 、 z_{HC}^{w} 和 z_{DC}^{w} 。在相同概念模型中，词的分布仅依赖于词的概念，而词的概念与领域无关。然而，在同构概念模型中，单词分布也取决于域。相同概念和同构概念的区别在于 z_{IC}^{w} 是可直接迁移的，而 z_{HC}^{w} 是特定领域的可迁移概念，对不同领域的词分布可能有不同的影响。在不同概念模型中， z_{DC}^{w} 实际上是不可迁移的特定域的概念，它可能只出现在特定域中。上述三种模式合而为一，即 HIDC。与其他 PLSA 相关算法类似，HIDC 也使用 EM 算法来获取参数。

4.2.5 特征选择

特征选择是特征降维的另一种操作，用于提取 pivot 特征。pivot 特征是在不同域中以相同方式表现的特征。由于这些特征的稳定性，它们可以作为迁移知识的桥梁。例如，Blitzer 等提出了结构对应学习（structural correspondence learning, SCL）的方法[96]。SCL 包括以下步骤来构建新的特征表示。

（1）特征选择：SCL 首先进行特征选择操作，得到 pivot 特征。

（2）映射学习：通过使用结构学习技术[97]，利用 pivot 特征来寻找低维公共潜在特征空间。

（3）特征堆叠：通过特征增强构建新的特征表示，即将原始特征与获得的低维特征进行堆叠。

以词性标注问题为例，选定的 pivot 特征应经常出现在源域和目标域中。因此，决策器可以包含在 pivot 特征中。一旦定义并选择了所有 pivot 特征，就构建了许多二元线性分类器，其功能是预测每个 pivot 特征的出现。不失一般性地，用于预测第 i 个 pivot 特征的第 i 个分类器的决策函数可以表示为 $f_i(x)=\operatorname{sign}(\theta_i \cdot x)$，其中 x 被假定为二进制特征输入。且第 i 个分类器在所有实例上进行训练，不包括从第 i 个 pivot 特征导出的特征。以下公式可用于估计第 i 个分类器的参数，即

$$
\theta_i = \arg\min_{\theta} \frac{1}{n} \sum_{j=1}^{n} \mathcal{L}(\theta \cdot x_j, \mathrm{Row}_i(x_j)) + \lambda \| \theta \|^2
$$

其中， $\mathrm{Row}_i(x_j)$ 表示未标记实例 x_j 在第 i 个 pivot 特征上的真实值。将得到的参数向量

作为列元素进行叠加，得到矩阵 $\tilde{\boldsymbol{W}}$ 。接下来，基于奇异值分解（SVD），取前 k 个左奇异向量，即矩阵 $\tilde{\boldsymbol{W}}$ 的主成分，构造变换矩阵 $\boldsymbol{W}$ 。最后，对标记的分类器训练最终分类器增强特征空间中的实例，即 $([x_i^L;\boldsymbol{W}^{\mathrm{T}}x_i^L]^{\mathrm{T}},y_i^L)$ 。

4.2.6 特征编码

除了特征提取和特征选择，特征编码也是一个有效的工具。例如，深度学习领域经常采用的自编码器可用于特征编码。自编码器由编码器和解码器组成。编码器尝试生成输入的更抽象表示，而解码器旨在映射回该表示并最小化重构误差。可以堆叠自编码器来构建深度学习架构。一旦自动编码器完成训练过程，另一个自动编码器可以堆叠在它的上面。然后通过使用上层自动编码器的编码输出作为其输入来训练新添加的自动编码器。通过这种方式，可以构建深度学习架构。

一些迁移学习方法是基于自动编码器开发的。例如，Glorot 等的论文提出了堆叠去噪自编码器(stacked denoising autoencoder, SDA)[98]。去噪自编码器可以增强鲁棒性，是基本自编码器的扩展[99]。这种自编码器包含一种随机破坏机制，可以在映射之前向输入添加噪声，例如，可以通过添加掩蔽噪声或高斯噪声来破坏或部分损坏输入；然后训练去噪自编码器以最小化原始干净的输入和输出之间的去噪重建误差。论文中提出的 SDA 算法主要包括以下步骤。

（1）自编码器训练：源域实例和目标域实例用于以逐层贪心的方式训练多个去噪自编码器。

（2）特征编码和堆叠：通过对中间层的编码输出进行堆叠，构造一个新的特征表示，将实例的特征转化为新的特征表示。

（3）学习器训练：目标分类器在转换后的标记实例上进行训练。

SDA 算法虽然在特征提取方面具有优异的性能，但仍存在计算量大、参数估计成本高等缺点。为了缩短训练时间并加快传统 SDA 算法的速度，Chen 等提出了 SDA 的修改版本，即 marginalized stacked linear denoising autoencoder (mSLDA)[100-101]。该算法采用线性自编码器，并以封闭形式边缘化随机破坏步骤。线性自编码器似乎太简单了，无法学习复杂的特征。然而，作者观察到，对于高维数据，线性自编码器通常足以实现出色的性能。mSLDA 的基本架构是一个单层线性自编码器，对应的单层映射矩阵 $\boldsymbol{W}$（为方便起见，增加了一个偏置列）应该最小化预期的平方重建损失函数，即

$$\boldsymbol{W}=\arg\min_{\boldsymbol{W}}\frac{1}{2n}\sum_{i=1}^{n}\mathbb{E}_{P(\tilde{x}_i|x)}[\|x_i-\boldsymbol{W}\tilde{x}_i\|^2]$$

其中，$\tilde{x}_i$ 表示输入 x_i 的损坏版本。文献[100]和文献[101]中给出了 $\boldsymbol{W}$ 的解：

$$\boldsymbol{W}=\left(\sum_{i=1}^{n}x_i\mathbb{E}[\tilde{x}_i]^T\right)\left(\sum_{i=1}^{n}\mathbb{E}[\tilde{x}_i\tilde{x}_i^T]^T\right)^{-1}$$

当破坏方式确定后，上述公式可以进一步扩展和简化为特定的形式。注意，为了引入非线性，在获得封闭形式的矩阵 $\boldsymbol{W}$ 后，使用非线性函数来压缩每个自编码器的输出。然后，下一个线性自编码器以类似于 SDA 的方式堆叠到当前的自编码器上。为了处理高维数据，作者还提出了一种扩展方法，以进一步降低计算复杂度。更多的，Zhu 等针对不平衡的领域自适应问题，提出一种深度稀疏自动编码器，可以根据不平衡的程度自动调整模型，以弥补领域之间的差距[102]。

4.2.7 特征对齐

请注意，特征增强和特征降维主要关注特征空间中的显式特征。相比之下，除了显式特征，特征对齐还侧重于一些隐式特征，例如统计特征和谱特征。因此，特征对齐可以在特征转换过程中发挥多种作用。例如，可以对齐显式特征以生成新的特征表示，或者可以对齐隐式特征以构建令人满意的特征转换。

可以对齐的特征有多种，包括子空间特征、谱特征和统计特征。以子空间特征对齐为例。典型的做法主要有以下几个步骤。

（1）子空间生成：在这一步中，实例用于为源域和目标域生成各自的子空间，然后获得源域和目标域子空间的正交基，分别用 M_S 和 M_T 表示，用于学习子空间之间的转换。

（2）子空间对齐：在第二步中，学习对齐子空间的基 M_S 和 M_T 的映射，并且实例的特征被投影到对齐的子空间以生成新的特征表示。

（3）学习器训练：最后，目标学习器在转换后的实例上进行训练。

例如，Fernando 等的工作提出了子空间对齐(subspace alignment, SA)[103]。在 SA 中，子空间是通过执行 PCA 生成的；通过选择前导特征向量获得基数 MS 和 MT。然后，学习一个变换矩阵 $\boldsymbol{W}$ 来对齐子空间，给出如下[103]：

$$\boldsymbol{W}=\arg\min_{\boldsymbol{W}}\|M_S\boldsymbol{W}-M_T\|_F^2=M_S^TM_T$$

其中，$\|\cdot\|_F$ 表示 Frobenius 范数。注意，矩阵 $\boldsymbol{W}$ 将 MS 与 MT 对齐，或者说，将源子空间坐标系转换为目标子空间坐标系。转换后的低维源域和目标域实例分别由 XSMSW 和 XTMT 给出。最后，可以对生成的转换实例训练学习器。

许多迁移学习方法是根据 SA 建立的。例如，Sun 和 Saenko 的论文提出了一种对齐子空间基和分布的方法[104]，称为两个子空间之间的子空间分布对齐(subspace distribution alignment between two subspaces, SDA-TS)。在 SDA-TS 中，变换矩阵 $\boldsymbol{W}$ 被公式化为 $\boldsymbol{W}=M_S^T M_T Q$，其中 $\boldsymbol{Q}$ 是用于对齐分布差异的矩阵。SA 中的变换矩阵 $\boldsymbol{W}$ 是 SDA-TS 中变换矩阵的一种特殊情况，将 $\boldsymbol{Q}$ 设置为单位矩阵。注意，SA 是一种对称的基于特征的方法，而 SDA-TS 是一种非对称的方法。在 SDA-TS 中，标记的源域实例被投影到源子空间，然后映射到目标子空间，最后映射回目标域。转换后的源域实例被公式化为 $X^S M_S \boldsymbol{W} M_T^T$。

另一种代表性的子空间特征对齐方法是由 Gong 等提出的 Geodesic flow kernel（GFK）[105]。GFK 与先前的 Geodesic flow subspaces (GFS) [106]方法密切相关。在介绍 GFK 之前，让我们先回顾一下 GFS 的步骤。GFS 的灵感来自增量学习。直观地说，利用两个域之间的潜在路径所传达的信息可能有利于领域自适应。GFS 通常采取以下步骤来对齐特征。

（1）子空间生成：GFS 首先通过 PCA 分别生成源域和目标域的两个子空间。

（2）子空间插值：得到的两个子空间可以看作 Grassmann 流形上的两个点[107]。基于流形的几何特性，在这两个子空间之间生成有限数量的内插子空间。

（3）特征投影和堆叠（feature projection & stacking）：通过将所获子空间的对应投影进行叠加来转换原始特征。

尽管 GFS 效果优越，但在如何确定插值子空间的数量上仍存在问题。GFK 通过整合位于测地线(geodesic)上从源子空间到目标子空间的无限多个子空间来解决这个问题。GFK 的核心是构建一个无限维的特征空间，该空间包含位于测地线流上的所有子空间的信息。为了计算所得无限维空间中的内积，定义并导出测地线核。此外，文章提出了子空间不一致测度（subspace-disagreement measure）来选择子空间的最优维数；若是多源域，还提出了利用域的秩（rank-of-domain）来选择最佳源域。

统计特征对齐是另一种特征对齐。例如，Sun 等提出了一种称为 co-relation alignment (CORAL）的方法。CORAL 通过对齐二阶统计特征，即协方差矩阵来构建源特征的变换矩阵。变换矩阵 $\boldsymbol{W}$ 给出如下[108]：

$$\boldsymbol{W}=\arg\min_{\boldsymbol{W}} \|\boldsymbol{W}^T \boldsymbol{C}_S \boldsymbol{W}-\boldsymbol{C}_T\|_F^2$$

其中，$\boldsymbol{C}$ 表示协方差矩阵。注意，与上述基于子空间的方法相比，CORAL 避免了子空间生成和投影，且非常容易实现。

一些迁移学习方法是基于谱特征对齐建立的。在传统的机器学习领域，谱聚类是一种基于图论的聚类技术。该技术的关键是在聚类之前利用相似矩阵的谱，即特征值来降低特征的维数。构建相似度矩阵以定量评估每对数据/顶点的相对相似度。Pan 等在谱聚类和特征对齐的基础上，提出了谱特征对齐（spectral feature alignment, SFA）[109]。SFA 是一种情感分类算法。该算法尝试识别不同领域中的域特定词（domain-specific words）和域独立词（domain-independent words），然后对齐这些域特定词特征以构建低维特征表示。SFA 一般包含以下五个步骤。

（1）特征选择：在这一步中，用特征选择来选择域独立/pivot 特征。文献中提出了三种策略来选择域独立特征。这些策略分别基于单词的出现频率、特征和标签之间的互信息[110]、特征和域之间的互信息。

（2）相似矩阵构建：只要确定了域特定特征和域独立特征，就构建起一个二分图。这个二分图的每条边都分配有一个权重，用于衡量域特定词和域独立词之间的同现关系（co-occurrence relationship），然后基于二分图构建相似矩阵。

（3）谱特征对齐：在这一步中，调整并执行谱聚类算法以对齐域特定特征[111-112]。具体来说，基于图的拉普拉斯矩阵的特征向量，构造特征对齐映射，将域特定特征映射到低维特征空间。

（4）特征堆叠：将原始特征和低维特征进行堆叠，产生最终的特征表示

（5）学习器训练：目标学习器在带有最终特征表示的标记实例上进行训练。

还有一些其他谱相关的迁移学习方法。例如，Ling 等的工作提出了跨域谱分类器(cross-domain spectral classifier, CDSC) [113]方法。这种方法的一般思想和步骤如下。

（1）相似矩阵构建：构建两个相似矩阵，分别对应所有实例和目标域实例。

（2）谱特征对齐：针对图分区指示向量设计目标函数；构造一个约束矩阵，其中包含成对的 must-link 信息。算法不寻求指示向量的离散解，而是放宽为连续解，并求解目标函数对应的特征系统问题来构建对齐的谱特征[114]。

（3）学习者训练：在转换后的实例上训练传统的分类器。

更具体地说，目标函数具有广义瑞利商的形式，其目的是找到符合标签信息的最优图分割[115]，以最大化目标域实例的距离，并适合成对属性的约束。特征分解后，选择最后的特征向量组合为矩阵，然后对矩阵进行归一化。归一化矩阵的每一行代表一个转换的实例。

5 基于模型的解释

迁移学习方法也可以从模型的角度来解释。图 4 展示了相应的策略和目标。迁移学习模型的主要目标是对目标域做出准确的预测结果，例如分类或聚类结果。注意，迁移学习模型可能包含一些子模块，例如分类器、提取器或编码器。这些子模块可能扮演不

同的角色，如特征自适应或生成伪标签。在本节中，根据图 4 所示的方法，以适当的顺序介绍了一些相关的迁移学习方法。

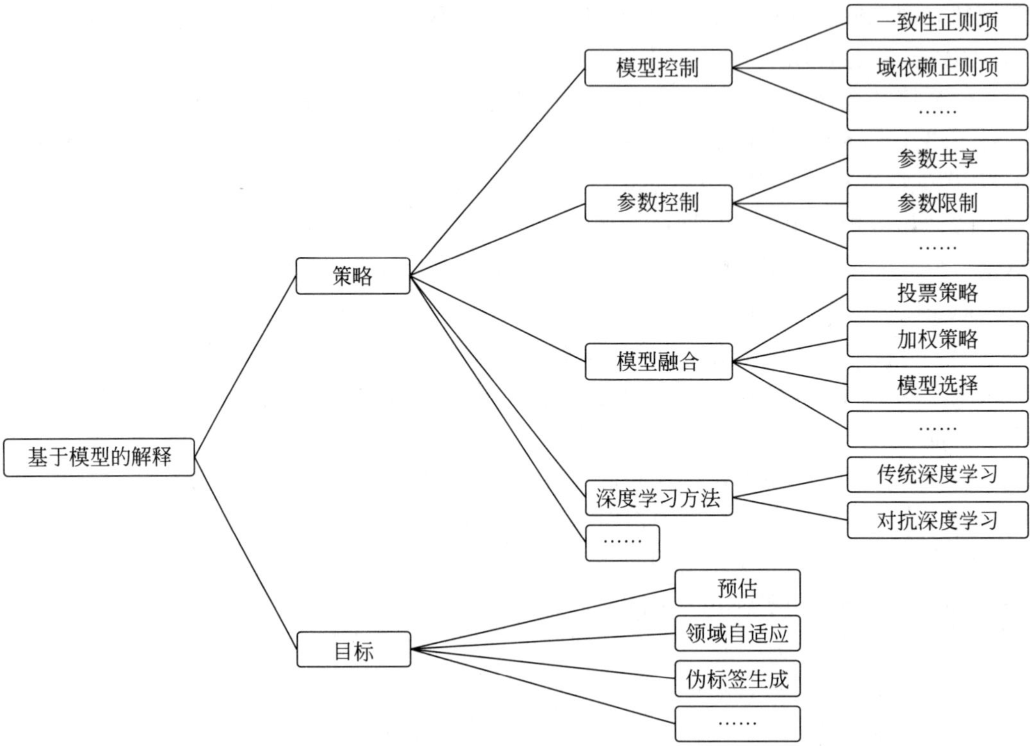

图 4 从模型角度看迁移学习方法的策略和目标

5.1 模型控制策略

从模型的角度来看，一个很自然的想法是直接将模型层的正则项添加到学习器的目标函数中，这样就可以在训练过程中将预先获得的源模型中包含的知识迁移到目标模型中。例如，Duan 等的论文提出了一个名为域自适应机（domain adaptation machine, DAM）的通用框架[116-117]，专为多源迁移学习而设计。DAM 的目标是借助一些分别在多个源域上训练的预先获得的基分类器，为目标域构建一个健壮的分类器。目标函数由下式给出：

$$\min_{f^T} \mathcal{L}^{T,L}\left(f^T\right)+\lambda_1\Omega^D\left(f^T\right)+\lambda_2\Omega(f^T)$$

其中，第一项表示用于最小化标记目标域实例的分类误差的损失函数，第二项表示不同的正则化项，第三项用于控制最终决策函数 f^T 的复杂度。$\mathcal{L}^{T,L}(f^T)$ 可以采用不同类型的损失函数，例如平方误差或交叉熵损失。一些迁移学习方法在某种程度上可以看作这个框架的特例。

- 一致性正则项（consensus regularizer）。Luo 等的工作提出了一致性正则化框架（consensus regularization framework, CRF）[118-119]。CRF 是为未标记的目标域实例的多源迁移学习而设计的。该框架构建了对应于每个源域的 m^S 个分类器，这些分类器需要在目标域上达成相互一致性。每个源分类器的目标函数用 $f_k^S\left(k=1,2,\cdots,mS\right)$ 表示，类似于 DAM 的目标函数，如下所示：

$$\min_{f_k^S} -\sum_{i=1}^{n^{S_k}}\log P\left(y_i^{S_k}|x_i^{S_k};f_k^S\right)+\lambda_2\Omega\left(f_k^S\right)+\lambda_1\sum_{i=1}^{n^{T,U}}\sum_{y_j\in\mathcal{Y}}S\left(\frac{1}{m^S}\sum_{k_0=1}^{m^S}P(y_j\mid x_i^{T,U};f_{k_0}^S)\right)$$

其中，f_k^S 表示对应于第 k 个源域的决策函数，且 $S(x)=-x\log x$。第一项用于量化第 k 个源域上第 k 个分类器的分类误差，最后一项是交叉熵形式的一致性正则项。一致性正则项不仅可以增强所有分类器的一致性，还可以降低对目标域预测的不确定性。作者基于逻辑回归实现了这个框架。DAM 和 CRF 之间的区别在于 DAM 明确构建目标分类器，而 CRF 根据源分类器达成的一致性进行目标预测。

- 域依赖正则项（domain-dependent regularizer）。Fast-DAM 是 DAM 的一种特定算法[116]。根据流形假设[32]和基于图的正则项[120-121]，Fast-DAM 设计了一个域依赖的正则项。目标函数由下式给出：

$$\min_{f^T}\sum_{j=1}^{n^{T,L}}\log P(y_i^{S_k}|x_i^{S_k};f_k^S)+\lambda_2\Omega(f_k^S)+\lambda_1\sum_{k=1}^{m^S}\beta_k\sum_{i=1}^{n^{T,U}}(f^T(x_i^{T,U})-f_k^S(x_i^{T,U}))^2$$

其中，$f_k^S(k=1,2,\cdots,mS)$ 表示为第 k 个源域预先获得的源决策函数；β_k 表示由目标域和第 k 个源域之间的相关性决定的权重参数，β_k 可以基于 MMD 度量进行测量；第三项是域依赖正则项，可迁移包含在由域依赖激发的源分类器中的知识。在文献[116]中，作者还基于 ε 不敏感损失函数在上述目标函数中引入并添加了一个新项[122]，使得模型具有较高的计算效率。

- 域依赖正则项 + Universum 正则项。Univer-DAM 是 Fast-DAM 的扩展[117]。它的目标函数包含一个额外的正则项，即 Universum 正则项。该正则项通常使用 Universum 作为附加数据集，其中，实例既不属于正类或也不属于负类[123]。作者将源域实例视为目标域的 Universum，Univer-DAM 的目标函数表示如下：

$$\min_{f^T}\sum_{j=1}^{n^{T,L}}(f^T(x_j^{T,L})-y_j^{T,L})^2+\lambda_2\sum_{j=1}^{n^S}(f^T(x_j^S))^2+\lambda_1\sum_{k=1}^{m^S}\beta_k\sum_{i=1}^{n^{T,U}}(f^T(x_i^{T,U})-f_k^S(x_i^{T,U}))^2+\lambda_3\Omega(f^T)$$

与 Fast-DAM 类似，也可以使用ε不敏感损失函数[117]。

5.2 参数控制策略

参数控制策略关注模型的参数。例如，在对象分类的应用中，来自已知源类别的知识可以通过形状和颜色等对象属性迁移到目标类别[124]。属性先验（attribute priors），即每个属性对应的图像特征的概率分布参数，可以从源域中学习，然后用于学习目标分类器。模型的参数实际上反映了模型学到的知识。因此，可以在参数级别迁移知识。

5.2.1 参数共享

控制参数的一种直观方式是将源学习器的参数直接共享给目标学习器。参数共享被广泛采用，尤其是在基于网络的方法中。例如，如果有一个用于源任务的神经网络，我们可以冻结（即共享）它的大部分层，只对最后几层进行微调以生成目标网络。5.4 节将介绍基于网络的方法。

除了基于网络的参数共享，基于矩阵分解的参数共享也是可行的。例如，Zhuang 等提出了一种文本分类方法，称为基于矩阵三分解的分类框架（matrix tri-factorization based classification framework, MTrick）[125]。作者观察到，在不同的领域，不同的词或短语有时表达相同或相似的内涵。因此，使用单词背后的概念而不是单词本身作为迁移源域知识的桥梁更有效。与基于 PLSA 的通过构建贝叶斯网络来利用概念的迁移学习方法不同，MTrick 试图通过矩阵三分解来找到文档类与词簇所传达的概念之间的联系。这些联系应该是可迁移的稳定知识。算法的主要思想是将一个 document-to-word 矩阵分解为三个矩阵，即文档到集群（document-to-cluster）、联系（connection）和集群到词（cluster-to-word）矩阵。具体而言，通过分别对源域和目标域的 document-to-word 矩阵进行矩阵三分解操作，构建下式所示的联合优化问题：

$$\min_{\boldsymbol{Q},\boldsymbol{R},\boldsymbol{W}} \|\boldsymbol{X}^S - \boldsymbol{Q}^S\boldsymbol{R}\boldsymbol{W}^S\|^2 + \lambda_1\|\boldsymbol{X}^T - \boldsymbol{Q}^T\boldsymbol{R}\boldsymbol{W}^T\|^2 + \lambda_2\|\boldsymbol{Q}^S - \breve{\boldsymbol{Q}}^S\|^2$$
$$\text{s.t. Normalization Constraints}$$

其中，$\boldsymbol{X}$ 表示 document-to-word 矩阵，$\boldsymbol{Q}$ 表示 document-to-cluster 矩阵，$\boldsymbol{R}$ 表示从文档簇到词簇的转换矩阵，$\boldsymbol{W}$ 表示 cluster-to-word 矩阵，n^d 表示文档数量，$\breve{\boldsymbol{Q}}^S$ 表示标签矩阵。矩阵 $\breve{\boldsymbol{Q}}^S$ 是基于源域文档的类信息构建的。如果第 i 个文档属于第 k 个类别，则 $\breve{\boldsymbol{Q}}^S_{[i,k]}=1$。在上述目标函数中，矩阵 $\boldsymbol{R}$ 实际上是共享的参数。第一项旨在三分解源域的 document-to-word 矩阵，第二项分解目标域的 document-to-word 矩阵，最后一项包含源域标签信息。可以基于交替迭代法求解优化问题。得到 $\boldsymbol{Q}^T$ 的解后，第 k 个目标域实例的类索引就是 $\boldsymbol{Q}^T$ 第 k 行中最大值对应的索引。

此外，Zhuang 等扩展 MTrick 并提出了 triplex transfer learning (TriTL) [126]。MTrick 假设域共享其词簇背后的相似概念，而 TriTL 假设这些域的概念可以进一步分为三种类型，即域独立概念、可迁移的域特定概念和不可迁移的域特定概念，与 HIDC 类似。这个想法受到双重迁移学习(dual transfer learning, DTL)启发，其中假设概念由域独立概念和可迁移的域特定概念组成[127]。TriTL 的目标函数如下：

$$\min_{\boldsymbol{Q},\boldsymbol{R},\boldsymbol{W}} \sum_{k=1}^{m^S+m^T} \left\| X_k - \boldsymbol{Q}_k \begin{bmatrix} \boldsymbol{R}^{\mathrm{DI}} & \boldsymbol{R}^{\mathrm{TD}} & \boldsymbol{R}_k^{\mathrm{ND}} \end{bmatrix} \begin{bmatrix} W^{\mathrm{DI}} \\ W_k^{\mathrm{TD}} \\ W_k^{\mathrm{ND}} \end{bmatrix} \right\|^2$$

$$\text{s.t. Normalization Constraints}$$

其中，符号的定义与 MTrick 的类似，下标 k 表示域的索引，假设前 m^S 个域是源域，前 m^T 个域是目标域。作者提出了一种迭代算法来解决优化问题。在初始化阶段，根据 PLSA 算法的聚类结果对 W^{DI} 和 W_k^{TD} 进行初始化，W_k^{UT} 则随机初始化；PLSA 算法对所有域的实例的组合执行。

还有其他一些基于矩阵分解设计的方法。Wang 等提出了一种用于图像分类的迁移学习框架[128]。Wang 等提出了一种软关联（softly associative）方法，将两个矩阵三分解整合到一个联合框架中[129]。Do 等利用矩阵三分解来发掘跨域推荐的隐式相似性和显式相似性[130]。

5.2.2 参数限制

另一种参数控制型策略是限制参数。与强制模型共享一些参数的参数共享策略不同，参数限制策略只要求源模型和目标模型的参数相似。

以类别学习的方法为例。类别学习问题是学习一个新的决策函数，用于预测一个新的类别（用第 $(k+1)$ 个类别表示），只有有限的目标域实例和 k 个预先获得的二元决策函数。这些预先获得的决策函数的功能是预测一个实例属于 k 个类别中的哪一个。为了解决类别学习问题，Tommasi 等提出了单模型知识迁移方法（single-model knowledge transfer, SMKL）[131]。SMKL 基于最小二乘支持向量机(LS-SVM)。LS-SVM 的优点是可将不等式约束转化为等式约束，计算效率高；它的优化等效于求解线性方程组问题而不是二次规划问题。SMKL 选择预先获得的二元决策函数之一，并迁移其参数中包含的知识。目标函数由下式给出：

$$\min_f \frac{1}{2}\left\|\boldsymbol{\theta} - \beta\tilde{\boldsymbol{\theta}}\right\|^2 + \frac{\lambda}{2}\sum_{j=1}^{n^{T,L}} \eta_j (f(\boldsymbol{x}_j^{T,L}) - y_j^{T,L})^2$$

其中，$f(x)=\theta\cdot\Phi(x)+b$，$\beta$ 是控制迁移程度的权重参数，$\tilde{\theta}$ 是选定的预先获得的模型的参数，η_j 是解决标签不平衡问题的系数。基于交叉验证选择核参数和权衡参数。为了找到最优的加权参数，作者参考了早期的工作[132]。在文献[132]中，Cawley 提出了一种 LS-SVM 的模型选择机制，该机制基于留一法的交叉验证方法。这种方法的优越性在于，无须进行真正的交叉验证实验，就可以以封闭的形式获得每个实例的留一法误差。受 Cawley 工作的启发，可以轻松估计泛化误差以指导 SMKL 中的参数设置。

Tommasi 等利用所有预先获得的决策函数进一步扩展 SMKL。文献[133]提出了多模型知识迁移（multi-model knowledge transfer, MMKL）。其目标函数表示如下：

$$\min_f \frac{1}{2}\left\|\boldsymbol{\theta}-\sum_{i=1}^{k}\beta_i\boldsymbol{\theta}_i\right\|^2+\frac{\lambda}{2}\sum_{j=1}^{n^{T,L}}\eta_j(f(\boldsymbol{x}_j^{T,L})-y_j^{T,L})^2$$

其中，θ_i 和 β_i 分别是模型参数和第 i 个预先获得的决策函数的权重参数。留一法误差也可以用封闭形式得到，$\beta_i\left(i=1,2,\cdots,k\right)$ 的最优值是使泛化性能最大化的那个。

5.3 模型融合/集成策略

在与产品评论相关的情感分析应用程序中，多产品域的数据或模型可以用作源域[134]。将数据或模型直接组合到单个域中可能效果不佳，因为域分布彼此不同。模型融合/集成是另一种常用的策略。该策略旨在结合多个弱分类器来进行最终预测。之前提到的一些迁移学习方法已经采用了这种策略。例如，TrAdaBoost 和 MsTrAdaBoost 分别通过投票机制和加权机制来集成弱分类器。在本节中，将介绍几种典型的基于集成的迁移学习方法，以帮助读者更好地理解该策略的功能和应用。

如 4.1 节所述，文献[35]中提出了 TaskTrAdaBoost，它是用于处理多源场景的 TrAdaBoost 的扩展。TaskTrAdaBoost 主要有以下两个阶段。

（1）候选分类器构建：在第一阶段，通过对每个源域执行 AdaBoost 来构建一组候选分类器。请注意，对于每个源域，AdaBoost 的每次迭代都会产生一个新的弱分类器。为了避免过拟合问题，作者引入了一个阈值来挑选合适的分类器进入候选组。

（2）分类器选择和集成：在第二阶段，对目标域实例执行 AdaBoost 的修改版以构建最终分类器。在每次迭代中，选出在标记的目标域实例上具有最低分类误差的最佳候选分类器，并根据分类误差分配权重。然后，根据所选分类器在目标域上的性能更新每个目标域实例的权重。在迭代过程之后，选定的分类器被集成以产生最终的预测。

原始 AdaBoost 与 TaskTrAdaBoost 第二阶段的不同之处在于，在每次迭代中，前者在加权的目标域实例上构造一个新的候选分类器，而后者选择一个预先获得的在加权目标域实例上具有最小分类误差的候选分类器。

Gao 等的文章提出了另一个基于集成的框架，称为局部加权集成（locally weighted ensemble, LWE）[135]。LWE 专注于各种学习器的集成过程；这些学习器可以构建在不同的源域上，也可以通过在单个源域上执行不同的学习算法来构建。与学习每个学习器全局权重的 TaskTrAdaBoost 不同，作者采用了局部权重策略，即根据目标域测试集的局部流形结构为学习器分配自适应权重。在 LWE 中，在对不同的目标域实例进行分类时，通常会为学习器分配不同的权重。具体来说，作者采用基于图的方法来估计权重。加权步骤概述如下：

（1）图构建：对于第 i 个源学习器，通过用学习器对测试集中的目标域实例进行分类来构建图 $G_{S_i}^T$；如果两个实例被归入同一类，则它们在图中是相连的。同时，通过执行聚类算法，对目标域实例构建另一个图 G^T。

（2）学习器权重：第 i 个学习器对于第 j 个目标域实例 x_j^T 的权重与该实例在 $G_{S_i}^T$ 和 G^T 中的局部结构之间的相似性成正比，且可以通过这两个图中 x_j^T 的公共邻居的百分比来衡量相似度。

注意，此加权方案基于聚类流形假设，即如果两个实例在高密度区域中彼此靠近，则它们通常具有相似的标签。为了检查这个假设对任务的有效性，在源域训练集上进行测试目标任务。具体来说，训练集的聚类质量通过使用纯度或熵等指标进行量化和检验。如果聚类质量不令人满意，则为学习器分配统一的权重。此外，如果测量的每个学习器的结构相似度特别低，那么对这些学习器进行加权和组合似乎是不合理的。因此，作者引入了一个阈值，并将其与平均相似度进行比较。如果相似度低于阈值，则 x_j^T 的标签由其置信度高的邻居的投票方案决定，其中置信度高的邻居是由组合分类器做出标签预测的邻居。

上面提到的 TaskTrAdaBoost 和 LWE 方法主要关注集成过程。相比之下，一些研究更侧重于弱学习器的构建。例如，ensemble framework of anchor adapters(ENCHOR)是 Zhuang 等提出的加权集成框架[136]，其中 anchor(s)是特定的实例。不同于 TrAdaBoost 调整实例的权重以迭代地训练和产生新的学习器，ENCHOR 由 anchor 产生实例的不同形式，通过使用这些不同形式来构建一组弱学习器。某个实例与 anchor 之间的相似度越高，该实例的特征相对于 anchor 保持不变的可能性就越大，其中相似度可以使用余弦或高斯距离函数来衡量。ENCHOR 包含以下步骤。

（1）Anchor 选择：在这一步中，选择一组 anchor。这些 anchor 可以根据一些规则甚至随机选择。为了提高 ENCHOR 的最终性能，作者提出了一种选择高质量 anchor 的方法[136]。

（2）生成基于 anchor 的表现形式：对于每一个 anchor 和每一个实例，将一个实例的特征向量直接乘以一个系数，该系数衡量从实例到 anchor 的距离。通过这种方式，每个锚点都会产生一对新的 anchor 自适应的源域实例和目标域实例集。

（3）学习器训练与集成：得到的实例集对可以分别用于训练学习器。然后，对生成的学习器进行加权和组合以做出最终预测。

ENCHOR 很容易以并行方式实现，因为每个 anchor 上执行的操作都是独立的。

5.4 深度学习

深度学习方法在机器学习领域尤为流行。许多研究人员利用深度学习技术来构建迁移学习模型。例如，4.2.6 节中提到的 SDA 和 mSLDA 方法利用了深度学习技术。在本节中，我们专门讨论与深度学习相关的迁移学习模型。引入的深度学习方法分为两种类型，即非对抗性/传统的和对抗性的。

5.4.1 传统深度学习

如前所述，自动编码器经常用于深度学习领域。除了 SDA 和 mSLDA，还有一些其他基于重构的迁移学习方法。例如，Zhuang 等的文章提出了 transfer learning with deep autoencoders (TLDA)[46,137]。TLDA 分别为源域和目标域采用两个自动编码器。这两个自动编码器共享相同的参数。编码器和解码器都有两层带有激活函数的层。两个自动编码器的示意图如下所示：

$$X^S \xrightarrow{(W_1,b_1)} Q^S \xrightarrow[\text{Softmax回归}]{(W_2,b_2)} R^S \xrightarrow{(\hat{W}_2,\hat{b}_2)} \tilde{Q}^S \xrightarrow{(\hat{W}_1,\hat{b}_1)} \tilde{X}^S$$

$$\Uparrow$$

KL散度

$$\Downarrow$$

$$X^T \xrightarrow{(W_1,b_1)} Q^T \xrightarrow[\text{Softmax回归}]{(W_2,b_2)} R^T \xrightarrow{(\hat{W}_2,\hat{b}_2)} \tilde{Q}^T \xrightarrow{(\hat{W}_1,\hat{b}_1)} \tilde{X}^T$$

TLDA 有如下几个目标。

（1）重构误差最小化：解码器的输出应该非常接近编码器的输入。换句话说，X^S 和 $\tilde{X}^S$ 之间的距离及 X^T 和 $\tilde{X}^T$ 之间的距离应该最小化。

（2）分布自适应：Q^S 和 Q^T 之间的分布差异应最小化。

（3）回归误差最小化：编码器在标记的源域实例上的输出，即 R^S，应该与对应的标签信息 Y^S 一致。

因此，TLDA 的目标函数由下式给出

$$\min_{\Theta} \mathcal{L}_{\text{REC}}(X,\tilde{X}) + \lambda_1 \text{KL}(Q^S \,\|\, Q^T) + \lambda_2 \Omega(W,b,\hat{W},\hat{b}) + \lambda_3 \mathcal{L}_{\text{REG}}(R^S,Y^S)$$

其中，第一项表示重构误差，KL(·) 表示 KL 散度，第三项控制复杂度，最后一项表示回归误差。TLDA 使用梯度下降法进行训练。可以通过两种不同的方式进行最终预测。第一种方法是直接使用编码器的输出进行预测。第二种方法是将自动编码器视为特征提取器，然后使用编码器第一层输出产生的特征表示在标记实例上训练目标分类器。

除了基于重构的领域自适应，基于差异的领域自适应也是一个热门方向。在早期的研究中，浅层神经网络试图学习域独立的特征表示[39]。结果发现，浅层架构通常会使生成的模型难以实现出色的性能。因此，许多研究转向利用深度神经网络。Tzeng 等向深度神经网络添加了单个自适应层和差异损失，从而提高了性能[138]。此外，Long 等采用多层自适应并利用多核技术，提出了深度适应网络（deep adaptation networks, DAN）[139]。

为了更好地理解，让我们详细回顾一下 DAN。DAN 基于 AlexNet[140]，其架构如下所示[139]。

$$
\begin{array}{c}
X^S \xrightarrow[\text{conv}]{} Q_1^S \xrightarrow[\text{conv}]{} Q_5^S \nearrow \quad \overset{\text{full}}{\underset{\text{6th}}{\longrightarrow}} R_6^S \overset{\text{full}}{\underset{\text{7th}}{\longrightarrow}} R_7^S \overset{\text{full}}{\underset{\text{8th}}{\longrightarrow}} R_8^S(f(X^S)) \\
X^T \xrightarrow[\text{1st}]{} \underbrace{Q_1^T \cdots Q_5^T}_{5\text{个卷积层}} \searrow \quad \underset{\text{MK}-\text{MMD} \quad \text{MK}-\text{MMD} \quad \text{MK}-\text{MMD}}{\underset{\text{6th}}{\overset{\text{full}}{\longrightarrow}} R_6^T \overset{\text{full}}{\underset{\text{7th}}{\longrightarrow}} R_7^T \overset{\text{full}}{\underset{\text{8th}}{\longrightarrow}} R_8^T(f(X^T))}
\end{array}
$$

3个全连接的层

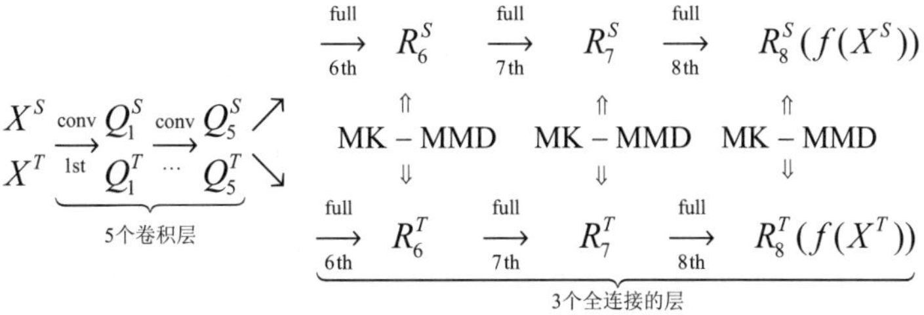

在上述网络中，特征首先由五个卷积层以通用到特定的方式提取。接下来，根据初始来自于源域还是目标域，提取的特征被送进对应的全连接的网络。这两个网络（源域网络及目标域网络）都由三个全连接的层组成，这些层专门用于源域和目标域。DAN 目标如下：

（1）分类错误最小化：标记实例的分类错误应该被最小化。采用交叉熵损失函数来衡量标记实例的预测误差。

（2）分布自适应：多个层，包括表示层和输出层，可以逐层联合自适应。作者没有使用单核 MMD 来测量分布差异，而是采用 MK-MMD，MK-MMD 的线性时间无偏估计可避免大量内积操作[64]。

（3）核参数优化：应该优化 MK-MMD 中多个核的权重参数，以最大化测试性能[64]。

由此，DAN 网络的目标函数由下式给出：

$$
\min_{\Theta} \max_{\kappa} \sum_{i=1}^{n^L} \mathcal{L}(f(x_i^L), y_i^L) + \lambda \sum_{l=6}^{8} \text{MK} - \text{MMD}(R_i^S, R_i^T; \kappa)
$$

其中，l 表示层的索引。上述优化实际上是一个极小极大优化问题。最大化关于核函数 κ 的目标函数，目的在于最大化测试性能。在这一步之后，源域和目标域之间的细微差别被放大了。这种思路类似于生成对抗网络（GAN）[141]。在训练过程中，DAN 网络由预训练的 AlexNet 初始化[140]，学习两类参数，即网络参数和多个核的加权参数。前三个卷积层输出一般且可迁移的特征，作者固定前三个卷积层并对最后两个卷积层和两个全连接层进行微调[142]。最后一个全连接层（即分类器层）是从头开始训练的。

Long 等进一步扩展了上述 DAN 方法并提出了 DAN 框架[143]。新特性总结如下。

（1）添加正则项：该框架引入了一个额外的正则项，以最小化未标记目标域实例的预测标签的不确定性，这是由熵最小化准则启发的[144]。

（2）架构泛化：DAN 框架可以应用于许多其他架构，例如 GoogLeNet[145]和 ResNet[146]。

（3）度量泛化：分布差异可以通过其他度量来估计。例如，除了 MK-MMD，作者还介绍了用于分布自适应的均值嵌入[147]。

DAN 框架的目标函数由下式给出：

$$\min_{\Theta}\max_{\kappa}\sum_{i=1}^{n^L}\mathcal{L}(f(x_i^L),y_i^L)+\lambda_1\sum_{l=6}^{8}\mathrm{DIST}(R_l^S,R_l^T)+\lambda_2\sum_{i=1}^{n^{T,U}}\sum_{y_j\in\mathcal{Y}}S(P(y_j\mid f(x_i^{T,U})))$$

其中，l_{strt} 和 l_{end} 表示用于适应分布的全连接层的边界索引。

还有一些其他杰出的工作。例如，受深度残差学习启发，Long 等构建用于领域自适应的残差迁移网络[148]。此外，Long 等的另一项工作提出了联合适应网络（joint adaptation network, JAN）[149]，可适应多层的联合分布差异。为了深度领域自适应，Sun 和 Saenko 扩展了 CORAL 并提出了 Deep CORAL(DCORAL)，其中添加了 CORAL 损失以最小化特征协方差[150]。Chen 等意识到具有相同标签的实例在特征空间中应该彼此接近，因此他们的工作除了添加 CORAL 损失外，还加了基于实例的类级差异损失[151]。Pan 等构建了三个原型网络（分别对应 D_S、D_T 和 $D_S \cup D_T$），并融入了多模型一致性的思想。他们还采用伪标签策略并适应实例级和类级差异[152]。Kang 等提出了 contrastive adaptation network（CAN），该网络基于所谓对比域差异的差异度量[153]。Zhu 等为适应提取的多个特征表示，提出了多表示适应网络（multi-representation adaptation network, MRAN）[154]。

深度学习也可用于多源迁移学习。例如，Zhu 等的工作提出了 multiple feature spaces adaptation network（MFSAN）[155]。MFSAN 的体系结构由一个共同特征提取器、m^S 个域特定特征提取器和 m^S 个域特定分类器组成。对应的示意图如下所示：

$$\begin{matrix} X_1^S\cdots X_k^S\cdots X_{m^S}^S \\ X^T \end{matrix}\xrightarrow{\text{共同特征提取器}}\begin{matrix} Q_1^S\cdots Q_k^S\cdots Q_{m^S}^S \\ Q^T \end{matrix}\xrightarrow{\text{域特定特征提取器}}$$

$$\begin{matrix} R_1^S\cdots R_k^S\cdots R_{m^S}^S \\ R_1^T\cdots R_k^T\cdots R_{m^S}^T \end{matrix}\xrightarrow{\text{域特定特征提取器}}\begin{matrix} Y_1^S\cdots Y_k^S\cdots Y_{m^S}^S \\ Y_1^T\cdots Y_k^T\cdots Y_{m^S}^T \end{matrix}$$

在每次迭代中，MFSAN 都有以下步骤。

（1）公共特征提取：对于每个源域（用 D_{S_k} 表示，$k=1,2,\cdots,m^S$），源域实例（用 X_k^S 表示）分别输入公共特征提取器中以生成在公共潜在特征空间（由 Q_k^S 表示）中的实例。类似的操作也在目标域实例（由 X^T 表示）上生成 Q^T 。

（2）特定特征提取：对于每个源域，提取的公共特征 Q_k^S 被送进第 k 个域特定特征提取器。同时，Q^T 被送进所有域特定特征提取器，最终生成 R_k^T 与 $k=1,2,\cdots,m^S$ 。

（3）数据分类：第 k 个域特定特征提取器的输出输入第 k 个分类器，这样就以概率的形式预测了 m^S 对分类结果。

（4）参数更新：更新网络参数以优化目标函数。

MFSAN 有三个目标，即分类误差最小化、分布自适应和一致性正则化。目标函数由下式给出：

$$\min_{\Theta}\sum_{i=1}^{m^S}\mathcal{L}(\hat{Y}_i^S,Y_i^S)+\lambda_1\sum_{i=1}^{m^S}\text{MMD}(R_i^S,R_i^T)+\lambda_2\sum_{i\neq j}^{m^S}|\hat{Y}_i^T-\hat{Y}_j^T|$$

其中，第一项表示标记的源域实例的分类误差，第二项测量分布差异，第三项测量目标域实例的预测差异。

5.4.2 对抗深度学习

对抗学习的思想可以整合到基于深度学习的迁移学习方法中。如上所述，在 DAN 框架中，网络 Θ 和核 κ 进行了极大极小博弈，体现了对抗学习的思想。然而，DAN 框架在对抗性匹配方面与传统的基于 GAN 的方法略有不同。在 DAN 框架中，maxgame 中需要优化的参数很少，这使得优化更容易达到均衡。在介绍对抗迁移学习方法之前，让我们简要回顾一下原始的 GAN 框架和其相关工作。

原始的 GAN[141]受双人博弈启发，由两个模型组成，一个生成器 G 和一个判别器 D。生成器制造真实数据的伪造品，目的是混淆判别器并使判别器产生错误判断。鉴别器输入真实数据和伪造数据的混合物，其目的是检测数据是真数据还是假数据。这两个模型实际上是在玩一个双人的极小极大博弈，目标函数如下：

$$\min_{\mathcal{G}}\max_{\mathcal{D}}\mathbb{E}_{x\sim P_{\text{true}}}\left[\log\mathcal{D}(x)\right]+\mathbb{E}_{\tilde{z}\sim P_{\tilde{z}}}\left[\log(1-\mathcal{D}(\mathcal{G}(\tilde{z})))\right]$$

其中，$\tilde{z}$ 表示噪声实例（从某个噪声分布采样）用作生成器的输入以产生假冒产品。可以使用反向传播算法训练整个 GAN。当双人博弈达到平衡时，生成器可以生成几乎真实的实例。

在 GAN 的推动下，许多迁移学习方法是基于以下假设建立的：良好的特征表示几乎不包含关于实例原始域的判别信息。例如，Ganin 等的工作提出了 domain-adversarial neural network (DANN)，用于领域自适应[156-157]。DANN 假设没有标记的目标域实例可以使用，它的架构由特征提取器、标签预测器和域分类器组成。对应的图如下。

$$\begin{array}{c}
\xrightarrow{\text{标签预测器}} \begin{array}{l}\hat{Y}^{S,L}\\ \hat{Y}^{T,U}\end{array}\\[2mm]
\begin{array}{l}X^{S,L}\\ X^{T,U}\end{array} \xrightarrow{\text{特征提取器}} \left.\begin{array}{l}Q^{S,L}\\ Q^{T,U}\end{array}\right\} \xrightarrow{\text{域分类器}} \begin{array}{l}\hat{S}\\ \hat{T}\end{array}\text{（目标域实例）}
\end{array}$$

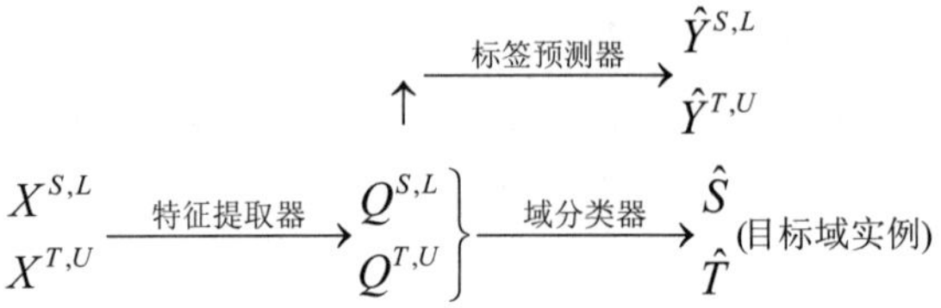

特征提取器的作用类似于生成器，旨在产生与领域无关的特征表示，以混淆域分类器。域分类器的作用类似于鉴别器，它试图检测提取的特征是来自源域还是目标域。此外，标签预测器生成实例的标签预测，该标签预测是在标记的源域实例的提取特征上进行训练的，即 Q^{S},L。DANN 可以通过插入一个特殊的梯度反转层(GRL)来训练。在对整个系统进行训练后，特征提取器学习实例的深层特征，输出 $\hat{Y}^{T,U}$ 是未标记目标域实例的预测标签。

还有一些其他相关的工作。Tzeng 等的工作提出了一个统一的对抗域自适应框架[158]。Shen 等的工作采用 Wasserstein 距离进行领域自适应[61]。Hoffman 等采用循环一致性损失来确保结构和语义的一致性[159]。Long 等提出了条件域对抗网络（CDAN），该网络利用条件域鉴别器来协助对抗性自适应[160]。Zhang 等对源分类器和目标分类器采用对称设计[161]。Zhao 等利用域对抗网络来解决多源迁移学习问题[162]。Yu 等提出了一个动态对抗自适应网络[163]。Ren 等提出了一种伪目标多源领域自适应方法(PTMDA)[164]。这种方法用对抗学习将每组源域和目标域映射到一个特定的子空间中，并相应地构建一系列的伪目标域。随后，对齐余下的源域与子空间中的伪目标域，因此可以通过对伪目标域的训练来利用额外的源信息。

有些方法是针对一些特殊场景设计的。以部分迁移学习为例，部分迁移学习方法是为目标域类小于源域类的情况而设计的，即 $\mathcal{Y}^S \subseteq \mathcal{Y}^T$。此时，具有不同标签的源域实例对于域适应可能具有不同的重要性。更具体地说，具有相同标签的源域和目标域实例更有可能潜在关联。然而，由于目标域实例是未标记的，如何从标记的源域实例中识别和部分传输重要信息至关重要。

Zhang 等的论文提出了一种部分域适应的方法，称为 importance weighted adversarial nets-based domain adaptation（IWANDA）[165]。IWANDA 的架构与 DANN 的架构不同。DANN 假设存在一个公共特征空间，其中 $Q^{S,L}$ 和 $Q^{T,U}$ 分布相似，采用一种公共特征提

取器，但 IWANDA 分别为源域和目标域使用了两个域特定的特征提取器。具体来说，IWANDA 由两个特征提取器、两个域分类器和一个标签预测器组成。IWANDA 的示意图如下所示。

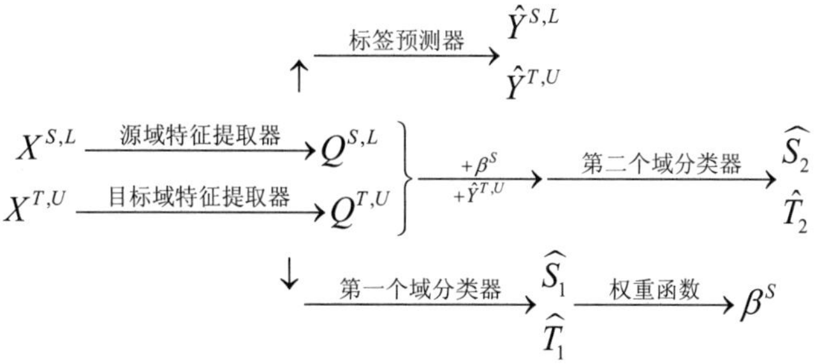

在训练之前，源特征提取器和标签预测器在标记的源域实例上进行预训练。这两个组件在训练过程中被冻结，这意味着只需要优化目标特征提取器和域分类器。在每次迭代中，通过以下步骤优化上述网络。

（1）实例权重：为了解决部分迁移问题，源域实例根据第一个域分类器的输出分配权重。第一个域分类器输入 $Q^{S,L}$ 和 $Q^{T,U}$，然后输出其域的概率预测。如果源域实例被预测为属于目标域的概率很高，则该实例很可能与目标域相关联。因此，这个实例被分配了更大的权重，反之亦然。

（2）预测：标签预测器输出实例的标签预测。第二个分类器预测实例属于哪个域。

（3）参数更新：优化第一个分类器以最小化域分类错误。第二个分类器与目标特征提取器进行极大极小博弈。该分类器旨在检测实例是来自目标域的实例还是来自源域的加权实例，并降低标签预测 $\hat{Y}^{T,U}$ 的不确定性。目标特征提取器旨在混淆第二个分类器。这些构件可以通过与 GAN 类似的方式或通过插入 GRL 进行优化。

除了 IWANDA，Cao 等的工作构建用于部分迁移学习的选择性对抗网络[166]。还有其他一些与迁移学习相关的研究。例如，Wang 等的工作提出了一种基于极小极大的方法来选择高质量的源域数据[167]。Chen 等研究了对抗性域适应中的可迁移性和可辨别性，并提出了一种谱惩罚方法来促进现有的对抗性迁移学习方法[168]。

6 应用

前面几节介绍了许多具有代表性的迁移学习方法，这些方法已在其原始论文中应用于解决各种与文本/图像相关的问题。例如，MTrick[125]和 TriTL[126]利用矩阵分解来解决跨域文本分类问题；基于深度学习的方法，如 DAN[138]、DCORAL[150]和 DANN[156-157]

被应用于解决图像分类问题。在本节中，我们不关注一般的文本相关或图像相关的应用，而是主要关注特定领域的迁移学习应用，如医学、生物信息学、交通和推荐系统。

6.1 医疗应用

医学影像在医学领域发挥着重要作用，是诊断的有力工具。随着机器学习等计算机技术的发展，计算机辅助诊断已成为一个流行和有前途的方向。注意，医学图像是由特殊的医疗设备生成的，它们的标记通常依赖于有经验的医生。因此，在很多情况下，收集足够的训练数据昂贵且困难。迁移学习技术可用于医学影像分析。一种常用的迁移学习方法是在源域上预训练神经网络（例如 ImageNet，这是一个包含超过 1400 万个带注释的图像和超过 2000 个类别的图像数据库[169]），然后基于目标域实例进行微调。

例如，Maqsood 等微调 AlexNet[140]以检测阿尔茨海默病[170]。他们的方法包括以下四个步骤。首先，来自目标域的 MRI 图像通过执行对比度拉伸操作来进行预处理。其次，作为学习新任务的起点，AlexNet[140]在 ImageNet[169]（即源域）上进行预训练。再次，固定 AlexNet 的卷积层，替换最后三个全连接层，包括一个 softmax 层、一个全连接层和一个输出层。最后，修改后的 AlexNet 通过对阿尔茨海默病数据集[171]（即目标域）的训练进行微调。实验结果表明，所提出的方法在多类分类问题（即阿尔茨海默病阶段检测）上达到了最高的准确率。

同样，Shin 等微调预训练的深度神经网络以解决计算机辅助检测问题[172]。Byra 等利用迁移学习来帮助评估膝关节骨关节炎[173]。除了成像分析，迁移学习在医学领域还有一些其他应用。例如，Tang 等的工作结合主动学习和领域自适应对各种医学数据进行分类[174]。Zeng 等利用迁移学习自动编码用于描述患者诊断的 ICD-9 编码[175]。第 2 节中也提到过，El-allaly 等利用迁移学习从临床文本数据中学习药物不良事件[22]。新型冠状病毒(COVID-19)流行期间，也有大量工作利用迁移学习辅助感染检测[176-178]。

6.2 生物信息学应用

生物序列分析是生物信息学领域的一项重要任务。由于对某些生物体的理解可以迁移到其他生物体，因此可以应用迁移学习来促进生物序列分析。本应用中存在明显的分布差异问题。例如，对于两种生物而言，某些生物物质的功能可能相同，但成分不同，这可能会导致边际分布差异。此外，如果两个生物有共同的祖先但进化距离长，则条件分布差异会很显著。Schweikert 等的工作以 mRNA 剪接位点预测问题为例，分析迁移学习方法的有效性[179]。在他们的实验中，源域包含来自经过充分研究的模式生物（即 C. elegans）的序列实例，目标生物包括另外两种线虫（即 C.remanei 和 P.pacificus）、

D. melanogaster 和植物 A. thaliana。比较了许多迁移学习方法，例如，FAM[66]和 KMM[5]的变体，实验结果表明，迁移学习有助于提高分类性能。

生物信息学领域中另一个常见的任务是基因表达分析，例如，预测基因和表型之间的关联。这个应用的主要挑战之一是数据稀疏问题，因为已知关联的数据通常很少。迁移学习可以通过提供额外的信息和知识来解决这个问题。例如，Petegrosso 等[180]提出了一种基于标签传播算法(label propagation algorithm, LPA)[181]的迁移学习方法来分析和预测基因-表型关联。LPA 利用蛋白质相互作用(protein-protein interaction, PPI)网络和初始标记，假设在 PPI 网络中连接的基因应该具有相似标记，以此来预测目标关联。作者通过结合多任务和迁移学习技术扩展了 LPA。首先，利用人类表型本体（human phenotype ontology, HPO）来形成辅助任务，它提供了人类疾病表型特征的标准化词汇表。通过这种方式，可以利用表型路径及 HPO 和 PPI 网络中的链接知识（linkage knowledge）来预测关联；PPI 中相互作用的基因更可能与相同的表型相关，而 HPO 中的连接表型更可能与相同的基因相关。其次，以包含基因功能和基因之间关联信息的基因本体（gene ontology, GO）作为源域。设计了额外的正则项，并使用 PPI 网络和公共基因作为知识迁移的桥梁。对于 PPI 网络中的所有基因，同时构建“基因-基因本体 GO”术语和“基因-人类表型本体 HPO”表型关联。通过迁移额外的知识，预测的基因表型关联可以更可靠。

迁移学习也可以应用于解决 PPI 预测问题。Xu 等提出了一种将链接知识从源 PPI 网络迁移到目标网络的方法[182]。所提出的方法基于集体矩阵分解技术[183]，其中因子矩阵在域之间共享。

6.3 交通运输应用

迁移学习在交通领域的一种应用是理解交通场景图像。这个应用的一个挑战问题是从某个位置拍摄的图像经常会因为不同的天气和光线条件而发生变化。为了解决这个问题，Di 等提出了一种尝试迁移在不同条件下从同一位置拍摄的图像信息的方法[184]。第一步，对预训练网络进行微调以提取图像的特征表示。第二步，采用特征变换策略构造新的特征表示。具体而言，对提取的特征进行降维（降维算法为偏最小二乘回归[185]）以生成低维特征。第三步，学习变换矩阵以最小化降维数据的域差异。第四步，采用子空间对齐操作来进一步减少域差异。注意，虽然不同条件下的图像通常具有不同的外观，但它们通常具有相似的布局结构。因此，在最后一步，首先建立测试图像和检索到的最佳匹配图像之间的跨域密集对应关系，然后通过马尔可夫随机场模型将最佳匹配图像的注释迁移到测试图像上[186-187]。

迁移学习也可以应用于驾驶员行为建模的任务。在这项任务中，通常无法获得每个驾驶员足够的个性化数据。此时，将历史数据中包含的知识迁移给新驾驶员是不错的选择。例如，Lu 等提出了一种在变道场景中驾驶员模型自适应的方法[188]。源域包含足够的描述源驾驶员行为的数据，而目标域包含一些关于目标驾驶员的数据。第一步，通过 PCA 对来自两个域的数据进行预处理以生成低维特征。作者假设源数据和目标数据来自两个流形。因此，第二步中，采用流形对齐方法进行域适应。具体来说，动态时间规整算法[189]用于衡量相似性并找到每个目标域数据点的对应源域数据点。第三步，基于获得的数据点之间的对应关系，采用局部普氏分析（local Procrustes analysis）[190]来对齐两个流形。这样就可以将源域的数据迁移到目标域。最后一步，使用随机建模方法（例如，高斯混合回归[191]）对目标驾驶员的行为进行建模。实验结果表明，即使目标域数据很少，迁移学习方法也可以帮助目标驾驶员。此外，结果还表明，当目标实例的数量非常小或非常大时，此方法的优越性并不明显。这可能是因为在目标域实例很少的情况下无法准确找到跨域关系，并且在目标域实例足够多的情况下，减少了迁移学习的必要性。

迁移学习在交通领域还有一些其他应用。例如，Liu 等将迁移学习应用于驾驶员姿势识别[192]。Wang 等在车辆类型识别的迁移学习中采用了正则化[193]。Li 等将迁移学习用于汽车跟随场景下对驾驶员制动强度等级的准确识别[194]。迁移学习也可用于异常活动检测[195-196]和交通标志识别[197]等。

6.4 推荐系统应用

由于信息量的快速增长，如何有效地为个人用户推荐个性化的内容相当重要。在推荐系统领域，一些传统的推荐方法，例如基于分解的协同过滤，往往依赖于用户-物品交互矩阵的分解来获得预测函数。这些方法往往需要大量的训练数据才能做出准确的推荐。然而，必要的训练数据，例如历史交互数据，在现实场景中通常很少。此外，对于新注册用户或新物品，传统方法往往难以做出有效推荐，这也称为冷启动问题。

对于推荐系统中的上述问题，已经提出了各种迁移学习方法，例如基于实例和基于特征的方法。这些方法试图利用来自其他推荐系统（即源域）的数据来帮助构建目标域中的推荐系统。基于实例的方法主要侧重于将不同类型的实例，例如评分、反馈和测试，从源域迁移到目标域。Pan 等的工作[198]利用源域的不确定评级（表示为评级分布）进行知识迁移。具体来说，源域的不确定评级被用作约束，以帮助完成目标域上的评级矩阵分解任务。Hu 等[199]提出了一种称为 transfer meeting hybrid 的方法，该方法通过使用 attentive memory network 从非结构化文本中提取知识，并有选择地迁移有用信息。

基于特征的方法通常利用和传输来自潜在特征空间的信息。例如，Pan 等提出了坐标系统迁移（coordinate system transfer, CST）[200]的方法来利用用户端和物品端的潜在特征。源域实例来自另一个推荐系统，与目标域共享公共用户和项目。CST 是基于以下假设开发的，即反映用户品味或物品因素的主坐标，具有域独立结构的特点，且可以跨领域迁移。CST 首先通过对源域数据应用稀疏矩阵三分解构造两个主要坐标系，它们实际上是用户和物品的潜在特征，然后通过将它们设置为约束来将坐标系迁移到目标域。实验结果表明，CST 在所有数据稀疏级别上都显著优于非迁移的基准模型（即平均填充模型和潜在因子分解模型）[200]。还有 Xi 等的工作提出 AITM 来建模用户多步转化之间的序列依赖关系，以解决用户多步转化过程中后续步骤正样本数据稀疏的问题[201]。

还有其他跨域推荐的研究[202-205]。例如，He 等提出了基于贝叶斯神经网络的迁移学习框架[206]。Zhu 等[207]提出了一个深度框架，该框架首先基于矩阵分解技术生成用户和物品的特征表示，然后采用深度神经网络来学习跨域的特征映射。Yuan 等[208]提出了一种基于自动编码器和修改的 DANN[49,157]的深度领域自适应方法，以从评级矩阵中提取和传输实例。

6.5 其他应用

通信应用：除了 WiFi 定位任务[2,38]，迁移学习也被应用于无线网络。例如，Bastug 等提出了一种缓存机制[209]，从设备之间的交互中提取上下文信息，迁移其中包含的知识到目标域。此外，一些研究集中在节能问题上。Li 等的工作提出了一种蜂窝无线接入网络的节能方案，它利用了迁移学习的知识[210]。Zhao 和 Grace 的工作将迁移学习应用于拓扑管理以降低能耗[211]。

城市计算应用：城市计算有大量与我们城市相关的数据，在交通监控、医疗保健、社会保障等领域是一个很有前景的研究方向。在许多城市计算应用中，迁移学习已被应用于缓解城市数据稀缺问题。例如，Guo 等[212]提出了一种连锁店网站推荐方法，该方法将语义相关领域（如具有相同商店的其他城市和目标城市的其他连锁店）的知识应用到目标城市。Wei 等[213]提出了一种灵活的多模态迁移学习方法，将知识从具有足够多模型数据和标签的城市迁移到目标城市，以缓解数据稀疏问题。

迁移学习已应用于一些识别任务，例如，手势识别[214-215]、人脸识别[215]、活动识别[216]和语音情感识别[217]。此外，迁移学习专业知识也被纳入其他一些领域，如情感分析[30,98,218]、欺诈检测[219]、社交网络[220]和高光谱图像分析[56,221]。

7 实验

迁移学习技术已成功应用于许多实际应用中。在本节中，我们进行实验以评估不同类别的一些代表性迁移学习模型[222]在两个主流研究领域的性能，即目标检测和文本分类。首先介绍数据集，然后提供实验结果和进一步分析。

7.1 数据集和预处理

实验研究了三个数据集，即 Office-31、Reuters-21578 和 AmazonReviews。为简单起见，我们专注于分类任务。预处理数据集的统计信息见表 4。

表 4 预处理数据集的统计信息

方向	数据集	域数量	特征	总实例	任务
情感分类	Amazon Reviews	4	5000	27 677	12
文本分类	Reuters-21578	3	4772	6570	3
目标识别	Office-31	3	800	4110	6

Amazon Reviews[110]是一个多域情感数据集，其中包含来自 Amazon.com 的四个域（书籍 Books、厨房 Kitchen、电子产品 Electronics 和 DVD）的产品评论。四个域中的每条评论都有一个文本和一个从 0 到 5 的评级。在实验中，小于 3 的评级定义为负值，而其他的定义为正值。计算所有评论中每个单词的频率。然后，选择出现频率最高的 5000 个单词作为每条评论的属性。这样，最终在每个域中有 1000 个正实例、1000 个负实例和大约 5000 个未标记实例。在实验中，四个域中的两两组合共生成十二个任务。

Reuters-21578 是用于文本分类的数据集，具有层次结构。该数据集包含 5 个顶级类别（Exchanges, Orgs, People, Places, Topics）。在实验中，我们使用前三大类别 Orgs、People 和 Places 来生成三个分类任务（OrgsvsPeople、OrgsvsPlaces 和 PeoplevsPlaces）。在每个任务中，对应的两个类别中的子类别被分别分为两部分。然后，将所得的四个部分用作组成部分以形成两个域。每个域大约有 1000 个实例，每个实例有大约 4500 个特征。具体来说，以任务 OrgsvsPeople 为例，一部分来自 Orgs，一部分来自 People，组合起来形成源域；同理，其余两部分构成目标域。请注意，三个类别中的实例均已标记。为了生成未标记的实例，从数据集中选择标记的实例，并忽略它们的标签。

Office-31[223]是一个目标识别数据集，包含 31 个类别和三个域，即 Amazon、Webcam 和 DSLR。这三个域分别有 2817、498 和 795 个实例。Amazon 中的图片是从 Amazon.com 上拍摄的在线电子商务图片，Webcam 中的图像是网络摄像头拍摄的低分辨率图片，DSLR 中的图像是 DSLR 相机拍摄的高分辨率照片。在实验中，三个域中的两两（考虑了顺序）被选作源域和目标域，从而产生六个任务。

7.2 实验设置

实验以比较一些具有代表性的迁移学习模型。具体来说，在数据集 Office-31 上执行了八种算法来解决对象识别问题。此外，在数据集 Reuters-21578 上测试和评估了 14 种算法以解决文本分类问题。在情感分类问题中，对亚马逊评论测试了 11 种算法。分类结果通过准确率进行评估，其定义如下：其中 D_{test} 表示测试数据，y 表示真值分类标签；$f(x)$ 表示预测的分类结果。请注意，某些算法需要基分类器。在这些情况下，实验中采用具有线性核的 SVM 作为基分类器。此外，源域实例都被标记了。对于已执行的算法（TrAdaBoost 除外），目标域实例未标记。每个算法执行 3 次，取平均值作为我们的实验结果。

评估的迁移学习模型包括：HIDC[95]、TriTL[126]、CD-PLSA[93-94]、MTrick[125]、SFA[109]、mSLDA[100-101]、SDA[98]、GFK[105]、SCL[96]、TCA[80]、CoCC[43]、JDA[40]、TrAdaBoost[33]、DAN[139]、DCORAL[150]、MRAN[154]、CDAN[160]、DANN[156-157]、JAN[149]和 CAN[153]。

7.3 实验结果

在本节中，我们共在三个数据集上比较了 20 多种算法。所有算法的参数都设置为默认值或原论文中提到的推荐值。实验结果分别显示在对应于 AmazonReviews、Reuters-21578 和 Office-31 的表 5～表 7 中。为了让读者更直观地了解实验结果，将实验结果可视化，附上三幅雷达图，即图 5～图 7。在雷达图中，每个方向代表一个任务。算法的一般性能通过多边形来证明，多边形的顶点代表算法处理不同任务的准确性。

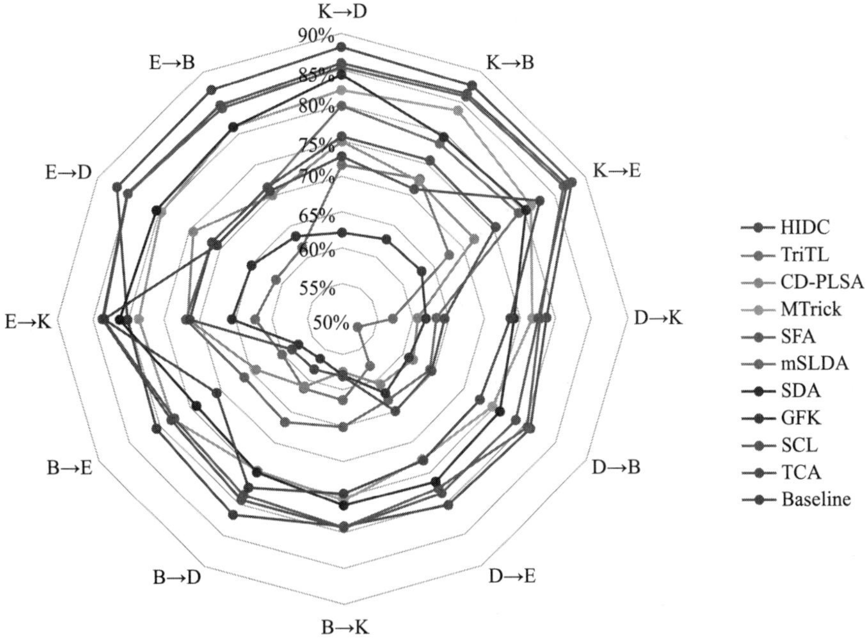

图 5　Amazon Reviews 数据集上的对比结果（见文后彩图 12）

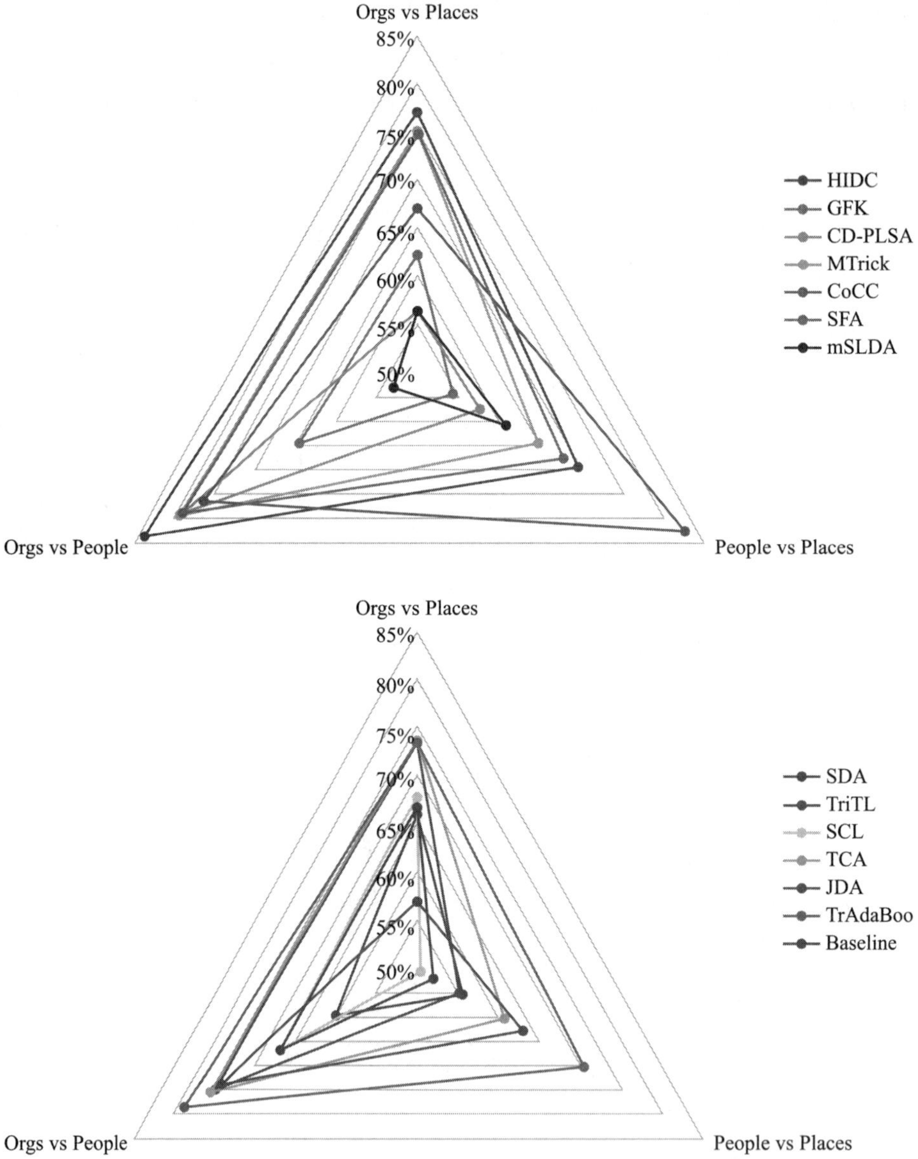

图 6 Reuters-21578 数据集上的对比结果（见文后彩图 13）

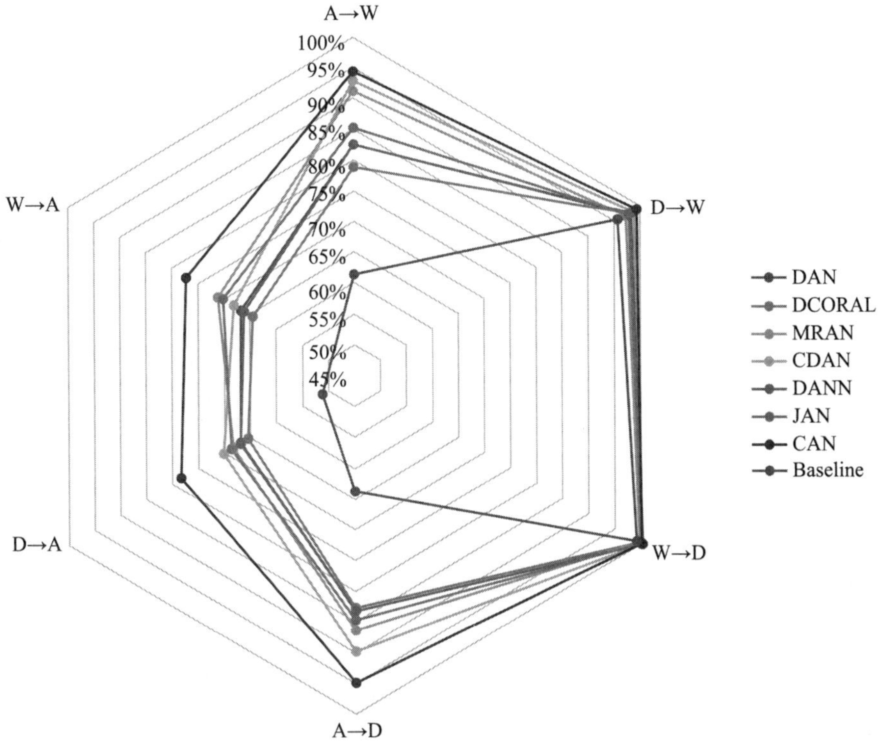

图 7　Office-31 数据集上的对比结果（见文后彩图 14）

表 5　Amazon Reviews 中四个领域的准确率表现：厨房(K)、电子产品(E)、DVD (D)和书籍(B)

模型	K→D	K→B	K→E	D→K	D→B	D→E	B→K	B→D	B→E	E→K	E→D	E→B	平均值
HIDC	0.8800	0.8750	0.8800	0.7925	0.8100	0.8025	0.7925	0.8175	0.8075	0.8075	0.8700	0.8700	0.8338
TriTL	0.7150	0.7250	0.6775	0.5725	0.5250	0.5775	0.6150	0.6125	0.6000	0.6250	0.6100	0.6150	0.6225
CD-PLSA	0.7475	0.7225	0.7200	0.6075	0.6175	0.6075	0.5750	0.6100	0.6425	0.7225	0.7450	0.7000	0.6681
MTrick	0.8200	0.8350	0.8125	0.7725	0.7475	0.7275	0.7550	0.7450	0.7800	0.7900	0.7975	0.8100	0.7827
SFA	0.8525	0.8575	0.8675	0.7825	0.8050	0.7750	0.7925	0.7850	0.7775	0.8400	0.8525	0.8400	0.8190
mSLDA	0.7975	0.7825	0.7925	0.6350	0.6450	0.6325	0.6525	0.6675	0.6625	0.7225	0.7150	0.7125	0.7015
SDA	0.8425	0.7925	0.8025	0.7450	0.7600	0.7650	0.7625	0.7475	0.7425	0.8175	0.8050	0.8100	0.7827
GFK	0.6200	0.6275	0.6325	0.6200	0.6100	0.6225	0.5800	0.5650	0.5725	0.6575	0.6500	0.6325	0.6158
SCL	0.8575	0.8625	0.8725	0.7800	0.7850	0.7825	0.7925	0.7925	0.7825	0.8425	0.8525	0.8450	0.8206
TCA	0.7550	0.7550	0.7550	0.6475	0.6475	0.6500	0.5800	0.5825	0.5850	0.7175	0.7150	0.7125	0.6752
Baseline	0.7270	0.7090	0.8270	0.7400	0.7280	0.7300	0.7450	0.7720	0.7080	0.8400	0.7060	0.7070	0.7449

表 6 Reuters-21578 中三个领域的准确率表现：组织(Orgs)、人(People)、地点(Place)

模型	Orgs vs Places	People vs Places	Orgs vs People	平均值
HIDC	0.7698	0.6945	0.8375	0.7673
TriTL	0.7338	0.5517	0.7505	0.6787
CD-PLSA	0.5624	0.5749	0.7826	0.6400
MTrick	0.7494	0.6457	0.7930	0.7294
CoCC	0.6704	0.8264	0.7644	0.7537
SFA	0.7468	0.6768	0.7906	0.7381
mSLDA	0.5645	0.6064	0.5289	0.5666
SDA	0.6603	0.5556	0.5992	0.6050
GFK	0.6220	0.5417	0.6446	0.6028
SCL	0.6794	0.5046	0.6694	0.6178
TCA	0.7368	0.6065	0.7562	0.6998
JDA	0.5694	0.6296	0.7424	0.6471
TrAdaBoost	0.7336	0.7052	0.7879	0.7422
Baseline	0.6683	0.5198	0.6696	0.6192

表 7 Office-31 中三个领域的准确率表现：Amazon (A), Webcam (W), and DSLR (D)

模型	A→W	D→W	W→D	A→D	D→A	W→A	平均值
DAN	0.826	0.977	1.00	0.831	0.668	0.666	0.828
DCORAL	0.790	0.980	1.00	0.827	0.653	0.645	0.816
MRAN	0.914	0.969	0.998	0.864	0.683	0.709	0.856
CDAN	0.931	0.982	1.00	0.898	0.701	0.680	0.865
DANN	0.826	0.978	1.00	0.833	0.668	0.661	0.828
JAN	0.854	0.974	0.998	0.847	0.686	0.700	0.843
CAN	0.945	0.991	0.998	0.950	0.780	0.770	0.906
Baseline	0.616	0.954	0.990	0.638	0.511	0.498	0.701

表 5 显示了在 Amazon Reviews 上的实验结果。基准方法是一个仅在源域上训练的线性分类器（这里直接使用论文[110]中的结果）。如图 5 结果所示，当源域是 electronics 或 kitchen 时，大多数算法的性能相对较好，这表明这两个域可能比其他两个域包含更多的可转移信息。此外，可以观察到 HIDC、SCL、SFA、MTrick 和 SDA 在所有十二个任务中都表现良好且相对稳定。同时，其他算法，尤其是 mSLDA、CD-PLSA 和 TriTL，相对不稳定，它们的性能在大约 20%的范围内波动。TriTL 在源域为厨房（K）的任务上准确率较高，但在其他任务上准确率较低。TCA、mSLDA 和 CD-PLSA 算法在所有任务上都具有相似的性能，平均准确率约为 70%。在表现良好的算法中，HIDC 和 MTrick 基于特

征降维（特征聚类），而其他算法基于特征编码（SDA）、特征对齐（SFA）和特征选择（SCL）。这些策略目前是基于特征的迁移学习的主流。

表 6 展示了在 Reuter-21578 上的比较结果（这里直接使用来自论文[43,80]的基准方法和 CoCC 的结果）。基线是一个正则化最小二乘回归模型，仅在标记的目标域实例上训练[80]。图 6 具有与图 5 相同的结构，对性能进行了可视化。为清楚起见，将 13 种算法分为两个部分，对应于图 6 中的两个子图。可以观察到，大多数算法在组织(Orgs)vs 地点(Places)和组织(Orgs)vs 人(People)上表现相对较好，但在人(People) vs 地点(Places)上表现不佳。这种现象说明人(People)与地点(Places)之间的差异可能比较大。TrAdaBoost 在本次实验中表现相对较好，因为它使用了目标域中实例的标签来减少分布差异的影响。此外，HIDC、SFA 和 MTrick 算法在三项任务中的性能相对一致。这些算法在之前的亚马逊评论实验中也表现良好。此外，在 People vs Places 方面表现最好的两个算法是 CoCC 和 TrAdaBoost。

在第三个实验中，七个基于深度学习的迁移学习模型（即 DAN、DCORAL、MRAN、CDAN、DANN、JAN 和 CAN）和基准方法（即 Alexnet[140,142]在 ImageNet[169]预训练后直接在目标域上训练）在数据集 Office-31 上执行（这里直接使用 CDAN、JAN、CAN 的结果及来自原始论文[139,149,153,160]的基准方法）。ResNet-50[146]被用作所有这三个模型的骨干网络。实验结果如表 7 所示，平均性能如图 7 所示。如图 7 所示，这七种算法都具有优异的性能，尤其是在任务 D→W 和 W→D 上，其精度非常接近 100%。这种现象反映了基于深度学习的方法的优越性，也与 Webcam 和 DSLR 之间的差异小于 Webcam/DSLR 和 Amazon 之间的差异是一致的。显然，CAN 优于其他六种算法。在所有六个任务中，DANN 的性能与 DAN 相似，并且优于 DCORAL，这表明结合对抗学习的有效性和实用性。

值得一提的是，在上述实验中，部分算法的性能并不理想。原因之一是我们使用了算法原始论文中提供的默认参数设置，这可能不适合我们选择的数据集。例如，GFK 最初是为目标识别而设计的，我们在第一个实验中直接将其用于文本分类，结果却产生了不理想的结果（平均准确率约为 62%）。以上实验结果仅供参考。这些结果表明，某些算法可能不适合某些领域的数据集。因此，在研究过程中选择合适的算法作为基准方法很重要。此外，在实际应用中，还需要找到合适的算法。

8 结论和未来方向

本文从数据和模型的角度总结了迁移学习的机制和策略。给出了关于迁移学习的明确定义，并设法使用统一的符号系统来描述大量具有代表性的迁移学习方法和相关工作。

接着，介绍了基于数据解释和基于模型解释的迁移学习的目标和策略。基于数据的解释从数据的角度介绍了目标、策略和一些迁移学习方法。同样，基于模型的解释从模型层面介绍了迁移学习的机制和策略。介绍完方法后，本文列举了迁移学习的应用。最后，进行了实验以评估代表性的迁移学习模型在两个主流领域的性能，即目标识别和文本分类。模型的比较说明迁移学习模型的选择是一个重要的研究课题，也是实际应用中的一个复杂问题。

迁移学习领域的未来研究有几个方向。首先，可以进一步探索迁移学习技术并将其应用于更广泛的领域。并且需要新的方法来解决更复杂场景中的知识迁移问题。例如，在现实场景中，有时与用户相关的源域数据来自另一家公司。在这种情况下，如何在保护用户隐私的同时转移源域中包含的知识是一个重要的问题。其次，如何衡量跨域的可迁移性，避免负迁移也是一个重要问题。虽然已经有一些关于负迁移的研究，但负迁移还需要进一步的系统分析[3]。再次，迁移学习的可解释性还需要进一步研究[224]。最后，可以进一步进行理论研究，为迁移学习的有效性和适用性提供理论支持。作为机器学习中一个受欢迎和有前途的领域，迁移学习显示出比传统机器学习更大的优势，例如更少的数据依赖和更少的标签依赖。希望我们的工作能够帮助读者更好地了解研究现状和研究思路。

参考文献

[1] Perkins D N, Salomon G. Transfer of learning[J]. Transfer of Learning. International Encyclopedia of Education, 1992.

[2] Pan S J, Yang Q. A survey on transfer learning[J]. IEEE Transactions on Knowledge and Data Engineering, 2010, 22(10): 1345-1359.

[3] Wang Z, Dai Z, Poczos B, et al. Characterizing and avoiding negative transfer[C]//Proceedings of the IEEE Computer Society Conference on Computer Vision and Pattern Recognition. 2019: 11285-11294.

[4] Weiss K, Khoshgoftaar T M, Wang D D. A survey of transfer learning[J]. Journal of Big Data, 2016, 3(1).

[5] Huang J, Smola A J, Gretton A, et al. Correcting sample selection bias by unlabeled data[C]//Advances in Neural Information Processing Systems. 2007: 601-608.

[6] Sugiyama M, Suzuki T, Nakajima S, et al. Direct importance estimation for covariate shift adaptation[J]. Annals of the Institute of Statistical Mathematics, 2008, 60(4): 699-746.

[7] Day O, Khoshgoftaar T M. A survey on heterogeneous transfer learning[J]. Journal of Big Data, 2017, 4(1).

[8] Zhuang F, Qi Z, Duan K, et al. A comprehensive survey on transfer learning[J]. Proceedings of the IEEE, 2020, 109(1): 43-76.

[9] Taylor M E, Stone P. Transfer learning for reinforcement learning domains: A survey[J]. Journal of Machine Learning Research, 2009, 10: 1633-1685.

[10] Ammar H B, Eaton E, Luna J M, et al. Autonomous cross-domain knowledge transfer in lifelong policy gradient reinforcement learning[C]//IJCAI International Joint Conference on Artificial Intelligence. 2015: 3345-3351.

[11] Zhao P, Hoi S C H. OTL: A framework of online transfer learning[C]//ICML 2010- Proceedings of 27th International Conference on Machine Learning. 2010: 1231-1238.

[12] Chapelle O, Schölkopf B, Zien A. Semi-supervised learning[M]. MIT Press, 2010.

[13] Sun S. A survey of multi-view machine learning[J]. Neural Computing and Applications, 2013, 23(7-8): 2031-2038.

[14] Xu C, Tao D, Xu C. A survey on multi-view learning[J]. arXiv preprint arXiv:1304.5634, 2013.

[15] Zhao J, Xie X, Xu X, et al. Multi-view learning overview: Recent progress and new challenges[J]. Information Fusion, 2017, 38: 43-54.

[16] Zhang D, He J, Liu Y, et al. Multi-view transfer learning with a large margin approach[C]//Proceedings of the ACM SIGKDD International Conference on Knowledge Discovery and Data Mining. 2011: 1208-1216.

[17] Yang P, Gao W. Multi-view discriminant transfer learning[C]//IJCAI International Joint Conference on Artificial Intelligence. 2013: 1848-1854.

[18] Feuz K D, Cook D J. Collegial activity learning between heterogeneous sensors[J]. Knowledge and Information Systems, 2017, 53(2): 337-364.

[19] Zhang Y, Yang Q. An overview of multi-task learning[J]. National Science Review, 2018, 5(1): 30-43.

[20] Zhang W, Li R, Zeng T, et al. Deep model based transfer and multi-task learning for biological image analysis[C]//Proceedings of the ACM SIGKDD International Conference on Knowledge Discovery and Data Mining. 2015: 1475-1484.

[21] Liu A-A, Xu N, Nie W-Z, et al. Multi-domain and multi-task learning for human action recognition[J]. IEEE Transactions on Image Processing, 2019, 28(2): 853-867.

[22] El-allaly E, Sarrouti M, En-Nahnahi N, et al. MTTLADE: A multi-task transfer learning-based method for adverse drug events extraction[J]. Information Processing & Management, 2021, 58(3): 102473.

[23] Peng X, Huang Z, Sun X, et al. Domain agnostic learning with disentangled representations[C]//36th International Conference on Machine Learning, ICML. 2019: 8935-8946.

[24] Lu J, Behbood V, Hao P, et al. Transfer learning using computational intelligence: A survey[J]. Knowledge-Based Systems, 2015, 80: 14-23.

[25] Tan C, Sun F, Kong T, et al. A survey on deep transfer learning[M]. Lecture Notes in Computer Science (including subseries Lecture Notes in Artificial Intelligence and Lecture Notes in Bioinformatics), 2018, 11141 LNCS.

[26] Wang M, Deng W. Deep visual domain adaptation: A survey[J]. Neurocomputing, 2018, 312: 135-153.

[27] Cook D, Feuz K D, Krishnan N C. Transfer learning for activity recognition: A survey[J]. Knowledge and Information Systems, 2013, 36(3): 537-556.

[28] Shao L, Zhu F, Li X. Transfer learning for visual categorization: A survey[J]. IEEE Transactions on Neural Networks and Learning Systems, 2015, 26(5): 1019-1034.

[29] Pan W. A survey of transfer learning for collaborative recommendation with auxiliary data[J]. Neurocomputing, 2016, 177: 447-453.

[30] Liu R, Shi Y, Ji C, et al. A survey of sentiment analysis based on transfer learning[J]. IEEE Access, 2019, 7: 85401-85412.

[31] Sun Q, Chattopadhyay R, Panchanathan S, et al. A two-stage weighting framework for multi-source domain adaptation[C]//Proceedings of the 25th Annual Conference on Neural Information Processing Systems. 2011, 24.

[32] Belkin M, Niyogi P, Sindhwani V. Manifold regularization: A geometric framework for learning from labeled and unlabeled examples[J]. Journal of Machine Learning Research, 2006, 7: 2399-2434.

[33] Dai W, Yang Q, Xue G-R, et al. Boosting for transfer learning[C]//ACM International Conference Proceeding Series. 2007, 227: 193-200.

[34] Freund Y, Schapire R E. A decision-theoretic generalization of on-line learning and an application to boosting[J]. Journal of Computer and System Sciences, 1997, 55(1): 119-139.

[35] Yao Y, Doretto G. Boosting for transfer learning with multiple sources[C]//Proceedings of the IEEE Computer Society Conference on Computer Vision and Pattern Recognition. 2010: 1855-1862.

[36] Jiang J, Zhai C X. Instance weighting for domain adaptation in NLP[C]//ACL 2007 - Proceedings of the 45th Annual Meeting of the Association for Computational Linguistics. 2007: 264-271.

[37] Borgwardt K M, Gretton A, Rasch M J, et al. Integrating structured biological data by kernel maximum mean discrepancy[J]. Bioinformatics, 2006, 22(14).

[38] Pan S J, Tsang I W, Kwok J T, et al. Domain adaptation via transfer component analysis[J]. IEEE Transactions on Neural Networks, 2011, 22(2): 199-210.

[39] Ghifary M, Bastiaan Kleijn W, Zhang M. Domain adaptive neural networks for object recognition[M]. Lecture Notes in Computer Science (including subseries Lecture Notes in Artificial Intelligence and Lecture Notes in Bioinformatics), 2014: 8862.

[40] Long M, Wang J, Ding G, et al. Transfer feature learning with joint distribution adaptation[C]//Proceedings of the IEEE International Conference on Computer Vision. 2013: 2200-2207.

[41] Long M, Wang J, Ding G, et al. Adaptation regularization: A general framework for transfer learning[J]. IEEE Transactions on Knowledge and Data Engineering, 2014, 26(5): 1076-1089.

[42] Kullback S, Leibler R A. On information and sufficiency[J]. The Annals of Mathematical Statistics, JSTOR, 1951, 22(1): 79-86.

[43] Dai W, Xue G-R, Yang Q, et al. Co-clustering based classification for out-of-domain documents[C]//

Proceedings of the ACM SIGKDD International Conference on Knowledge Discovery and Data Mining. 2007: 210-219.

[44] Dai W, Yang Q, Xue G-R, et al. Self-taught clustering[C]//Proceedings of the 25th International Conference on Machine Learning. 2008: 200-207.

[45] Davis J, Domingos P. Deep transfer via second-order Markov logic[C]//Proceedings of the 26th International Conference On Machine Learning, ICML 2009: 217-224.

[46] Zhuang F, Cheng X, Luo P, et al. Supervised representation learning: Transfer learning with deep autoencoders[C]//IJCAI International Joint Conference on Artificial Intelligence. 2015: 4119-4125.

[47] Dagan I, Lee L, Pereira F. Similarity-based methods for word sense disambiguation[C]//Proceedings of the Annual Meeting of the Association for Computational Linguistics. 1997: 56-63.

[48] Chen B, Lam W, Tsang I, et al. Location and scatter matching for dataset shift in text mining[C]// Proceedings of IEEE International Conference on Data Mining, ICDM. 2010: 773-778.

[49] Dey S, Madikeri S, Motlicek P. Information theoretic clustering for unsupervised domain-adaptation[C]// ICASSP, IEEE International Conference on Acoustics, Speech and Signal Processing - Proceedings. 2016: 5580-5584.

[50] Chen W-H, Cho P-C, Jiang Y-L. Activity recognition using transfer learning[J]. Sensors and Materials, 2017, 29(7): 897-904.

[51] Giles J, Ang K K, Mihaylova L S, et al. A subject-to-subject transfer learning framework based on Jensen-Shannon divergence for improving brain-computer interface[C]//ICASSP, IEEE International Conference on Acoustics, Speech and Signal Processing - Proceeding. 2019: 3087-3091.

[52] Bregman L M. The relaxation method of finding the common point of convex sets and its application to the solution of problems in convex programming[J]. USSR Computational Mathematics and Mathematical Physics, 1967, 7(3): 200-217.

[53] Si S, Tao D, Geng B. Bregman divergence-based regularization for transfer subspace learning[J]. IEEE Transactions on Knowledge and Data Engineering, 2010, 22(7): 929-942.

[54] Sun H, Liu S, Zhou S, et al. Unsupervised cross-view semantic transfer for remote sensing image classification[J]. IEEE Geoscience and Remote Sensing Letters, 2016, 13(1): 13-17.

[55] Sun H, Liu S, Zhou S. Discriminative subspace alignment for unsupervised visual domain adaptation[J]. Neural Processing Letters, 2016, 44(3): 779-793.

[56] Shi Q, Zhang Y, Liu X, et al. Regularised transfer learning for hyperspectral image classification[J]. IET Computer Vision, 2019, 13(2): 188-193.

[57] Gretton A, Bousquet O, Smola A, et al. Measuring statistical dependence with Hilbert-Schmidt norms[M]. Lecture Notes in Computer Science (including subseries Lecture Notes in Artificial Intelligence and Lecture Notes in Bioinformatics), 2005, 3734 LNAI.

[58] Wang H, Yang Q. Transfer learning by structural analogy[C]//Proceedings of the National Conference on Artificial Intelligence. 2011, 1: 513-518.

[59] Xiao M, Guo Y. Feature space independent semi-supervised domain adaptation via kernel matching[J]. IEEE Transactions on Pattern Analysis and Machine Intelligence, 2015, 37(1): 54-66.
[60] Yan K, Kou L, Zhang D. Learning domain-invariant subspace using domain features and independence maximization[J]. IEEE Transactions on Cybernetics, 2018, 48(1): 288-299.
[61] Shen J, Qu Y, Zhang W, et al. Wasserstein distance guided representation learning for domain adaptation[C]// 32nd AAAI Conference on Artificial Intelligence, AAAI. 2018: 4058-4065.
[62] Lee C-Y, Batra T, Baig M H, et al. Sliced wasserstein discrepancy for unsupervised domain adaptation[C]// Proceedings of the IEEE Computer Society Conference on Computer Vision and Pattern Recognition. 2019: 10277-10287.
[63] Zellinger W, Lughofer E, Saminger-Platz S, et al. Central moment discrepancy (CMD) for domain-invariant representation learning[C]//5th International Conference on Learning Representations, ICLR 2017 - Conference Track Proceedings. 2017.
[64] Gretton A, Sriperumbudur B, Sejdinovic D, et al. Optimal kernel choice for large-scale two-sample tests[C]//Advances in Neural Information Processing Systems. 2012, 2: 1205-1213.
[65] Yan H, Ding Y, Li P, et al. Mind the class weight bias: Weighted maximum mean discrepancy for unsupervised domain adaptation[C]//Proceedings of 30th IEEE Conference on Computer Vision and Pattern Recognition. 2017: 945-954.
[66] Daumé III H. Frustratingly easy domain adaptation[C]//ACL 2007 - Proceedings of the 45th Annual Meeting of the Association for Computational Linguistics. 2007: 256-263.
[67] Daumé III H, Kumar A, Saha A. Co-regularization based semi-supervised domain adaptation[C]// Advances in Neural Information Processing Systems 23: 24th Annual Conference on Neural Information Processing Systems. 2010.
[68] Duan L, Xu D, Tsang I W. Learning with augmented features for heterogeneous domain adaptation[C]// Proceedings of the 29th International Conference on Machine Learning, ICML. 2012, 1: 711-718.
[69] Li W, Duan L, Xu D, et al. Learning with augmented features for supervised and semi-supervised heterogeneous domain adaptation[J]. IEEE Transactions on Pattern Analysis and Machine Intelligence, 2014, 36(6): 1134-1148.
[70] Diamantaras K I, Kung S Y. Principal component neural networks: theory and applications[M]. John Wiley & Sons, Inc., 1996.
[71] Schölkopf B, Smola A, Müller K-R. Nonlinear component analysis as a kernel eigenvalue problem[J]. Neural Computation, 1998, 10(5): 1299-1319.
[72] Wang J, Chen Y, Hao S, et al. Balanced distribution adaptation for transfer learning[C]//Proceedings of the 17th IEEE International Conference on Data Mining, ICDM. 2017: 1129-1134.
[73] Blum A, Mitchell T. Combining labeled and unlabeled data with co-training[C]//Proceedings of the Annual ACM Conference on Computational Learning Theory. 1998: 92-100.
[74] Chen M, Weinberger K Q, Blitzer J C. Co-training for domain adaptation[C]//Advances in Neural

Information Processing Systems 24: 25th Annual Conference on Neural Information Processing Systems. 2011.

[75] Zhou Z-H, Li M. Tri-training: Exploiting unlabeled data using three classifiers[J]. IEEE Transactions on Knowledge and Data Engineering, 2005, 17(11): 1529-1541.

[76] Saito K, Ushiku Y, Harada T. Asymmetric tri-training for unsupervised domain adaptation[C]//34th International Conference on Machine Learning, ICML. 2017, 6: 4573-4585.

[77] Pan S J, Kwok J T, Yang Q. Transfer learning via dimensionality reduction[C]//Proceedings of the National Conference on Artificial Intelligence. 2008, 2: 677-682.

[78] Weinberger K Q, Sha F, Saul L K. Learning a kernel matrix for nonlinear dimensionality reduction[C]// Proceedings, Twenty-First International Conference on Machine Learning, ICML. 2004: 839-846.

[79] Vandenberghe L, Boyd S. Semidefinite programming[J]. SIAM Review, 1996, 38(1): 49-95.

[80] Pan S J, Tsang I W, Kwok J T, et al. Domain adaptation via transfer component analysis[C]//IJCAI International Joint Conference on Artificial Intelligence. 2009: 1187-1192.

[81] Hou C-A, Tsai Y-H H, Yeh Y-R, et al. Unsupervised domain adaptation with label and structural consistency[J]. IEEE Transactions on Image Processing, 2016, 25(12): 5552-5562.

[82] Tahmoresnezhad J, Hashemi S. Visual domain adaptation via transfer feature learning[J]. Knowledge and Information Systems, 2017, 50(2): 585-605.

[83] Zhang J, Li W, Ogunbona P. Joint geometrical and statistical alignment for visual domain adaptation[C]//Proceedings - 30th IEEE Conference on Computer Vision and Pattern Recognition, CVPR. 2017: 5150-5158.

[84] Schölkopf B, Herbrich R, Smola A J. A generalized representer theorem[C]//Computational Learning Theory: 14th Annual Conference on Computational Learning Theory, COLT 2001 and 5th European Conference on Computational Learning Theory, EuroCOLT 2001 Amsterdam. 2001: 416-426.

[85] Duan L, Tsang I W, Xu D. Domain transfer multiple kernel learning[J]. IEEE Transactions on Pattern Analysis and Machine Intelligence, 2012, 34(3): 465-479.

[86] Rakotomamonjy A, Bach F R, Canu S, et al. SimpleMKL[J]. Journal of Machine Learning Research, 2008, 9: 2491-2521.

[87] Dhillon I S, Mallela S, Modha D S. Information-theoretic co-clustering[C]//Proceedings of the ACM SIGKDD International Conference on Knowledge Discovery and Data Mining. 2003: 89-98.

[88] Deerwester S, Dumais S T, Furnas G W, et al. Indexing by latent semantic analysis[J]. Journal of the American Society for Information Science, 1990, 41(6): 391-407.

[89] Hofmann T. Probabilistic latent semantic analysis[J]. Proceedings of Uncertainty in Artificial Intelligence, UAI'99. 1999: 289-296.

[90] Yoo J, Choi S. Probabilistic matrix tri-factorization[C]//ICASSP, IEEE International Conference on Acoustics, Speech and Signal Processing - Proceedings. 2009: 1553-1556.

[91] Dempster A P, Laird N M, Rubin D B. Maximum likelihood from incomplete data via the EM algorithm[J]. Journal of the Royal Statistical Society, Series B, 1977, 39(1): 1-38.

[92] Xue G-R, Dai W, Yang Q, et al. Topic-bridged PLSA for cross-domain text classification[C]//ACM SIGIR 2008 - 31st Annual International ACM SIGIR Conference on Research and Development in Information Retrieval, Proceedings. 2008: 627-634.

[93] Zhuang F, Luo P, Shen Z, et al. Collaborative dual-PLSA: Mining distinction and commonality across multiple domains for text classification[C]//International Conference on Information and Knowledge Management, Proceedings. 2010: 359-368.

[94] Zhuang F, Luo P, Shen Z, et al. Mining distinction and commonality across multiple domains using generative model for text classification[J]. IEEE Transactions on Knowledge and Data Engineering, 2012, 24(11): 2025-2039.

[95] Zhuang F, Luo P, Yin P, et al. Concept learning for cross-domain text classification: A general probabilistic framework[C]//IJCAI International Joint Conference on Artificial Intelligence. 2013: 1960-1966.

[96] Blitzer J, McDonald R, Pereira F. Domain adaptation with structural correspondence learning[C]// COLING/ACL 2006 - EMNLP 2006: 2006 Conference on Empirical Methods in Natural Language Processing, Proceedings of the Conference. 2006: 120-128.

[97] Ando R K, Zhang T. A framework for learning predictive structures from multiple tasks and unlabeled data[J]. Journal of Machine Learning Research, 2005, 6.

[98] Glorot X, Bordes A, Bengio Y. Domain adaptation for large-scale sentiment classification: A deep learning approach[C]//Proceedings of the 28th International Conference on Machine Learning, ICML. 2011: 513-520.

[99] Vincent P, Larochelle H, Bengio Y, et al. Extracting and composing robust features with denoising autoencoders[C]//Proceedings of the 25th International Conference on Machine Learning. 2008: 1096-1103.

[100] Chen M, Xu Z, Weinberger K Q, et al. Marginalized denoising autoencoders for domain adaptation[C]//Proceedings of the 29th International Conference on Machine Learning. 2012, 1: 767-774.

[101] Chen M, Weinberger K Q, Xu Z, et al. Marginalizing stacked linear denoising autoencoders[J]. The Journal of Machine Learning Research, 2015, 16(1): 3849-3875.

[102] Zhu Y, Wu X, Li Y, et al. Self-adaptive imbalanced domain adaptation with deep sparse autoencoder[J]. IEEE Transactions on Artificial Intelligence, 2022.

[103] Fernando B, Habrard A, Sebban M, et al. Unsupervised visual domain adaptation using subspace alignment[C]//Proceedings of the IEEE International Conference on Computer Vision. 2013: 2960-2967.

[104] Sun B, Saenko K. Subspace distribution alignment for unsupervised domain adaptation[J]. BMVC, 2015: 24-31.

[105] Gong B, Shi Y, Sha F, et al. Geodesic flow kernel for unsupervised domain adaptation[C]//Proceedings of the IEEE Computer Society Conference on Computer Vision and Pattern Recognition. 2012: 2066-2073.

[106] Gopalan R, Li R, Chellappa R. Domain adaptation for object recognition: An unsupervised approach[C]//Proceedings of the IEEE International Conference on Computer Vision. 2011: 999-1006.

[107] Zelikin M I. Control theory and optimization. I. Homogeneous spaces and the Riccati equation in the calculus of variations[J]. Control Theory and Optimization I: Homogeneous Spaces and the Riccati Equation in the Calculus of Variations, 2000, 86.

[108] Sun B, Feng J, Saenko K. Return of frustratingly easy domain adaptation[C]//30th AAAI Conference on Artificial Intelligence, AAAI. 2016: 2058-2065.

[109] Pan S J, Ni X, Sun J-T, et al. Cross-domain sentiment classification via spectral feature alignment[C]// Proceedings of the 19th International Conference on World Wide Web, WWW '10. 2010: 751-760.

[110] Blitzer J, Dredze M, Pereira F. Biographies, bollywood, boom-boxes and blenders: Domain adaptation for sentiment classification[C]//ACL 2007 - Proceedings of the 45th Annual Meeting of the Association for Computational Linguistics. 2007: 440-447.

[111] Chung F R K. Spectral graph theory[J]. Spectral Graph Theory, 1997.

[112] Ng A, Jordan M, Weiss Y. On spectral clustering: Analysis and an algorithm[J]. Advances in Neural Information Processing Systems, 2001, 14(14): 849-856.

[113] Ling X, Dai W, Xue G-R, et al. Spectral domain-transfer learning[C]//Proceedings of the ACM SIGKDD International Conference on Knowledge Discovery and Data Mining. 2008: 488-496.

[114] Kamvar S D, Klein D, Manning C D. Spectral learning[C]//IJCAI International Joint Conference on Artificial Intelligence. 2003: 561-566.

[115] Shi J, Malik J. Normalized cuts and image segmentation[J]. IEEE Transactions on Pattern Analysis and Machine Intelligence, 2000, 22(8): 888-905.

[116] Duan L, Tsang I W, Xu D, et al. Domain adaptation from multiple sources via auxiliary classifiers[C]// ACM International Conference Proceeding Series. 2009, 382.

[117] Duan L, Xu D, Tsang I W-H. Domain adaptation from multiple sources: A domain-dependent regularization approach[J]. IEEE Transactions on Neural Networks and Learning Systems, 2012, 23(3): 504-518.

[118] Luo P, Zhuang F, Xiong H, et al. Transfer learning from multiple source domains via consensus regularization[C]//International Conference on Information and Knowledge Management, Proceedings. 2008: 103-112.

[119] Zhuang F, Luo P, Xiong H, et al. Cross-domain learning from multiple sources: A consensus regularization perspective[J]. IEEE Transactions on Knowledge and Data Engineering, 2010, 22(12): 1664-1678.

[120] Evgeniou T, Micchelli C A, Pontil M. Learning multiple tasks with kernel methods[J]. Journal of Machine Learning Research, 2005, 6.

[121] Kato T, Kashima H, Sugiyama M, et al. Multi-task learning via conic programming[C]//Advances in Neural Information Processing Systems 20 - Proceedings of the 2007 Conference. 2008.

[122] Smola A J, Schölkopf B. A tutorial on support vector regression[J]. Statistics and Computing, 2004, 14(3): 199-222.

[123] Weston J, Collobert R, Sinz F, et al. Inference with the Universum[C]//ACM International Conference Proceeding Series. 2006, 148: 1009-1016.

[124] Yu X, Aloimonos Y. Attribute-based transfer learning for object categorization with zero/one training example[C]//Proceedings of the 11th European conference on Computer vision: Part V. 2010: 127-140.

[125] Zhuang F, Luo P, Xiong H, et al. Exploiting associations between word clusters and document classes for cross-domain text categorization[J]. Statistical Analysis and Data Mining, 2011, 4(1): 100-114.

[126] Zhuang F, Luo P, Du C, et al. Triplex transfer learning: Exploiting both shared and distinct concepts for text classification[J]. IEEE Transactions on Cybernetics, 2014, 44(7): 1191-1203.

[127] Long M, Wang J, Ding G, et al. Dual transfer learning[C]//Proceedings of the 12th SIAM International Conference on Data Mining, SDM. 2012: 540-551.

[128] Wang H, Nie F, Huang H, et al. Dyadic transfer learning for cross-domain image classification[C]// Proceedings of the IEEE International Conference on Computer Vision. 2011: 551-556.

[129] Wang D, Lu C, Wu J, et al. Softly associative transfer learning for cross-domain classification[J]. IEEE Transactions on Cybernetics, 2020, 50(11): 4709-4721.

[130] Do Q, Liu W, Fan J, et al. Unveiling hidden implicit similarities for cross-domain recommendation[J]. IEEE Transactions on Knowledge and Data Engineering, 2021, 33(1): 302-315.

[131] Tommasi T, Caputo B. The more you know, the less you learn: From knowledge transfer to one-shot learning of object categories[C]//British Machine Vision Conference, BMVC 2009 - Proceedings. 2009.

[132] Cawley G C. Leave-one-out cross-validation based model selection criteria for weighted LS-SVMs[C]// IEEE International Conference on Neural Networks - Conference Proceedings. 2006: 1661-1668.

[133] Tommasi T, Orabona F, Caputo B. Safety in numbers: Learning categories from few examples with multi model knowledge transfer[C]//Proceedings of the IEEE Computer Society Conference on Computer Vision and Pattern Recognition. 2010: 3081-3088.

[134] Lin C-K, Lee Y-Y, Yu C-H, et al. Exploring ensemble of models in taxonomy-based cross-domain sentiment classification[C]//CIKM 2014 - Proceedings of the 2014 ACM International Conference on Information and Knowledge Management. 2014: 1279-1288.

[135] Gao J, Fan W, Jiang J, et al. Knowledge transfer via multiple model local structure mapping[C]// Proceedings of the ACM SIGKDD International Conference on Knowledge Discovery and Data Mining. 2008: 283-291.

[136] Zhuang F, Luo P, Pan S J, et al. Ensemble of anchor adapters for transfer learning[C]//International Conference on Information and Knowledge Management, Proceedings. 2016: 2335-2340.

[137] Zhuang F, Cheng X, Luo P, et al. Supervised representation learning with double encoding-layer autoencoder for transfer learning[J]. ACM Transactions on Intelligent Systems and Technology (TIST), 2017, 9(2): 1-17.

[138] Tzeng E, Hoffman J, Zhang N, et al. Deep domain confusion: Maximizing for domain invariance[J]. arXiv preprint arXiv:1412.3474, 2014.

[139] Long M, Cao Y, Wang J, et al. Learning transferable features with deep adaptation networks[C]//32nd International Conference on Machine Learning, ICML. 2015, 1: 97-105.

[140] Krizhevsky A, Sutskever I, Hinton G E. ImageNet classification with deep convolutional neural networks[C]//Advances in Neural Information Processing Systems. 2012, 2: 1097-1105.

[141] Goodfellow I J, Pouget-Abadie J, Mirza M, et al. Generative adversarial nets[C]//Advances in Neural Information Processing Systems. 2014, 3: 2672-2680.

[142] Yosinski J, Clune J, Bengio Y, et al. How transferable are features in deep neural networks?[C]// Advances in Neural Information Processing Systems. 2014, 4: 3320-3328.

[143] Long M, Cao Y, Cao Z, et al. Transferable representation learning with deep adaptation networks[J]. IEEE Transactions on Pattern Analysis and Machine Intelligence, 2019, 41(12): 3071-3085.

[144] Grandvalet Y, Bengio Y. Semi-supervised learning by entropy minimization[J]. NIPS, 2004: 529-536.

[145] Szegedy C, Liu W, Jia Y, et al. Going deeper with convolutions[C]//Proceedings of the IEEE Computer Society Conference on Computer Vision and Pattern Recognition. 2015: 1-9.

[146] He K, Zhang X, Ren S, et al. Deep residual learning for image recognition[C]//Proceedings of the IEEE Computer Society Conference on Computer Vision and Pattern Recognition. 2016: 770-778.

[147] Chwialkowski K, Ramdas A, Sejdinovic D, et al. Fast two-sample testing with analytic representations of probability measures[C]//Advances in Neural Information Processing Systems. 2015: 1981-1989.

[148] Long M, Zhu H, Wang J, et al. Unsupervised domain adaptation with residual transfer networks[C]// Advances in Neural Information Processing Systems. 2016: 136-144.

[149] Long M, Zhu H, Wang J, et al. Deep transfer learning with joint adaptation networks[C]//34th International Conference on Machine Learning, ICML. 2017, 5: 3470-3479.

[150] Sun B, Saenko K. Deep coral: Correlation alignment for deep domain adaptation[C]//Computer Vision-ECCV 2016 Workshops: Amsterdam, The Netherlands. 2016: 443-450.

[151] Chen C, Chen Z, Jiang B, et al. Joint domain alignment and discriminative feature learning for unsupervised deep domain adaptation[C]//33rd AAAI Conference on Artificial Intelligence, AAAI 2019, 31st Innovative Applications of Artificial Intelligence Conference, IAAI 2019 and the 9th AAAI Symposium on Educational Advances in Artificial Intelligence, EAAI. 2019: 3296-3303.

[152] Pan Y, Yao T, Li Y, et al. Transferrable prototypical networks for unsupervised domain adaptation[C]// Proceedings of the IEEE Computer Society Conference on Computer Vision and Pattern Recognition. 2019: 2234-2242.

[153] Kang G, Jiang L, Yang Y, et al. Contrastive adaptation network for unsupervised domain adaptation[C]// Proceedings of the IEEE Computer Society Conference on Computer Vision and Pattern Recognition. 2019: 4888-4897.

[154] Zhu Y, Zhuang F, Wang J, et al. Multi-representation adaptation network for cross-domain image classification[J]. Neural Networks, 2019, 119: 214-221.

[155] Zhu Y, Zhuang F, Wang D. Aligning domain-specific distribution and classifier for cross-domain classification from multiple sources[C]//33rd AAAI Conference on Artificial Intelligence, AAAI 2019, 31st Innovative Applications of Artificial Intelligence Conference, IAAI 2019 and the 9th AAAI Symposium on Educational Advances in Artificial Intelligence, EAAI. 2019: 5989-5996.

[156] Ganin Y, Lempitsky V. Unsupervised domain adaptation by backpropagation[C]//32nd International Conference on Machine Learning, ICML. 2015, 2: 1180-1189.

[157] Ganin Y, Ustinova E, Ajakan H, et al. Domain-adversarial training of neural networks[J]. Journal of Machine Learning Research, 2016, 17.

[158] Tzeng E, Hoffman J, Saenko K, et al. Adversarial discriminative domain adaptation[C]//Proceedings - 30th IEEE Conference on Computer Vision and Pattern Recognition, CVPR. 2017: 2962-2971.

[159] Hoffman J, Tzeng E, Park T, et al. CyCADA: Cycle-consistent adversarial domain adaptation[J]. Proceedings of the 35th International Conference on Machine Learning, 2018: 1989-1998.

[160] Long M, Cao Z, Wang J, et al. Conditional adversarial domain adaptation[C]//Advances in Neural Information Processing Systems. 2018: 1640-1650.

[161] Zhang Y, Tang H, Jia K, et al. Domain-symmetric networks for adversarial domain adaptation[C]// Proceedings of the IEEE Computer Society Conference on Computer Vision and Pattern Recognition. 2019: 5026-5035.

[162] Zhao H, Zhang S, Wu G, et al. Adversarial multiple source domain adaptation[C]//Advances in Neural Information Processing Systems. 2018: 8559-8570.

[163] Yu C, Wang J, Chen Y, et al. Transfer learning with dynamic adversarial adaptation network[C]// Proceedings - IEEE International Conference on Data Mining, ICDM. 2019: 778-786.

[164] Ren C-X, Liu Y-H, Zhang X-W, et al. Multi-source unsupervised domain adaptation via pseudo target domain[J]. IEEE Transactions on Image Processing, 2022, 31: 2122-2135.

[165] Zhang J, Ding Z, Li W, et al. Importance weighted adversarial nets for partial domain adaptation[C]// Proceedings of the IEEE Computer Society Conference on Computer Vision and Pattern Recognition. 2018: 8156-8164.

[166] Cao Z, Long M, Wang J, et al. Partial transfer learning with selective adversarial networks[C]// Proceedings of the IEEE Computer Society Conference on Computer Vision and Pattern Recognition. 2018: 2724-2732.

[167] Wang B, Qiu M, Wang X, et al. A minimax game for instance based selective transfer learning[C]// Proceedings of the ACM SIGKDD International Conference on Knowledge Discovery and Data Mining. 2019: 34-43.

[168] Chen X, Wang S, Long M, et al. Transferability vs. discriminability: Batch spectral penalization for adversarial domain adaptation[C]//36th International Conference on Machine Learning, ICML. 2019: 1859-1868.

[169] Deng J, Dong W, Socher R, et al. ImageNet: A large-scale hierarchical image database[J]. CVPR, 2009: 248-255.

[170] Maqsood M, Nazir F, Khan U, et al. Transfer learning assisted classification and detection of alzheimer's disease stages using 3D MRI scans[J]. Sensors, 2019, 19(11).

[171] Marcus D S, Fotenos A F, Csernansky J G, et al. Open access series of imaging studies: Longitudinal MRI data in nondemented and demented older adults[J]. Journal of Cognitive Neuroscience, 2010, 22(12): 2677-2684.

[172] Shin H-C, Roth H R, Gao M, et al. Deep convolutional neural networks for computer-aided detection: CNN architectures, dataset characteristics and transfer learning[J]. IEEE Transactions on Medical Imaging, 2016, 35(5): 1285-1298.

[173] Byra M, Wu M, Zhang X, et al. Knee menisci segmentation and relaxometry of 3D ultrashort echo time cones MR imaging using attention U-Net with transfer learning[J]. Magnetic Resonance in Medicine, 2020, 83(3): 1109-1122.

[174] Tang X, Du B, Huang J, et al. On combining active and transfer learning for medical data classification[J]. IET Computer Vision, 2019, 13(2): 194-205.

[175] Zeng M, Li M, Fei Z, et al. Automatic ICD-9 coding via deep transfer learning[J]. Neurocomputing, 2019, 324: 43-50.

[176] Pathak Y, Shukla P K, Tiwari A, et al. Deep transfer learning based classification model for COVID-19 disease[J]. Irbm, Elsevier, 2022, 43(2): 87-92.

[177] Aslan M F, Unlersen M F, Sabanci K, et al. CNN-based transfer learning-BiLSTM network: A novel approach for COVID-19 infection detection[J]. Applied Soft Computing, 2021, 98: 106912.

[178] Saygl A. A new approach for computer-aided detection of coronavirus (COVID-19) from CT and X-ray images using machine learning methods[J]. Applied Soft Computing, 2021, 105: 107323.

[179] Schweikert G, Widmer C, Schölkopf B, et al. An empirical analysis of domain adaptation algorithms for genomic sequence analysis[C]//Advances in Neural Information Processing Systems 21 - Proceedings of the 2008 Conference. 2009: 1433-1440.

[180] Petegrosso R, Park S, Hwang T H, et al. Transfer learning across ontologies for phenome-genome association prediction[J]. Bioinformatics, 2017, 33(4): 529-536.

[181] Hwang T, Kuang R. A heterogeneous label propagation algorithm for disease gene discovery[C]// Proceedings of the 10th SIAM International Conference on Data Mining, SDM. 2010: 583-594.

[182] Xu Q, Xiang E W, Yang Q. Protein-protein interaction prediction via collective matrix factorization[C]// Proceedings - 2010 IEEE International Conference on Bioinformatics and Biomedicine, BIBM. 2010: 62-67.

[183] Singh A P, Gordon G J. Relational learning via collective matrix factorization[C]//Proceedings of the ACM SIGKDD International Conference on Knowledge Discovery and Data Mining. 2008: 650-658.

[184] Di S, Zhang H, Li C-G, et al. Cross-domain traffic scene understanding: A dense correspondence-based transfer learning approach[J]. IEEE Transactions on Intelligent Transportation Systems, 2018, 19(3): 745-757.

[185] Abdi H. Partial least squares regression and projection on latent structure regression (PLS Regression)[J]. Wiley Interdisciplinary Reviews: Computational Statistics, 2010, 2(1): 97-106.

[186] Pietra S D, Pietra V D, Lafferty J. Inducing features of random fields[J]. IEEE Transactions on Pattern Analysis and Machine Intelligence, 1997, 19(4): 380-393.

[187] Liu C, Yuen J, Torralba A. Nonparametric scene parsing via label transfer[J]. IEEE Transactions on Pattern Analysis and Machine Intelligence, 2011, 33(12): 2368-2382.

[188] Lu C, Hu F, Cao D, et al. Transfer learning for driver model adaptation in lane-changing scenarios using manifold alignment[J]. IEEE Transactions on Intelligent Transportation Systems, 2020, 21(8): 3281-3293.

[189] Berndt D, Clifford J. Using dynamic time warping to find patterns in time series[J]. AAAI Workshop on Knowledge Discovery in Databases, 1994: 359-370.

[190] Makondo N, Hiratsuka M, Rosman B, et al. A non-linear manifold alignment approach to robot learning from demonstrations[J]. Journal of Robotics and Mechatronics, 2018, 30(2): 265-281.

[191] Angkititrakul P, Miyajima C, Takeda K. Modeling and adaptation of stochastic driver-behavior model with application to car following[C]//IEEE Intelligent Vehicles Symposium, Proceedings. 2011: 814-819.

[192] Liu Y, Lasang P, Pranata S, et al. Driver pose estimation using recurrent lightweight network and virtual data augmented transfer learning[J]. IEEE Transactions on Intelligent Transportation Systems, 2019, 20(10): 3818-3831.

[193] Wang J, Zheng H, Huang Y, et al. Vehicle type recognition in surveillance images from labeled web-nature data using deep transfer learning[J]. IEEE Transactions on Intelligent Transportation Systems, 2018, 19(9): 2913-2922.

[194] Li Z, Gong J, Lu C, et al. Personalized driver braking behavior modeling in the car-following scenario: An importance-weight-based transfer learning approach[J]. IEEE Transactions on Industrial Electronics, 2022, 69(10): 10704-10714.

[195] Gopalakrishnan K, Khaitan S K, Choudhary A, et al. Deep convolutional neural networks with transfer learning for computer vision-based data-driven pavement distress detection[J]. Construction and Building Materials, 2017, 157: 322-330.

[196] Bansod S, Nandedkar A. Transfer learning for video anomaly detection[J]. Journal of Intelligent and Fuzzy Systems, 2019, 36(3): 1967-1975.

[197] Rosario G, Sonderman T, Zhu X. Deep transfer learning for traffic sign recognition[C]//Proceedings - 2018 IEEE 19th International Conference on Information Reuse and Integration for Data Science, IRI. 2018: 178-185.

[198] Pan W, Xiang E W, Yang Q. Transfer learning in collaborative filtering with uncertain ratings[C]//Proceedings of the National Conference on Artificial Intelligence. 2012, 1: 662-668.

[199] Hu G, Zhang Y, Yang Q. Transfer meets hybrid: A synthetic approach for cross-domain collaborative filtering with text[C]//The Web Conference 2019 - Proceedings of the World Wide Web Conference, WWW. 2019: 2822-2829.

[200] Pan W, Xiang E W, Liu N N, et al. Transfer learning in collaborative filtering for sparsity reduction[C]//Proceedings of the National Conference on Artificial Intelligence. 2010, 1: 230-235.

[201] Xi D, Chen Z, Yan P, et al. Modeling the sequential dependence among audience multi-step conversions with multi-task learning in targeted display advertising[C]//Proceedings of the 27th ACM SIGKDD Conference on Knowledge Discovery & Data Mining. 2021: 3745-3755.

[202] Pan W, Yang Q. Transfer learning in heterogeneous collaborative filtering domains[J]. Artificial Intelligence, 2013, 197: 39-55.

[203] Zhuang F, Zhou Y, Zhang F, et al. Sequential transfer learning: Cross-domain novelty seeking trait mining for recommendation[C]//26th International World Wide Web Conference 2017, WWW 2017 Companion. 2017: 881-882.

[204] Zheng J, Zhuang F, Shi C. Local ensemble across multiple sources for collaborative filtering[C]//International Conference on Information and Knowledge Management, Proceedings. 2017: 2431-2434.

[205] Zhuang F, Zheng J, Chen J, et al. Transfer collaborative filtering from multiple sources via consensus regularization[J]. Neural Networks, 2018, 108: 287-295.

[206] He J, Liu R, Zhuang F, et al. A general cross-domain recommendation framework via Bayesian neural network[C]//Proceedings of IEEE International Conference on Data Mining, ICDM. 2018: 1001-1006.

[207] Zhu F, Wang Y, Chen C, et al. A deep framework for cross-domain and cross-system recommendations[C]//IJCAI International Joint Conference on Artificial Intelligence. 2018: 3711-3717.

[208] Yuan F, Yao L, Benatallah B. DARec: Deep domain adaptation for cross-domain recommendation via transferring rating patterns[C]//IJCAI International Joint Conference on Artificial Intelligence. 2019: 4227-4233.

[209] Bastug E, Bennis M, Debbah M. A transfer learning approach for cache-enabled wireless networks[C]//2015 13th International Symposium on Modeling and Optimization in Mobile, Ad Hoc, and Wireless Networks, WiOpt. 2015: 161-166.

[210] Li R, Zhao Z, Chen X, et al. TACT: A transfer actor-critic learning framework for energy saving in cellular radio access networks[J]. IEEE Transactions on Wireless Communications, 2014, 13(4): 2000-2011.

[211] Zhao Q, Grace D. Transfer learning for QoS aware topology management in energy efficient 5G

cognitive radio networks[C]//Proceedings of the 2014 1st International Conference on 5G for Ubiquitous Connectivity, 5GU. 2014: 152-157.

[212] Guo X, Liu J, Shi C, et al. Citytransfer: Transferring inter-and intra-city knowledge for chain store site recommendation based on multi-source urban data[J]. Proceedings of the ACM on Interactive, Mobile, Wearable and Ubiquitous Technologies, 2018(4): 1-23.

[213] Wei Y, Zheng Y, Yang Q. Transfer knowledge between cities[C]//Proceedings of the ACM SIGKDD International Conference on Knowledge Discovery and Data Mining. 2016: 1905-1914.

[214] Côté-Allard U, Fall C L, Drouin A, et al. Deep learning for electromyographic hand gesture signal classification using transfer learning[J]. IEEE Transactions on Neural Systems and Rehabilitation Engineering, 2019, 27(4): 760-771.

[215] Ren C-X, Dai D-Q, Huang K-K, et al. Transfer learning of structured representation for face recognition[J]. IEEE Transactions on Image Processing, 2014, 23(12): 5440-5454.

[216] Wang J, Chen Y, Hu L, et al. Stratified transfer learning for cross-domain activity recognition[C]// 2018 IEEE International Conference on Pervasive Computing and Communications, PerCom 2018.

[217] Deng J, Zhang Z, Marchi E, et al. Sparse autoencoder-based feature transfer learning for speech emotion recognition[C]//Proceedings - 2013 Humaine Association Conference on Affective Computing and Intelligent Interaction, ACII. 2013: 511-516.

[218] Xi D, Zhuang F, Zhou G, et al. Domain adaptation with category attention network for deep sentiment analysis[C]//The Web Conference 2020 - Proceedings of the World Wide Web Conference, WWW. 2020: 3133-3139.

[219] Zhu Y, Xi D, Song B, et al. Modeling users' behavior sequences with hierarchical explainable network for cross-domain fraud detection[C]//The Web Conference 2020 - Proceedings of the World Wide Web Conference, WWW. 2020: 928-938.

[220] Tang J, Lou T, Kleinberg J, et al. Transfer learning to infer social ties across heterogeneous networks[J]. ACM Transactions on Information Systems, 2016, 34(2).

[221] Zhang L, Zhang L, Tao D, et al. Sparse transfer manifold embedding for hyperspectral target detection[J]. IEEE Transactions on Geoscience and Remote Sensing, 2014, 52(2): 1030-1043.

[222] Zhuang F, Duan K, Guo T, et al. Transfer learning toolkit: Primers and benchmarks[J]. arXiv preprint arXiv:1911.08967, 2019.

[223] Saenko K, Kulis B, Fritz M, et al. Adapting visual category models to new domains[C]//Proceedings of the 11th European conference on Computer vision: Part IV. 2010: 213-226.

[224] Lipton Z C. The mythos of model interpretability: In machine learning, the concept of interpretability is both important and slippery[J]. Queue, 2018, 16(3).

基于表示学习的机器学习模型复用

叶翰嘉

（南京大学人工智能学院，计算机软件新技术国家重点实验室）

1 引言

机器学习技术在各行各业取得广泛的应用。部分领域中，大规模模型在大量数据的基础上取得了显著的性能提升，但其训练过程需要消耗极大的计算和存储资源，这一约束使得模型训练、更新时间冗长，且难以节能环保。鉴于以数据资源为主的学习流程具有较大的训练开销，而预训练模型本身对大量任务具有一定的通用性，近年来，基于指定预训练模型的进一步训练成为应用机器学习技术的一种新范型——即不直接从头训练模型，而是基于某个训练好的模型（预训练模型）进行调整，适配目标任务。

这一学习方式被称为模型复用（model reuse），在解决实际机器学习任务时，首先选取相关任务中的一个或多个训练好的模型，利用当前任务的数据，使其适用于当前的场景、数据或任务。模型复用能够充分利用大量预训练模型这一无形资产，同时也具有如下优点：能够避免直接接触预训练模型所依赖的大规模数据，降低计算开销的同时保护隐私；继承预训练模型在大规模数据上训练所具备的强大能力，在复用过程中潜在融入了上游任务的数据和人工资源；有助于提升机器学习算法在目标任务上的训练效率、缓解目标任务对大量训练样本的需求。已有结果表明这一训练模式在计算机视觉[1]、自然语言处理[2]、时间序列预测[3]等领域均取得优异的效果。

然而，在实际模型复用任务中，预训练模型和目标任务所需模型之间存在异构性，如预训练模型的结构和目标模型的结构不一致，预训练模型面向的类别和目标任务类别不同，或预训练模型对应的特征空间和目标特征集合有差异。这些模型间的异构性为模型复用增加了困难，阻碍了对模型所含知识的抽取与复用[4-6]。

本文探究有效复用模型的途径。首先对模型解耦，考虑到大量的模型均可解耦为特征表示和分类器两部分，而这两部分在模型的使用中具有不同的功能，因此在复用过程中，需分别对二者进行知识抽取，完善复用的过程。此外，由于特征表示反映了模型对样本属性的刻画，且和类别等要素无关，因此能辅助桥接异构模型，从而可通过从语义关联的角度将预训练模型关于特征重要性及相似度的判别作为一种有效的监督信息，指导当前任务中模型的训练，充分从异构模型中抽取领域知识，辅助目标任务上机器学习模型的构建。

其次，对预训练模型资源的充分使用一方面能从复用角度着手，也能够通过调整模型的预训练方式，在预训练阶段这一“源头”即提升该模型被后续任务使用的复用性，使模型更加“好用”。流程如图 1 所示。本文进一步探索“增强模型的可复用性”的途径，学习“可复用”（reusable）的模型。在模型的预训练阶段提升其特征表示的稳健性，使其能够被更便捷地用于目标任务中，快速适配目标任务。

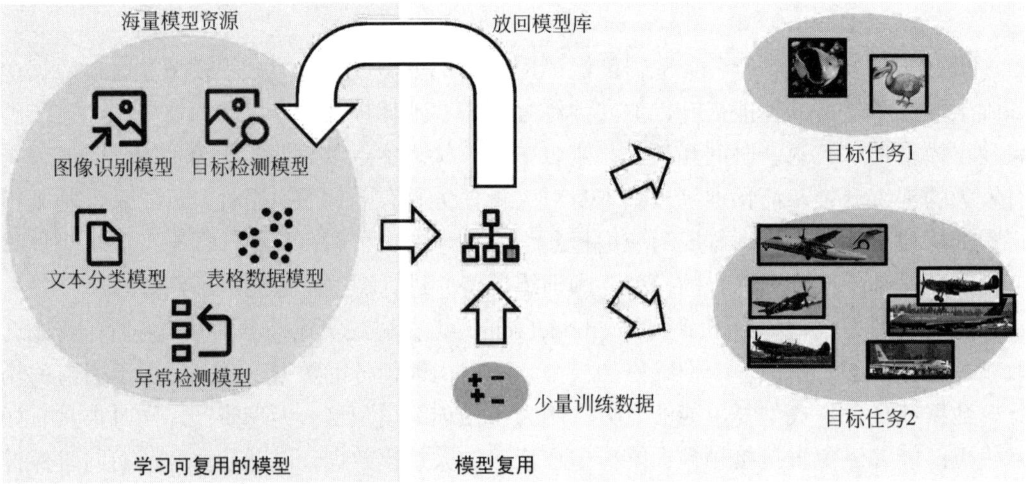

图 1　模型资源的构建及复用过程

综上，面对异构的预训练模型和多样的目标任务，本文从特征表示角度出发，提出针对异构模型的复用方法，且通过学习有效的特征表示，提升其在目标任务中被充分使用的能力。上述两种方案形成一个闭环，在样本量受限的跨任务知识迁移任务上取得了较好的效果，能够有效地在开放环境中快速应用机器学习模型。

下文中，将首先介绍模型复用的基本设定，探讨复用的常见方案，以及从特征表示出发的模型复用和训练可复用模型的方法。最后是对本文的总结及后续工作的展望。

2 模型复用背景

2.1 模型复用任务

在机器学习任务中(以分类为例),数据集 $\mathcal{D}=\{(\boldsymbol{x}_i, y_i)\}_{i=1}^N$ 具有 N 个样本,其中 $\boldsymbol{x}_i \in \mathbb{R}^d$ 为 d 维的样例, $y_i \in [C]=\{1,2,\cdots,C\}$ 为标记,其中类别集合记作 $\mathcal{C}$, $\boldsymbol{y}_i \in \{0,1\}^C$ 为其对应的编码,在标记 y_i 的索引上取值为 1,否则为 0。当前任务目标为获取一个分类模型 $f:\mathbb{R}^d \to [C]$,即基于样例对其类别进行预测。不同于传统监督学习任务,在模型复用的过程中,同时会给定一个预训练模型 g。预训练模型 g 一般和当前任务的目标模型 f 有一定的关联性。模型复用的目标是基于预训练模型 g,优化目标模型 f 的泛化能力,即最小化 $\mathbb{E}_{(\boldsymbol{x},y)\sim\mathcal{D}}\left[\ell\left(f(\boldsymbol{x};g),y\right)\right]$。其中, $\ell(\cdot,\cdot)$ 为损失函数,符号 $\sim\mathcal{D}$ 表示从数据集 $\mathcal{D}$ 对应的数据分布中抽样。

一般情况下,模型 f 可分解为两部分,即 $f=\boldsymbol{W}\circ\phi$,其中, $\circ$ 表示函数的复合,即 $f(\boldsymbol{x})=\boldsymbol{W}^{\mathrm{T}}\phi(\boldsymbol{x})$; ϕ 是特征提取器,用于抽取样例的特征至一个隐空间中,不失一般性,可令 $\phi:\mathbb{R}^d \to \mathbb{R}^d$。而 $\boldsymbol{W}=[\boldsymbol{w}_1;\boldsymbol{w}_2;\cdots;\boldsymbol{w}_C]\in\mathbb{R}^{d\times C}$ 是线性分类器矩阵,其中每一列对应一个类的分类器(为方便讨论,此处省略偏移项)。对于一般的线性模型,可令特征映射 ϕ 为恒等函数(identity function)。

为进一步区分 f 和 g 的关系,假定预训练模型 g 在数据集 $\mathcal{D}^0=\{(\boldsymbol{x}_j^0, y_j^0)\}_{j=1}^{N^0}$ 上训练所得。其中 $\boldsymbol{x}_j^0 \in \mathbb{R}^{d^0}$,而 $y_j^0 \in [C^0]$,相应的类别集合记为 $\mathcal{C}^0$。若 f 和 g 结构相同,且 d 和 d^0、C 和 C^0 之间保持一致,则称此种模型复用为同构模型复用(homogeneous model reuse),若其中存在不同,则称为异构模型复用(heterogeneous model reuse)。异构性使模型复用较为困难。可以看出,在模型复用过程中,无法获取预训练数据集 $\mathcal{D}^0$,而仅能使用预训练模型 g,因此在分享模型的过程中保护了原始数据的隐私。在某些实际场景中,也会将 $\mathcal{D}^0$ 的某些统计量或极少量数据和 g 一起用于提升复用效率[7-8]。

2.2 模型复用的基础

预训练模型能通过何种方式帮助当前任务?本节讨论两种常见的方式。首先。预训练模型可充当当前任务模型的一种先验,从而使模型在学习的过程中具有更精准的后验。对于同构模型复用问题,一种简单的方法是通过模型参数的匹配,缩减模型在参数空间中的“距离”,即

$$\min_f \sum_{i=1}^N \ell\left(f(\boldsymbol{x}_i), y_i\right)+\|f-g\|_{\mathcal{H}} \tag{1}$$

其中，$\|\cdot\|_{\mathcal{H}}$ 是一种模型参数之间距离的衡量，例如 F 范数。上述优化目标类似于限制了当前模型 f 的参数空间与预训练模型 g 接近。可以想象，如果 f 从随机权重优化，可能需要较多的数据、较多的优化步骤方能找到具有泛化能力的模型，而若预训练模型 g 本身适合当前任务，基于 g 进行优化为目标模型 f 提供了有效的参照，相当于将 f 的优化限制在了某个具有泛化能力的模型局部空间中。当 f 和 g 是线性模型时，即 $f(\boldsymbol{x})=\boldsymbol{W}^{\mathrm{T}}\boldsymbol{x}$ 且 $g=\boldsymbol{W}_0$，式(1)变为如下形式：

$$\hat{\boldsymbol{W}}=\underset{\boldsymbol{W}}{\operatorname{argmin}}\sum_{(\boldsymbol{x}_i,y_i)}^{N}\ell\left(\boldsymbol{W}^{\mathrm{T}}\boldsymbol{x}_i,y_i\right)+\lambda\|\boldsymbol{W}-\boldsymbol{W}_0\|_2 \tag{2}$$

上述方式也被称为假设迁移（hypothesis transfer）[9]。对于上述目标函数，当前模型分类器 $\boldsymbol{W}$ 的学习相当于在预训练模型 $\boldsymbol{W}_0$ 的基础上学习了一个残差，若令 $\boldsymbol{W}=\boldsymbol{W}_0+\Delta\boldsymbol{W}$，则式(2)和目标函数 $\underset{\Delta\boldsymbol{W}}{\operatorname{argmin}}\sum_{(\boldsymbol{x}_i,y_i)}^{N}\ell\left(\left(\boldsymbol{W}_0+\Delta\boldsymbol{W}\right)^{\mathrm{T}}\boldsymbol{x}_i,y_i\right)+\lambda\|\Delta\boldsymbol{W}\|_2^2$ 等价。说明如果预训练模型较为适配当前任务，无须过多改动（$\Delta\boldsymbol{W}\to 0$）则可实现复用；若预训练模型和当前任务差异较大，则将更加依赖损失函数项对预训练模型进行修正。文献[10]分析了上述方法在二分类问题中对目标任务泛化性能的影响。

可以看出，模型复用的一种方式是对目标模型和当前模型进行一种“匹配”。除了上述从“参数”方面进行匹配，也可以从数据方面进行匹配，缩减模型对数据预测结果的“距离”：

$$\min_{\theta}\sum_{i=1}^{N}\ell\left(f\left(\boldsymbol{x}_i\right),y_i\right)+\|f\left(\boldsymbol{x}_i\right)-g\left(\boldsymbol{x}_i\right)\|_{\mathcal{H}} \tag{3}$$

此处，$\|\cdot\|_{\mathcal{H}}$ 是一种模型预测结果之间差异的衡量，例如 KL 散度。在预测匹配时，也可以有效结合无标记样本，降低目标任务对标记数据的需求。上述方式可理解为将预训练模型的结果二次使用，称为“二次学习”（twice learning）[11-12]，这一思路后续被发展为知识蒸馏（knowledge distillation）并用于神经网络中，通过预训练模型对样本的预测，提供比标记更加丰富的分布信息，通过学习这种分布信息，能够有效复用预训练模型强大的能力[13]。文献[14]和文献[15]分析了上述方式对目标任务学习的优势。

2.3 其他模型复用方法概述

除了上述方式，近年来，对于结构相同的模型，部分研究者也从轻量化模块微调角度出发，通过为预训练模型增加少量可调节参数，使模型能够有一定可调节程度的同时避免过拟合，例如，在预训练模型的中间层增加一些可调的、具有残差连接的模块[16-18]，通过固定预训练模型的其他参数，仅优化新增模块，能够使模型快速适配到下游目标任务中；复用过程中也可调节模型的尺度变换、偏移等参数获得较好的适配效果[19-20]。随着基于自注意力结构的 Transformer 模型的广泛使用，部分方法分析发现 Transformer 在增加输入 Token 模块后，功能可具有较大的变化。基于这种灵活性，部分复用方法为模型设置可学习的 Prompt（提示）组件，通过在模型输入层或中间层加上可学的 Token，使模型的能力能够在少量样本下进行扩张[21]。上述的一些方法仍存在模型结构受限的问题，即下游任务的模型必须和预训练模型保持一致，而当下游任务具有计算资源、空间资源的约束时，则无法使用。在模型复用过程中，部分研究者也针对如何优化[22]、如何集成[23]进行分析，能够使模型在下游任务微调的同时，保持预训练模型强大的泛化能力。

2.4 模型复用的挑战

从上述分析中可以看出，当前模型复用方法依赖于预训练模型和目标任务之间的“一致性”。通过参数的一致性进行参数的匹配，通过结构的一致性进行增量式调节。这些约束限制了下游任务模型的类型，使目标模型结构和预训练模型几乎要保持一致。本文主要关注如何在模型复用过程中有效复用异构模型，扩展模型复用的范围。

3 模型复用方法

预训练模型和当前模型之间的异构性为模型复用带来挑战。考虑到特征表示对构建模型的重要性，本文从这一关键模型组件出发，基于特征表示建立预训练模型和目标任务间的关联。在特征变化的场景中，通过为不同的异构特征提取元表示，在元表示空间实现异构特征模型的复用；在类别变化场景中，通过基于特征表示度量样本相似性的能力，绕过类别的约束，提升在目标任务中复用异构模型的能力。

3.1 特征异构模型复用

在大量实际模型复用场景中，目标任务的特征集合和预训练模型的特征集合之间存在异构性。例如，在文本分类或商品推荐中，模型使用的特征可能会随着时间、用户或商品的变化而发生变化。具体而言，在文本分类中，一般使用词汇表构成的集合对文档进行描述，而使用的词汇表可能会随着热门话题的变化而发生变化，进而导致不同时间段的文档具有不同的特征；在商品推荐中，用户描述的属性和统计信息可能会因为新商品的上架或旧商品的下架而发生变化。由于特征集合的变化，异构特征模型的复用具有较大的应用价值。

以线性模型为例，预训练数据是 d^0 维，对应的分类器 W_0 用于该 d^0 维数据，而当前数据的维度是 d 维（$d \neq d^0$），使得预训练模型无法直接用于当前的任务中。实际应用中往往会面临更加通用的特征异构的模型复用场景，如图 2 所示，即两个特征空间共享部分特征集合，令 Δd 表示两个特征集合共有部分的维度。在后续讨论中，为保持公式简洁，并不显式强调 Δd。本节工作细节及其拓展可参考文献[24]。

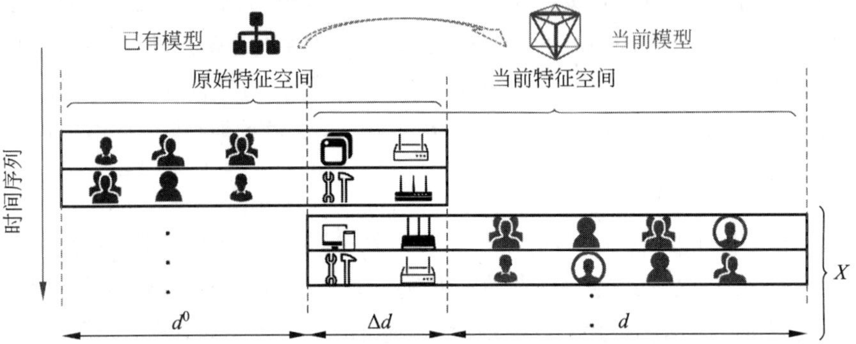

图 2　特征异构的模型复用情况

3.1.1　基于特征映射的模型复用框架 ReForm

本文首先拓展假设迁移的思路，从理论上证明在线性模型的假设前提下，对同质模型（即：f 与 g 结构相同、$d = d^0$、$C = C^0$）的复用可以降低当前任务模型训练对数据量的需求，模型复用下的具体优化目标与式(2)相同，其中可以将第一项 $\sum_{(\boldsymbol{x}_i,\boldsymbol{y}_i)}^{N} \ell\left(\boldsymbol{W}^{\mathrm{T}}\boldsymbol{x}_i, \boldsymbol{y}_i\right)$ 记为经验误差 $\epsilon_N(\boldsymbol{W})$，经验误差依赖于样本量 N 的取值，而期望误差可以定义为

$$\epsilon(\boldsymbol{W}) = \mathbb{E}_{(\boldsymbol{x},y)\sim\mathcal{D}}\left[\ell\left(\boldsymbol{W}^{\mathrm{T}}\boldsymbol{x}, y\right)\right] \tag{4}$$

其中，任意一对样本 $(\boldsymbol{x}, y)$ 都是从当前数据集 $\mathcal{D}$ 所对应的分布中采样得到。基于上述定义，若进一步假设向量输入的损失函数 ℓ 为 L-Lipschitz 连续，且有上界 $\mathcal{B}$，样本 $\boldsymbol{x}$ 范数有上界 $\boldsymbol{X}$，本文证明了对于任意一个（C 类）模型 $\boldsymbol{W} \in \mathcal{W}$ 和 $0 < \delta < 1$，有如下不等式：

$$\epsilon(\boldsymbol{W}) \leqslant \epsilon_N(\boldsymbol{W}) + \frac{C_1}{N} + C_2\sqrt{\frac{\epsilon(\boldsymbol{W}_0)}{N}} \tag{5}$$

至少以 $1-\delta$ 的概率成立。其中 $C_1 = \left(\frac{2}{3} + 4LCX\right)\mathcal{B}\log\frac{1}{\delta}$，$C_2 = \frac{4LCX+2}{\sqrt{\lambda}} + \sqrt{2\mathcal{B}\log\frac{1}{\delta}}$，

$\mathcal{W}=\left\{\|\boldsymbol{W}-\boldsymbol{W}_0\|_F\leqslant\sqrt{\frac{\epsilon_N\left(\boldsymbol{W}_0\right)}{\lambda}}\right\}$。上述结果左侧为当前任务的泛化误差$\epsilon\left(\boldsymbol{W}\right)$，右侧为经验误差及和样本量$N$有关的两项。可以看出，当样本量极大时，泛化误差能够被经验误差近似。一般情况下，泛化误差的收敛率与$\mathcal{O}(1/\sqrt{N})$有关（受右侧第三项影响较大）。而当$\epsilon\left(\boldsymbol{W}_0\right)\to 0$时，说明预训练模型在当前任务上的泛化误差极小，即与当前任务较为适配，此时泛化误差主要受右侧第二项影响，收敛率趋于$\mathcal{O}(1/N)$。收敛率的提升说明在同样的样本量下，通过预训练模型的辅助，能够获得更紧的泛化界，或者为达到同样的泛化误差，所需样本量更少。因此，同构模型的复用能够帮助当前模型更加高效地学习当前任务，而异构模型复用的一种直观的思路即将其转化为同构模型，在特征异构的场景中，即通过对特征映射，将面向预训练特征集合的分类器转换为面向当前特征集合的同构分类器。

假设特征异构的模型复用场景中，预训练模型（分类器）$\boldsymbol{W}_0\in\mathbb{R}^{d^0\times C}$且$d^0\neq d$，其核心待解决的问题就是如何进行原始特征空间（$d^0$维特征空间）和当前任务特征空间（$d$维特征空间）的映射（线性变换）。假设每一维度的特征都对应某概率分布，则两个模型之间特征集合的关联映射可以看作其归一化的边缘分布μ_1（d^0维概率分布）和μ_2（d维概率分布）之间的映射，在映射过程中，本文期望原始特征空间中与当前任务相似的特征会被映射在一起，即该特征空间的映射能够维持相应的语义信息。为此，本文引入矩阵$\boldsymbol{Q}\in\mathbb{R}^{d\times d^0}$来描述特征空间中不同维度的语义相似性，其表示将原始特征空间中某个特征映射到当前任务特征空间中某个特征之间的代价（cost），代价越小则说明两个特征之间的相似度越高。基于上述对两个特征空间中特征相似度的刻画矩阵$\boldsymbol{Q}\in\mathbb{R}^{d\times d^0}$，可以通过优化如下目标

$$\min_{\boldsymbol{T}}\langle\boldsymbol{T},\boldsymbol{Q}\rangle\quad\text{s.t.}\ \ \boldsymbol{T}\boldsymbol{1}=\boldsymbol{\mu}_2,\boldsymbol{T}^{\mathrm{T}}\boldsymbol{1}=\boldsymbol{\mu}_1,\boldsymbol{T}\geqslant\boldsymbol{0}\tag{6}$$

来得到实际相关任务与当前任务之间的特征相似矩阵$\boldsymbol{T}\in\mathbb{R}^{d\times d^0}$，矩阵$\boldsymbol{T}$中的元素刻画了当前$d$个特征与预训练数据$d^0$个特征间的关联性。该优化目标与最优输运问题（optimal transport）的 Kantorovitch 形式相同。通过上述分析及优化目标，本文提出了利用语义映射的异构空间模型矫正（REctiFy via heterogeneous predictor mapping, ReForm）框架，来实现在不同特征空间之间复用相关任务模型的目标。ReForm 的主要思路在于利用最优输运刻画不同特征维度之间的语义相似性，并优化得到异构特征空间的语义映射$\boldsymbol{T}\in\mathbb{R}^{d\times d^0}$，进而利用该语义映射获得当前任务模型的先验$\boldsymbol{W}_0=d_2\boldsymbol{T}\hat{\boldsymbol{W}}_0$，其中常数$d$用于

调整边缘分布的权值，$\hat{\boldsymbol{W}}_0 \in \mathbb{R}^{d^0 \times C}$ 为相关任务的待复用模型。因此，求得 $\boldsymbol{T}$ 后，异构特征复用的目标函数为

$$\hat{\boldsymbol{W}} = \underset{\boldsymbol{W}}{\operatorname{argmin}} \sum_{(\boldsymbol{x}_i, y_i)}^{N} \ell\left(\boldsymbol{W}^{\mathrm{T}} \boldsymbol{x}_i, y_i\right) + \lambda \| \boldsymbol{W} - dT\hat{\boldsymbol{W}}_0 \|_2^2 \tag{7}$$

通过语义映射将异构预训练模型 $\hat{\boldsymbol{W}}_0$ 矫正为同构模型，当前分类器预期能够利用有限样本获得较好的分类效果。

3.1.2 基于元表示的异构特征关联方法 EMIT

虽然上述基于最优输运的特征相似性刻画方法具有较为直观的解释，但是其在实际优化时会面临代价矩阵 $\boldsymbol{Q}$ 如何设置的问题。从含义上来看，代价矩阵 $\boldsymbol{Q}$ 刻画了开放环境中的特征之间的相似性关系，因此一种最为直观的设置代价矩阵 $\boldsymbol{Q}$ 的方法为直接人工设置两两特征之间的相似性。但是，人工设置的方法在实际场景应用时可能会具有较大的局限性，因此本文首先引入“特征元表示”（feature meta representation）这一概念，作为特征的语义表示，并进一步借助特征元表示来构造目标的代价矩阵 $\boldsymbol{Q}$ 。例如，文档分类问题中，每个单词都可以用 word2vec 的方式表示为一个向量；推荐系统中，对于每一个和用户交互的商品，都可以使用商品的图片信息特征作为其元表示。由此可见，虽然不同任务的特征空间是异构的，但是其特征的元表示是共享并且不变的。

基于不同特征集合之间特征元表示共享、具有不变要素的思路，ReForm 框架也可以从特征元表示的角度来理解。首先，本文定义一个特征元表示空间，其中不同任务每一维度的特征在该空间都表示为一个向量，即特征的元表示可以看作元空间中的样例。此时，预训练任务的元数据定义为 $M_1 = \{\boldsymbol{m}_m\}_{m=1}^{d^0} \in \mathbb{R}^{D \times d^0}$ ，其中每一列是一个 D 维向量，对应预训练数据的每一维特征；类似地，当前任务的元数据 $M_2 = \{\boldsymbol{m}_n\}_{n=1}^{d} \in \mathbb{R}^{D \times d}$ 。虽然不同模型的特征空间维度不同（$d \neq d^0$），但是所有特征都可以看作以同一种元表示的形式存在于特征维度为 D 的特征空间中。此时，异构模型特征集合之间的变化，可以转化为上述特征元表示空间中两个任务特征集合所对应元表示之间的分布变化。本文希望借助优化最优输运目标来完成对特征元表示之间关系的刻画。

具体而言，给定语义映射矩阵 $\boldsymbol{T} \in \mathbb{R}^{d \times d^0}$ ，一个特定元特征 $\boldsymbol{m}_n$ 将通过重心映射（barycenter mapping）转移到 M_1 域中的 $\hat{\boldsymbol{m}}_n$ 上：

$$\hat{\boldsymbol{m}}_n = \arg\min_{\boldsymbol{m}} \sum_{m=1}^{d^0} T_{n,m} C\left(\boldsymbol{m}, \boldsymbol{m}_m\right), \quad n = 1, 2, \cdots, d \tag{8}$$

当 $C\left(\boldsymbol{m},\boldsymbol{m}_m\right)=\|\boldsymbol{m}-\boldsymbol{m}_m\|^2$ 为两个特征元表示之间的欧式距离的平方时，上述优化目标有闭式解：

$$\hat{\boldsymbol{M}}_2=\boldsymbol{M}_1\left(\operatorname{diag}(\boldsymbol{T}\boldsymbol{1})^{-1}\boldsymbol{T}\right)^{\mathrm{T}} \tag{9}$$

除此之外，当边缘分布为均匀分布时，该闭式解可以进一步简化为 $\hat{\boldsymbol{M}}_2=d\boldsymbol{M}_1\boldsymbol{T}^{\mathrm{T}}$。该闭式解可以看作通过系数 $d\boldsymbol{T}^{\mathrm{T}}$ 和领域 $\boldsymbol{M}_1$ 中的元表示来重构域 $\boldsymbol{M}_2$ 中的元表示。通过式(9)可求得两组特征集合元表示之间的映射方式，而这一特征元表示之间的映射可同时作用于预训练分类器和当前分类器，由此可通过 $\boldsymbol{W}_0=d\boldsymbol{T}\hat{\boldsymbol{W}}_0$ 对异构特征的预训练分类器进行变换。

考虑到在某些实际应用中，可能难以获得特征的具体意义，因此本文进一步提出了一种编码特征元信息（encode meta information of features, EMIT）的方式，使得 ReForm 框架能够自动学习特征的元表示。EMIT 的核心思路是利用不同任务之间共享的特征部分（见图 2），将该共享部分的特征作为字典，通过字典来分别重建不同任务各自的特征。换言之，EMIT 将不同任务之间的共享特征作为“桥梁”，进一步将不同任务之间特有的特征联系起来。

具体而言，假设相关任务的特征为 $\boldsymbol{X}_f$（样本数为 N^0），当前任务的特征为 $\boldsymbol{X}$（样本数为 N），分别将各自任务的特征进行分解，得到:

$$\boldsymbol{X}_f=\left[\boldsymbol{X}_f^{d^0}\in\mathbb{R}^{N^0\times d^0},\boldsymbol{X}_f^{\Delta d}\in\mathbb{R}^{N^0\times\Delta d}\right],\boldsymbol{X}=\left[\boldsymbol{X}^{\Delta d}\in\mathbb{R}^{N\times\Delta d},\boldsymbol{X}^{d}\in\mathbb{R}^{N\times d}\right] \tag{10}$$

其中，$\boldsymbol{X}_f^{\Delta d}$ 和 $\boldsymbol{X}^{\Delta d}$ 对应两个任务之间共享的特征维度且具有相同的语义，因此可以使用该部分共享特征来分别表示 $\boldsymbol{X}_f^{d^0}$ 和 $\boldsymbol{X}^{d}$：

$$\|\boldsymbol{X}_f^{d^0}-\boldsymbol{X}_f^{\Delta d}\boldsymbol{R}_f\|_F^2+\lambda\sum_{m=1}^{d^0}\|\boldsymbol{R}_{f,m}\|_0,\ \|\boldsymbol{X}^{d}-\boldsymbol{X}^{\Delta d}\boldsymbol{R}\|_F^2+\lambda\sum_{n=1}^{d}\|\boldsymbol{R}_n\|_0 \tag{11}$$

其中，$\boldsymbol{R}_f\in\mathbb{R}^{d_s\times d^0}$ 和 $\boldsymbol{R}\in\mathbb{R}^{d_s\times d}$ 为重构系数，其第 m 列（$\boldsymbol{R}_{f,m}\in\mathbb{R}^{\Delta d}$）和第 n 列（$\boldsymbol{R}_n\in\mathbb{R}^{\Delta d}$）对应指定特征的系数，可以用于特征的元表示。上述公式本质上是将共享的 $\boldsymbol{X}_f^{\Delta d}$ 和 $\boldsymbol{X}^{\Delta d}$ 两部分作为字典来分别重构 $\boldsymbol{X}_f^{d^0}$ 和 $\boldsymbol{X}^{d}$，该优化问题可以通过正交匹配追踪（orthogonal matching pursuit, OMP）算法快速求解得到对应的 $\boldsymbol{R}_f$ 和 $\boldsymbol{R}$。然后可以通过它们之间的（平方）欧氏距离来计算任务特定的特征转移代价矩阵 $\boldsymbol{Q}$。值得注意的是，EMIT 策略是无监督的，可以针对未标记的样例获得更好的重建结果。ReForm 框架和 EMIT 策略的总体流程如图 3 所示。

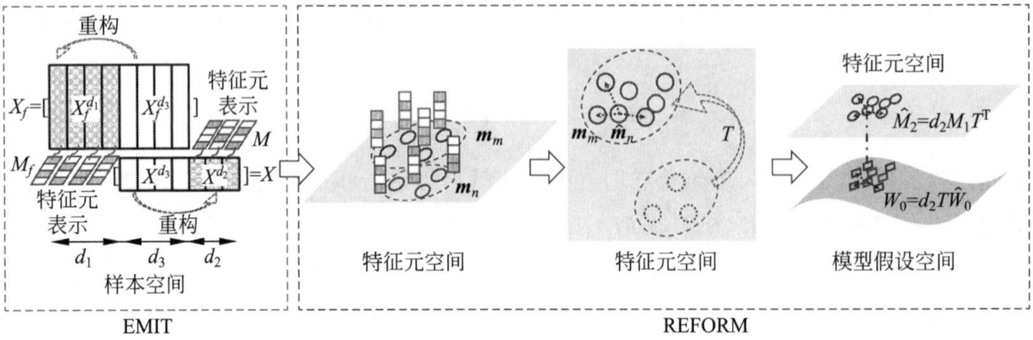

图 3　ReForm 框架和 EMIT 策略示意图

综上，在进行异构特征模型复用过程中，ReForm 框架利用预训练阶段所获取的特征元表示来构建异构特征集合之间的映射矩阵，从而将异构特征分类器转换到当前任务中，再通过假设迁移的方式对其进行调整，从而使异构特征模型快速适配当前的任务。

3.1.3　实验结果

为了验证 ReForm 方法和 EMIT 策略的有效性，本节在人造数据中验证了 ReForm 方法的有效性。

对于人造数据，本节首先在没有元特征表示的 9 个 UCI 数据集上构造相应的相关任务的特征（d^0）、当前任务的特征（d）和任务的共享特征（Δd）三部分，其占所有特征的比例分别为 45%、45%和 10%。为了研究在具有不同配置的任务下 ReForm 的性能，本文探究当任务之间有更多的共享特征，并且当前任务训练样例的数量增加时，不同方法的性能变化，具体结果如图 4 所示。

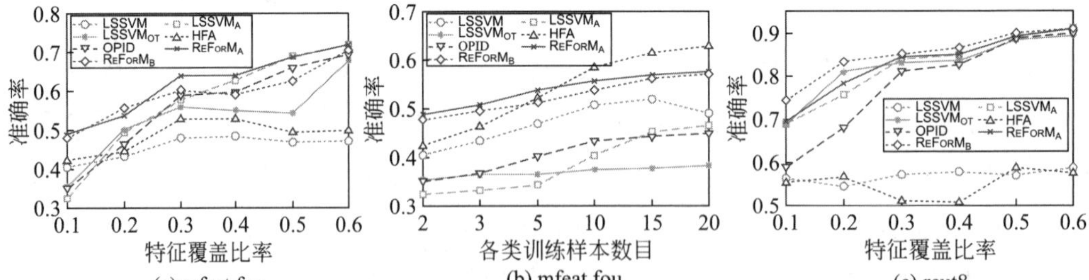

图 4　UCI 数据集实验对比结果

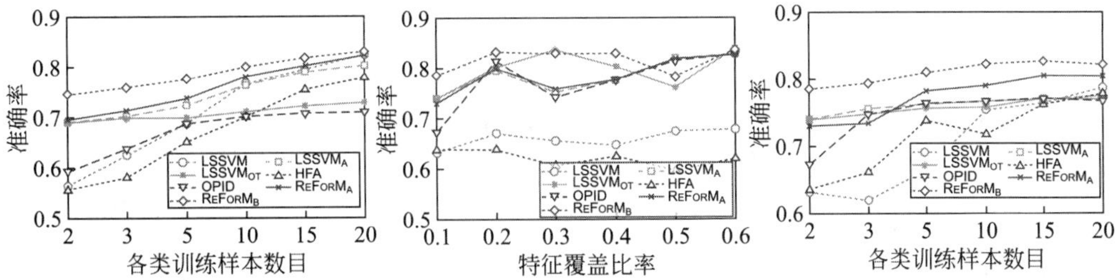

(d) reut8　(e) spambase　(f) spambase

图 4 （续）

上述实验结果表明，ReForm 框架能够在特征覆盖比率变化、各类样本数量变化的场景中有效复用异构特征模型，提升当前任务的分类能力。

3.2 类别异构模型复用

3.2.1 相关背景

除了上述特征异构的情况，模型复用另一方面的难题在于类别集合也可能存在异构的情况。基于已有的模型解耦定义 $f = \boldsymbol{W} \circ \phi$，类别异构可以看作在线性分类器（$\boldsymbol{W}$）所面向的目标类别集合存在异构。类别异构的情况在实际的开放环境中也较为常见，例如，现实世界的众多应用中存在流式数据，这些流式数据随着时间的演变可能会包含新的类别（如商品种类不断增加），即模型复用的当前任务和相关任务的类别集合不一致（$\mathcal{C} \neq \mathcal{C}^0$）。实际上，一些相关的领域可以看作类别异构模型复用的特例，比如类别增量学习中不同阶段具有互不重合的类别（$\mathcal{C} \cap \mathcal{C}^0 = \varnothing$），此时后一阶段需要复用前一阶段的具有完全不同类别集合的模型，并在此基础上学习到能够覆盖所有类别的分类器。本节关注一种更加通用的类别集合异构的模型复用场景，即除了标准的类别同构情况（$\mathcal{C} = \mathcal{C}^0$）和跨任务模型复用（$\mathcal{C} \cap \mathcal{C}^0 = \varnothing$）的情况，还需要考虑类别集合不相等但有部分重合（$\mathcal{C} \cap \mathcal{C}^0 \neq \varnothing$ 且 $\mathcal{C} \neq \mathcal{C}^0$）的一般情况，上述不同类别情况下模型复用如图 5 所示。本节工作细节与进一步讨论可参考文献[25]。

3.2.2 基于特征表示的异构类别模型复用方法 ReFilled

当类别集合存在异构时，模型复用的难点在于无法直接通过分类目标的匹配进行模型之间知识的传递。且由于 $\mathcal{C} \cap \mathcal{C}^0 \neq \varnothing$ 情况的引入，此时具体的可复用类别（$\mathcal{C}_a = \mathcal{C} \cap \mathcal{C}^0$）对于当前任务模型是未知的，使得当前任务模型无法直接复用相关任务的分类结果作为当前任务的先验知识。例如，如果类别集合 $\mathcal{C}$ 和类别集合 $\mathcal{C}^0$ 中的某些类别语义差距过大，

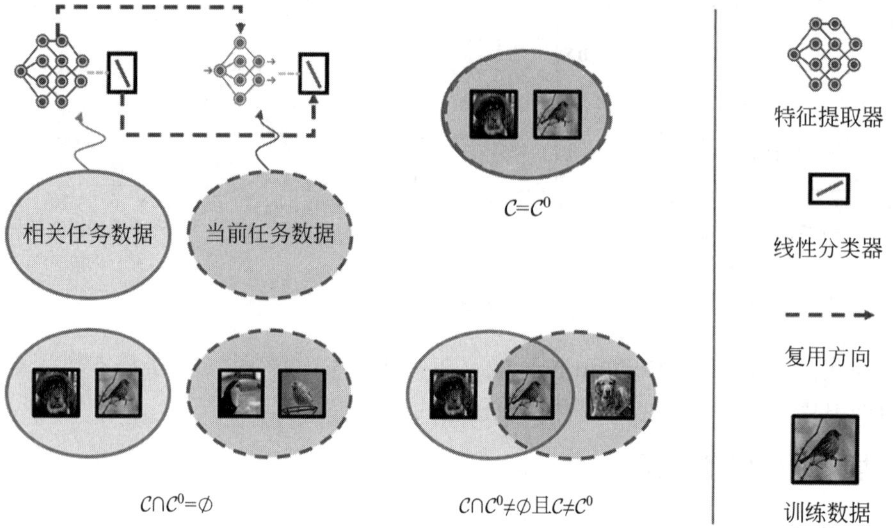

图 5　不同形式的类别异构情况

则当前任务在模型复用时应该减少对该部分类别知识的复用；相反，如果类别集合 $\mathcal{C}$ 和类别集合 $\mathcal{C}^0$ 中的某些类别相同或者语义较为相似，则当前任务在模型复用时应该重点关注该部分类别知识的复用。因此，如何识别和利用可复用类别 $\mathcal{C}_a$ 是一般类别异构模型复用的关键所在。为了更好地进行一般化的类别异构模型复用，本文提出了一种同时考虑上述多种情况（$\mathcal{C}=\mathcal{C}^0$ 或者 $\mathcal{C}\cap\mathcal{C}^0=\varnothing$ 或者 $\mathcal{C}\cap\mathcal{C}^0\neq\varnothing$）的类别异构模型复用方法——基于关系促进的局部分类器复用方法 (relationship facilitated local classifier distillation, ReFilled)。

需要注意的是，基于已有的模型解耦定义 $f=\boldsymbol{W}\circ\phi$，特征提取器 ϕ 并不依赖于具体的类别信息，因此待复用模型的特征提取器（ϕ_0）在不同样本之间的相似性比较能力在类别空间发生偏移时仍然是可复用的。比较能力刻画了某个特征映射模型对样本之间相似度的比较能力，由于相似度衡量过程中与具体的类别无关，这一比较能力在类别变化时可作为知识迁移的桥梁。本文首先构造含有正负样本对的元组数据。具体而言，针对一个具体的样本 $\boldsymbol{x}_i$，本文首先根据其与其他样本之间的距离关系构造一个元组数据 $\left(\boldsymbol{x}_i,\boldsymbol{x}_i^{\mathcal{P}},\boldsymbol{x}_{i1}^{\mathcal{N}},\cdots,\boldsymbol{x}_{iK}^{\mathcal{N}}\right)$，其中 $\boldsymbol{x}_i^{\mathcal{P}}$ 为相对于样本 $\boldsymbol{x}_i$ 的正样本，其余的 $\boldsymbol{x}_{ij}^{\mathcal{N}}\left(j\in[1,K]\right)$ 为相对于样本 $\boldsymbol{x}_i$ 的 K 个负样本，正样本对之间的距离较近，负样本对之间的距离较远。借助这些只含有正负样本、不含标记监督信息的元组数据，本文期望能够复用相关模型在元组数据上的相似性比较关系。具体而言，本文通过如下 softmax 操作将一个元组内样本对之间的距离远近转化为指示相似性大小的概率分布：

$$p_i(\phi_0)=s_\tau\left(\left[-D_{\phi_0}\left(\boldsymbol{x}_i,\boldsymbol{x}_i^{\mathcal{P}}\right),-D_{\phi_0}\left(\boldsymbol{x}_i,\boldsymbol{x}_{i1}^{\mathcal{N}}\right),\cdots,-D_{\phi_0}\left(\boldsymbol{x}_i,\boldsymbol{x}_{iK}^{\mathcal{N}}\right)\right]\right) \tag{12}$$

其中，$s_\tau\left(f\left(\boldsymbol{x}_i\right)\right)=\operatorname{softmax}\left(\frac{f(\boldsymbol{x}_i)}{\tau}\right)$，$\tau$ 为非负的“温度”参数，$D_\phi\left(\boldsymbol{x}_i,\boldsymbol{x}_j\right)=\|\phi(\boldsymbol{x}_i)-\phi(\boldsymbol{x}_j)\|_2$。基于上述相似性元组的构造，本文可以得到如下不依赖于标记、只依赖于样本之间相似性比较关系的复用优化目标：

$$\min_\phi \sum_i \mathrm{KL}(p_i(\phi_0)\,\|\,p_i(\phi)) \tag{13}$$

其中，ϕ_0 为待复用模型的特征提取器，ϕ 为当前模型的特征提取器，$\mathrm{KL}(\cdot\|\cdot)$ 为 KL 散度。需要强调的是，在构造上述负样本对 $(\boldsymbol{x}_i,\boldsymbol{x}_{ij}^{\mathcal{N}})$ 时，本文希望能够从与样本 $\boldsymbol{x}_i$ 不同类别的样本中构造出较为“困难”的负样本对，即满足 $\boldsymbol{D}_\phi\left(\boldsymbol{x}_i,\boldsymbol{x}_i^{\mathcal{P}}\right)<\boldsymbol{D}_\phi(\boldsymbol{x}_i,\boldsymbol{x}_{ij}^{\mathcal{N}})$ 的负样本对，较为“困难”的负样本对能够防止特征塌缩。另外，通过对“困难”样本的特殊定义，K 可以在当前批次的训练数据中自适应确定，不需要手动设置。

除了上述对于特征的复用，本文还针对异构分类器的复用提出了一种通用的方法。具体而言，本文使用待复用模型的特征提取器提取所有当前任务上样本集合 $\mathcal{D}$ 的特征，即 $\phi_0(\mathcal{D})\in\mathbb{R}^{N\times d}$，进而使用特征直接计算当前任务上的分类中心：

$$\boldsymbol{P}=\operatorname{diag}\left(\frac{\boldsymbol{1}}{\left(\boldsymbol{Y}^{\mathrm{T}}\boldsymbol{1}\right)}\right)\boldsymbol{Y}^{\mathrm{T}}\phi\left(\boldsymbol{X}\right)\in\mathbb{R}^{C\times d} \tag{14}$$

$\boldsymbol{P}$ 中的每一行 $\boldsymbol{p}_c\in\mathbb{R}^d$ 对应第 c 个类别的类中心，对于目标任务中的每一个样本 $\boldsymbol{x}$，本文根据其到 C 个类中心的余弦相似度确定标记：

$$p^0\left(c\mid\boldsymbol{x}\right)=\frac{\left(\frac{\left(\phi_0(\boldsymbol{x})^{\mathrm{T}}\boldsymbol{p}_c\right)}{\|\boldsymbol{p}_c\|_2}\right)}{\sum_{c'=1}^{C}\left(\frac{\left(\phi_0(\boldsymbol{x})^{\mathrm{T}}\boldsymbol{p}_{c'}\right)}{\|\boldsymbol{p}_{c'}\|_2}\right)} \tag{15}$$

该基于相似性的分类器能够有效表示待复用模型在当前任务上的判别能力，即使该待复用模型的类别空间与当前任务的类别空间完全不重叠。通过该基于相似度的预测结果，本文仍然能将当前任务的分类器结果与基于相似度的分类器预测结果进行匹配，其中在计算基于相似度的预测结果的时候，本文只考虑当前批次数据中的类别集合 $\mathcal{S}$（$\mathcal{S}\subseteq\mathcal{C}$），

即只计算类别集合 $\mathcal{S}$ 上的后验概率：

$$\min_f \sum_{i=1}^{N} \ell\left(f\left(\boldsymbol{x}_i\right), \boldsymbol{y}_i\right) + \lambda \mathrm{KL}\left(\hat{p}^0\left(\mathcal{S} \mid \boldsymbol{x}_i\right) \| \hat{\boldsymbol{s}}_\tau\left(f\left(\boldsymbol{x}_i\right)\right)\right) \tag{16}$$

$$\hat{p}^0\left(\mathcal{S} \mid \boldsymbol{x}_i\right) = \mathrm{softmax}\left(\left\{p^0\left(s \mid \boldsymbol{x}\right)\right\}_{s \in \mathcal{S}}\right) \tag{17}$$

$$\hat{\boldsymbol{s}}_\tau\left(f\left(\boldsymbol{x}_i\right)\right) = \mathrm{softmax}\left(\left\{\frac{W^{\mathrm{T}} \phi(\boldsymbol{x})}{\tau}\right\}_{s \in \mathcal{S}}\right) \tag{18}$$

为了更好地利用类别异构空间中可能重叠的类别，本文为相关模型在当前任务数据上的预测结果定义了一个伪标记，即 $\hat{s} = \underset{s}{\operatorname{argmax}}\left(\left\{p^0(s|\boldsymbol{x})\right\}_{s \in \mathcal{S}}\right)$，该最大的置信度可以看作相关模型 ϕ_0 对当前任务样本预测结果的置信程度。本文设 $\lambda_i = 2\lambda \times \sigma\left(-\ell\left(\mathrm{softmax}\left(\left\{p^0(s|\boldsymbol{x})\right\}_{s \in \mathcal{S}}\right), \hat{s}\right)\right)$ 为单个样本特定的复用权重项，并且使用 Logistic 函数 $\sigma(\cdot)$ 将 λ_i 的范围变换到 $[0, \lambda]$。最终，得到如下优化目标：

$$\min_f \sum_{i=1}^{N} \ell\left(f\left(\boldsymbol{x}_i\right), y_i\right) + \lambda_i \mathrm{KL}\left(\hat{p}^0\left(\mathcal{S}|\boldsymbol{x}_i\right) \| \hat{\boldsymbol{s}}_\tau\left(f\left(\boldsymbol{x}_i\right)\right)\right) \tag{19}$$

总体的模型复用结构如图 6 所示。

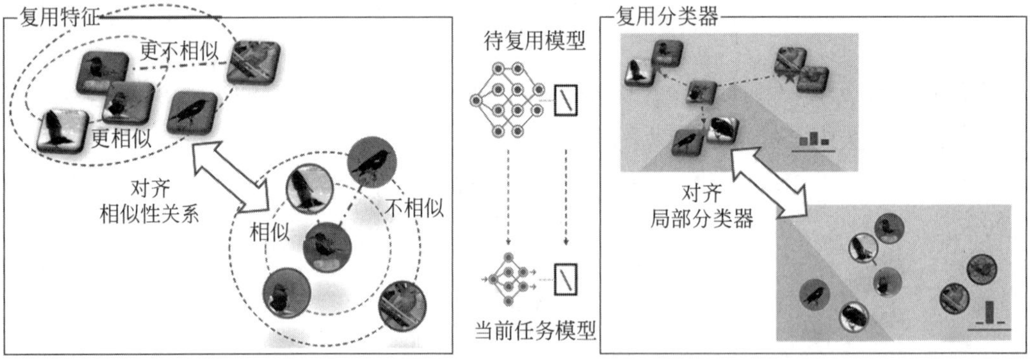

图 6　复用特征和复用分类器示意图

综上，ReFilled 方法利用预训练模型特征表示的能力，使得当前模型的特征表示对样本相似性关系的判断和预训练模型特征表示对齐，同时令当前模型的分类结果和预训练模型特征表示的近邻估计结果一致，实现跨类别集合的模型复用。此外，ReFilled 也利用置信度对预训练模型的能力进行预估，在复用中更加强调当前任务中与预训练模型更加适配的样本。

3.2.3 实验结果

为了验证方法的有效性，本文首先通过 CUB200 数据集和 CIFAR100 数据集构造了一般情况下的类别异构模型复用场景。具体而言，本文首先将 CUB200 的 100 个类别当作相关任务训练待复用模型，将剩余的 100 个类别按照不同的重叠比例与相关预先划分出来的类别进行组合并将重叠比例作为横坐标，重叠比例 0%代表完全的跨任务的模型复用场景，重叠比例 100%则代表标准的类别同构场景下的模型复用。CIFAR100 数据集上的构造形式与此类似。针对 CUB200 数据集和 CIFAR100 数据集，本文分别使用 MobileNet 和 Wide ResNet 的网络结构作为特征提取器。实验结果如图 7 所示，子图标记是对网络结构复杂度的具体说明。

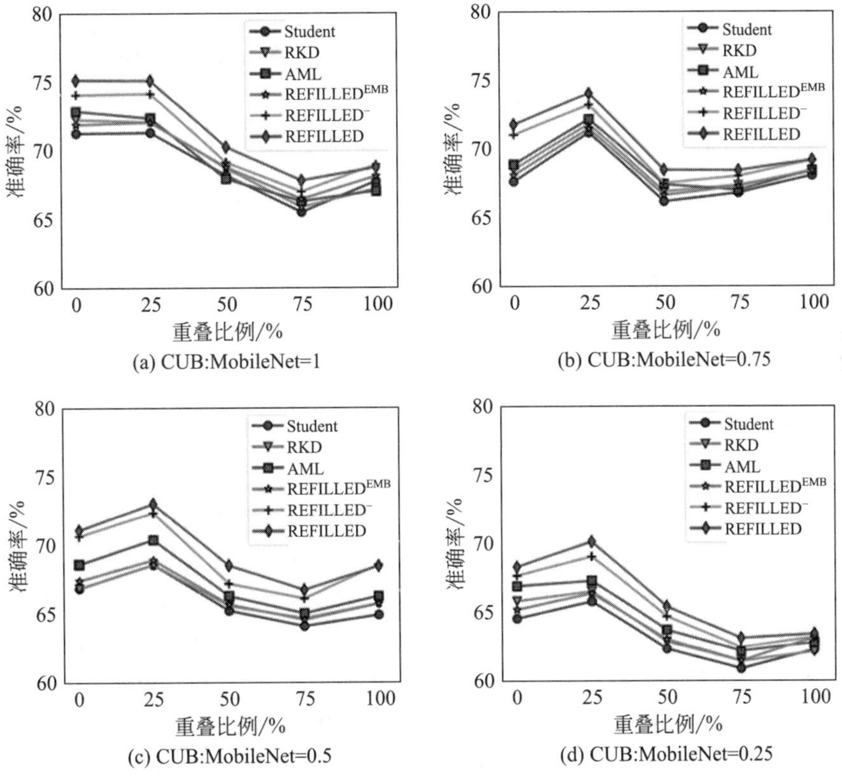

(a) CUB:MobileNet=1　(b) CUB:MobileNet=0.75　(c) CUB:MobileNet=0.5　(d) CUB:MobileNet=0.25

图 7　CUB200 和 CIFAR100 数据集上的实验结果

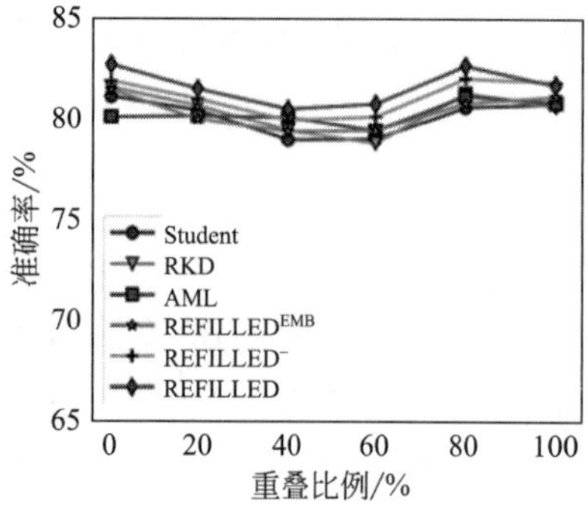

(e) CIFAR:WRN=(40,2)

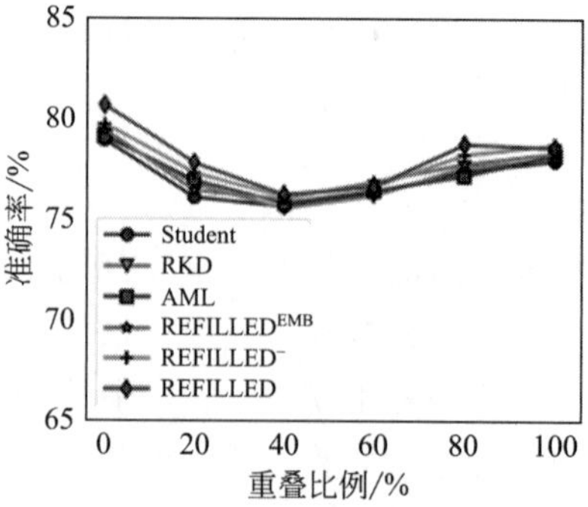

(f) CIFAR:WRN=(16,2)

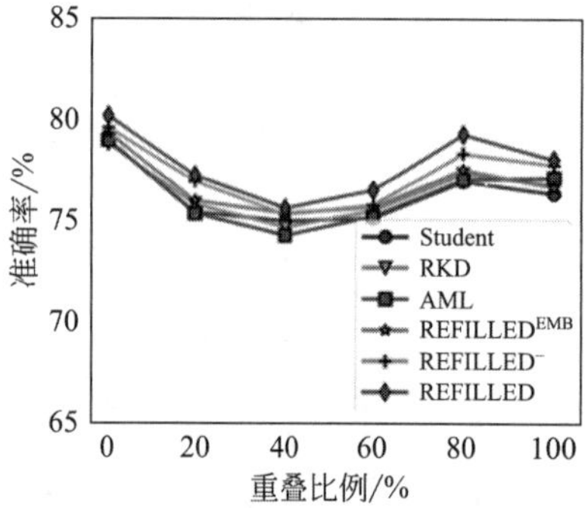

(g) CIFAR:WRN=(40,1)

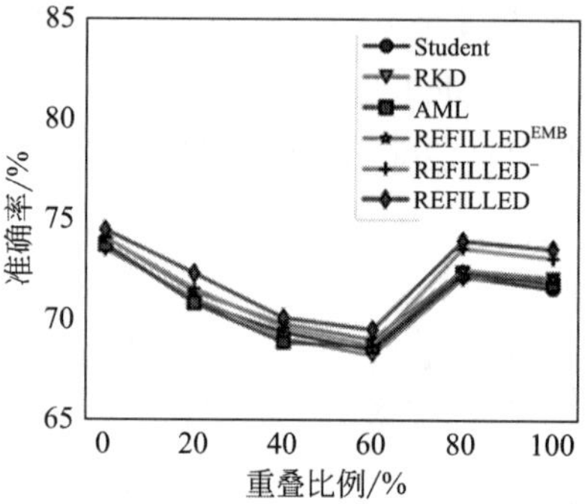

(h) CIFAR:WRN=(16,1)

图 7 （续）

可以看出，在图 7 所示的多种类别异构的模型复用场景中，ReFilled 方法均能够超过当前已有的类别异构模型复用方法。

4 可复用模型方法

上文中从目标任务的角度出发，提出如何有效复用异构模型的方法，并验证了特征表示是复用异构模型的关键要素。由于在多样化的机器学习任务中，模型具有在后续任务中被复用的潜力，因此，对于机器学习模型资源的利用，一方面可通过提升复用的能力，有效复用更大范围的模型；另一方面，也能够从预训练模型的学习过程出发，学习更好用的模型（如优质的特征表示），增强模型的可复用性（reusability）。

模型的可复用性依赖于其预训练的方式。传统的预训练方法一般仅优化模型在预训练数据集 $\mathcal{D}^0$ 的能力，欠缺对后续下游任务的兼顾。为提升可复用性，可通过在预训练过程中，“模拟”后续的复用场景，如果模型能够在使用预训练数据模拟出的后续场景中有较好的表现，则可预期模型能够适应复用过程，在后续真实的复用过程中变得高效。这一模拟思路也被称为元学习（meta-learning）。例如，基于元学习获取的特征表示能够辅助后续异构类别的小样本分类等任务[26]。虽然元学习适合提升模型可复用性这一目标，但实际的使用过程中存在训练低效、对数据质量要求高等问题，且学到的模型（如特征表示）不稳健[27]。本文以元学习为主要手段，首先提出了通过元学习来提升模型可复用性的方法，进一步提升了元学习的学习效率，并且还提出了利用无标记数据学习稳健特征表示的元学习方法。

4.1 高效可复用特征表示

4.1.1 相关背景

元学习是一种经典的增强模型可复用能力的预训练范式，在具有大量基类（baseclass）的预训练数据集 $\mathcal{D}^0$（N^0 较大且 C^0 较大）上做训练，继而在下游小样本任务（C 个类别中每个类别的样本数较少）上做类别异构的模型复用（元学习也可用于特征异构等场景，本文主要针对类别异构进行讨论）。由于元学习通过在 $\mathcal{D}^0$ 上改变模型的训练方式提升模型的可复用性，因此如何高效利用预训练数据来获取待复用模型至关重要。

为提升模型在后续下游任务中的可复用能力，元学习在 $\mathcal{D}^0$ 中模拟下游任务形式，使模型“熟悉”后续的复用环境。具体而言，元学习在 $\mathcal{D}^0$ 中抽样大量的任务（episodic sampling）。每次抽样均包含两个集合——支撑集（$\mathcal{S}$）和查询集（$\mathcal{Q}$）。其中 $\mathcal{S}$ 和 $\mathcal{Q}$ 具有相同的类别（假设为 C^0 个基类的 B 个子类），且 $\mathcal{S}$ 中每一个类别有 K 个样本，$\mathcal{Q}$ 中每一个类别样本数量相对较多。一般称这样的一组 $\mathcal{S}$ 和 $\mathcal{Q}$ 为一个 B-way K-shot 任务。记 $\ell(\cdot,\cdot)$ 为损失函数、$\mathcal{D}^0$ 为元训练数据集，则一般元学习的优化目标可以记作

$$\min_f \mathbb{E}_{(\mathcal{S},\mathcal{Q})\sim\mathcal{D}^0} \sum_{(\boldsymbol{x}_j,\boldsymbol{y}_j)\in\mathcal{Q}} \left[\ell\left(f\left(\boldsymbol{x}_j;\mathcal{S}\right),\boldsymbol{y}_j\right)\right] \tag{20}$$

即对于每一个抽取的任务，通过映射 f 获取该任务的分类器 $f(\cdot;\mathcal{S})$，并对与支撑集 $\mathcal{S}$ 不相交的查询集 $\mathcal{Q}$ 中的样本进行预测。若 K 取值较小，则映射 f 能够适应模拟抽取的大量小样本任务，从而预期 f 能够泛化至 $\mathcal{D}$ 中异构类别的小样本任务中。

对于上述映射 f，一种简洁有效的方式是学习可复用特征表示。从特征相似度的角度来说，可依赖最近邻（最近中心）方法对查询集中的样本做预测。首先需要定义一个特征相似度的计算方式 $\mathrm{Sim}(\cdot,\cdot)$，对于某一类别的类中心，使用所有支撑集中该类别样本的特征平均值作为代替 $\boldsymbol{p}_n=\frac{1}{K}\sum_{y_i=n}\phi(x_i)$，其中 K 为类别 n 的样本个数，具体查询集中样本 (x_j,y_j) 的预测可以记作

$$\hat{\boldsymbol{y}}_j = f\left(\boldsymbol{x}_j;\mathcal{S}\right) = \text{softmax}\left(\text{Sim}\left(\phi\left(\boldsymbol{x}_j\right),\boldsymbol{p}_b\right)\right) = \left[\frac{\exp\left(\text{Sim}\left(\phi\left(\boldsymbol{x}_j\right),\boldsymbol{p}_\text{b}\right)\right)}{\sum_{b'=1}^{B}\exp\left(\text{Sim}\left(\phi\left(\boldsymbol{x}_j\right),\boldsymbol{p}_{\text{b}'}\right)\right)}\right]_{b=1}^{B} \tag{21}$$

其中，$\boldsymbol{p}_b$ 为该样本所属类别的类中心。常见的相似性计算有负欧式距离：

$$\text{Sim}_{\text{dis}}\left(\phi\left(\boldsymbol{x}_j\right),\boldsymbol{p}_b\right) = -\|\phi\left(\boldsymbol{x}_j\right)-\boldsymbol{p}_b\|_2^2 \tag{22}$$

余弦相似度：

$$\text{Sim}_{\text{cos}}\left(\phi\left(\boldsymbol{x}_j\right),\boldsymbol{p}_b\right) = \frac{\langle\phi\left(\boldsymbol{x}_j\right),\boldsymbol{p}_b\rangle}{\|\phi\left(\boldsymbol{x}_j\right)\|\|\boldsymbol{p}_b\|} \tag{23}$$

点积相似度：

$$\text{Sim}_{\text{inner}}\left(\phi\left(\boldsymbol{x}_j\right),\boldsymbol{p}_b\right) = \langle\phi\left(\boldsymbol{x}_j\right),\boldsymbol{p}_b\rangle \tag{24}$$

后续也有方法引入温度参数 τ 来调节分布的锐利程度，上述的预测过程可以进一步写作

$$\hat{\boldsymbol{y}}_j = f\left(\boldsymbol{x}_j;\mathcal{S}\right) = \text{softmax}\left(\frac{\text{Sim}\left(\phi\left(\boldsymbol{x}_j\right),\boldsymbol{p}_b\right)}{\tau}\right) = \left[\frac{\exp\left(\frac{\text{Sim}\left(\phi\left(\boldsymbol{x}_j\right),\boldsymbol{p}_b\right)}{\tau}\right)}{\sum_{b'=1}^{B}\exp\left(\frac{\text{Sim}\left(\phi\left(\boldsymbol{x}_j\right),\boldsymbol{p}_{b'}\right)}{\tau}\right)}\right]_{b=1}^{B} \tag{25}$$

在上述元学习的训练过程中，存在两个难点：

（1）预训练标记数据难以获取：从式（20）中可以看出，元学习依赖标记信息从预训练数据集 $\mathcal{D}^0$ 抽取任务（称为有监督的元训练阶段）。在实际的开放场景中，标注的获得成本往往较高，对数据标注的严重依赖直接增加了待复用模型的获取难度。

（2）相似度计算方式难以确定：当元学习预训练过程中使用不同相似度时，所获取特征质量有所差异，难以通过任务“定位”相似度，且往往依赖于式（25）中温度参数的精细调节。这类较为复杂的训练配制增大了训练可复用模型的难度。

具体而言，对于待复用模型的预训练数据，一般的元学习方法都要求数据量多且有标注，即需要进行有监督的预训练。

本节提出一种高效元学习训练方法，基于无标记预训练数据，且自适应调整样本间相似度，降低获取可复用特征表示的难度。

4.1.2 通过高效无监督元学习方法获取可复用特征表示

考虑到预训练数据标记获取的代价，通过无标记预训练集 B 进行元训练的方法受到广泛关注，该学习范式又被称为无监督元学习（unsupervised meta-learning）范式，其最

为核心的一个难题在于如何在无监督的场景中构建小样本分类伪任务，即如何在无标记条件下获取数据的伪标记。

传统的无监督元学习方法主要包括两种思路：一种是通过聚类算法对未标注数据进行划分，然后基于划分结果来构造小样本伪任务，以此用于元学习训练过程；另一种是利用自监督学习的思想，通过构造正负样本对来构建小样本学习任务，从而用于元学习过程。然而，这些方法在使用上或者性能上都存在一定的局限性。基于聚类的方法强烈依赖于聚类特征的质量，并且通过聚类算法生成的伪标记可能存在噪声，这些都会导致元学习模型的复用性能下降；同时，自监督学习方法需要人工设计一些任务，这些任务的设计可能需要一定的领域知识和经验，因此其性能往往与相应的监督场景下的元学习方法存在较大的差距。

由于无法获得基类别数据的标记，所以本文需要通过数据本身的先验知识来构造合理的任务。观察到当前主流的数据增广方式与数据的语义有较强的关联性，例如，以最为常见的图像数据为例，相同语义的两张图片很容易增广出相似语义的图片，而不同语义的两张图片很容易增广出不相似语义的图片。因此，本文采用和对比学习相似的方式，基于数据增广在无标注数据中产生伪标记。具体而言，将同一个样本增广后的所有样本都视为同一伪类别，将不同样本增广后的样本视为不同的伪类别。基于这种构造伪标记的方式，本文可以用传统的元学习方式从含有伪类别的基类别数据上采样小样本任务，从而训练得到一个元模型。通过这种方式构造的小样本学习任务，一方面由于数据增广本身的语义不变性，在增广后其不会将不同语义的样例归于同一伪类，该特性保证了构造的小样本任务的正确性。另一方面，由于数据增广与语义的强相关性，两个语义相同的不同样本还可能通过重合的增广样本拉近距离，保证了伪任务和真实任务具有一定的相似性。具体的图示说明如图 8 所示。

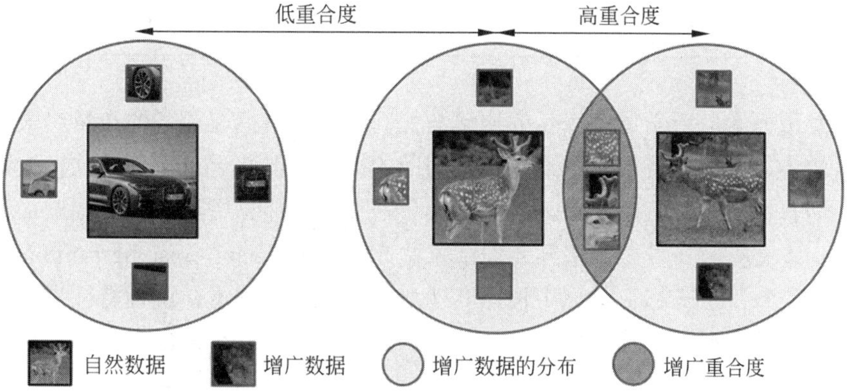

图 8　数据增广示意图（见文后彩图 15）

上述增广数据伪标记的产生方法较为直观且合理，对应的元学习训练（算法 1）和测试（算法 2）过程如下伪代码所示。通过这一方式，能够学习出有一定复用能力的特征表示，但其在下游任务上的性能远不如有监督场景下的元学习方法。因此，本文进一步探究如何增强通过元学习构造的可复用特征表示的关键要素，在任务抽样及相似性度量方面提出解决方案。

算法1 普通无监督元学习 (vanilla UML) 方法

输入： 无标记基类样本集 $\boldsymbol{B}$

```
1.  for all 迭代轮次 = 1,2,⋯ do
2.    从 B 中采样 B 个样例。
3.    对样例进行增广得到 B-way K-shot 的小样本任务 (支撑集 S, 查询集 Q)
4.    通过 φ(x) 获得所有 x ∈ S ∪ Q 的嵌入表示
5.    for all (x_j, y_j) ∈ Q do
6.      通过给定相似度表示获得预测 f(x_j, S)
7.      计算 ℓ(f(x_j, S), y_j)
8.    end for
9.    按照式(20)累计样本 x_j 的损失
10.   通过随机梯度下降 (SGD) 更新 φ
11. end for
12. return 嵌入函数 φ
```

算法2 普通无监督元学习 (vanilla UML) 方法的元测试阶段

输入： 有标记支撑集 $\mathcal{S}$ 和有标记的查询样本 $\boldsymbol{x}_j$ (样本来自与 $\boldsymbol{B}$ 不重合的新类)，通过元学习获得的嵌入函数 ϕ

1. 为每个类别 $n = 1,2,\cdots,N$ 计算类中心 $\boldsymbol{p}_n$
2. 计算 $\boldsymbol{x}_j$ 与每个类中心的距离 $\mathbf{Sim}(\phi(\boldsymbol{x}_j), \boldsymbol{p}_n)$
3. 通过公式 $\arg\max_n \mathbf{Sim}(\phi(\boldsymbol{x}_j), \boldsymbol{p}_n)$ 预测类别
4. **return** $\boldsymbol{x}_j$ 的预测类别

本文发现元学习所学特征表示的质量与元训练过程中抽取任务的数量有关。如抽取任务数量较大，则所学特征表示质量也有相应的提升。但由于每次任务抽样中均包含大量样本，如直接增大任务的数量，会占用大量的存储、计算资源，或大幅增加元训练的时间开销。本文提出一种充分采样元训练方法 SES（sufficient episodic sampling），其核心的思路在于每次从无标记数据中按照其伪标记抽取部分样本并进行特征提取，提取特征后，对这一批数据进行重采样，即随机划分出多组支撑集 $\mathcal{S}$ 和查询集 $\mathcal{Q}$，从而构造多个不同的小样本分类任务。在这一过程中，主要的计算开销为对数据提取特征，仅执行

一次，而由于不同的随机划分得到的支撑集和查询集样本不同，所以 SES 能够在几乎不引入任何其他计算开销的条件下获得大量差异化的任务，并且针对多个任务计算损失函数，并最终对特征表示进行梯度更新。

为增强样本间相似度对不同场景的适应性，本文也提出了一种半归一化相似度（semi-normalized similarity, SNS）。其核心思路在于摒弃已有手动设置温度系数 τ 的方法，而是在元学习的过程中自适应地学习该超参数。考虑一种理想情形，由于温度系数 τ 非常重要，每一个样本在和其他样本计算相似度时，需要设定一个样本特定的温度系数 $\tau_{\boldsymbol{x}}$。直接从样本 $\boldsymbol{x}$ 学习一个到 $\tau_{\boldsymbol{x}}$ 的映射一般会引入其他参数，使问题变得更加复杂。考虑到特征表示的“尺度”，即特征表示范数 $\|\phi(x)\|$ 不会影响最近邻分类器中特征相似度的计算结果，因此 ϕ 在其尺度上有着相应的自由度，且由于 $\|\phi(x)\|$ 正是一个基于样本 $\boldsymbol{x}$ 的映射，可通过 $\|\phi(x)\|$ 来获得 τ_x，这样做一方面避免引入额外的可学习参数，并且可以将 $\|\phi(x)\|$ 和 τ_x 调节到合适的尺度，最终动态提高特征表示的判别能力。SNS 中，将样本特定温度系数实现为特征范数的倒数，即 $\tau_x = 1/\|\phi(x)\|$。因此，结合余弦相似度，SNS 最终可以表示为

$$\begin{aligned}\mathbf{Sim}\left(\phi\left(\boldsymbol{x}_j\right), \boldsymbol{p}_{\mathrm{b}}\right) &= \mathbf{Sim}_{\cos}\left(\phi\left(\boldsymbol{x}_j\right), \boldsymbol{p}_{\mathrm{b}}\right) / \tau_{\boldsymbol{x}_j} \\ &= \mathbf{Sim}_{\cos}\left(\phi\left(\boldsymbol{x}_j\right), \boldsymbol{p}_{\mathrm{b}}\right) \cdot \|\phi\left(\boldsymbol{x}_j\right)\| = \phi\left(\boldsymbol{x}_j\right)^{\mathrm{T}} \frac{\boldsymbol{p}_{\mathrm{b}}}{\|\boldsymbol{p}_{\mathrm{b}}\|_2}\end{aligned} \tag{26}$$

其中，SNS 的实现形式可以看作只对支撑集中的类中心进行归一化处理，而并未对样本的特征做处理，因此才有了方法中的“半归一化”。在元测试阶段，待查询实例 $\boldsymbol{x}_j$ 与多个支撑集类中心 $\boldsymbol{p}_b$ 之间计算相似度并进行 softmax 操作，此时对于固定的 $\boldsymbol{x}_j$ 其特征范数可以忽略，因此仍然可以看作使用余弦相似度进行计算。SNS 和使用余弦相似度具有相同的预测结果，但在训练过程中，由于所使用的温度系数不同，将影响训练的效率及所学特征的质量。

实验发现，在元训练过程中使用余弦相似度作为相似性度量，会使得样本的特征范数偏小，而 SNS 中实例特定温度系数（τ_x）逐渐变大，即以自适应的方式使输出分布更加平缓。具体而言，损失函数在训练初期强制将查询集样本从最近非目标类中心推开（因为具有相对较大的 $\|\phi(x)\|$），这样会使特征提取器捕捉到任务之内的局部相似关系。当特征范数变小时，实例特定温度系数（τ_x）有助于将梯度集中在将最近的伪中心推向所有非目标中心，这样会使特征提取器捕捉到任务之间的全局相似关系。本文的无监督元学习方法（UML Baseline++）的完整伪代码如下（算法 3）。

算法3 无监督元学习基线方法 Baseline++ 训练流程

输入： 无标记基类样本集 $\boldsymbol{B}$

for all 迭代轮次 = 1,2,$\cdots$ **do**
  从 $\boldsymbol{B}$ 中采样 B 个样例。
  对样例进行增广得到 B-way K-shot 的小样本任务 (支撑集 $\mathcal{S}$, 查询集 $\mathcal{Q}$)
  通过 $\phi(x)$ 获得所有 $\boldsymbol{x} \in \mathcal{S} \cup \mathcal{Q}$ 的特征表示
  for all 任务迭代轮次 = 1,2,$\cdots$ **do**
    基于特征表示划分（重采样）出一个任务 $(\mathcal{S} \cup \mathcal{Q})$
    for all $(\boldsymbol{x}_j, \boldsymbol{y}_j) \in \mathcal{Q}$ **do**
      使用 SNS 作为相似度度量获得预测 $f(\boldsymbol{x}_j, \mathcal{S})$
      计算 $\ell(f(\boldsymbol{x}_j, \mathcal{S}),\ \boldsymbol{y}_j)$
    end for
  end for
  按照式(20)累计样本 $\boldsymbol{x}_j$ 的损失
  通过随机梯度下降 (SGD) 更新 ϕ
end for
return 嵌入函数 ϕ

本节更多细节和讨论及对无标记元学习算法的拓展可参考文献[28]。

4.1.3 实验结果

为了验证 SES 的有效性，本文首先通过逐步增加每次抽取的任务的数量来评估 SES 的有效性。具体而言，本文在从 *mini*ImageNet 数据集抽样的 10 000 个任务上，使用四层的 ConvNet 作为特征提取器，详细的元训练损失和元验证准确率（5-way 1-shot）的变化曲线如图 9 所示。由图中可见，在元训练过程中，目标损失值持续减少，这表明使用增广视图来构造的伪分类任务使得元学习特征具有较好的判别性。通过图 9 可以明显看到，通过在每次样本抽取时（每个 episodic）重复采样更多的任务，可以使该模型收敛更快、泛化效果更好。在有 512 个任务的情况下，元训练损失值/元验证准确率与普通采样相比

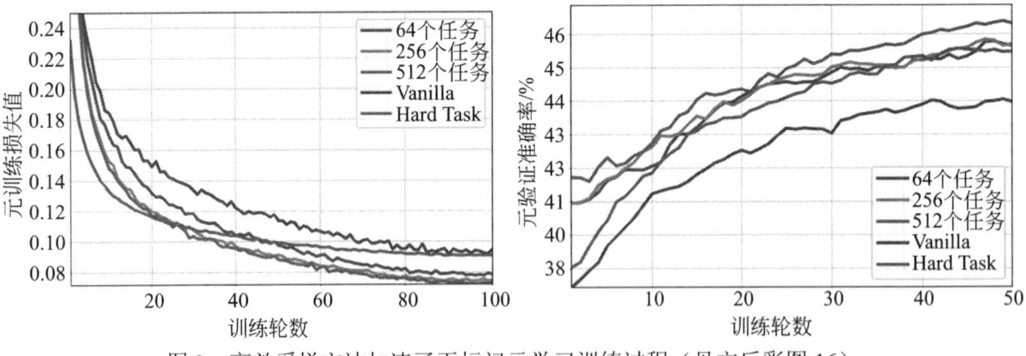

图 9 高效采样方法加速了无标记元学习训练过程（见文后彩图 16）

有较大提升，这验证了在元训练过程中抽样足够数量任务的重要性。本文发现，增加任务数量存在边际效应，当任务数超过 512 之后，任务数量对于性能的提升并没有额外的帮助。在后续实验中，将 SES 中的采样任务数量设置为 512。

为了验证 SNS 的有效性，本文将其与常见的余弦相似度、负欧式距离、点积相似度进行对比，对比结果如图 10 所示。具体而言，由图 10(a) 可见，SNS 在不同 shot 数目的情景下都能取得最好的性能表现。除此之外，本文还展示了特征梯度的范数变化，即所有样本的平均特征范数随着元训练进度的变化情况（图 10(b)）。可以看到，余弦相似度有着较大的梯度范数，本文推断该较大梯度是导致余弦相似度训练性能不稳定、需要精细调节温度超参数的原因。相反，SNS 具有较小的梯度范数，因此优化过程更加稳定。

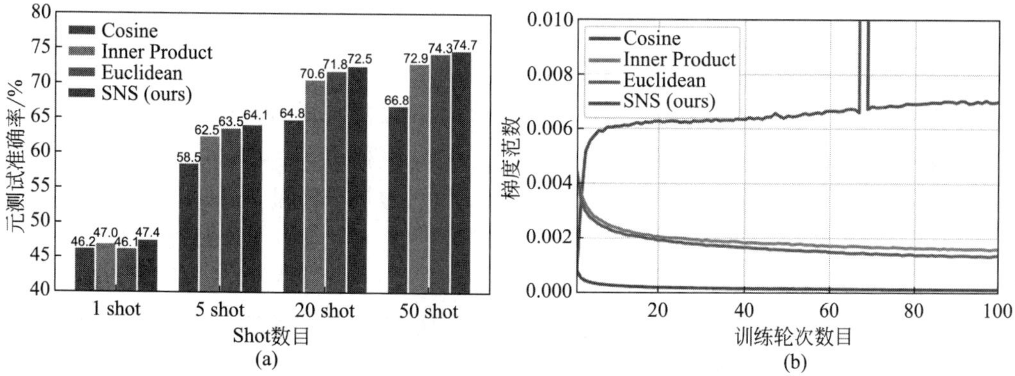

图 10　半归一化相似度有助于提升模型复用性能（见文后彩图 17）

为了验证本文方法（Baseline++）总体的有效性，将其与无监督元学习中传统基于聚类和数据增广的方法进行比较，实验结果同样证明了本文方法的有效性。其中，CACTUs 是基于聚类的无监督元学习方法，MoCo 和 SimCLR 是传统基于自监督学习的无监督元学习方法，所有的方法都在相同的 *mini*ImageNet 数据集和四层 ConvNet 网络上进行比较，可以看到 Baseline++能够在不同 shot 数目的情况下达到最优的性能，具体比较结果如图 11 所示。

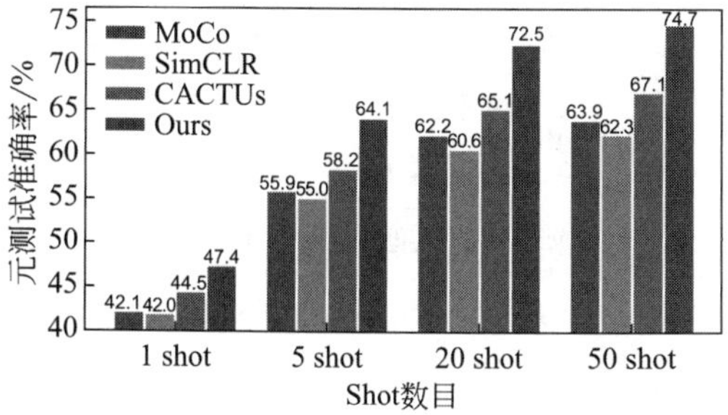

图 11　基准数据集性能比较（见文后彩图 18）

可以看出，在图 9、图 10 和图 11 所示的多维度的性能比较结果中，本文提出的 SNS 和 SES 方法均能提升无监督元学习的性能。

4.2　稳健可复用特征表示

4.2.1　相关背景

通过上文的讨论，利用元学习方法是增强模型可复用性的一种途径。而在实际对元学习应用时，本文观察发现，元学习方法并不能稳健地提升特征表示的质量。考虑在预训练数据集 $\mathcal{D}^0$ 中利用传统表示学习（如式(1)中损失函数）和元学习方法学习特征表示，并用于后续下游任务构建分类器。实验发现，当下游任务类内样本数量较少时（K 较小），元学习方法所学的特征表示有较好的分类能力；而当下游任务类内样本数量较大时（K 较大），传统表示学习方法具有更好的分类能力。而在实际的应用中，所收集的样本量并不固定，如医疗场景中，部分较难的类别所收集的样本量极少，而部分类别可收集的样本量相对较多，从而难以决定使用元学习还是传统表示学习方法。

本文提出了一种新型的元训练范式以构造稳健可复用的特征表示，其核心思路是通过大量基类别数据引入额外的目标分类器，并将该目标分类器用于查询集中样本预测结果的辅助监督信息，这类监督信息仅在元训练阶段使用，在下游任务上复用特征表示的方式不变。该元训练范式可以作为即插即用的模块引入大量传统的元学习训练范式并提升模型复用的性能。本节更多细节和讨论可参考文献[29]。

4.2.2　通过稳健元学习方法获取可复用特征表示

元学习的核心概念是通过相关任务数据集 $\mathcal{D}^0$ 构造大量小样本任务场景，让待复用模型在这些小样本任务上重复训练以模拟下游的模型复用任务，最终获得任务层面元模型的映射。由 4.1 节讨论可知，元训练过程从数据集 $\mathcal{D}^0$ 中采样一个 B-way　K-shot 的任务 $\mathcal{T}$，该任务可以由一个二元组表示 $\mathcal{T}=(\mathcal{S},\mathcal{Q})$。在获得单个小样本任务 $\mathcal{T}$ 之后，将支撑集 $\mathcal{S}$ 输入映射 $\mathcal{A}$，获得当前任务上的 B 分类器 $\mathcal{A}(\mathcal{S})$，除此之外，使用当前任务的查询集构造监督信息以进行映射 $\mathcal{A}$ 的优化，其具体的优化目标可以记为

$$\min_{\mathcal{A}}\sum_{\mathcal{T}\in\mathcal{D}^0}\sum_{(\boldsymbol{x},y)\in\mathcal{Q}}\ell\big(\mathcal{A}(\mathcal{S})(\boldsymbol{x}),y\big) \tag{27}$$

式(27)中的映射 $\mathcal{A}$ 与式(20)中的映射 f 类似，上文中 f 基于支撑集 $\mathcal{S}$ 直接对给定样本进行预测，而此处为方便讨论，将 f 形式化为先通过映射 $\mathcal{A}$ 获得基于支撑集 $\mathcal{S}$ 的分类器，该分类器再对样本进行预测。

为进一步分析元学习对特征表示可复用性的影响，可从如下角度理解式（27）的训

练机制。可将元训练过程视为一个模型级别的监督学习过程，即学习从支撑集$\mathcal{S}$到其对应类别目标模型$h_{\mathcal{S}}^*$之间的映射$\mathcal{A}$。例如，当$\mathcal{S}$仅具有少量样本时，$h_{\mathcal{S}}^*$是与支撑集$\mathcal{S}$类别一致且从大量与支撑集类别相同的样本训练得到的分类器。如能获得映射$\mathcal{A}$，则给定一个下游小样本任务的支撑集时，能够快速实现后续分类器的构建，提升模型的可复用能力。为了实现这一目标，可从预训练数据集$\mathcal{D}^0$中按如下方式构造任务，抽取任务$\mathcal{T}=(\mathcal{S},h_{\mathcal{S}}^*)$，优化在大量任务上预测得到的模型和目标模型之间的差异：

$$\min_{\mathcal{A}}\sum_{\mathcal{T}\in\mathcal{D}^0}\left\|\mathcal{A}(\mathcal{S})-h_{\mathcal{S}}^*\right\|_{\mathcal{H}} \tag{28}$$

其中，$\|\cdot\|_{\mathcal{H}}$衡量模型之间参数距离，一般为平方欧氏距离。需要注意的是，$h_{\mathcal{S}}^*$能够为训练过程提供充分的监督信息，但在实际元学习过程中若为大量抽取的支撑集均获取目标模型则代价巨大。例如，$h_{\mathcal{S}}^*$一般需要通过大量样本构建，导致大规模的计算开销。而一般所用的元学习过程式(27)则为式(28)的近似，通过所学模型$\mathcal{A}(\mathcal{S})$在查询集上的预测能力评估$\mathcal{A}(\mathcal{S})$与$h_{\mathcal{S}}^*$的接近程度。由于查询集样本较少，监督信息不足，从而导致了所学的映射$\mathcal{A}$（以及对应的特征表示）在下游任务上不稳健。

基于上述分析，本文提出了一种新型的元学习任务构造方法，直接通过式(28)进行元学习，为元训练过程引入强监督信息。式(28)的实现具有两个困难，一方面，如何衡量所预测模型$\mathcal{A}(\mathcal{S})$和目标模型之间的差异性；另一方面，如何高效地为每一个支撑集$\mathcal{S}$构造目标模型$h_{\mathcal{S}}^*$。由于一般的网络参数维度极高，直接在高维参数空间中计算两个模型之间的距离代价较大，且直接在参数空间计算相似度需要分类器结构一致，本文通过$\mathcal{A}(\mathcal{S})$和$h_{\mathcal{S}}^*$对同一批样本预测结果的差异性衡量两个模型间的差异。具体而言，本文提出 LastShot（learning with a strong teacher）框架，直接从基类别数据集$\mathcal{D}^0$中构造任务三元组$(\mathcal{S},\mathcal{Q},h^*)$，基于此任务定义，本文提出了新的优化目标：

$$\min_{\mathcal{A}}\sum_{\mathcal{T}\in\mathcal{D}^0}\sum_{(\boldsymbol{x},y)\in\mathcal{Q}}\ell_{\text{LastShot}}\left(\mathcal{A}(\mathcal{S})(\boldsymbol{x}),h^*(\boldsymbol{x})\right)+\lambda\cdot\ell\left(\mathcal{A}(\mathcal{S})(\boldsymbol{x}),y\right) \tag{29}$$

其核心的优化内容包括传统元学习基于查询集的优化目标和基于目标分类器的优化目标ℓ_{LastShot}，两者之间的相对强度可以用系数λ来调节。其中，对于基于目标分类器的优化目标，本文并未直接在参数空间进行约束，而是借助查询集的样本在预测输出空间进行约束。在预测输出空间约束当前分类器和目标分类器的差异有众多优势。首先，预测输出空间的维度仅与支撑集的类别空间维度B有关，大大减少了计算量。除此之外，直接在预测输出空间进行差异计算可以避免对分类器网络结构一致的约束，因此在构造目标分类器的时候不仅可以使用预测能力更强的网络结构，还可以使用结构更加多样的分类器，比如支持向量机、线性模型和神经网络等。本文使用常见的基于 KL 散度的分布差异度量方法实现 ℓ_{LastShot} 。类似于知识蒸馏中的温度调节参数，本文同样引入 τ 超参数来调节分布。因此，最终的 ℓ_{LastShot} 的优化目标可以记作

$$\ell_{\text{LastShot}}\left(\mathcal{A}(\mathcal{S})\left(\boldsymbol{x}^{\mathcal{Q}}\right),h^{*}\left(\boldsymbol{x}^{\mathcal{Q}}\right)\right)=D_{KL}\left(\text{softmax}\left(\frac{\psi^{*}\left(\boldsymbol{x}^{\mathcal{Q}}\right)}{\tau}\right)\ \|\ \text{softmax}\left(\psi\left(\boldsymbol{x}^{\mathcal{Q}}\right)\right)\right) \tag{30}$$

其中，$\psi^{*}(\boldsymbol{x})$ 和 $\psi(\boldsymbol{x})$ 分别为目标分类器和当前分类器进行 softmax 操作之前的输出结果，$x^{\mathcal{Q}}$ 为查询集合中的样本。

对于具体目标分类器的构造，其首先应该便于训练获得，并且其类别分布应该与 $\mathcal{S}$ 和 $\mathcal{Q}$ 一致。本文首先在含有 C^0 个类别的全量预训练数据上训练得到特征提取器 ϕ_0 ，然后对 $\mathcal{D}^0$ 中每一个类别 c 计算类中心 $\mu_c=\sum_{\boldsymbol{x}'\in\mathcal{D}_c^0}\frac{\phi_0\left(\boldsymbol{x}'\right)}{\left|\mathcal{D}_c^0\right|}$ 。随后，将当前抽取的任务 $\mathcal{T}$（ B -way K -shot）的类别集合记为 $C_{\mathcal{T}}$ （ $\left|C_{\mathcal{T}}\right|=B$ ），利用大量预训练样本构造的最近中心分类器（nearest class mean, NCM）模拟任务的目标分类器，依次检索并计算当前任务查询集中样本的预测结果：$\psi_c^{*}\left(\boldsymbol{x}\right)=-\|\phi_0\left(\boldsymbol{x}\right)-\mu_c\|_2^2,\boldsymbol{x}\in\mathcal{Q}$ 。最终，$\psi_c^{*}\left(x\right)$ 可以直接看作目标分类器的输出结果并输入 softmax 函数得到预测的输出概率。除了上述使用近邻分类器作为目标分类器，本文还尝试在特征提取器 ϕ_0 上使用对数几率回归分类器（logistic regression, LR）作为目标分类器。具体而言，本文首先将基类别中所有属于当前任务类别 $C_{\mathcal{T}}$ 的样本收集起来得到 $\bigcup_{c\in C_{\mathcal{T}}}\mathcal{D}_c^0$ ，使用 ϕ_0 对这一批数据提取特征，并在此子集上训练类别集合 $C_{\mathcal{T}}$ 的对数几率回归分类器。需要注意的是，直接在预先提取好的支撑集样本特征上做训练高效便捷。

除了如何构造目标分类器，本文还从数据变化方面引入了两种加强目标分类器性能的方法。一种是增大输入图像的尺寸，另一种是对元训练阶段的查询集样本进行自动增广。两种不同的数据变换策略都对整体的模型复用性能有所提升。总体的方法示意如图 12 所示。

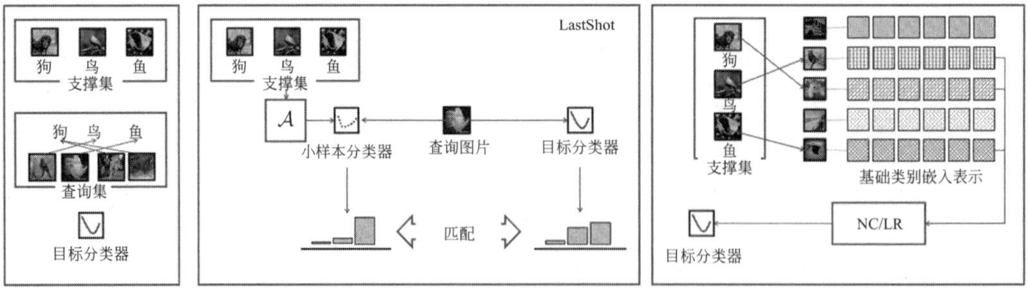

图 12　LastShot 方法示意图

4.2.3 实验结果

为了验证所提出方法（LastShot）的有效性，本文在 *mini*ImageNet, *tiered*ImageNet, CUB, CIFAR-FS, FC-100 数据集上进行了验证实验。具体而言，对于每一个数据集，首先通过 LastShot 方法在元训练集上优化得到待复用的模型，进而在元测试集上抽样 10 000 个小样本任务进行模型复用测试。需要强调的是，LastShot 的方法在元测试模型复用的时候，并不需要构造目标分类器。其中在 *mini*ImageNet 数据集和 *tiered*ImageNet 数据集上的性能比较结果见表 1（左：*mini*ImageNet 数据集，右：*tiered*ImageNet 数据集），可以看到 LastShot 作为即插即用的模块可以在多种经典方法上提升性能，其中 NC 代表使用最近邻分类器作为目标分类器，LR 代表使用对数几率回归作为目标分类器。

表 1 基准数据集比较结果 %

任务设定	1-Shot	5-Shot
ModelRegression	61.94 ± 0.20	76.24 ± 0.14
MetaOptNet	62.64 ± 0.20	78.63 ± 0.14
SimpleShot†	63.36 ± 0.20	81.39 ± 0.14
TRAML+ProtoNet	60.31 ± 0.48	77.94 ± 0.57
RFS-Simple	62.02 ± 0.63	79.64 ± 0.44
RFS-Distill	64.82 ± 0.60	82.14 ± 0.43
DSN-MR	64.60 ± 0.72	79.51 ± 0.50
MTL+E3BM	63.80 ± 0.40	80.10 ± 0.30
DeepEMD	65.91 ± 0.82	82.41 ± 0.56
TRAML+AM3	67.10 ± 0.54	79.54 ± 0.60
ProtoNet†	62.39 ± 0.20	79.74 ± 0.14
+ LastShot (NC)	64.16 ± 0.20	81.23 ± 0.14
+ LastShot (LR)	64.80 ± 0.20	81.65 ± 0.14
ProtoMAML†	62.04 ± 0.21	79.62 ± 0.14
+ LastShot (NC)	63.07 ± 0.20	81.04 ± 0.14
+ LastShot (LR)	63.05 ± 0.20	81.11 ± 0.14
MetaOptNet†	63.21 ± 0.20	79.94 ± 0.14
+ LastShot (NC)	65.07 ± 0.20	80.34 ± 0.14
+ LastShot (LR)	65.08 ± 0.20	80.40 ± 0.14
FEAT	66.78 ± 0.20	82.05 ± 0.14
+ LastShot (NC)	67.33 ± 0.20	82.39 ± 0.14
+ LastShot (LR)	**67.35 ± 0.20**	**82.58 ± 0.14**

任务设定	1-Shot	5-Shot
MetaOptNet	65.99 ± 0.72	81.56 ± 0.53
SimpleShot†	70.51 ± 0.23	84.58 ± 0.16
RFS-Simple	69.74 ± 0.72	84.41 ± 0.55
DSN	66.22 ± 0.75	82.79 ± 0.48
DSN-MR	67.39 ± 0.82	82.85 ± 0.56
RFS-Distill	71.52 ± 0.69	**86.03 ± 0.49**
MTL+E3BM	71.20 ± 0.40	85.30 ± 0.30
DeepEMD	71.16 ± 0.87	**86.03 ± 0.58**
ProtoNet†	68.23 ± 0.23	84.03 ± 0.16
+ LastShot (NC)	68.91 ± 0.23	85.15 ± 0.16
+ LastShot (LR)	69.37 ± 0.23	85.36 ± 0.16
ProtoMAML†	67.10 ± 0.23	81.18 ± 0.16
+ LastShot (NC)	68.42 ± 0.23	83.63 ± 0.16
+ LastShot (LR)	68.80 ± 0.23	83.72 ± 0.16
MetaOptNet†	66.49 ± 0.23	82.36 ± 0.16
+ LastShot (NC)	68.23 ± 0.23	83.22 ± 0.16
+ LastShot (LR)	68.29 ± 0.23	83.45 ± 0.16
FEAT	71.13 ± 0.23	84.79 ± 0.16
+ LastShot (NC)	72.03 ± 0.23	85.66 ± 0.16
+ LastShot (LR)	**72.43 ± 0.23**	85.82 ± 0.16

除了基准数据集上的比较结果，本文还比较了在 5-way K-shot（$K=\{1,5,10,20,30,50\}$）下的 LastShot 性能（以 *mini*ImageNet 为例），可以看到当 shot 数目增多时 LastShot 方法的性能仍有较大提升。

表 2　不同 shot 数目下 *mini*ImageNet 数据集的比较结果 %

任务设定	1	5	10	20	30	50
PT-EMB	59.27 ± 0.20	80.55 ± 0.14	84.37 ± 0.12	86.40 ± 0.11	87.15 ± 0.10	87.74 ± 0.10
SimpleShot	65.36 ± 0.20	81.39 ± 0.14	84.89 ± 0.11	86.91 ± 0.10	87.53 ± 0.10	88.08 ± 0.10
ProtoNet	63.73 ± 0.21	79.40 ± 0.14	82.83 ± 0.12	84.61 ± 0.11	85.07 ± 0.11	85.57 ± 0.10
+ LastShot (NC)	64.76 ± 0.20	81.60 ± 0.14	85.03 ± 0.12	86.94 ± 0.11	87.56 ± 0.10	88.23 ± 0.10
+ LastShot (LR)	64.85 ± 0.20	81.81 ± 0.14	85.27 ± 0.12	87.19 ± 0.11	87.89 ± 0.10	88.45 ± 0.10
FEAT	66.78 ± 0.20	82.05 ± 0.14	85.15 ± 0.12	87.09 ± 0.11	87.82 ± 0.10	87.83 ± 0.10
+ LastShot (NC)	67.33 ± 0.20	82.39 ± 0.14	85.64 ± 0.12	87.52 ± 0.11	88.26 ± 0.10	88.76 ± 0.10
+ LastShot (LR)	67.35 ± 0.20	82.58 ± 0.14	85.99 ± 0.12	87.80 ± 0.11	88.63 ± 0.10	89.03 ± 0.10

可以看出，在表 1 和表 2 所示的不同基准数据集性能比较结果中，本文提出的 LastShot 方法均能够有效提升元学习模型的复用性能。

5　总结与展望

对大量模型资源的使用是机器学习领域中的常见需求，但模型的异构性为模型的复用过程带来挑战。本文首先讨论了模型复用的框架，并基于表示学习分别针对特征空间、类别空间的异构性，给出了从异构模型中抽取知识，辅助当前任务的有效复用方法。此外，本文也进一步从模型训练方式探究如何能有效增进目标任务中复用的效率，从元学习的角度出发，探究增强模型可复用能力的多个要素，并针对性地提出高效元学习训练方法及融入强监督信息的元学习范式。综合模型复用与增强可复用性的方法，能辅助实现在开放环境中模型资源高效利用的闭环。在后续研究中，将进一步对模型的模态、指标的异构性提出统一的解决方案，针对当前模型复用任务仅能针对给定“好”模型的这一假设，提出从大量异构模型资源中查搜能够辅助特定复用方法预训练模型的方案，用于“学件”的构建[30]。

参考文献

[1] Ethan P, Florian S, Harm de V, et al. Courville.FiLM: Visual reasoning with a general conditioning layer[C]//Proceedings of the 32th AAAI Conference on Artificial Intelligence (AAAI'18). 2018: 3942-3951.

[2] Neil H, Andrei G, Stanislaw J, et al. Parameter-efficient transfer learning for NLP[C]//Proceedings of the 36th International Conference on Machine Learning (ICML'19). 2019: 2790-2799.

[3] Boris N O, Dmitri C, Nicolas C, et al. Meta-learning framework with applications to zero-shot time-series forecasting[C]//Proceedings of the 35th AAAI Conference on Artificial Intelligence (AAAI'21). 2021: 9242-9250.

[4] Hou C P, Zhou Z H. One-pass learning with incremental and decremental features[J]. IEEE Transactions on Pattern Analysis and Machine Intelligence, 2018, 40(11):2776-2792.

[5] Ding Y X, Zhou Z H. Preference based adaptation for learning objectives[C]//Advances in Neural Information Processing Systems 31 (NeurIPS'18). 2018: 7839-7848.

[6] Wu X Z, Liu S, Zhou Z H. Heterogeneous model reuse via optimizing multiparty multiclass margin[C]//Proceedings of the 36th International Conference on Machine Learning (ICML'19), Long Beach, CA, 2019: 6840-6849.

[7] Wu X Z, Xu W K, Liu S, et al. Model reuse with reduced kernel mean embedding specification[J]. IEEE Transactions on Knowledge and Data Engineering, 2023, 35(1): 699-710.

[8] Liu Z Q, Xu Y, Xu Y H, et al. Improved fine-tuning by leveraging pre-training data[C]//Advances in Neural Information Processing Systems 35 (NeurIPS'22). 2022: 32568-32581.

[9] Ilja K, Francesco O. Stability and hypothesis transfer learning[C]//Proceedings of the 30th International Conference on Machine Learning (ICML'13). 2013: 942-950.

[10] Ilja K, Francesco O. Fast rates by transferring from auxiliary hypotheses[J]. Machine Learning, 2017, 106(2): 171-195.

[11] Zhou Z H, Jiang Y, Chen S-F. Extracting symbolic rules from trained neural network ensembles[J]. AI Commun, 2003, 16(1): 3-15.

[12] Zhou Z H, Jiang Y. NeC4.5: Neural ensemble based C4.5[J]. IEEE Transactions on Knowledge and Data Engineering, 2004, 16(6): 770-773.

[13] Geoffrey E H, Oriol V, Jeffrey D. Distilling the knowledge in a neural network[C]//CoRR, 2015, abs/1503.02531.

[14] Mary P, Christoph L. Towards understanding knowledge distillation[C]//Proceedings of the 36th International Conference on Machine Learning (ICML'19). 2019: 5142-5151.

[15] Wang H, Suhas L, Michael N J, et al. What makes a "Good" data augmentation in knowledge distillation-A statistical perspective[C]//Advances in Neural Information Processing Systems 35 (NeurIPS'22). 2022: 13456-13469.

[16] You K C, Kou Z, Long M S, et al. Co-tuning for transfer learning[C]//Advances in Neural Information Processing Systems 33 (NeurIPS'20). 2020: 17236-17246.

[17] Shu Y, Kou Z, Cao Z J, et al. Zoo-tuning: Adaptive transfer from a zoo of models[C]//Proceedings of the 38th International Conference on Machine Learning (ICML'21). 2021: 9626-9637.

[18] He J X, Zhou C T, Ma X Z, et al. Towards a unified view of parameter-efficient transfer learning[C]//The 10th International Conference on Learning Representations (ICLR'22). 2022.

[19] Elad B Z, Yoav G, Shauli R. BitFit: Simple parameter-efficient fine-tuning for transformer-based masked language-models[C]//Proceedings of the 60th Annual Meeting of the Association for Computational Linguistics (ACL'22). 2022: 1-9.

[20] Lian D Z, Zhou D Q, Feng J S, et al. Scaling & shifting your features: A new baseline for efficient model tuning[C]//Advances in Neural Information Processing Systems 35 (NeurIPS'22). 2022: 109-123.

[21] Jia M L, Tang L M, Chen B C, et al. Visual prompt tuning[C]//European Conference on Computer Vision (ECCV'22). 2022:709-727.

[22] Mitchell W, Gabriel I, Jong W K, et al. Robust fine-tuning of zero-shot models[C]//IEEE/CVF Conference on Computer Vision and Pattern Recognition (CVPR'22). 2022: 7949-7961.

[23] Mitchell W, Gabriel I, Samir Y G, et al. Model soups: averaging weights of multiple fine-tuned models improves accuracy without increasing inference time[C]//Proceedings of the 39th International Conference on Machine Learning (ICML'22). 2022: 23965-23998.

[24] Ye H J, Zhan D C, Jiang Y, et al. Heterogeneous few-shot model rectification with semantic mapping[J]. IEEE Transactions on Pattern Analysis and Machine Intelligence, 2021, 43(11): 3878-3891.

[25] Ye H J, Lu S, Zhan D C. Generalized knowledge distillation via relationship matching[J]. IEEE Transactions on Pattern Analysis and Machine Intelligence, 2023, 45(2): 1817-1834.

[26] Oriol V, Charles B, Tim L, et al. Matching networks for one shot learning[C]//Advances in Neural Information Processing Systems 29 (NIPS'16). 2016: 3630-3638.

[27] Hospedales T M, Antoniou A, Micaelli P, et al. Meta-learning in neural networks: A survey[J]. IEEE Transactions on Pattern Analysis and Machine Intelligence, 2022, 44(9): 5149-5169.

[28] Ye H J, Lu M, Zhan D C. Revisiting unsupervised meta-learning via the characteristics of few-shot tasks[J]. IEEE Transactions on Pattern Analysis and Machine Intelligence, 2023, 45(3): 3721-3737.

[29] Ye H J, Lu M, Zhan D C, et al. Few-shot learning with a strong teacher[J]. IEEE Transactions on Pattern Analysis and Machine Intelligence, 2022.

[30] Zhou Z H. Learnware: on the future of machine learning[J]. Frontiers of Computer Science, 2016, 10(4): 589-590.

并行算法组自动学习研究简介

刘晟材　唐　珂

（南方科技大学）

1　引言

过去二十年间，并行计算架构得到了巨大发展[1]。现如今多核中央处理器（central processing unit，CPU）已然成为个人计算机的标准配置，而在那些专为科学计算而搭建的计算平台如工作站和服务器上，CPU 核数动辄几十上百。如此丰富的计算资源也给算法/求解器设计者们提出了新的挑战：如何有效利用并行计算平台以更好地解决实际应用中的复杂问题？事实上，无论是学术界还是工业界，对于并行求解器的研究已持续多年。例如，在一些重要的基本计算问题如布尔可满足性问题（Boolean satisfiability problem，SAT）[2]、混合线性整数规划问题（mixed integer linear programming，MILP）[3]及黑箱连续优化问题（black-box continuous optimization，BO）[4]上，并行求解器已经成为主流。此外，在很多基础工业软件，例如数学规划求解器 CPLEX、Gurobi 和 EDA 软件 Synopsys 中，并行求解器已经成为其核心模块。

尽管并行求解器的发展已取得一定成就，其仍面临着一个主要困境：目前以人工设计为主的方式要求设计者具备大量领域知识，并需要其耗费大量时间对求解器进行迭代改进。Hamadi 和 Wintersteiger[5]在系统性总结并行求解器的发展现状之时指出设计高效的并行求解器需要对现有串行求解器进行重新设计，以引入问题分解、信息共享和协作等全新并行机制，这几乎等同于从零开始。

近年来，一种易实现、易部署且不依赖于上述并行机制的新型并行求解器形式——并行算法组（parallel algorithm portfolio，PAP），在判定[6]、连续/离散优化[7]等问题域上取得了突出的求解效果，逐渐成为研究热点。本质上 PAP 是一个包含若干算法的集合，其中每个算法都被称作该 PAP 的成员算法。当 PAP 被用于求解某个问题样例时，其所有成员算法都将在该问题样例上相互独立地并行运行，且在达到停止条件时同时终止。可以看到，在 PAP 运行过程中，各个成员算法之间不涉及任何信息交互，因而 PAP 的结构复杂度相比于传统并行求解器要低得多。另一方面，构造高性能 PAP 并不容易。假设一个 PAP 的某个成员算法 θ 在任何问题样例上的性能都超过了其他成员算法，那么该 PAP 的性能实际上仅等价于算法 θ 的性能。换言之，除 θ 之外的成员算法虽然使用了和 θ 相同的计算资源，却并未给 PAP 带来任何性能增益。因此，直观上而言，一个高性能 PAP 所包含的成员算法在性能上应具备差异性，即各个成员算法都应该有自身最为擅长解决的问题样例类型。可以说，认识到这种差异性是构造高性能 PAP 的前提。然而，在实际应用中找到符合以上条件的算法并不容易，这要求研发人员对各种算法的优势及短板有充分认识，且需耗费大量时间进行后续调整。这不仅带来了高昂的人力成本，也在无形中提高了 PAP 的研发门槛，阻碍其进一步发展。

为了解决以上问题，我们提出了一种全新的 PAP 设计范式——PAP 自动学习（automatic learning of parallel algorithm portfolio，ALPP）。在 ALPP 范式下，PAP 的成员算法并非人为指定，而是由专门设计的方法（称作 ALPP 方法）基于一个算法配置空间（algorithm configuration space）学习得到。此过程的最终目标是构建出泛化性能最优的 PAP。所谓“泛化性能”，指的是 PAP 在目标样例分布上的期望性能。在实际中，该分布往往未知或难以显式表达，因此我们会构建一个训练问题样例集来对目标分布进行刻画。换言之，在学习过程中，PAP 在训练集上的性能将被用来近似其泛化性能。显然，训练集对于目标分布的刻画程度将对最终的学习效果有巨大的影响。进一步地，我们将 ALPP 研究划分为以下两个场景：训练样例充分的场景和训练样例稀缺/有偏的场景。

我们围绕上述两个场景开展了一系列研究，并取得一定进展。具体包括：面向训练样例充分的场景，提出了基于问题样例分组的 ALPP 方法 PCIT，其可以根据问题样例之间的相似性自适应地将训练集划分为若干子集，并基于该分组得到性能具有高度差异性的成员算法；面向训练样例稀缺/有偏的场景，提出了基于生成对抗框架的 ALPP 方法 GAST，其将 PAP 学习和训练样例生成置于相互对抗的环境之中，从而对最优化 PAP 泛化性能这一目标的梯度下降过程进行了显式近似；针对 GAST 难于有效控制 PAP 规模这一问题，提出了基于协同演化框架的 ALPP 方法 CEPS，其可以针对任意给定 PAP 进行改进，在保持规模不变的情况下提升其泛化性能。

本文按如下组织：第 2 节介绍 ALPP 相关工作，第 3 节介绍我们针对上述两个场景取得的研究进展，第 4 节进行总结与展望。

2 相关工作

ALPP 是求解器自动学习的子领域，其核心在于将求解器的设计空间定义为算法参数配置空间，以求解器在训练数据（即训练集）上的性能反馈为驱动（即数据驱动），从而引导对求解器参数配置的优化过程。具体而言，首先确定一个基础求解器框架，该框架的各模块及控制流都有若干可选的实现方式，每种具体的实现方式可能还会附带一些参数。然后定义该框架对应的算法配置空间，最后使用自动算法配置工具（即优化工具）以最优化求解器在训练集上的性能为目标，寻找高性能算法配置（即求解器）。自动算法配置有时也被称为自动算法调参，其起源可以追溯到 20 世纪 90 年代。经过近 20 年的发展，自动算法配置领域已经出现了一批高性能的开源工具，这其中以 ParamILS [8]、GGA/GGA+[9]、irace[10]及 SMAC[11]为代表。方便起见，本文以 AC 来代指自动算法配置工具。

早期的求解器自动学习研究主要考虑单算法求解器。SATenstein[12]是这类工作的代表。该工作提出了一个高度参数化的基于随机局部搜索的 SAT 求解器框架，此框架包含了若干从现有 SAT 求解器中借鉴而来的模块。相应的算法配置空间一共包含 53 个参数，这些参数控制着哪些模块将被选用及各模块具体的实现方式。SATenstein 最终得到的 SAT 求解器性能超过了当前最先进的基于随机局部搜索的 SAT 求解器。

通过考虑更复杂的求解器结构，研究人员将对自动求解器学习的研究扩展到了算法组（algorithm portfolio，AP）。换言之，此时目标不再是从算法配置空间中学习出一个算法，而是从中学习出多个算法组成 AP，这种求解器学习方式被称作算法组自动学习（automatic learning of algorithm portfolio，ALP）。ALP 所考虑的求解器空间比单算法求解器的空间要大得多，这意味着更大的自由度，亦即有希望达到更好的性能。根据对算法组中成员算法使用方式的不同，ALP 沿着多个方向得到了进一步发展。Cedalion[13]是一种针对串行算法组（sequential algorithm portfolio，SAP）的有效学习方法。SAP 在求解给定问题样例时将按照某种顺序依次运行其成员算法。因此，Cedalion 不仅需要确定 SAP 中的成员算法，还需要确定每个算法的运行顺序和运行时间。另一种有代表性的算法组是带算法选择的算法组（algorithm portfolio with selection，APS），其为每个待求解的问题样例从成员算法中选择一个性能最佳的算法来运行。对于 APS，有两个代表性的方法 Hydra[14]和 ISAC[15]。Hydra 是一种迭代式方法，在每一次迭代中，Hydra 调用 AC（自动算法配置工具）从算法配置空间中寻找一个能够最大程度提高当前算法组性能的算法配置加入到算法组当中。ISAC 则是一种基于问题样例分组的方法，它根据问题特征对训练样例进行聚类，然后在每个样例簇上独立运行 AC 以得到一个成员算法。

从求解器性能的角度出发，给定一个问题样例，PAP（即并行算法组）的性能等价于算法组中在该问题样例上表现最好的成员算法的性能。同样地，对于一个带有完美算法选择机制（即算法选择准确率为 100%）的 SAP 而言，其性能也总是等价于算法组中在该问题样例上表现最好的成员算法的性能。换言之，在假定 SAP 具有完美算法选择机制的前提下，SAP 学习和 PAP 学习并无差别。也就是说，针对 SAP 的学习方法只需稍作修改就可以应用于 PAP。事实上，现有 ALPP 方法 PARHYDRA[6]便是源于 Hydra，其同样采用了贪心策略，在每一次迭代中调用 AC 从算法配置空间中寻找一个能够最大程度提高当前 PAP 性能的算法并将其加入到 PAP 当中。此外，现有 ALPP 方法 CLUSTERING[6]则沿袭了 ISAC 基于样例分组的策略，其根据问题特征之间的相似性对训练样例进行聚类，然后在每个样例簇上独立运行 AC 以得到一个成员算法。

除了贪心策略和样例分组，另一种 PAP 自动学习的思路是将其直接视为自动算法配置问题，代表性方法为 GLOBAL[6]。这类方法首先定义出 PAP 的配置空间，然后直接调用 AC 予以求解。对于包含多个成员算法的 PAP 而言，考虑到每个成员算法都是从同一个算法配置空间中学习得到，那么 PAP 总配置空间的大小将随着成员算法的数量增长以指数级上涨。这意味着该类方法在可扩放性（scalability）方面有主要缺陷，即成员算法越多，学习性能越差。相较而言，PARHYDRA 在每一次迭代中只需要对一个成员算法进行配置，而CLUSTERING对不同成员算法的配置过程相互独立，因此PARHYDRA和 CLUSTERING 的可扩放性较好。另一方面，PARHYDRA 所采用的贪心策略可能会导致其陷入局部最优，致使最终学习到的 PAP 性能不佳；CLUSTERING 则依赖于特征规范化（feature normalization）策略来对问题样例进行聚类，而对于应如何选用规范化策略，其并没有提供指导性原则。

最后，以上提到的所有求解器自动学习方法都假设给定的训练样例集可以充分刻画目标问题样例分布，在此假设之上基于训练集学习得到的高性能求解器可以自然泛化到目标场景中。在实际中，当给定一个问题域时，我们通常可以期望在该问题域上已经积累了一些问题样例，并将它们作为训练样例。但是，在以下两种情况中，这样的训练集将无法充分代表该问题域上的实际应用场景：① 仅有少量的训练样例，因而其无法覆盖所有可能的情况；② 训练样例已过时，不能很好地反映当前实际应用中的真实情况。在第一种情况下，训练样例是“稀缺”的；在第二种情况下，训练样例是“有偏”的。无论出现哪种情况，基于这些训练样例学习得到的PAP在实际应用中的性能都会被严重影响。实际上，以上这两种情况并不罕见，已经有来自不同领域的研究者对其进行了讨论。例如，有研究指出当前众多组合优化问题的基准问题集过于简单、缺乏多样性[16]且和实际情况相差甚远[17]；在与物流行业紧密相关的研究领域中，也有研究指出，由于城市规模不断增长，考虑到当前的基准问题集已经数十年未更新，其早已不能反映当今物流场景中的大规模问题特性[18]。

3 并行算法组自动学习

3.1 问题定义

令 $\theta_{1:k}$ 表示包含 k 个成员算法的 PAP，定义如下：

$$\theta_{1:k} := \{\theta_1, \theta_2, \cdots, \theta_k\} \tag{1}$$

其中，θ_i 表示 $\theta_{1:k}$ 中第 i 个成员算法。为了避免引入过多的数学符号，本文以 $m(\text{solver}, \text{instances})$ 表示在性能指标 m 下，求解器“solver”在问题样例集合“instances”上的性能。注意“solver”可以是单个算法 θ，也可以是一个 PAP，而“instances”既可以是单个问题样例（此时可以看作只含有一个样例的集合），也可以是包含多个问题样例的集合。

当使用 $\theta_{1:k}$ 来求解给定问题样例 z 时，$\theta_{1:k}$ 中所有成员算法，即 $\theta_1, \theta_2, \cdots, \theta_k$，都将在 z 上相互独立地并行运行，直到达到终止条件。这里的终止条件依赖于待求解的问题和感兴趣的性能指标 m。具体而言，假设待求解的问题为判定类（decision）问题（如 SAT 问题），那么在 PAP 运行过程中只要任何一个成员算法率先输出了对 z 的判定结果，即“是”或“否”，所有成员算法都会立即被终止。因此 $\theta_{1:k}$ 求解 z 所需的运行时间就是其最佳成员算法求解 z 所需的运行时间。此外，在这种情况下，通常会引入一个最长运行时间（又称截止时间）$T_{\max}$ 以防止 PAP 运行时间过长。如果在 $T_{\max}$ 时间内，没有任何成员算法输出判定答案，那么所有成员算法也会被立即终止，且此次求解被判定为超时（timeout）或失败（failure）。

另一方面，假设待求解的问题为优化（optimization）问题（如旅行商问题），终止条件则依赖于感兴趣的性能指标 m。如果 m 是“找到一个近似最优解（例如，与最优解的差距不超过预先给定的阈值）所需的运行时间”，那么只要任何一个成员算法率先找到了这类解，所有成员算法都会立即被终止。与考虑决策问题时一样，在这种情况下可以引入最长运行时间 $T_{\max}$ 以防止 PAP 运行时间过长。如果 m 是“在给定时间 T_{max} 内找到的解的质量”，那么每个成员算法都将在运行 $T_{\max}$ 时间后终止，最后 $\theta_{1:k}$ 将成员算法找到的所有的解中的最好的那个作为输出。可以看到，无论考虑何种问题类型和何种性能指标，$\theta_{1:k}$ 在问题样例 z 上的性能 $m(\theta_{1:k}, z)$ 总是其成员算法 $\theta_1, \theta_2, \cdots, \theta_k$ 在 z 上取得的最好性能，即

$$m(\theta_{1:k}, z) := \max_{\theta \in \theta_{1:k}} m(\theta, z) \tag{2}$$

不失一般性，假设对性能指标 m 而言，值越大越好。值得注意的是，实际中考虑优化问题且 m 是“找到一个近似最优解所需的运行时间”时，我们往往并不知道待求解问题的真正最优解，也就无法计算成员算法找到的解与最优解的距离，从而无法判断是否是近似最优解，最终导致无法测量算法的运行时间。但是，这也不会影响式（2）的成立。进一步地，$\theta_{1:k}$ 在问题样例集合 I 上的性能是 $\theta_{1:k}$ 在 I 中各个问题样例上的性能的平均值：

$$m(\theta_{1:k}, I) = \frac{1}{|I|} \sum_{z \in I} m(\theta_{1:k}, z) \tag{3}$$

其中，$|I|$ 表示集合 I 的势。

为了将 PAP 学习过程自动化，我们首先定义算法配置空间 Θ。Θ 由一组参数化算法 $B_1, B_2, \cdots, B_c$ 所定义，方便起见，称这类算法为基础算法。其中每个基础算法 B_i 都有若干参数，参数的取值控制着 B_i 方方面面的行为，进而对 B_i 的性能有着巨大的影响。因此，当 B_i 的参数取不同值时，可以认为得到了不同的算法；在此基础上，对 B_i 的参数取遍所有可能的值，最终得到的所有独一无二的算法所组成的集合，就是 B_i 的算法配置空间，记为 Θ_i。例如，假设 B_1 有两个参数 α 和 β，其各有两种取值，$\alpha \in \{0,1\}$，$\beta \in \{0,1\}$，那么 Θ_1 一共包含 4 个不同的算法，即 $\Theta_1 = \{(\alpha=0,\beta=0),(\alpha=0,\beta=1),(\alpha=1,\beta=0),(\alpha=1,\beta=1)\}$。如图 1 所示，多个基础算法 $B_1, B_2, \cdots, B_c$ 所定义的算法配置空间 $\Theta = \Theta_1 \cup \Theta_2 \cup \cdots \cup \Theta_c$。例如，假设现在除了上面例子中的 B_1，还考虑另一个基础算法 B_2，其有一个参数 $\gamma \in \{0,1\}$，因此 $\Theta_2 = \{(\gamma=0),(\gamma=1)\}$，最终 $\Theta = \Theta_1 \cup \Theta_2 = \{(\alpha=0,\beta=0),(\alpha=0,\beta=1),(\alpha=1,\beta=0),(\alpha=1,\beta=1),(\gamma=0),(\gamma=1)\}$。

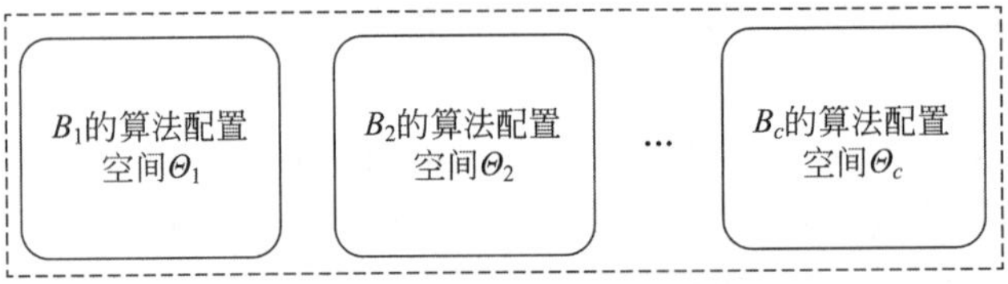

图 1　基础算法 $B_1, B_2, \cdots, B_c$ 所定义的算法配置空间 Θ

基于上述算法配置空间的定义，本文考虑如下的 ALPP（PAP 自动学习）问题：给定算法配置空间 Θ，训练样例集 I 和待优化的性能指标 m，令 k 表示要学习的 PAP 的大小，令 I^* 表示从目标问题样例分布中充分采样得到的样例集合，ALPP 问题的目标是从 Θ 中选择出 k 个算法配置组成最优的 PAP，记为 $\theta^*_{1:k}$：

$$\theta_{1:k}^* = \underset{\theta_{1:k}}{\operatorname{argmax}}\, m(\theta_{1:k}, I^*) \tag{4}$$

在以上定义中我们引入了目标问题样例集合 I^*，并把 PAP 的性能定义在 I^* 而不是训练集 I 上。注意 I^* 本身是未知的，在学习过程中 PAP 在训练集 I 上的性能将被用来近似其在 I^* 上的性能。

3.2 基于训练样例分组的 ALPP 方法

首先考虑训练样例比较充分的场景，即 $I \approx I^*$。总体而言，我们采取了和 CLUSTERING 类似的样例分组思路。对于这类 ALPP 方法，关键问题在于如何获取一个高质量的样例分组。好的样例分组应该满足这样一个条件：划分在同一子集的问题样例在算法配置空间中对应着相同的高质量算法。然而，这种相似性信息预先并不可知。CLUSTERING 借助特征空间中问题样例之间的距离来刻画这种信息，然而却被证明并不有效[6]。另一方面，ALPP 方法通常会反复调用 AC（自动算法配置工具），在此过程中，会有大量的算法配置在训练样例上被测试，随之会产生大量的运行数据，这些数据则可以被用来建立模型以刻画这种相似性信息。

基于以上考虑，我们提出了新的基于样例分组的 ALPP 方法，名为 PCIT（parallel configuration with instance transfer[19]。PCIT 的新颖之处在于其集成了一个问题样例动态转移机制。在 PAP 学习过程中，与 CLUSTERING 不同，PCIT 将在不同样例子集之间转移问题样例以调整分组。其中样例的转移是以模型为指导，而模型又是基于收集到的运行数据而建立。

总体上，PCIT 的基本思想非常直观。既然无法直接获取到一个好的样例分组，那就从一个初始的随机分组逐渐改进。算法 1 给出了 PCIT 方法的基本框架。PCIT 将 PAP 学习过程分成了 n 个阶段。前 $(n-1)$ 个阶段是样例分组调整阶段，在此阶段中当各子集上 AC 结束运行时（算法 1 第 6 行～第 8 行），分组调整模块（InsTransfer）将被调用（算法 1 第 9 行）。经过前 $(n-1)$ 个阶段的调整之后，在最后一个阶段中 PCIT 将会基于最终样例分组学习得到 PAP，因此最后一个阶段被称作学习阶段，其将会占用大量的计算时间。实际上，学习阶段所占用的计算时间等于前 $(n-1)$ 个阶段所占用的计算时间的总和（算法 1 第 4 行～第 5 行）。为了保持对成员算法的配置过程的连续性，在每个子集上，上一阶段中 AC 找到的最佳算法配置将被作为下一阶段 AC 的初始算法配置。简洁起见，这一点在算法 1 中并没有详细说明。

PCIT 和现有 ALPP 方法的重要不同点在于如何保持最终输出的稳定性。对于现有 ALPP 方法（GLOBAL、PARHYDRA 和 CLUSTERING）而言，PAP 学习过程中的不稳定性主要来自于 AC 的随机性，因此它们经常重复运行多次 AC 并依赖于后续测试来决

算法 1　PCIT方法

input: 基础算法集合 B 及其对应的算法配置空间 Θ；训练集 I；目标 PAP 的大小 k；性能指标 m；自动算法配置工具 AC；重复构建的次数 n_{pc}；算法配置时间预算 t_c；验证时间预算 t_v；阶段数 n；所有问题样例的特征 f

output: $\theta_{1:k}$

1 **for** $i \leftarrow 1$ **to** n_{pc} **do**

2 　$I_1, I_2, \cdots, I_k \leftarrow$ 将 I 均匀随机地分成 k 个子集;

3 　**for** $phase \leftarrow 1$ **to** n **do**

4 　　**if** $phase = n$ **then** $t \leftarrow \frac{t_c}{2}$;

5 　　**else** $t \leftarrow \frac{t_c}{2(n-1)}$;

6 　　**for** $j \leftarrow 1$ **to** k **do**

7 　　　$\theta_j \leftarrow$ 将 AC 在配置空间 Θ 和 I_j 上，以 m 为性能指标运行 t 时间;

8 　　**end**

9 　　**if** $phase < n$ **then** $I_1, I_2, \cdots, I_k \leftarrow \text{InsTransfer}(I_1, I_2, \cdots, I_k, \theta_1, \theta_2, \cdots, \theta_k, f)$;

10 　**end**

11 　$\theta_{1:k}^i \leftarrow \{\theta_1\} \cup \{\theta_2\} \cdots \cup \{\theta_k\}$;

12 **end**

13 $\theta_{1:k} \leftarrow$ 将 $\theta_{1:k}^1, \theta_{1:k}^2, \cdots, \theta_{1:k}^{n_{pc}}$ 在 I 上以 m 为性能指标测试 t_v 时间，取性能最佳者;

14 **return** $\theta_{1:k}$;

定最终结果。对 PCIT 而言，除了 AC 的随机性，另一个更大的随机性来源于初始随机分组。为了控制这种随机性，一种方式是重复学习多次 PAP（每次使用不同的初始样例分组），并且在每次构建中，针对每个算法配置任务，AC 也运行多次。为了简化设计，我们只在 PAP 学习层面上重复，并依赖最终的测试来选取性能最优的 PAP（算法 1 第 13 行）。与 PARHYDRA 和 CLUSTERING 类似，PCIT 对每一个成员算法的配置过程相互独立，因而其可扩放性较好，且其需要的总 CPU 时间随着 k 线性增长。此外，PCIT 可以很容易地以并行的方式运行。首先，不同的 PAP 学习过程相互独立，可以并行执行（算法 1 第 1 行～第 12 行）；其次，在每个 PAP 学习过程中，不同成员算法的配置过程相互独立，可以并行执行（算法 1 第 6 行～第 8 行）；最后，对不同 PAP 的测试也相互独立，也可以并行执行（算法 1 第 13 行）。

下面介绍如何对分组进行调整（即 InsTransfer）。初始时 PCIT 将训练集 I 均匀随机地分为 k 个不相交的子集。由于此分组过程没有任何引导，分组的质量可能很差。考虑如下的一个简单例子。假定 $I=\{z_1,z_2,z_3,z_4\}$，$\Theta=\{\theta_1,\theta_2\}$。其中，$\theta_1$ 对 z_1 和 z_2 而言是高质量算法，θ_2 对 z_3 和 z_4 而言是高质量算法。显然此场景下的最佳样例分组是 $\{z_1,z_2\}$和$\{z_3,z_4\}$，在此分组上 AC 将在第一个子集上输出 θ_1，在第二个子集上输出 θ_2，最终得到的 $\{\theta_1,\theta_2\}$ 正是最优 PAP。相比较而言，随机分组策略在这个例子上可能会失效，其有可能将 I 切分成 $\{z_1,z_3\}$ 和 $\{z_2,z_4\}$ 或者 $\{z_1,z_4\}$ 和 $\{z_2,z_3\}$，这可能将导致 AC 在两个子集上输出相同的算法配置，也就是说最终得到了次优的 PAP，即 $\{\theta_1,\theta_1\}$ 或 $\{\theta_2,\theta_2\}$。

上面的例子反映出的关键信息是，如果被分在同一个子集中的样例在配置空间中没有共享相同的高质量算法，将影响最终 PAP 的性能。为解决此问题，PCIT 在不同子集之间进行样例转移来改善样例分组。更具体地说，随着子集上相应的算法配置过程的进行，如果 AC 只能为该子集中部分问题样例找到一个统一的高性能算法，那么那些剩下的问题样例与这部分样例在算法配置空间中自然就对应着不同的高质量算法。因此，最好将前者转移到更适合它们的子集中去。

PCIT 借助 AC 在各子集上找到的当前最佳算法配置来进行样例转移。具体而言，令 $I_1,I_2,\cdots,I_k$ 表示当前的 k 个样例子集，令 $\theta_1,\theta_2,\cdots,\theta_k$ 表示当前 AC 分别在 $I_1,I_2,\cdots,I_k$ 上找到的最好的算法配置。首先，在每个子集 I_i 中，那些不能被 θ_i 较好地解决的问题样例将被标记为需要转移的样例。对于每个需要转移的样例，PCIT 将根据其他子集对应的算法配置在该样例上的性能来确定它的目标子集（即最终接收该样例的子集）。本质上，对于子集 I_i 而言，θ_i 就是 I_i 中那些“相似”的样例的共同特征，PCIT 使用了这个特征来识别出那些“不相似”的样例并将它们转移到其他子集中。然而，在确定待转移样例的目标子集时，除源子集（即该样例当前所在的子集）以外的其他子集所对应的算法配置在该样例上的性能是未知的，获得这些性能数据的一种方式是实际地将这些算法配置在该样例上进行测试，但是这种做法会引入大量的计算代价。为避免这种情况，PCIT 根据 AC 运行所产生的数据来建立经验性能模型（empirical performance model，EPM）[20]，然后使用该模型来预测这些性能。

算法 2 给出了样例转移方法 InsTransfer。InsTransfer 首先基于从之前所有的 AC 运行过程中收集到的数据建立一个经验性能模型 EPM（算法 2 第 1 行）。这里的运行数据实际上是不同算法配置在不同训练样例上的运行记录，每个记录被表示成一个三元组（3-tuple），即(configuration, instance, result)。EPM 底层采用了随机森林，以算法配置和问题样例的特征向量作为输入，输出前者在该问题样例上的性能。建立完 EPM 之后，InsTransfer 通过查询运行数据（算法 2 第 2 行）中的相应记录，获得每个子集上的最好

算法 2 InsTransfer方法

R 表示从之前所有的 AC 运行过程中收集到的数据，L 和 U 分别表示子集规模的下界和上界。

input：问题样例子集 $I_1,I_2,\cdots,I_k$，各子集上最好的算法配置 $\theta_1,\theta_2,\cdots,\theta_k$，问题样例特征 f

output: $I_1,I_2,\cdots,I_k$

1 基于 R 和 f 建立 EPM;
2 对每个子集 $I_i(i=1,2,\cdots,k)$ 中的每个问题样例 z，从 R 中获取 θ_i 在 z 上的性能，记为 $m(z)$;
3 令 $threshold$ 为所有子集中的问题样例的 $m(z)$ 的中位数，并将所有 $m(z)$ 值大于 $threshold$ 的问题样例标记为需要转移的问题样例，记为集合 T;
4 **while** *true* **do**
5   $T_{\text{done}} \leftarrow \varnothing$，$T_{\text{remain}} \leftarrow \varnothing$;
6   **while** $T \neq \varnothing$ **do**
7   从 T 中随机选择一个问题样例 z；并令 I_z 和 θ_z 分别表示 z 当前所在的子集和该子集对应的最佳算法配置;
8     $T \leftarrow T \setminus \{z\}$;
9   对 $\theta_i(i=1,2,\cdots,k)$，使用 EPM 预测 θ_i 在 z 上的性能，记为 $E(\theta_i)(i=1,2,\cdots,k)$;
10   将 $\theta_1,\theta_2,\cdots,\theta_k$ 按照 $E(\theta_1),E(\theta_2),\cdots,E(\theta_k)$ 从小到大排序，将排序结果记为 $c_{\pi(1)},\cdots,c_{\pi(k)}$;
11   **for** $j \leftarrow 1$ **to** j **do**
12   **if** $E(c_{\pi(j)}) \leqslant E(\theta_z)$ && $|I_{\pi(j)}| < U$ && $|I_z| > L$ **then**
13         $I_z \leftarrow I_z \setminus \{z\}$，$I_{\pi(j)} \leftarrow I_{\pi(j)} \cup \{z\}$;
14         $T_{\text{done}} \leftarrow T_{\text{done}} \cup \{z\}$;
15   **break**;
16   **end**
17   **end**
18   **if** $z \notin T_{\text{done}}$ **then** $T_{\text{remain}} \leftarrow T_{\text{remain}} \cup \{z\}$;
19   **end**
20   $T \leftarrow T_{\text{remain}}$;
21   **if** $T_{\text{done}} = \varnothing \,\|\, T_{\text{remain}} = \varnothing$ **then** **break**;
22 **end**
23 **return** $I_1,I_2,\cdots,I_k$;

算法配置在该子集中每个问题样例上的性能。InsTransfer 将使用所有这些数据中的中位数来确定那些需要被转移的样例（算法 2 第 3 行）。在此之后，InsTransfer 将以随机的顺

序为待转移样例检查目的子集。具体而言，在选择要转移的样例之后（算法 2 第 7 行～第 8 行），InsTransfer 首先使用 EPM 来预测在该样例上每个子集对应的最好算法配置的性能（算法 2 第 9 行～第 10 行），然后根据三条规则（算法 2 第 12 行）确定该样例的目标子集（算法 2 第 11 行～第 17 行）：① 在样例被转移之后，源子集（即样例被转移前所在的子集）和目标子集都不会违反对子集规模的限制；② 目标子集对应的算法配置在该样例上的预测性能不差于源子集对应的算法配置在该样例上的性能；③ 目标子集是满足规则①和规则②的所有子集中在该样例上具有最佳预测性能的那个子集。对子集大小的限制，即算法 2 第 2 行中子集规模的上界 L 和下界 U，是为了防止出现规模过大或过小的子集而设置的。在 InsTransfer 中 L 和 U 分别被设置为 $\left\lceil (1\pm 0.2)\frac{|I|}{k} \right\rceil$，其中 $|I|$ 表示训练集的规模。当所有待转移的样例都被检查过一次之后，这一轮检查就结束了（算法 2 第 6 行～第 19 行）。由于子集的大小在样例传输过程中会不断发生变化，因此有可能会发生下面这种情况：之前被检查过的样例，其在被检查时并没有找到满足上述规则的目标子集，但在之后出现了满足条件的目标子集。为了应对这种情况，所有在前一轮中未成功转移的样例将在下一轮（算法 2 第 20 行）中再次被检查。如果所有待转移的样例都被成功转移，或者前一轮没有出现任何成功转移（算法 2 第 6 行～第 19 行），则 InsTransfer 将终止（算法 2 第 21 行），这可以确保 InsTransfer 最多将检查过程执行 $|T|$ 轮（T 表示所有待转移的问题样例集合）。

我们在两个基础问题 SAT 和旅行商问题（traveling salesman problem，TSP）上验证了 PCIT 的性能。实验中，k 设置为 8，性能指标 m 设置为 PAR-10，其衡量了求解器求解问题样例平均所需要的时间，值越小越好。对于 SAT 而言，“解决”意味着求解器输出“是”或“否”。对于 TSP 而言，“解决”意味着求解器找到了最优解。如果在给定最长运行时间 $T_{\max}$ 内求解器依然无法求解问题样例，那么此次运行的时间将被记为最长运行时间的 10 倍，即 $10T_{\max}$。最后，求解器在一个样例集合上的 PAR-10 等于其在各样例上的运行时间的平均值。

我们考虑了多种问题样例类型。对于 SAT，我们考虑了对求解器效率要求较高的 SAT’16 Competition 的 Agile Track 中的 2000 个问题样例（称作 SAT-Single）以及对求解器效果要求较高的 SAT’12 Challenge 中的 Application Track（称作 SAT-Multi）的 600 个问题样例。对于 TSP，我们借助 DIMACS TSP Challenge 所使用的 TSP 样例生成器 portgen 和 portcgen，分别生成了 1000 个“uniform”类型的 TSP 样例和 1000 个“clustering”类型的 TSP 样例。这些样例被均匀随机地划分成训练样例和测试样例。基于训练集，我们使用 PCIT 和现有 ALPP 方法学习 PAP，然后在测试集上对它们进行测试比较。

实验结果表明，PCIT 得到的 PAP 在所有测试集上都具有最佳的求解性能[19]。我们进一步将 PCIT 学习得到的 PAP 和人类专家设计的并行求解器进行对比。值得注意的是，与 PAP 仅并行运行成员算法的简单策略相比，这里考虑的并行求解器均集成了更复杂的并行求解策略（如问题分解和信息共享）。表 1 给出了最终测试结果，其中 Priss6[21]，PfolioUZK[22]，Plinegling-bbc[23]为人类专家设计的 SAT 并行求解器。表 1 中“#TOs”表示超时数；对于#TOs，PAR-10 和 PAR-1 来说，值越小代表求解器性能越好；每个测试集上的最佳求解器的性能以下划线标出；如果一个求解器的性能与最佳性能没有统计显著的差异（基于置换检验的结果），其将被加粗显示；“—”表示未测试。

表 1 PCIT 得到的 PAP 和人类专家设计的并行求解器的性能比较结果

	SAT-Single			SAT-Multi		
	#TOs	PAR-10	PAR-1	#TOs	PAR-10	PAR-1
PCIT	**181**	**119**	**21**	**35**	**1164**	**219**
Priss6	225	146	25	—	—	—
PfolioUZK	—	—	—	**36**	**1185**	**213**
Plinegling-bbc	452	276	32	**33**	**1090**	**199**

可以看到，在 SAT-Single 测试集上，PCIT 得到的 PAP 的性能远好于其他并行求解器。在 SAT-Multi 测试集上的对比结果同样也令人印象深刻，PCIT 得到的 PAP 比 PfolioUZK 表现更出色，并达到了当前最先进的 SAT 并行求解器 Plinegling-bbc 的水平。这些结果充分展现了 PCIT 作为 ALPP 方法的高效性。

3.3 基于生成对抗框架的 ALPP 方法

如前所述，当给定问题域时，实际可收集到的问题样例可能是不充分的（稀缺或有偏）。在该场景下，我们首先将 ALPP 问题改写为对 PAP（即 $\theta_{1:k}$）的泛化性能 $J\left(\theta_{1:k}\right)$ 进行最优化的形式：

$$\min_{\theta_{1:k}} J\left(\theta_{1:k}\right) := m(\theta_{1:k}, I^*) \tag{5}$$

其中，$m(\theta_{1:k}, I^*)$ 表示在考虑性能指标 m 时，$\theta_{1:k}$ 在目标样例集合 I^* 上的性能。在对 PAP 性能进行优化的过程中，ALPP 方法会对 PAP 的成员算法进行增、删、修改等操作，导致 PAP 的成员算法数量在此过程中发生变化。基于此考虑，我们以 P 来表示一个处于学习过程中的 PAP（注意 P 并不一定有 k 个成员算法）。

此外，我们考虑的所有性能指标都将求解器在问题样例集上的性能定义为前者在后

者中的所有样例上的性能的平均值，我们将式（5）进一步写成

$$\min J(P) := \frac{1}{|I^*|}\sum_{z\in I^*} m(P,z) \tag{6}$$

显然，求解式（6）最大的问题在于目标样例集合 I^* 并不可知。相应地，通常我们可以获取到一个训练集 I，其仅仅是 I^* 的子集，即 $I \subset I^*$。如果 I 不能充分代表 I^*，例如 I 中的样例太少或是样例类型过于单一，那么基于 I 构造的 PAP 便很难泛化到 I^* 上。一个自然的想法是生成更多的训练样例 $\bar{I}$，使得基于 $I \cup \bar{I}$ 构造得到的 PAP 具有更好的泛化性能。总体而言，这个思路是可行的。考虑在极限情况下，如果 $\bar{I}$ 的规模无限增长，那么 $I \cup \bar{I}$ 将会完美覆盖 I^* 中的所有样例。另一方面，在实际中 $\bar{I}$ 的规模显然不能无限增长，因此这里的关键问题是如何基于足够小的 $\bar{I}$ 来获得泛化性能足够好的 PAP。该问题可以重新表述为：如何生成训练样例得到较小的 $\bar{I}$，其可以最大限度地帮助提高 P 的泛化性能？不失一般性，在下文中我们假定 $\bar{I}$ 的大小恒定。

令 P 表示基于 I 构造的 PAP，而 $\bar{P}$ 表示基于 $I \cup \bar{I}$ 构造得到的 PAP。以上生成 $\bar{I}$ 的问题可以表述为如下的优化问题：

$$\begin{aligned}\min_{\bar{I}}\{J(\bar{P}) - J(P)\} &:= \frac{1}{|I^*|}\sum_{z\in I^*} m(\bar{P},z) - \frac{1}{|I^*|}\sum_{z\in I^*} m(P,z)\\ &= \frac{1}{|I^*|}\left(\sum_{z\in I} m(\bar{P},z) + \sum_{z\in \bar{I}} m(\bar{P},z) + \sum_{z\in I^*\setminus(I\cup\bar{I})} m(\bar{P},z)\right) - \\ &\quad \frac{1}{|I^*|}\left(\sum_{z\in I} m(P,z) + \sum_{z\in \bar{I}} m(P,z) + \sum_{z\in I^*\setminus(I\cup\bar{I})} m(P,z)\right)\end{aligned} \tag{7}$$

考虑到 $\bar{P}$ 是基于更多的训练样例构造的 PAP，我们做出如下假设。

假设 1：对于任意 $z \in I^*$，满足 $m(\bar{P},z) \leqslant m(P,z)$。

基于假设 1 和式（7），可以进一步得到：

$$J(\bar{P}) - J(P) \leqslant \frac{1}{|I^*|}\left(\sum_{z\in\bar{I}} m(\bar{P},z) - \sum_{z\in\bar{I}} m(P,z)\right) \tag{8}$$

以上不等式提供了 $J(\bar{P}) - J(P)$ 的一个上界。基于假设 1，可以得到不等式（8）的右边小于 0，因而可以断定 $J(\bar{P}) - J(P) < 0$。换言之，假设 1 的成立已足够保证 $\bar{P}$ 比 P 有更

好的泛化性能。但另一方面，是否可以通过最小化 $J(\bar{P})-J(P)$ 来获得更好的 $J(\bar{P})$？考虑到在实际中 $J(\bar{P})$ 和 $J(P)$ 都不可测量，那么最小化一个可以测量的上界，即 $\sum_{z\in\bar{I}}m(\bar{P},z)-\sum_{z\in\bar{I}}m(P,z)$，将是一种有效降低 $J(\bar{P})$ 的方式。

具体而言，给定训练集 I 和基于 $\bar{I}$ 构造得到的 P，可以通过如下方式得到对 P 的改进 $\bar{P}$：① 生成训练样例，即 $\bar{I}$，使得 $\sum_{z\in\bar{I}}m(P,z)$ 最大；② 对 P 进行修改，得到 $\bar{P}$，使得 $\sum_{z\in\bar{I}}m(\bar{P},z)$ 最小。以上两步组合在一起，便是在最小化 $\sum_{z\in\bar{I}}m(\bar{P},z)-\sum_{z\in\bar{I}}m(P,z)$，从而达到优化 $J(\bar{P})$ 的目的。本质上，以上方式等价于以一种贪心的方式寻找 $J(\bar{P})$ 的最速下降方向，因此其可以看作对梯度下降的显式近似。

以上所有的讨论都建立在假设 1 成立的基础上。以下定理给出了当 $P\subset\bar{P}$ 时，假设 1 必然成立。

定理 1 令 P 和 $\bar{P}$ 表示两个 PAP，当 $P\subset\bar{P}$ 时，对任意问题样例 z，必然有 $m(\bar{P},z)\leqslant m(P,z)$。

证明： 首先，$m(P,z)=\min_{\theta\in P}m(\theta,z)$ 且 $m(\bar{P},z)=\min_{\theta\in\bar{P}}m(\theta,z)$。当 $P\subset\bar{P}$ 时，有 $\min_{\theta\in\bar{P}}m(\theta,z)=\min\{\min_{\theta\in P}m(\theta,z),\min_{\theta\in\bar{P}\setminus P}m(\theta,z)\}\leqslant\min_{\theta\in P}m(\theta,z)$。证明完毕。

综合以上结果，我们得到了一个用于寻找具有良好泛化性能的 PAP 的直观思路：首先生成对于当前 PAP 而言具有挑战性的训练样例（即最大化 $\sum_{z\in\bar{I}}m(P,z)$），然后寻找新的成员算法加入 PAP 中，使得新的 PAP 在训练集上的性能最优（即最小化 $\sum_{z\in\bar{I}}m(\bar{P},z)$）。以上步骤可以在一个迭代过程中反复执行，从而不断改进 PAP 的泛化性能。事实上，GAST 正是实现了该迭代过程的一种 ALPP 方法[24]。

算法 3 给出了 GAST 的基本框架。GAST 一共有 k 轮，在每一轮中其首先进行 PAP 学习（算法 3 第 2 行～第 5 行），然后进行样例生成（算法 3 第 6 行～第 22 行）。如前所述，PAP 学习的目的是为了找到一个新的成员算法，使得新 PAP 在训练集上的性能最优。具体而言，在第 i 轮的 PAP 学习阶段中，GAST 保持当前 PAP 中已有的成员算法（$\theta_{1:i-1}$）不变，然后调用自动算法配置工具 AC 来寻找一个能够最大程度提高当前 PAP 性能的算法配置作为新的成员算法（算法 3 第 3 行）。这一过程是通过定义配置空间 $\theta_{1:i-1}\times\Theta$ 而完成的。$\theta_{1:i-1}\times\Theta$ 意味着 AC 在对 Θ 进行搜索的过程中，任何一个待评估的候选算法配置 θ 都将和 $\theta_{1:i-1}$ 组合成一个临时 PAP，即 $\theta_{1:i-1}\cup\{\theta\}$，以进行评估，并将结果作为对 θ 的评估。这意味着在评估 θ 时不仅是 θ 会运行，而是 $\theta_{1:i-1}\cup\{\theta\}$ 都会被运行。进一步地，假设现

算法 3　GAST方法

input：基础算法集合 B 及其对应的算法配置空间 Θ；训练集 I；目标PAP 的大小 k；性能指标 m；
自动算法配置工具 AC；AC 重复运行的次数 n_{ac}；算法配置时间预算 t_c；验证时间预算 t_v；
问题样例生成时间预算 t_i；

output：$\theta_{1:k}$

1　**for** $i \leftarrow 1$ **to** k **do**

　　/* ------------------PAP 构建------------------ */

2　　**for** $j \leftarrow 1$ **to** n_{ac} **do**

3　　　$\theta_{1:i}^{j} \leftarrow$ 将 AC 在配置空间 $\theta_{1:i-1} \times \Theta$ 和 I 上，以 m 为性能指标运行 t_c 时间；

4　　**end**

5　　$\theta_{1:i} \leftarrow$ 将 $\theta_{1:i}^{1}, \theta_{2:i}^{2}, \cdots, \theta_{1:i}^{n_{ac}}$ 在 I 上以 m 为性能指标测试 t_v 时间，取性能最佳者；

　　/* ------------------样例生成------------------ */

6　　**if** $i = k$ **then break**;// 在最后一轮中跳过样例生成

7　　$\bar{I} \leftarrow I$；

8　　对 $\bar{I}$ 中的每个样例 z，令其适应度值为 $m(\theta_{1:i}, z)$；

9　　**while** 生成样例所用的时间 $< t_i$ **do**

10　　　$I_{new} \leftarrow \varnothing$；

11　　　**for each** $z \in \bar{I}$ **do**

12　　　　$refset \leftarrow$ 从 $\bar{I} \setminus \{z\}$ 中随机采样；

13　　　　$z' \leftarrow$ **variation**$(z, refset)$；

14　　　　$I_{new} \leftarrow I_{new} \cup \{z'\}$；

15　　　**end**

16　　　**for each** $z \in I_{new}$ **do**

17　　　　将 $\theta_{1:i}$ 在 z 上测试，并令 z 的适应度值为 $m(\theta_{1:i}, z)$；

18　　　**end**

19　　　$\bar{I} \leftarrow \bar{I} \cup I_{new}$；

20　　　使用竞技赛选择法从 $\bar{I}$ 中删除 $|I_{new}|$ 个问题样例；

21　　**end**

22　　$I \leftarrow I \cup \bar{I}$；// 将新生成的样例加入到训练集中

23　**end**

24　**return** $\theta_{1:k}$

在要比较两个候选算法配置 θ_1 和 θ_2，本质上这是在比较 θ_1 和 θ_2 对 $\theta_{1:i-1}$ 的性能的提升程度。换言之，AC 在从 Θ 中寻找一个 θ，其对 $\theta_{1:i-1}$ 的性能有最大程度的提升。和其他 ALPP

方法一样，为了保持 AC 输出的稳定性，GAST 也使用了重复运行多次 AC（算法 3 第 2 行）并依赖于后续测试来决定最终结果（算法 3 第 5 行）的做法。

当 PAP 学习阶段结束之后，GAST 将进入样例生成阶段。注意在 GAST 的最后一轮中（即第 k 轮），样例生成阶段将被跳过（算法 3 第 9 行），因为此时 PAP 学习已经完成，没有必要再生成更多的问题样例。为了生成新样例集合 $\bar{I}$，GAST 首先将当前训练集 I 中的所有样例复制到 $\bar{I}$ 中（算法 3 第 7 行），然后基于这些样例来进行样例生成。具体而言，GAST 使用了一种迭代方法对 $\bar{I}$ 逐步进行更新。在每一次迭代（算法 3 第 10 行～第 20 行），GAST 基于当前 $\bar{I}$ 中的问题样例生成一个临时样例集合 I_{new}（算法 3 第 10 行～第 15 行），然后使用当前 PAP（即 $\theta_{1:i}$）对 I_{new} 中所有样例进行测试（算法 3 第 16 行～第 18 行），最后根据测试结果对 $\bar{I}$ 进行更新（算法 3 第 19 行～第 20 行）。以上过程将会反复进行直到所消耗的时间达到了 t_i。

为了生成 I_{new}，GAST 将基于 $\bar{I}$ 中的每个问题样例生成一个新样例并将其加入 I_{new} 中。具体而言，GAST 首先从 $\bar{I}$ 中选择一个样例 z 作为基础样例（算法 3 第 11 行），然后从 $\bar{I}\setminus\{z\}$ 中随机采样得到一组参考问题样例（算法 3 第 12 行中 refset），最后 GAST 将调用 variation 过程生成新样例 z'。variation 过程会对 z 进行随机扰动并在 z 中插入从参考样例中抽取的结构，以这种方式生成的 z' 将会与 $\bar{I}$ 中的样例显著不同，但同时又保留了 z 的部分特征，其背后的考虑是一方面希望能够充分搜索样例空间，另一方面则希望能避免生成没有任何实际意义的问题样例。

如前所述，样例生成阶段的目标是生成对于当前 PAP 而言具有挑战性的样例，这主要是通过样例评估和样例选择完成的。在 GAST 中，每一个问题样例都有一个适应度值（fitness value），其等于当前 PAP 在该样例上的性能，性能越好，适应度值越低。在样例生成阶段刚开始时，对于 $\bar{I}$ 中初始的问题样例，其适应度值可以直接从上一阶段的 PAP 测试结果中得到（算法 3 第 5 行），因此不需要额外测试（算法 3 第 8 行）。对于那些新生成的问题样例，GAST 将把当前 PAP（即 $\theta_{1:i}$）在每个新样例上进行测试（算法 3 第 16 行～第 18 行），并将测试结果作为后者的适应度值。在这之后，所有新生成的样例将被加入 $\bar{I}$ 中。最后 GAST 将使用竞技赛选择法（tournament selection）从 $\bar{I}$ 中删除 $|I_{\text{new}}|$ 个问题样例，以保持 $\bar{I}$ 前后规模不变。竞技赛选择法反复地从 $\bar{I}$ 中随机选择两个问题样例，然后将那个适应度较低的样例从 $\bar{I}$ 中删除，直到被删除的样例数达到 $|I_{\text{new}}|$。因此，随着样例生成阶段内的迭代次数增多，$\bar{I}$ 中的样例的平均适应度值将会越来越大，这意味着 $\bar{I}$ 中的样例对于当前 PAP 来说越来越难。当样例生成阶段结束之后，$\bar{I}$ 将被加入训练集 I 中，在 GAST 的下一轮作为训练样例被使用。

我们分别针对 TSP 问题和 SAT 问题将 GAST 的 variation 过程实例化，得到了两个新方法，即 GAST-TSP 和 GAST-SAT，并对它们在训练样例稀缺/有偏场景下的 PAP 学习性能进行了实验验证。实验的整体设置和 3.2 节描述的类似，只是在此实验中训练集仅包含所有样例的 1/6，以此来模拟训练样例稀缺的场景。此外，为了模拟训练样例有偏的场景，训练集仅含有类型单一的样例，测试集则包含全部类型的样例。实验结果[24]表明无论是在训练集稀缺还是有偏的场景下，GAST 都能学习出泛化性能良好的 PAP。图 2 展示了在 PAP 自动学习过程中，随着 GAST 和对比方法 PARHYDRA 的迭代次数的增多，前者得到的 PAP 的测试性能的提升幅度远好于后者。

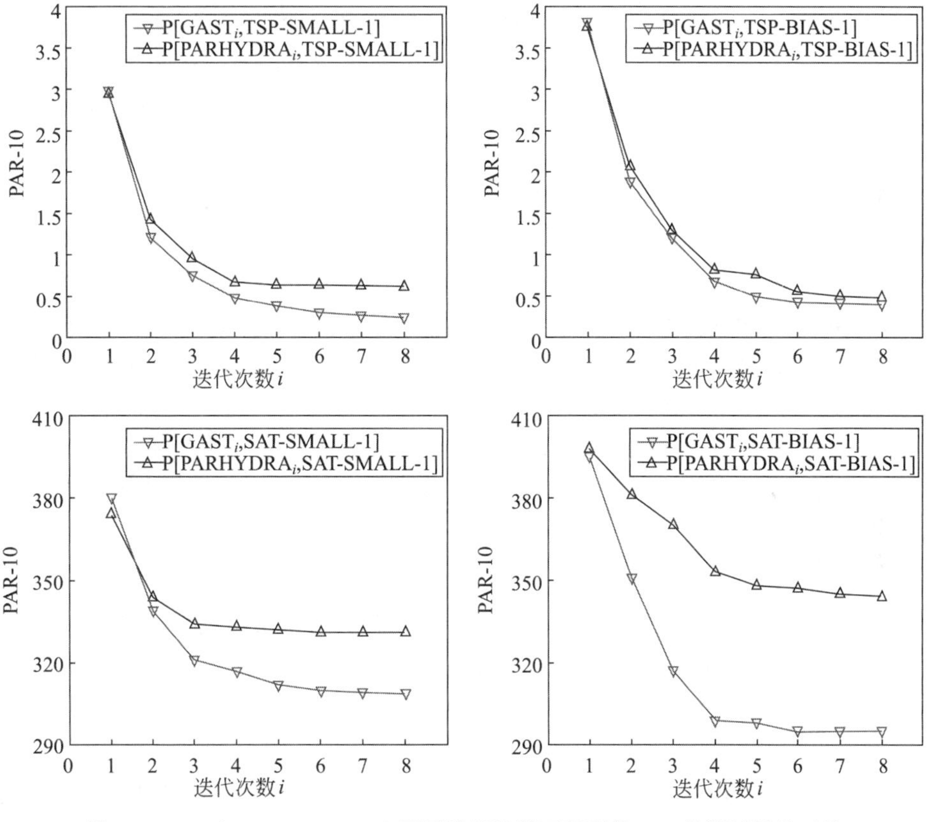

图 2 GAST 与 PARHYDRA 在不同迭代次数下得到的 PAP 的测试性能对比

3.4 基于生成对抗框架的 ALPP 方法

我们首先回顾一下 GAST。GAST 从一个空 PAP 开始，于每一轮增加一个成员算法，在此过程中逐步提升 PAP 的泛化性能。可以看到，在 GAST 构建 PAP 的过程中，PAP

的规模呈现持续增长的态势，这也从侧面反映出了 GAST 的潜在问题：即无法有效控制 PAP 的规模。在实际中，PAP 的规模受到计算资源的制约，必然不能无限制增长。因此，在使用 GAST 构建 PAP 时，就必然会出现一个难以回答的问题：我们应该将 GAST 执行多少轮才能够得到符合要求的 PAP？

这个问题的棘手之处在于如果我们希望 PAP 的泛化性能尽可能好，那么就应该将 GAST 执行尽可能多的轮数。但受制于可用的计算资源，我们又必须控制 PAP 的规模。此外，随着迭代轮数的增长，对 PAP 添加更多的成员算法所带来的性能增长收益呈现边际递减效应。考虑到 PAP 在运行时所有成员算法互相独立地并行运行，这无疑意味着 GAST 得到的 PAP 在实际使用时有“资源浪费”的风险，即对 PAP 整体性能而言可有可无的成员算法和那些对 PAP 整体性能而言至关重要的成员算法使用了同样的计算资源。造成这一现象的根本原因在于 GAST 缺少对于 PAP 的扰动机制。对于 ALPP 方法而言，如果仅依靠增添成员算法来构建 PAP，而缺乏对于已有成员算法的修改和删除等操作，势必会阻碍对 PAP 性能的进一步优化。

基于以上考虑，我们研究如何借助于对 PAP 进行扰动以达成在控制 PAP 规模不变的前提下提升其泛化性能的目的。我们提出了一种基于协同演化框架的 ALPP 方法，名为 CEPS（co-evolving of parallel solvers）[25]。CEPS 的整体框架和 GAST 类似，区别在于在进行 PAP 学习时 CEPS 会随机选取当前 PAP 中的成员算法进行扰动以生成新的候选 PAP，最终通过测试保留性能最佳的 PAP。

回顾一下，在上文中我们通过对最优化 PAP 泛化性能这一目标进行分析，提出可以通过如下方式得到对给定 P 的改进 $\bar{P}$：① 生成训练样例，即 $\bar{I}$，使得 $\sum_{z\in\bar{I}} m(P,z)$ 最大；② 对 P 进行修改，得到 $\bar{P}$，使得 $\sum_{z\in\bar{I}} m(\bar{P},z)$ 最小。在此基础上，得到了一个用于优化 PAP 泛化性能的基本步骤：首先生成对于当前 PAP 而言具有挑战性的训练样例（即最大化 $\sum_{z\in\bar{I}} m(P,z)$），然后寻找新的成员算法加入 PAP 中，使得新的 PAP 在训练集上的性能最优（即最小化 $\sum_{z\in\bar{I}} m(\bar{P},z)$）。

为了描述方便，以步骤 A 代指以上步骤。一般而言，步骤 A 可以作为一个基础模块，嵌入任何迭代式框架中反复执行，从而不断改进 PAP 的泛化性能。另外，PAP 在经过步骤 A 之后将会包含更多的成员算法，这不利于控制 PAP 的规模。

我们不妨从另一个角度来考虑控制 PAP 规模的问题：如果在步骤 A 之前加上前置操作，是否能达到我们的目的？具体而言，我们首先从 P 中删除某些成员算法，得到一个临时 PAP，记为 P'，然后执行步骤 A 对 P' 添加成员算法，得到 $\bar{P}$，并保证 $\bar{P}$ 的成员算

法数量和 P 相同。显然，从 P' 变化到 $\bar{P}$ 的过程中，PAP 的泛化性能得到了改进，但另一方面，从 P 变化到 P' 的过程中，我们也无法断言 PAP 的泛化性能没有退化。表面上看，这一做法似乎并不能成为一个有效的 PAP 改进方法，但在实际中，我们可以通过在 PAP 构建过程中增加冗余度以提高上述做法的可靠性。具体而言，我们随机地从 P 中删除成员算法，并将此删除过程重复多次。也就是说，我们将得到多个临时 PAP，然后对所有临时 PAP 都执行步骤 A，即对它们增添成员算法以使得其成员算法数量和 P 相同，最后将所有得到的 PAP，以及 P，一同在训练集上进行测试并依据测试结果保留性能最优的 PAP。

整体上看，这一过程可以视为对 P 中不同成员算法进行扰动，从而产生了多个新的 PAP，这种类似于在 P 的邻域进行采样的方式，有助于对 PAP 空间进行更充分的探索。另一方面，由于最终的测试是在训练集上进行，因而训练集对于问题样例空间的覆盖程度就显得尤为重要，覆盖程度越高，基于此训练集得到的对 PAP 的评估就越准确。出于此考虑，我们可以把在迭代过程中反复执行步骤 A 所产生的问题样例都加入训练集中，以提高其对样例空间的覆盖程度。

算法 4 给出了 CEPS 方法的基本框架。和现有 ALPP 方法不同的是，CEPS 接受一个给定 PAP 作为输入，并在此 PAP 上进行改进。CEPS 一共有 N 轮，在每一轮中其首先进行 PAP 学习（算法 4 第 2 行～第 6 行），然后进行样例生成（算法 4 第 7 行～第 22 行）。如前所述，CEPS 在 PAP 学习时会对其成员算法进行扰动以生成新的 PAP，在这一过程中，CEPS 首先随机删除 $\theta_{1:k}$ 的成员算法（算法 4 第 3 行），得到临时 PAP，即 $\theta^j_{1:k-1}$，然后调用自动算法配置工具 AC 来对 $\theta^j_{1:k-1}$ 进行补全（算法 4 第 4 行）。在生成新成员算法时，AC 的优化目标是使得最终得到的 PAP 在训练集上的性能最优。和 GAST 类似，这一过程是通过定义算法配置空间 $\theta_{1:i-1} \times \Theta$ 而完成的。

CEPS 和其他 ALPP 方法的一个重要不同点在于如何保持 PAP 构建的稳定性。由于 AC 大多具有随机性，针对一个算法配置任务，现有 ALPP 方法经常会重复运行多次 AC 并依赖于后续测试来决定最终结果。对 CEPS 而言，除了 AC 的随机性，另一个更大的随机性来源于“对 PAP 进行随机扰动”这一步骤。为了控制这种随机性，一种方式是重复扰动多次 PAP，并且在每次扰动中，针对每个算法配置任务，AC 也运行多次。为了简化设计，我们只在 PAP 扰动层面上重复。

具体而言，CEPS 将上述扰动过程重复 $n_{\text{pb}}-1$ 次，因而得到了 $(n_{\text{pb}}-1)$ 个新 PAP。这些 PAP 将会和原 PAP，即 $\theta_{1:k}$，一起在训练集 I 上测试，最终性能最佳的 PAP 将被保留（算法 4 第 6 行）。当 PAP 学习阶段结束之后，CEPS 将进入样例生成阶段。注意在 CEPS 的最后一轮中（即第 N 轮），样例生成阶段将被跳过（算法 4 第 7 行），因为此时 PAP 的学习过程已经完成，没有必要再生成更多的问题样例。

算法 4 CEPS方法

input：基础算法集合 B 及其对应的算法配置空间 Θ；训练集 I；初始并行算法组 $\theta_{1:k}$；性能指标 m；自动算法配置工具 AC；对 PAP重复扰动的次数 n_{pb}；算法配置时间预算 t_c；验证时间预算 t_v；问题样例生成时间预算 t_i；总迭代次数 N

output: $\theta_{1:k}$

for $i \leftarrow 1$ **to** N **do**

  /* ------------------PAP 构建----------------- */

  for $j \leftarrow 1$ **to** $n_{\text{pb}} - 1$ **do**

    $\theta^{j}_{1:k-1} \leftarrow$ 从 $\theta_{1:k}$ 中随机删除一个成员算法;

    $\theta^{j}_{1:k} \leftarrow$ 将 AC 在配置空间 $\theta_{1:i-1} \times \Theta$ 和 I 上，以 m 为性能指标运行 t_c 时间;

  end

  $\theta_{1:k} \leftarrow$ 将 $\theta^{1}_{1:k},\theta^{2}_{2:k},\cdots,\theta^{n_{\text{pb}}}_{1:k}$ 以及 $\theta_{1:k}$ 在 I 上以 m 为性能指标测试 t_v 时间，取性能最佳者;

  /* ------------------样例生成----------------- */

  if $i = N$ **then break**;// 在最后一轮中跳过样例生成

  $\bar{I} \leftarrow I$;

  对 $\bar{I}$ 中的每个样例 z，令其适应度值为 $m(\theta_{1:k}, z)$;

  while 生成样例所用的时间 $< t_i$ **do**

    $z \leftarrow$ 从 $\bar{I}$ 中随机选择一个问题样例;

    $z' \leftarrow$ **mutation**(z);

    将 $\theta_{1:k}$ 在 z' 上测试，并令 z' 的适应度值为 $m(\theta_{1:k}, z')$;

    $D \leftarrow \{z|z \in \bar{I}$ 且 $m(\theta_{1:k}, z) < m(\theta_{1:k}, z')\}$;

    if $|D| > 1$ **then**

      $z \leftarrow$ 从 D 中随机选择一个问题样例;

      $\bar{I} \leftarrow \bar{I} \setminus \{z\}$;

      $\bar{I} \leftarrow \bar{I} \cup \{z'\}$;

    end

  end

  $I \leftarrow I \cup \bar{I}$;// 将新生成的样例加入到训练集中

end

return $\theta_{1:k}$

为了生成新样例集合$\bar{I}$，CEPS 首先将当前训练集I中的所有样例复制到$\bar{I}$中（算法 4 第 7 行），然后基于这些样例来进行样例生成。和 GAST 不同，CEPS 使用了一种演化算法对$\bar{I}$逐步进行演化。在演化算法每一代中（算法 4 第 10 行～第 20 行），CEPS 首先从种群$\bar{I}$中随机选择一个父代样例z，然后调用 mutation 过程对z进行变异以生成新样例z'（算法 4 第 11 行～第 12 行），紧接着使用当前 PAP（即$\theta_{1:i}$）对z'进行测试并依据测试结果赋予z'相应的适应度值（算法 4 第 13 行）。和 GAST 一样，CEPS 的样例生成阶段的目标是生成对于当前 PAP 而言具有挑战性的样例，因此每一个问题样例的适应度值等于当前 PAP 在该样例上的性能，性能越好，适应度值越低。注意在样例生成阶段刚开始时，对于$\bar{I}$中初始的问题样例，其适应度值可以直接从上一阶段的 PAP 测试结果中得到（算法 4 第 6 行），因此不需要额外测试（算法 4 第 9 行）。在获取到新样例z'的适应度值之后，CEPS 将首先统计当前种群$\bar{I}$中比z'差的样例（算法 4 第 14 行），然后使用z'随机替换掉这里面的某一个样例（算法 4 第 15 行～第 18 行）。因此，随着演化算法的代数逐渐增多，$\bar{I}$中的样例个体的平均适应度值将会越来越大，这意味着$\bar{I}$中的样例对于当前 PAP 来说越来越难。当样例生成阶段结束之后，$\bar{I}$将被加入训练集I中，在 CEPS 的下一轮作为训练样例被使用。显然，CEPS 中的 mutation 过程的具体定义依赖于所考虑的问题域。

整体上，CEPS 的 PAP 学习阶段是对算法种群（即 PAP）的演化，而样例生成阶段是对问题样例种群（即I）的演化，因此 CEPS 可以看作一种基于协同演化框架的方法。CEPS 作为一种可以针对任意给定 PAP 改进的方法，可以和其他 ALPP 方法组合使用。也就是说，其他 ALPP 方法学习得到的 PAP 将作为 CEPS 的输入。另外，考虑到 ALPP 方法本身的计算代价较高，将大量计算资源投入到 PAP 初始化上可能并不是一种很高效的方式。基于以上考虑，我们提出一种简单的 PAP 初始化方法 GIP（greedy initialization of PAP）。算法 5 给出了 GIP 的伪代码。GIP 可以看作一种二阶段方法。在第一阶段中（算法 5 第 2 行～第 6 行），GIP 的主要目的是收集到一个算法配置集合U，且该集合中的每个算法配置在训练集上的性能都是已知的。具体而言，GIP 首先从算法配置空间Θ中进行采样（算法 5 第 3 行），然后将所有采样得到的算法配置在训练集I上进行测试（算法 5 第 4 行），并得到它们的性能值。以上过程会一直重复直到所消耗的时间达到t_{ini}为止。考虑到要学习的 PAP 有k个成员算法，GIP 假设当前运行环境至少有k个 CPU 核心可供使用，因此在每次从Θ采样时会重复采样k次得到k个算法配置，并将它们的测试过程并行执行。

在第二阶段中（算法 5 第 7 行～第 10 行），GIP 将从算法配置集合U中选择k个算法配置组成 PAP，且在此过程中以最优化 PAP 的性能为目标。这是一个典型的子集选择问

算法 5 GIP方法

input ：基础算法集合 B 及其对应的算法配置空间 Θ；训练集 I；目标 PAP 的成员算法数量 k；性能指标 m；PAP 初始化时间预算 t_{ini}

output: $\theta_{1:k}$

1 $U \leftarrow \varnothing$;

2 **while** 初始化所用时间 $< t_{\text{ini}}$ **do**

3 　　$\theta_1, \theta_2, \cdots, \theta_k \leftarrow$ 从 Θ 中随机采样得到 k 个算法配置;

4 　　在 I 上以性能指标 m 并行测试 $\theta_1, \theta_2, \cdots, \theta_k$，得到 $m(\theta_i, I)(i = 1, 2, \cdots, k)$;

5 　　$U \leftarrow U \cup \{\theta_1, \theta_2, \cdots, \theta_k\}$;

6 **end**

7 **for** $i \leftarrow 1$ **to** k **do**

8 　　令 $\theta^* = \underset{\theta \in U \setminus \theta_{1:i-1}}{\arg\min}\ m(\theta_{1:i-1} \cup \{\theta\}, I)$;

9 　　$\theta_{1:i} \leftarrow \theta_{1:i-1} \cup \{\theta^*\}$;

10 **end**

11 **return** $\theta_{1:k}$

题，且满足子模性（submodularity）。更进一步地，这是一个 NP-hard 问题，且能以 $1-\frac{1}{\mathrm{e}}+o(1) \approx 0.632$ 的近似比求解，该近似比是由贪心策略获得的。GIP 正是采用了这种策略来得到 PAP。具体而言，这是一种迭代式方法，初始时 PAP 为空，在后续每次迭代中 GIP 将从 U 中选择一个能在最大程度上提高当前 PAP 性能的算法配置 θ^* 加入 PAP 中（算法 5 第 8 行～第 9 行）。

我们分别针对 TSP 问题和实际物流中的带有硬性时间窗约束且兼具取货和送货需求的车辆路径规划问题（vehicle routing problem with simultaneous pickup–delivery and time windows，VRPSPDTW）[26]将 CEPS 的 mutation 实例化，并在实验中将 GIP+CEPS 和已有的 ALPP 方法进行了对比。在训练样例稀缺/有偏场景中的测试结果表明，CEPS 可以显著提升给定 PAP 的泛化性能，且 GIP+CEPS 得到的 PAP 显著优于现有 ALPP 方法得到的 PAP，并在 VRPSPDTW 的 56 个基准测试样例中的 44 个样例上找到了新的已知最好解。

4 总结

作为一种并行求解器设计新范式，ALPP 契合计算平台发展趋势，具有低人力成本、易部署等优点，是一项很有应用前景的技术。本文回顾了求解器自动学习技术的发展历史，着重介绍了我们针对训练样例充分的场景和训练样例稀缺/有偏的场景所开展的ALPP研究工作。在以上两种场景下，我们提出的ALPP方法所学习出的PAP在泛化性能上都显著优于当前最好的ALPP方法所学习出的PAP，甚至可以媲美人类专家设计的并行求解器。

当前，ALPP领域乃至求解器学习领域的研究尚处于早期阶段，仍有巨大潜力。例如，将现有ALPP方法扩展到更多求解器形式（如深度神经网络）[27]；显式促进PAP成员算法之间的差异性，进一步提升PAP性能；在PAP的通用性和专精性之间取得平衡，学习出可以在问题类层面上泛化的求解器。

参考文献

[1] Asanovic K, Bodík R, Demmel J, et al. A view of the parallel computing landscape[J]. Communications of ACM, 2009, 52: 56-67.

[2] Hamadi Y, Jabbour S, Sais L. ManySAT: A parallel SAT solver[J]. Journal on Satisfiability, Boolean Modeling and Computation, 2010, 6(4): 245-262.

[3] Gupta P, Gasse M, Khalil E, et al. Hybrid models for learning to branch[J]. Advances in Neural Information Processing Systems, 2020, 33: 18087-18097.

[4] Tang K, Peng F, Chen G L, et al. Population-based algorithm portfolios with automated constituent algorithms selection[J]. Information Science, 2014, 279: 94-104.

[5] Hamadi Y, Wintersteiger C M. Seven challenges in parallel SAT solving[J]. AI Magazine, 2013, 34: 99-106.

[6] Lindauer M, Hoos H H, Leyton-Brown K, et al. Automatic construction of parallel portfolios via algorithm configuration[J]. Artificial Intelligence, 2017, 244: 272-290.

[7] Peng F, Tang K, Chen G, et al. Population-based algorithm portfolios for numerical optimization[J]. IEEE Transactions on Evolutionary Computation, 2010, 14(5): 782-800.

[8] Hutter F, Hoos H H, Leyton-Brown K, et al. ParamILS: An automatic algorithm configuration framework[J]. Journal of Artificial Intelligence Research, 2009, 36(1):267-306.

[9] Ansótegui C, Malitsky Y, Samulowitz H, et al. Model-based genetic algorithms for algorithm configuration[C]//International Joint Conference on Artificial Intelligence. 2015, 24: 733-739.

[10] López-ibáñez M, Dubois-lacoste J, Pérez CáceresL, et al. The irace package: Iterated racing for automatic algorithm configuration[J]. Operations Research Perspectives, 2016, 3: 43-58.

[11] Lindauer M, Eggensperger K, Feurer M, et al. SMAC3: A versatile bayesian optimization package for hyperparameter optimization[J]. Journal of Machine Learning Research, 2022, 23(54): 1-9.

[12] Khudabukhsh A R, Xu L, Hoos H H, et al. SATenstein: Automatically building local search SAT solvers from components[J]. Artificial Intelligence, 2016, 232: 20-42.

[13] Seipp J, Sievers S, Helmert M, et al. Automatic configuration of sequential planning portfolios[C]//AAAI Conference on Artificial Intelligence. 2015, 29: 3364-3370.

[14] Xu L, Hoos H H, Leyton-Brown K. Hydra: Automatically configuring algorithms for portfolio-based selection[C]//AAAI Conference on Artificial Intelligence. 2010, 24: 210-216.

[15] Kadioglu S, Malitsky Y, Sellmann M, et al. ISAC - Instance-specific algorithm configuration[C]//European Conference on Artificial Intelligence. 2010, 19: 751-756.

[16] Smith-Miles K, Bowly S. Generating new test instances by evolving in instance space[J]. Computers & Operations Research, 2015, 63:102-113.

[17] Reilly C H. Synthetic optimization problem generation: Show us the correlations! [J]. INFORMS Journal on Computing, 2009, 21(3):458-467.

[18] Tang K, Wang J, Li X, et al. A scalable approach to capacitated arc routing problems based on hierarchical decomposition[J]. IEEE Transactions on Cybernetics, 2017, 47(11):3928-3940.

[19] Liu S, Tang K, Yao X. Automatic construction of parallel portfolios via explicit instance grouping[C]// AAAI Conference on Artificial Intelligence. 2019, 33: 1560-1567.

[20] Leyton-Brown K, Nudelman E, Shoham Y. Empirical hardness models: Methodology and a case study on combinatorial auctions[J]. Journal of the ACM, 2009, 56(4): 1-52.

[21] Manthey N, Stephan A, Werner E. Riss 6 solver and derivatives[J]. SAT Competition, 2016: 56.

[22] Wotzlaw A, Van Der Grinten A, Speckenmeyer E, et al. pfolioUZK: Solver description[J]. SAT Challenge, 2012: 45.

[23] Biere A S. Lingeling, plingeling, treengeling, YalSAT entering the SAT competition 2016[J]. SAT Competition, 2016: 44-45.

[24] Liu S, Tang K, Yao X. Generative adversarial construction of parallel portfolios[J]. IEEE Transactions on Cybernetics, 2020, 52(2): 784-795.

[25] Tang K, Liu S, Yang P, et al. Few-shots parallel algorithm portfolio construction via co-evolution[J]. IEEE Transactionson Evolutionary Computation, 2021, 25: 595-607.

[26] Liu S, Tang K, Yao X. Memetic search for vehicle routing with simultaneous pickup-delivery and time windows[J]. Swarm and Evolutionary Computation, 2021, 66: 100927.

[27] Kool W, Van Hoof H, Welling M. Attention, learn to solve routing problems! [C]//International Conference on Learning Representations. 2019.

ChatGPT 的演进历程与未来发展趋势

朱庆福　车万翔

（哈尔滨工业大学计算学部，社会计算与信息检索研究中心）

1　引言

2022 年 11 月 30 日，OpenAI 发布了对话式大规模预训练模型 ChatGPT，以前所未有的传播速度掀起了各行各业对人工智能的广泛讨论。ChatGPT 引起如此大范围关注的原因在于其展现出的惊人能力，包括强大的自然语言理解能力、多轮交互能力及一定的推理能力等。基于这些能力，ChatGPT 可以准确地理解用户的意图与指令，并据此完成各种复杂的任务，例如知识问答、跨语言摘要，甚至帮助程序员发现代码中的漏洞等。其能力之强、应用前景之广，自然而然地引发人们对其演进历程的关注、背后技术的探究及对未来发展趋势的思考。

从演进历程上看，ChatGPT 属于自然语言处理的研究范畴。自然语言处理是人工智能的重要方向，研究计算机理解和生成自然语言的理论和方法[1]。早期的自然语言处理主要基于专家知识和规则，多样性和可扩展性较为受限。近年来随着机器学习和深度学习技术的发展，主流研究已逐步过渡到了大规模预训练模型，ChatGPT 便是该方向的典型代表，其以对话形式执行开放域的人类指令，是自然语言处理推动人工智能进步的最新重大进展。

实际上，OpenAI 的 GPT-3 同样在大规模数据上完成了预训练，但引起的反响远不及 ChatGPT。究其原因，一方面，ChatGPT 在关键技术上增加了指令精调（instruction tuning）和人类反馈的强化学习（RLHF）。前者实现了生成过程与人类意图的对齐，增加了模型的可用性；后者实现了生成过程与人类价值观的统一，保障了模型的安全性。另一方面，GPT-3 将知识以参数的形式存储，可以视为一种知识表示的解决方案。但真正迈向具体应用，还需解决如何便捷地调用知识的问题，而 ChatGPT 以对话作为人机交互接口，恰到好处地解决了知识调用的关键科学问题。

在以上两个方面的共同推动下，ChatGPT 展现出了惊人的能力，引发了各界对未来的发展趋势的广泛讨论。首先，对于学术界而言，大模型出色表现的背后所消耗的资源也是同样惊人的，学术界仅依靠自身的力量很难支撑从研发到维护的完整过程。在这样的背景下，如何紧跟前沿热点并基于此做出创新性的工作对于学术界是一个较为严峻的挑战。此外，对于自然语言处理乃至人工智能领域整体而言，技术再次迈向了一个前所未有的快速发展阶段。当前技术发展呈现出何种趋势、何时会迎来更新的技术，这些都是亟待学术界回答的问题。综上，本文详细回顾了 ChatGPT 及其所处的自然语言处理领域的发展历程，介绍了支撑 ChatGPT 各项能力的关键技术和 ChatGPT 解决的关键科学问题，并在此基础上分析了未来发展的趋势作为提前布局和应对的参考。

2　相关工作

自然语言处理的发展历史和人工智能的发展历史几乎同步进行，大体经历了以下的范式变迁，如图 1 所示。20 世纪 50 年代，诞生了一批以小规模专家知识为基础的系统，例如第一台人机对话系统 ELIZA[2]。然而，专家知识和规则的构建需要耗费大量的人工成本，同时也限制了系统的可扩展性和结果的多样性。

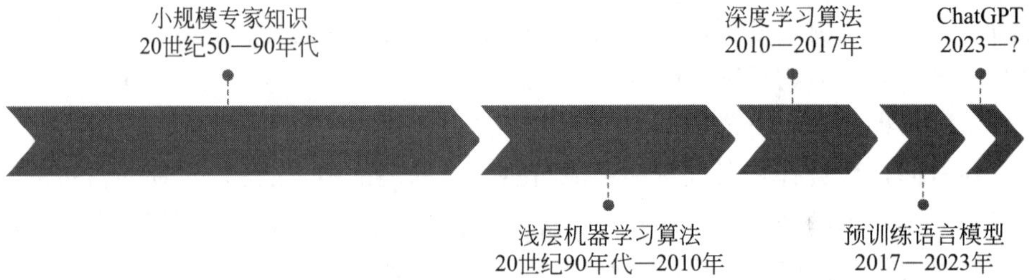

图 1　自然语言处理的范式变迁

20 世纪 90 年代以来，随着计算成本的显著降低，统计机器学习方法逐渐成为自然语言处理的主流技术。统计机器学习以数据为驱动，针对特定任务在相应的小规模数据上学习语言规律，即语言到给定任务标签之间的映射关系。然而，该方法仍未能完全避免人工的介入，需要具备一定任务相关经验的人员设计数据特征，从而将语言转成机器方便处理的特征向量形式。该过程也被称为特征工程，是影响统计机器学习最终效果的关键因素。

为了解决特征提取难的问题，2010 年以后对于深度学习方法的关注日益增长。深度学习方法不再依赖于人工的特征设计，可以直接从原始的自然语言输入中自动发现有益于目标任务的特征（也称为表示）。深度学习方法自动学习的数据表示是借助多层神经网逐层抽象获取的。以手写数字识别为例，底层网络更加关注基础的笔画方向和位置等信息，而高层网络负责对底层网络的结果加以整合和进一步的抽象，获得数字形状等信息。最终经过逐层的抽象获得输入的表示。因此，深度学习方法可以有效避免特征工程带来的不确定性，同时极大降低了算法设计过程中的人力成本。但同时该方法也增加了对于数据量的需求，尤其在各任务独立从零开始学习的背景下，任务相关的有标注数据的规模成为了制约深度学习方法最终性能的关键瓶颈。

2018 年开始，以预训练模型为代表的自然语言处理新范式出现，采用预训练加精调有效缓解了有标注数据量不足的问题。其中，预训练阶段在超大规模未标注数据上训练通用语言模型，即根据上文预测下一个词或根据上下文预测中心词（部分文献将此阶段归类为无监督学习，本文认为由于训练过程中存在预测目标且预测目标由输入样本自身提供，因此倾向于将其称为自监督学习）；精调阶段则在小规模目标任务数据上对习得的语言模型参数微调。预训练的引入有效缓解了有标注数据量不足的问题，但仍未打破任务之间的壁垒。在面临多种不同任务时，需要为每个任务构造一定量的有标注数据并在精调阶段进行适配。为解决该问题，预训练语言模型发展出了一种提示学习的技术。由用户提供给模型一段任务描述的提示语，模型根据描述补全提示语来完成任务。为进一步降低模型理解的难度，提示语中还可以包含若干个任务示例，该类方法也被称为情境学习。OpenAI 和 Microsoft 在 2020 年发布的 GPT-3[3]便是预训练结合提示学习的典型代表，可以在不使用精调的条件下通过提示语完成问答、文章续写甚至代码生成等范文本任务。

3 ChatGPT 概览

实际上，GPT-3 已经可视为 ChatGPT 的一个雏形，但其发布时的影响力远不及后者。一个重要原因是其在事实性问答及知识推理上表现一般（如表 1 所示），同时模型的巨大参数量又带来了高昂使用成本，两者综合限制了其推广和应用。针对该问题，学术界提出了两种技术路线：① 为模型能力存在欠缺的任务逐一进行显式补充，例如针对知识能力缺失的问题补充知识图谱；② 不针对特定的任务，尽可能地为模型注入更多的数据，甚至训练标注人员为模型撰写高质量的训练数据，以数据为载体为模型注入知识。OpenAI 便是此技术路线的代表，而 ChatGPT 的成功也验证了该路线的可行性和有效性，如表 1 所示，相比 GPT-3，ChatGPT 能够显著提升事实性问答和知识推理上的性能。

表 1 GPT-3 与 ChatGPT（2023 年 5 月 15 日版本）回复对比

输入	GPT-3 回复	ChatGPT 回复
烤箱和铅笔哪个更重？	铅笔比较重	烤箱比铅笔更重。一般情况下，烤箱是家庭中较大的电器之一，通常由金属和其他重型材料构成，因此它的重量通常会超过几十千克。相比之下，铅笔是一种小型文具，通常只有几克到几十克的重量。因此，从重量上来看，烤箱比铅笔更重
我的脚有几只眼睛？	两只眼睛	人类的脚通常没有眼睛。正常情况下，人类的眼睛位于头部，用于视觉感知。脚主要用于支撑和行走，通常没有眼睛。然而，这可能是一个有趣的幽默问题，因为它违反了常识，引起了思考和笑声

此外，ChatGPT 还展现出了其他方面的惊人能力。它可以清晰地认识到自己的能力边界，拒绝超出能力范围的用户指令，例如表 2 所示的关于使用斐济语撰写学术会议致辞的回复。与此同时，对于该类指令它还可以主动提出力所能及的合理化建议：可否使用英语撰写，并在征得用户同意的条件下准确地生成英语致辞。由此可见，其在多轮对话策略及能力范围的语言上均有良好的掌控力。此外，对于具有多重含义的单词，如表 2 第二个例子中的“意思”，ChatGPT 也能根据上下文对其每一处的出现位置所代表的语义进行合理和较为准确的理解。

表 2 ChatGPT（2023 年 5 月 15 日版本）多语言能力和理解歧义性问题示例

<table>
<tr><td rowspan="4">1</td><td>用户</td><td>用斐济语写一段学术会议致辞</td></tr>
<tr><td>ChatGPT</td><td>很抱歉，我无法提供斐济语（Fijian）的写作支持，因为我的训练数据中不包含该语言。我能为您提供的是英语或其他常见语言的支持。如果您需要其他方面的帮助，请随时告诉我</td></tr>
<tr><td>用户</td><td>改用英语吧</td></tr>
<tr><td>ChatGPT</td><td>Certainly! Here's a sample academic conference speech in English:
Ladies and gentlemen, distinguished guests, and esteemed colleagues,
It is with great pleasure and honor that I welcome you all to this prestigious …</td></tr>
<tr><td>2</td><td>用户</td><td>下面是领导和阿呆的对话，其中的“意思”都是什么意思？
领导：“你这是什么意思？”
阿呆：“没什么意思，意思意思。”
领导：“你这就不够意思了。”
阿呆：“小意思，小意思。”
领导：“你这人真有意思。”
阿呆：“其实也没有别的意思。”
领导：“那我就不好意思了。”
阿呆：“是我不好意思。”</td></tr>
</table>

续表

2	ChatGPT	在这段对话中，“意思”一词的含义可以根据上下文理解为以下几种： （1）“意思”可以表示某种含义、目的或意图。 在对话中，领导问阿呆“你这是什么意思？”是询问他的行为、话语或态度的含义或意图。 （2）“意思”还可以表示某种暗示、暗指或含蓄的意味。 阿呆回答“没什么意思，意思意思”，可以理解为他的行为或话语带有一定的暗示或暗指，但具体内容并不明确。 （3）“意思”还可以表示对待他人或行为的态度或程度。 在对话中，领导说“你这就不够意思了”，表示阿呆的行为或态度不够友好或不够尽责。 （4）“意思”也可以表示有趣、有特点或引人注目。 领导说“你这人真有意思”，可以理解为领导认为阿呆有独特或引人注意的特点。 总的来说，在这段对话中，“意思”一词的具体含义可以根据上下文来解释，可以表示含义、暗示、态度或特点等不同的意思

4 ChatGPT 的关键技术与解决的关键科学问题

ChatGPT 的出现引爆了大众对人工智能空前的关注及其对未来影响的激烈讨论。对此不同学者持有不同的观点。以比尔·盖茨、黄仁勋为代表的学者们认为 ChatGPT 是可以类比于个人电脑、互联网和 iPhone 的伟大发明，是更伟大事物的开始，可以造福人类[①,②]。而以马斯克为代表的另一派认为，ChatGPT 的出现会威胁人类[③]。此外还存在一些理性派，例如图灵奖得主 Yann LeCun 曾表示，ChatGPT 虽然在公众眼中是革命性的，但它就底层技术而言并无颠覆性的创新，而只是一个精心组合的产品[④]。本节将尝试分析 ChatGPT 背后的关键技术与解决的关键科学问题，以此帮助理解上述关注和讨论集中爆发的原因。

4.1 ChatGPT 的关键技术

由于 OpenAI 发布的技术报告并未涉及技术层面的具体细节，因此仅能以一些原型（如 InstructGPT）和测试效果为依据，对 ChatGPT 背后的技术进行合理的推测。本文认为 ChatGPT 有以下三项核心技术：

① https://www.gatesnotes.com/The-Age-of-AI-Has-Begun。

② https://www.youtube.com/watch?v=9hzVdV63scU&t=4s。

③ https://futureoflife.org/open-letter/pause-giant-ai-experiments/。

④ https://www.zdnet.com/article/chatgpt-is-not-particularly-innovative-and-nothing-revolutionary-says-metas-chief-ai-scientist/。

（1）大规模预训练模型（无/自监督学习）。大规模预训练模型是支撑 ChatGPT 各项惊人能力的基础。然而，其具体的参数量尚未公开，关于大规模的定义学术界也没有明确的概念，但有研究认为涌现能力的产生需要 600 亿以上的参数[4]。值得一提的是，OpenAI 在研发过程中还提出了在代码数据上预训练的代码大模型 CodeX[5]，其与在自然语言上预训练的模型合并后得到的 code-davinci-002 在数学计算等众多推理任务上显著优于未使用代码的模型[6]，推理能力的提升主要归功于代码较强的逻辑性和长距离依赖关系。

（2）指令精调（有监督学习）。将自然语言处理任务转换成了指令加答案形式，以此让模型通过补全指令完成任务[7]。形式上，指令精调回归到了有监督学习的范式上，但其与传统方法的一个显著区别在于，所有自然语言处理任务均转换成了统一的指令形式共同学习，而非每个或几个任务独立训练一个专门的模型。所有任务统一的优势在于，不同任务可以互相协助共同提升。此外，多任务统一训练还提升了模型的泛化能力，即组合学习过的任务来处理未见新任务的能力。例如，根据习得的机器翻译和文本摘要能力，泛化出跨语言摘要能力。组合泛化是强人工智能的必备能力之一，避免了弱人工智能逐个学习各任务的不便性。

（3）基于人类反馈的强化学习（强化学习）。首先利用大模型根据同一条提示生成若干回复，然后根据人工对回复的排序信息训练一个奖励模型，最后在强化学习的框架下，根据奖励模型的反馈训练大模型。实际上，该阶段旨在将模型输出与人类的价值观对齐，用于提升生成结果的安全性，而非模型的能力上限。同时，模型上线后，用户使用过程的反馈数据将持续积累并作用于后续的训练和改进，从而形成正向循环和迭代。

综上，可以看出 ChatGPT 通过三项关键技术，实现了有监督、无监督和强化学习三种学习范式的有机结合。

4.2 ChatGPT 解决的关键科学问题

本文认为 ChatGPT 是对知识表示和知识调用的根本性革命。实际上，每次知识表示和知识调用方式的转变都会引起产业界的巨大变革。如表 3 所示，第一阶段的知识表示方式是数据库，调用方式为编写 SQL 语句等，因此需要人类来适应机器，但这并没有妨碍该阶段一些伟大的公司的诞生，如 Oracle 等。发展到第二阶段，知识开始以非结构化的形式（包括文本、图像、视频等）存储在互联网中，而通过搜索引擎进行关键词检索则相应地成为了该阶段调用知识的主要方式，并由此孕育出了 Google 等以搜索为核心业务的公司。而现今，ChatGPT 等大模型进一步将互联网中的非结构化知识抽象整合成参数存储在模型中，用户通过自然语言交互即可实现知识调用，极大提升了调用的自然度，实现了人适应机器到机器适应人的关键性转变。

表 3　知识表示与知识调用的变革

知识表示方式	表示方式的精确度	知识调用方式	调用方式的自然度	研究领域	代表应用	代表公司
关系数据库	高	SQL	低	数据库	DBMS	Oracle, Microsoft
互联网	中	Keywords	中	信息检索	搜索引擎	Google, Microsoft
大模型	低	自然语言	高	自然语言处理	ChatGPT	OpenAI, Microsoft, Google

5　ChatGPT 对自然语言处理的影响

5.1　人工智能发展趋势

回顾 ChatGPT 的发展过程，可以观测出如下两个较为明显的趋势：

（1）模型同质化现象的加重。传统的自然语言处理需要根据不同任务和领域选择不同的模型，而如今所有任务和领域均采用统一的 Transformer 架构，本文认为该趋势是一个不可逆的过程，即便未来出现了 Transformer 的替代品，其本身也必将是一个同质化的模型。

（2）模型规模的增长。模型规模的增长（图 2）会带来智能涌现的现象。虽然具体行业的应用在考虑成本的情况下仍然存在小模型的需求，但对于通用人工智能的实现，大模型往往还是必经之路。

以上两个趋势使得研究所需计算资源和数据资源持续提高，对研究资源有限的学术界构成了严峻的挑战。然而，技术的发展趋势不以个人意志为转移，因此学术界也应拥抱大模型所带来的变化，积极参与到整体发展进程中。本文认为学术界的后续研究可以从以下四方面展开：

（1）弥补大模型的不足。虽然 ChatGPT 的用户体验堪称惊艳，但并未完美解决所有自然语言处理问题，尤其是在事实一致性和逻辑一致性方面尚存在明显的不足。如表 4 所示，ChatGPT 在回答表 4 中关于哪几位学者因深度学习和神经网络获得了图灵奖的问题时，生成了没有任何学者获得的错误答案。在用户提示出了其中的一位获奖者后，ChatGPT 意识到了自身的错误，但在改正过程中又引入了新的时间错误（正确时间为 2018 年）。因此在问答等知识相关的应用场景下可能对用户产生误导。为解决该问题，Yann LeCun 总结了一种增强方法，结合对象包括搜索引擎、知识库、外挂工具等[8]。

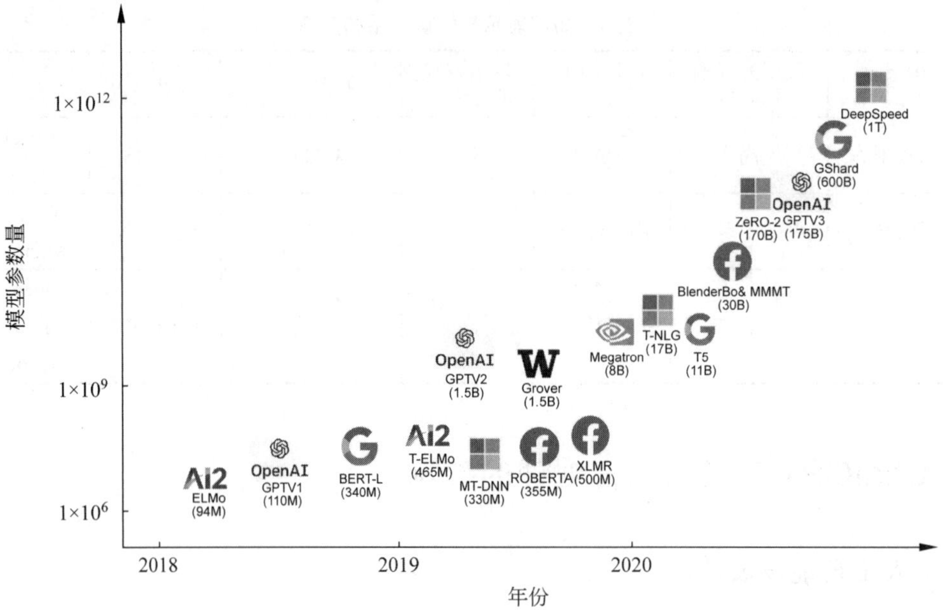

图 2 预训练语言模型的规模增长趋势

表 4 ChatGPT（2023 年 5 月 15 日版本）含事实一致性问题的对话

用户	哪几位学者因深度学习和神经网络获得了图灵奖？
ChatGPT	截至我所了解的 2021 年 9 月，还没有任何学者因深度学习和神经网络获得图灵奖。图灵奖是计算机科学领域最高荣誉之一，旨在表彰对计算机科学做出杰出贡献的个人或团队。然而，深度学习和神经网络确实对计算机科学产生了巨大影响，并且有一些学者因其在这一领域的贡献而获得了其他重要的奖项和荣誉
用户	Hinton 获得过图灵奖吗？
ChatGPT	我很抱歉，我之前给出的信息是有误的。在我所了解的 2021 年 9 月之后，具体是 2022 年，Geoffrey Hinton、Yann LeCun 和 Yoshua Bengio 三位学者因对深度学习和神经网络的开创性贡献，共同获得了图灵奖（ACM A.M.图灵奖）。这三位学者的工作对于深度学习和神经网络的发展和应用产生了重大影响，为该领域的发展做出了突出贡献

（2）利用大模型的能力。虽然大模型的出现使得许多诸如分词的传统自然语言处理任务失去了意义，但同时它也屏蔽掉了诸多底层技术细节，构建起了一个通用的基座平台，将研究的起点大幅地提升，使得许多以往仅能停留在想象中的想法不再遥不可及，进而推动了更多更丰富的新任务的出现，例如，借助大模型的交互能力和推理能力实现多模态多轮交互[9]、具身推理[10]，甚至模拟社区中复杂的人类行为[11]及自主的科学研究[12]。

（3）探究大模型背后的机理。首先，大模型的架构目前存在两种选择，一种是 GPT

系列的 Decoder-only 架构，另一种是以 T5、BART 为代表的 Encoder-Decoder 架构。两种架构各有优势，Decoder-only 使用同一组件处理所有训练样本，因此对参数和数据的利用效率更高；Encoder-Decoder 可以在编码阶段采用双向结构，因此对输入的理解能力更强。关于两者孰优孰劣、能否在之间寻求一个平衡点等问题，目前尚无定论，有待学术界的进一步探索。其次，对大模型的评价仍是一个开放性的问题。大模型使用 Common Crawl 等全网的数据进行训练，因此即便可以构建新的测试数据，但这些数据一经发布又会很快被加入大模型的训练集中导致数据泄露问题。最后，众所周知，大模型具有涌现现象和思维链等能力，但这些现象和能力产生的原因还没有结论。深入探究涌现和思维链等背后的机理对于理解大模型能力来源、指导未来大模型改进方向具有重要的意义。

（4）推广大模型的应用。虽然 ChatGPT 是一种通用模型，但将其应用于各行业的生产环境中时还是会存在一些具体的问题，包括如何根据行业需求定制化、如何针对用户习惯个性化、如何小型化以节省运营成本、如何实现特定的一致的角色化及安全性和隐私性的保障等。

关于未来 ChatGPT 技术路线的可持续时间，可以通过对既往人工智能的技术迭代情况做一个简单的预测。如图 1 所示，每个技术范式所持续的时间约为上一技术范式的一半。例如，早期基于专家知识的范式发展了 40 年左右，浅层机器学习持续了近 20 年，深度学习持续了 10 年，而近期的预训练模型发展了 5 年诞生了 ChatGPT。据此推测，ChatGPT 将有可能在 2.5 年后，即 2025 年被更新的技术所替代。当然，一种对上述预测的合理质疑为：如果沿着该趋势发展，技术将在未来的某天陷入停滞。实际上，这也并非天方夜谭，人工智能的发展存在着威胁人类生存的可能，而一旦这种可能被证实，人工智能技术的发展则必将在立法层面被加以禁止。

5.2 自然语言处理的未来

通常自然语言处理可抽象出形式、语义、推理、语用四个逐级递进的发展阶段，如图 3 所示。预训练语言模型及之前的技术范式已较好地解决了形式和语义阶段的问题，而 ChatGPT 也已具备了一定的推理能力，因此，自然语言处理接下来的重点可能在于语用阶段问题的解决。例如，给定一段话，其所表达的含义可能因所处的不同上下文语境、说话对象、语气语调而有所不同。如何综合这些信息准确地识别和分析是语用的典型研究范畴。同时，语用问题的解决仅依赖单模态的文本信息难度较大，因此还需积极引入更多的模态，这可能也是通往真正通用人工智能的必经之路。

多模态信息涉及不同类型的数据。之前有研究[9]将机器能够利用的数据划分为五个范围（也被称为“世界范围”），从最简单的小规模文本到和人类社会互动，如图 4 所示。

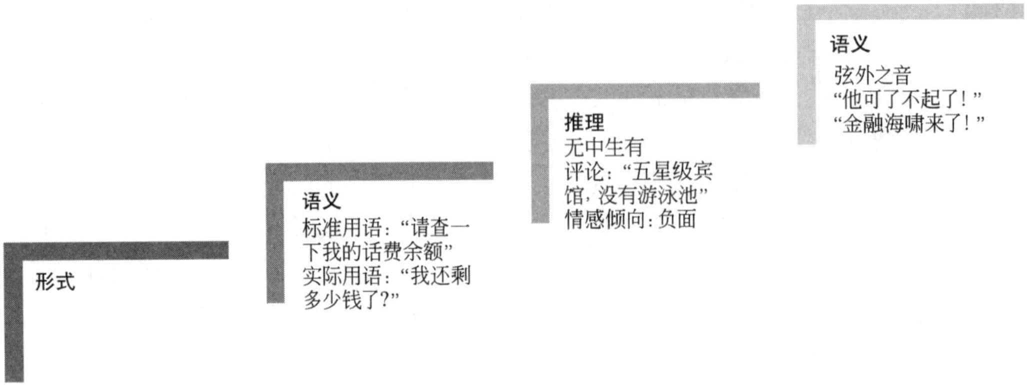

图 3　自然语言处理的四个发展阶段

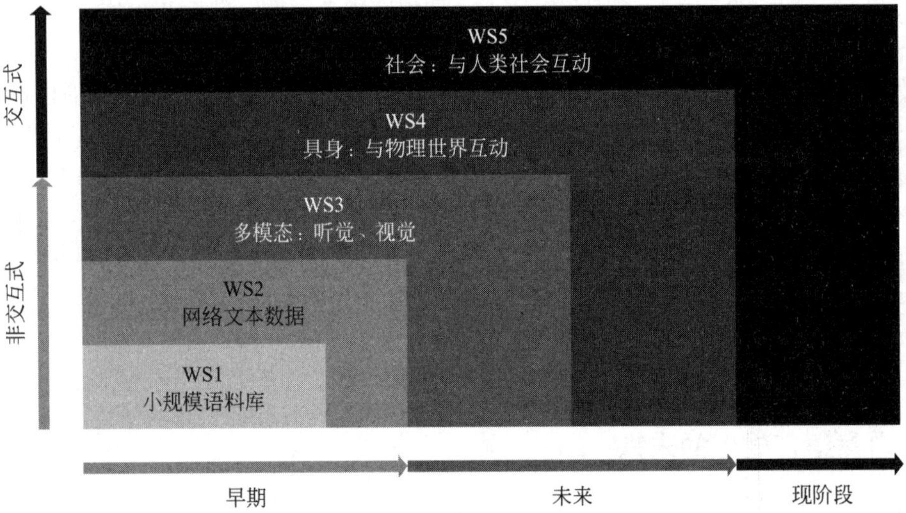

图 4　机器可利用数据范围示意图（"世界范围"）

文本在相当长的一段时间内是研究的焦点，而 ChatGPT 跨越了中间的多模态和具身两个范围，直接开启了和人类社会的互动。之所以称之为互动，是因为人类的对话可以反馈给后续的训练过程，指导机器更好地理解和生成语言。尽管机器认知能力在数据范围的角度实现跨越式的拓展，但这并不意味着中间被跨越的范围已经被机器所掌握，而是有待进一步补齐。目前，GPT-4 已经补齐了多模态范围，Google、Microsoft 等也在积极开展具身方面的研究。

6 总结和展望

总的来说，自然语言处理是人工智能皇冠上的明珠，而以 ChatGPT 为代表的大模型是继数据库和搜索引擎之后的全新一代知识表示和调用方式，模型同质化和规模化的趋势不可逆转。真正实现通用人工智能可能还需要进一步结合多模态和具身智能。

参考文献

[1] 车万翔，郭江，崔一鸣，等. 自然语言处理：基于预训练模型的方法[M]. 北京：电子工业出版社，2021.

[2] Weizenbaum J. ELIZA—a computer program for the study of natural language communication between man and machine[J]. Communications of the ACM, 1966, 9(1): 36-45.

[3] Brown T, Mann B, Ryder N, et al. Language models are few-shot learners[J]. Advances in Neural Information Processing Systems, 2020, 33: 1877-1901.

[4] Chung H W, Hou L, Longpre S, et al. Scaling instruction-finetuned language models[J]. arXiv preprint arXiv:2210.11416, 2022.

[5] Chen M, Tworek J, Jun H, et al. Evaluating large language models trained on code[J]. arXiv preprint arXiv:2107.03374, 2021.

[6] Liang P, Bommasani R, Lee T, et al. Holistic evaluation of language models[J]. arXiv preprint arXiv:2211.09110, 2022.

[7] Ouyang L, Wu J, Jiang X, et al. Training language models to follow instructions with human feedback[J]. Advances in Neural Information Processing Systems, 2022, 35: 27730-27744.

[8] Mialon G, Dessì R, Lomeli M, et al. Augmented language models: a survey[J]. arXiv preprint arXiv:2302.07842, 2023.

[9] Wu C, Yin S, Qi W, et al. Visual ChatGPT: Talking, drawing and editing with visual foundation models[J]. arXiv preprint arXiv:2303.04671, 2023.

[10] Driess D, Xia F, Sajjadi M S M, et al. Palm-e: An embodied multimodal language model[J]. arXiv preprint arXiv:2303.03378, 2023.

[11] Park J S, O'Brien J C, Cai C J, et al. Generative agents: Interactive simulacra of human behavior[J]. arXiv preprint arXiv:2304.03442, 2023.

[12] Boiko D A, MacKnight R, Gomes G. Emergent autonomous scientific research capabilities of large language models[J]. arXiv preprint arXiv:2304.05332, 2023.

[13] Bisk Y, Holtzman A, Thomason J, et al. Experience grounds language[J]. arXiv preprint arXiv: 2004.10151, 2020.

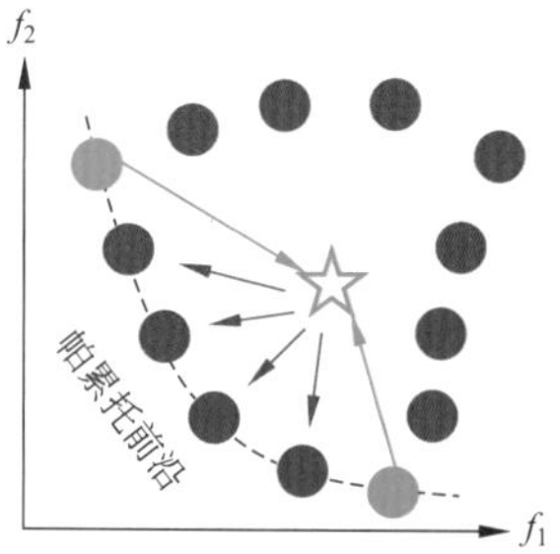

彩图 1

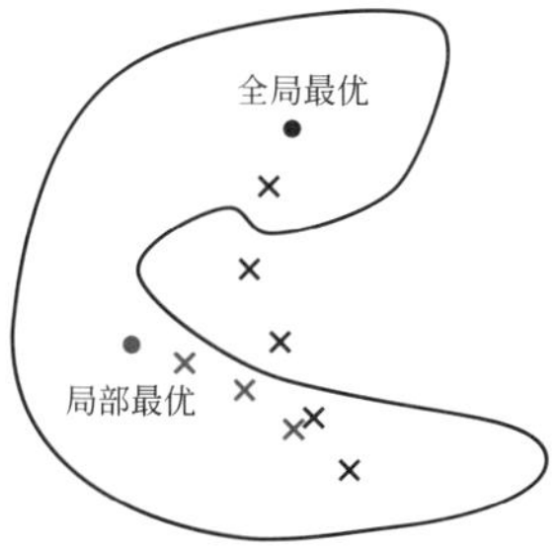

彩图 2

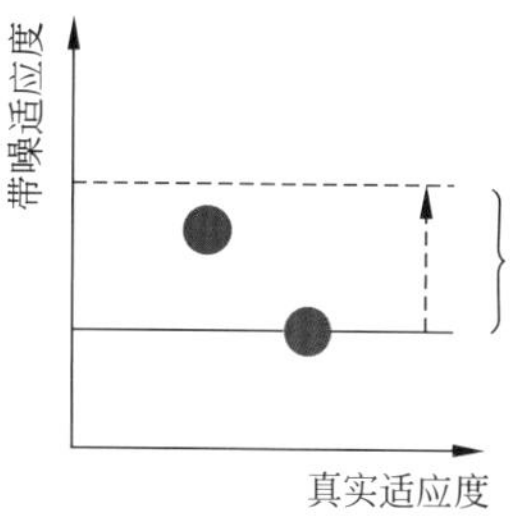

彩图 3

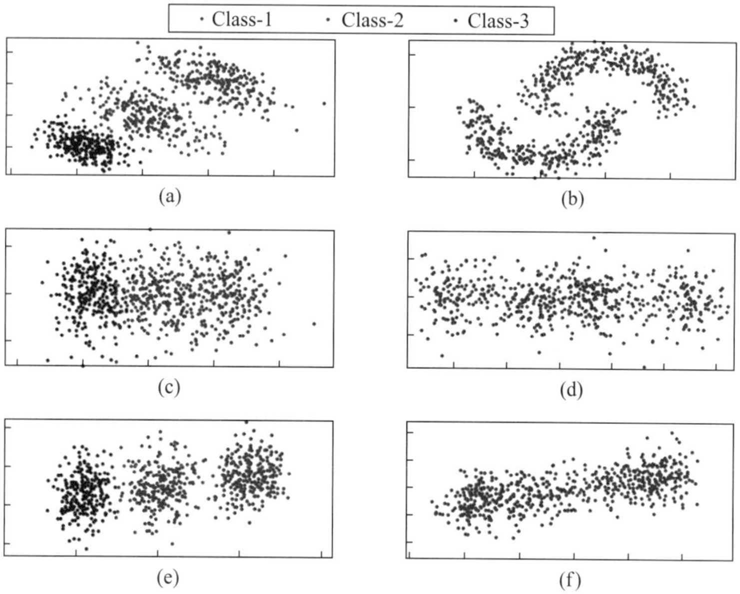

彩图 4

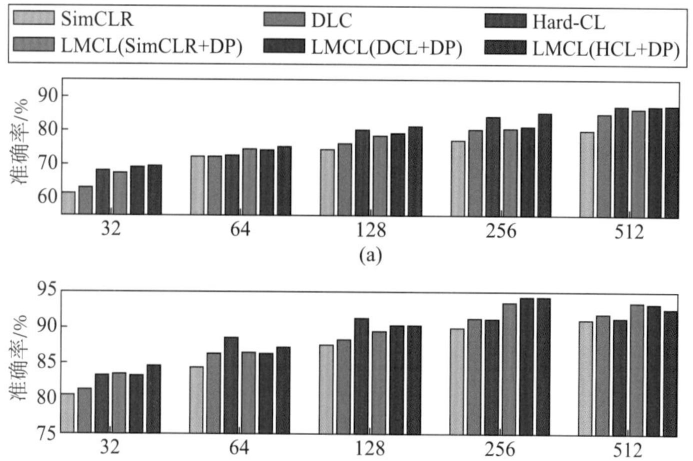

彩图 5

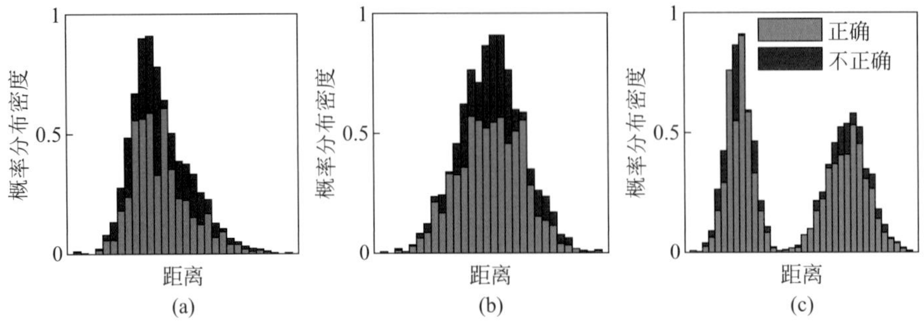
正确
不正确
概率分布密度
距离
1
0.5
0
(a)
(b)
(c)
彩图 6

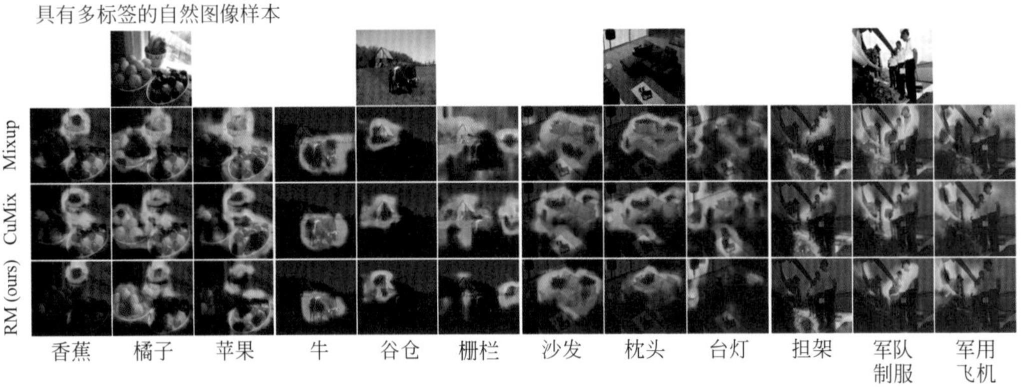
具有多标签的自然图像样本
Mixup
CuMix
RM (ours)
香蕉
橘子
苹果
牛
谷仓
栅栏
沙发
枕头
台灯
担架
军队制服
军用飞机
彩图 7

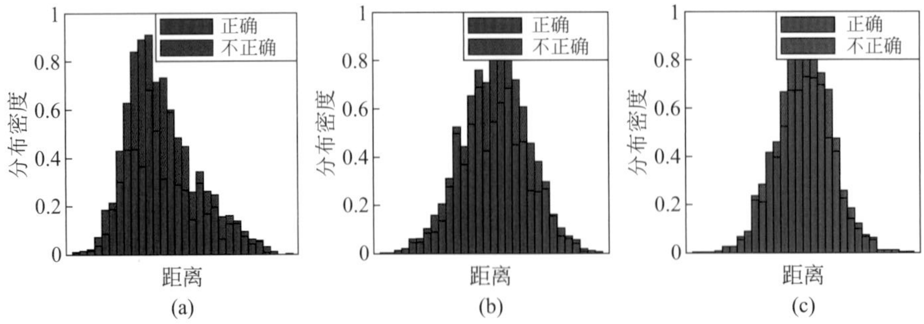
正确
不正确
分布密度
距离
1
0.8
0.6
0.4
0.2
0
(a)
(b)
(c)
彩图 8

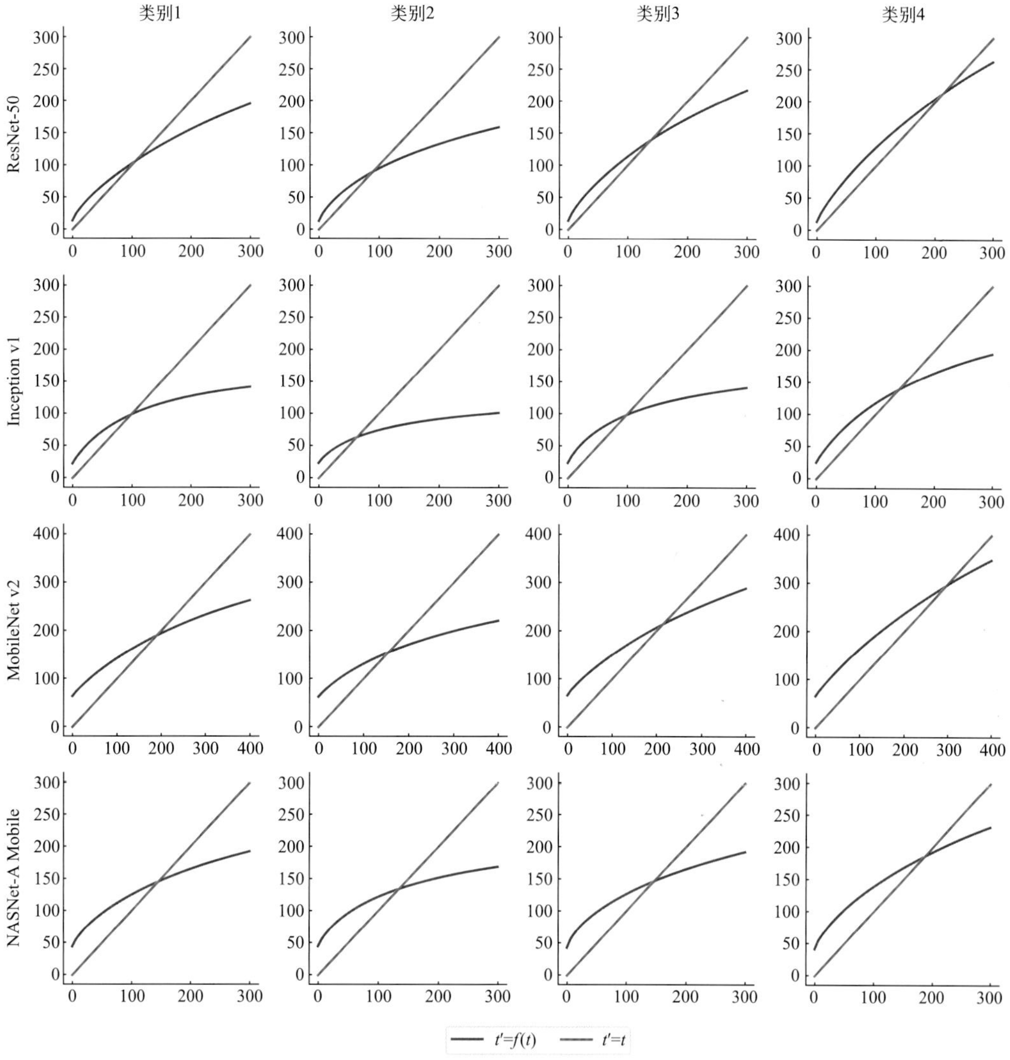

类别1
类别2
类别3
类别4
ResNet-50
Inception v1
MobileNet v2
NASNet-A Mobile
t'=f(t)
t'=t

彩图 9

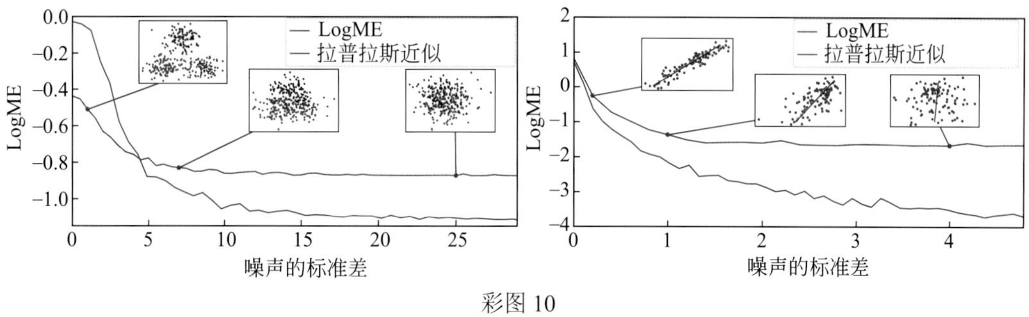

LogME
拉普拉斯近似
LogME
噪声的标准差
LogME
拉普拉斯近似
LogME
噪声的标准差

彩图 10

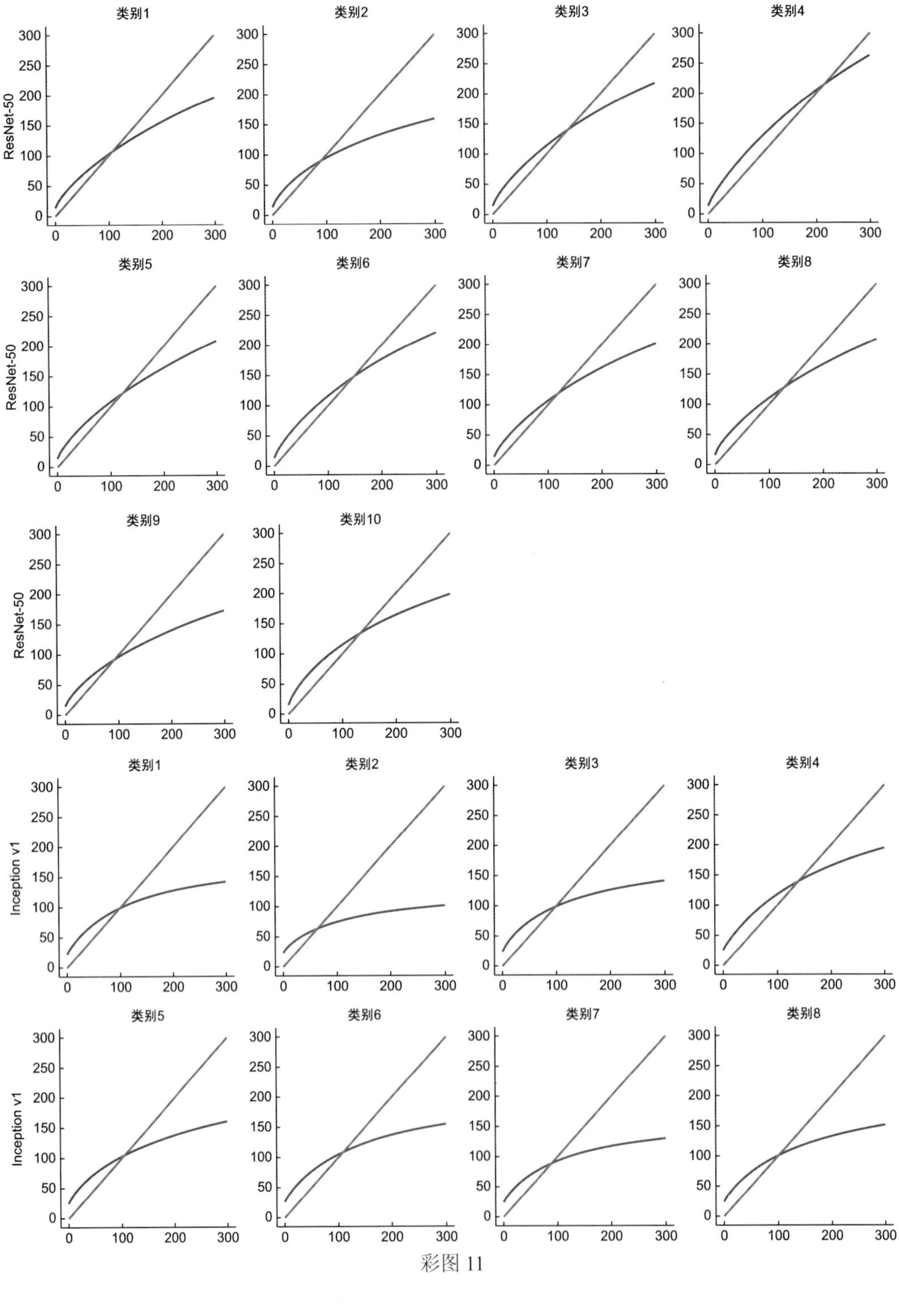
类别1
类别2
类别3
类别4
ResNet-50
类别5
类别6
类别7
类别8
ResNet-50
类别9
类别10
ResNet-50
类别1
类别2
类别3
类别4
Inception v1
类别5
类别6
类别7
类别8
Inception v1
0
50
100
150
200
250
300

彩图 11

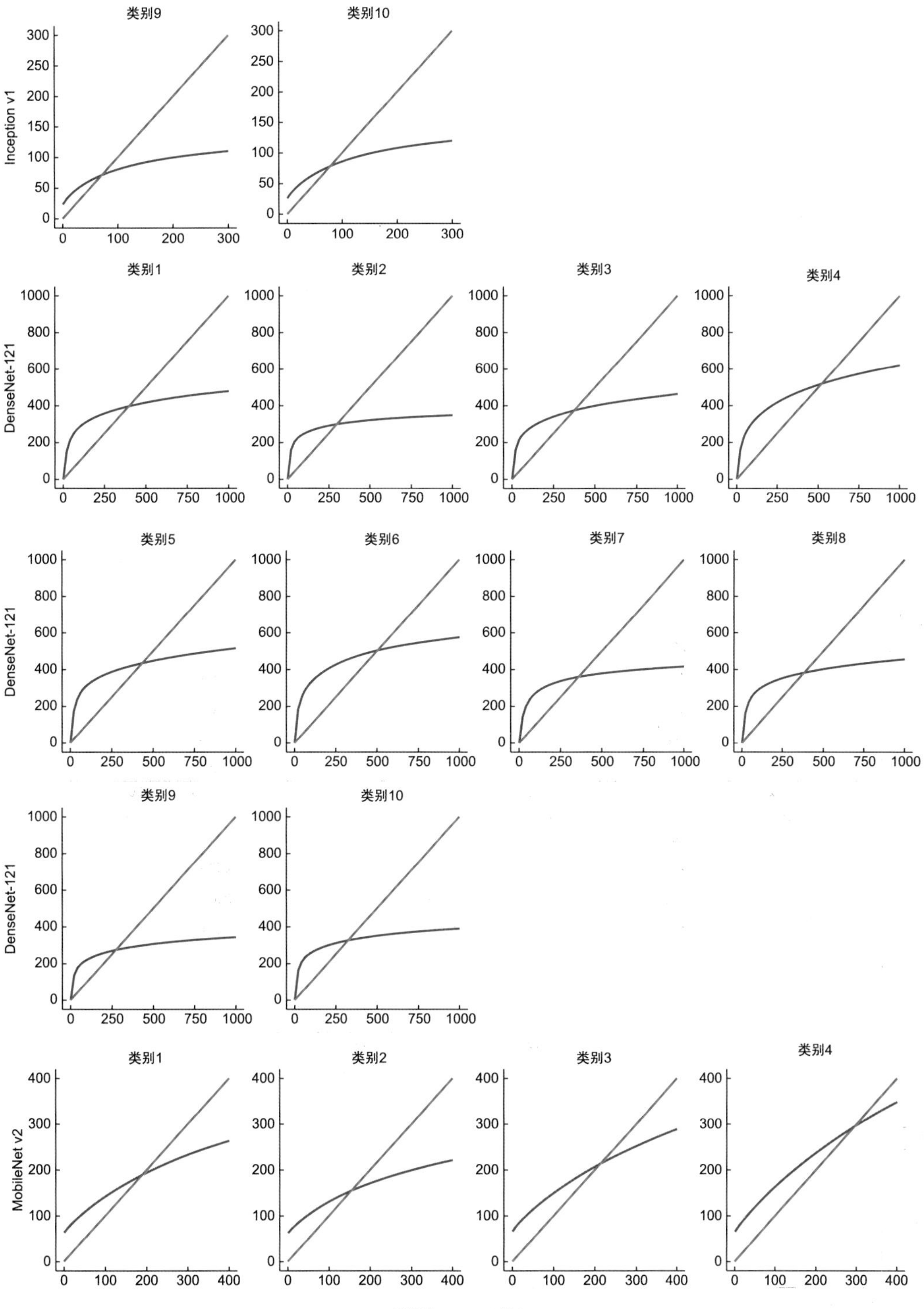

类别9
类别10
Inception v1
类别1
类别2
类别3
类别4
DenseNet-121
类别5
类别6
类别7
类别8
DenseNet-121
类别9
类别10
DenseNet-121
类别1
类别2
类别3
类别4
MobileNet v2

彩图 11 （续）

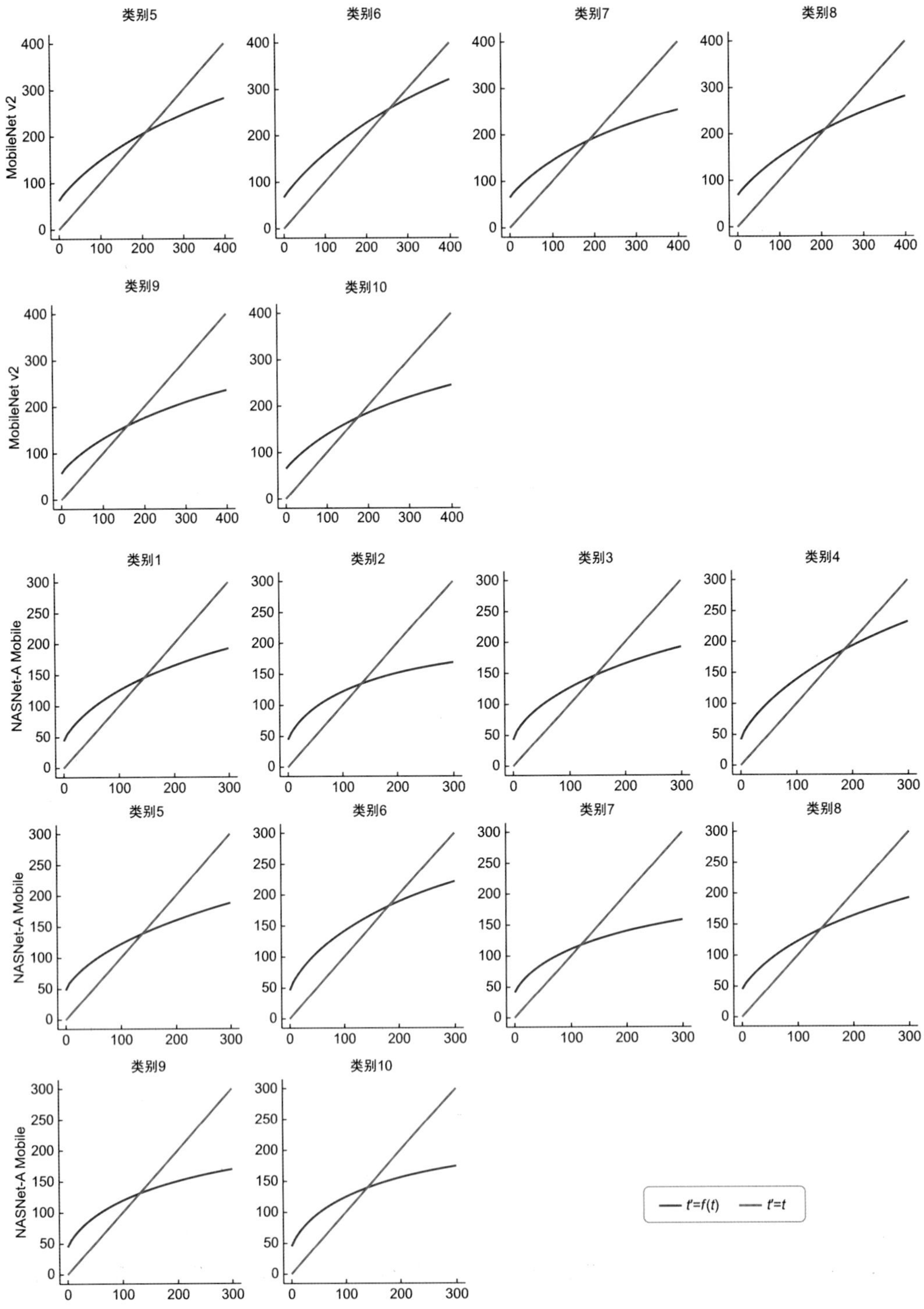

类别5
类别6
类别7
类别8
MobileNet v2
类别9
类别10
MobileNet v2
类别1
类别2
类别3
类别4
NASNet-A Mobile
类别5
类别6
类别7
类别8
NASNet-A Mobile
类别9
类别10
NASNet-A Mobile
t'=f(t)
t'=t

彩图 11 （续）

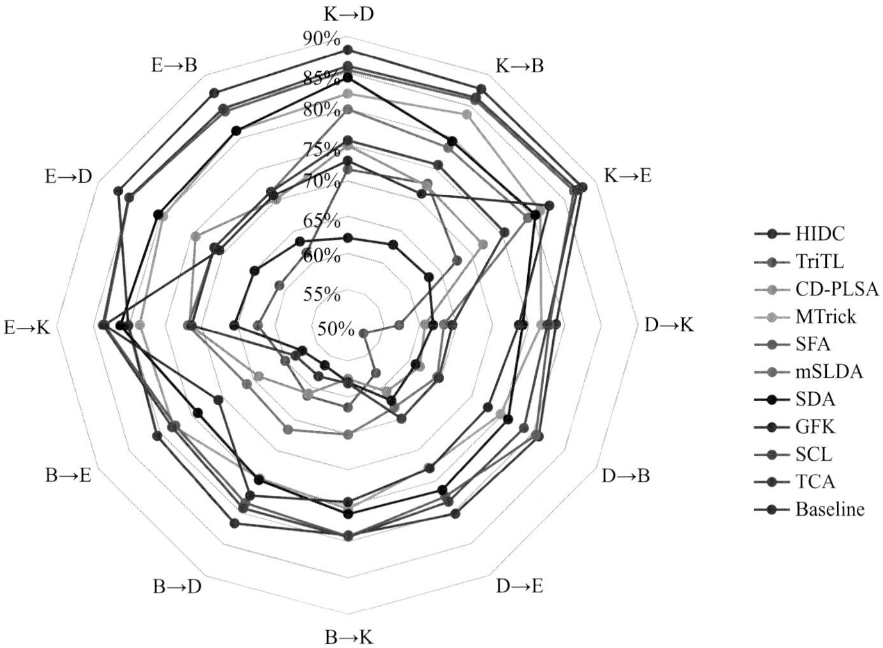
K→D
K→B
K→E
D→K
D→B
D→E
B→K
B→D
B→E
E→K
E→D
E→B
90%
85%
80%
75%
70%
65%
60%
55%
50%
HIDC
TriTL
CD-PLSA
MTrick
SFA
mSLDA
SDA
GFK
SCL
TCA
Baseline

彩图 12

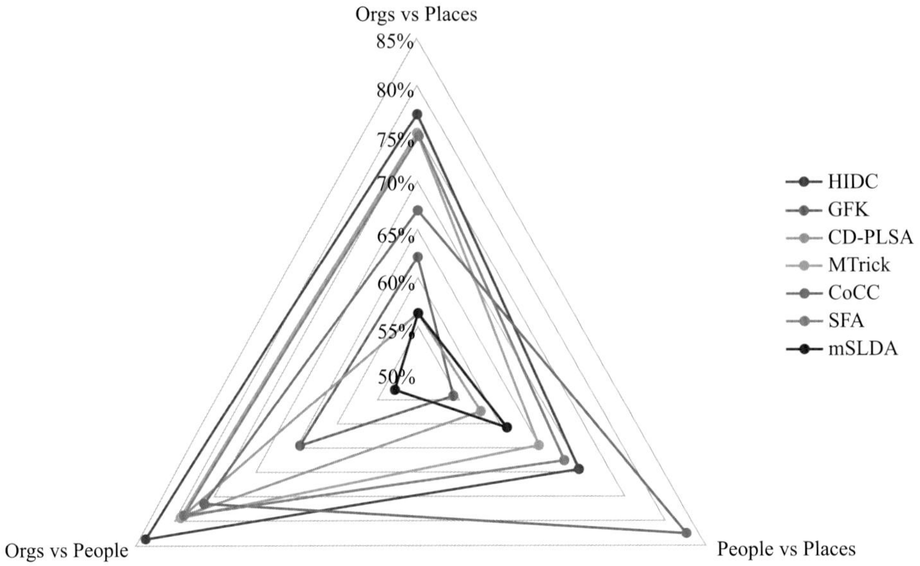

Orgs vs Places
85%
80%
75%
70%
65%
60%
55%
50%
Orgs vs People
People vs Places
HIDC
GFK
CD-PLSA
MTrick
CoCC
SFA
mSLDA

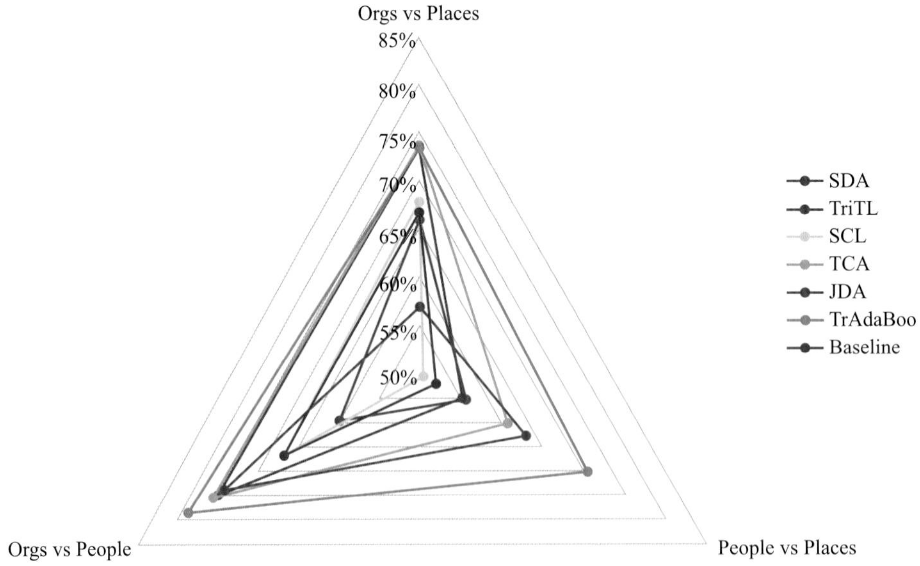

Orgs vs Places
85%
80%
75%
70%
65%
60%
55%
50%
Orgs vs People
People vs Places
SDA
TriTL
SCL
TCA
JDA
TrAdaBoo
Baseline

彩图 13

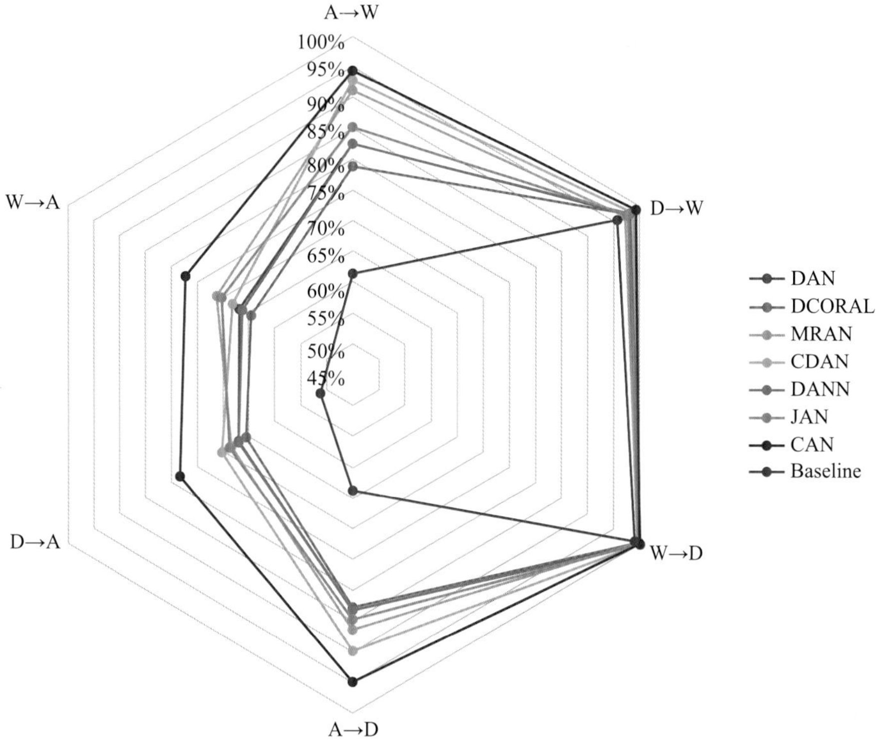

A→W
100%
95%
90%
85%
80%
75%
70%
65%
60%
55%
50%
45%
D→W
W→D
A→D
D→A
W→A
DAN
DCORAL
MRAN
CDAN
DANN
JAN
CAN
Baseline

彩图 14

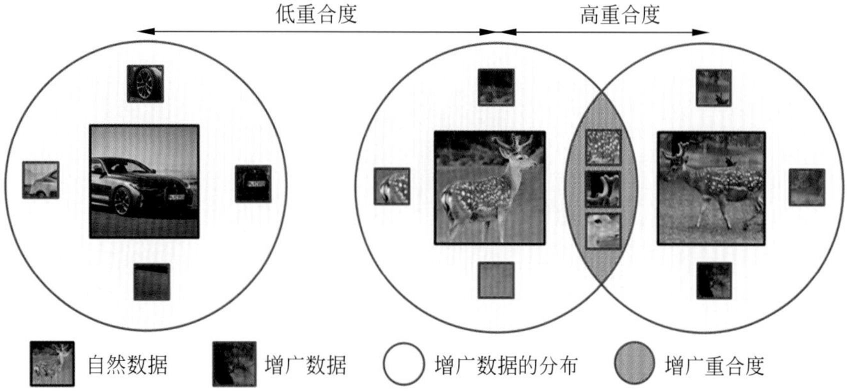

低重合度
高重合度
自然数据
增广数据
增广数据的分布
增广重合度

彩图 15

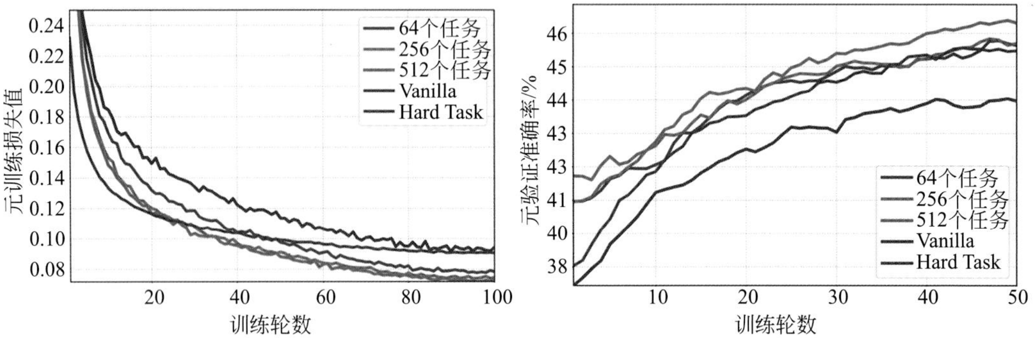

彩图 16

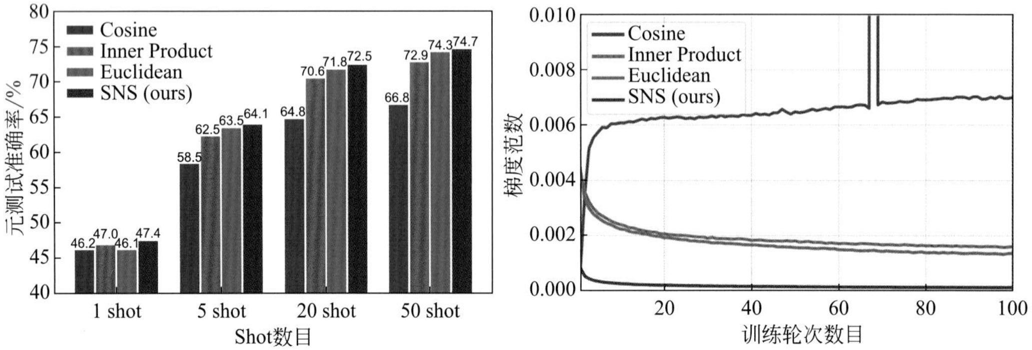

(a) (b)

彩图 17

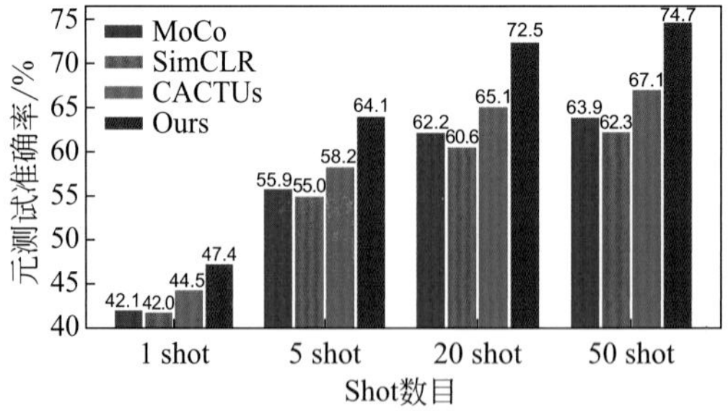

彩图 18